教育部职业教育与成人教育司
全国职业教育与成人教育教学用书行业规划教材
"十二五"职业院校计算机应用互动教学系列教材

- **双模式教学**
  通过丰富的课本知识和高清影音演示范例制作流程双模式教学，迅速掌握软件知识

- **人机互动**
  直接在光盘中模拟练习，每一步操作正确与否，系统都会给出提示，巩固每个范例操作方法

- **实时评测**
  本书安排了大量课后评测习题，可以实时评测对知识的掌握程度

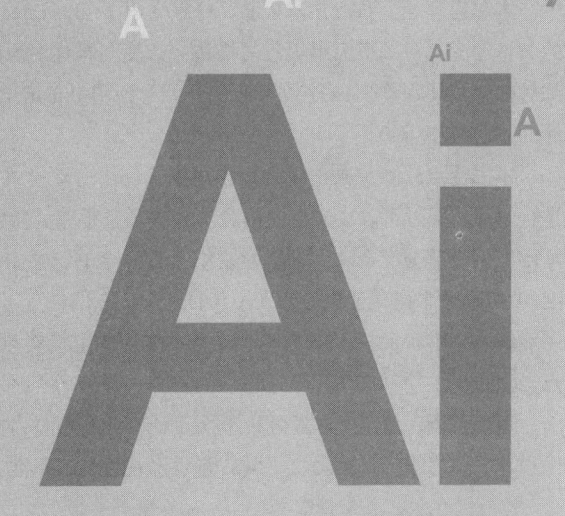

中文版
Illustrator CC

编著/黎文锋

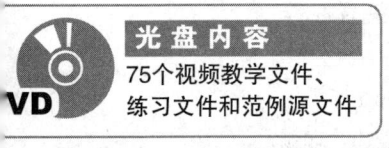

光盘内容
75个视频教学文件、
练习文件和范例源文件

互动教程

☑双模式教学 + ☑人机互动 + ☑实时评测

海洋出版社
2015年·北京

内 容 简 介

本书是互动教学模式介绍 Illustrator CC 的使用方法和技巧的教材。本书语言平实，内容丰富、专业，并采用了由浅入深、图文并茂的叙述方式，从最基本的技能和知识点开始，辅以大量的上机实例作为导引，帮助读者在较短时间内轻松掌握中文版 Illustrator CC 的基本知识与操作技能，并做到活学活用。

本书内容：全书共分为 9 章，着重介绍了 Illustrator CC 应用基础；Illustrator CC 入门技能；Illustrator CC 的矢量绘图；对图形应用填色与描边；改变与构建对象的形状；创建与应用文字和图表；应用效果和图形样式等知识。最后通过 12 个综合范例介绍了使用 Illustrator CC 进行图形设计、图像处理、广告设计以及海报设计的方法与技巧。

本书特点：1. 突破传统的教学思维，利用"双模式"交互教学光盘，学生既可以利用光盘中的视频文件进行学习，同时可以在光盘中按照步骤提示亲手完成实例的制作，真正实现人机互动，全面提升学习效率。2. 基础案例讲解与综合项目训练紧密结合贯穿全书，书中内容结合劳动部中、高级图像制作员职业资格认证标准和 Adobe 中国认证设计师（ACCD）认证考试量身定做，学习要求明确，知识点适用范围清楚明了，使学生能够真正举一反三。3. 有趣、丰富、实用的上机实习与基础知识相得益彰，摆脱传统计算机教学僵化的缺点，注重学生动手操作和设计思维的培养。4. 每章后都配有评测习题，利于巩固所学知识和创新。

适用范围：适用于职业院校平面设计专业课教材；社会培训机构平面设计培训教材；用 Illustrator 从事平面设计、美术设计、绘画、平面广告、影视设计等从业人员实用的自学指导书。

图书在版编目(CIP)数据

中文版 Illustrator CC 互动教程/黎文锋编著．—北京：海洋出版社，2015.7
ISBN 978-7-5027-9178-0

Ⅰ.①中… Ⅱ.①黎… Ⅲ.①图象处理软件—教材 Ⅳ.①TP391.41

中国版本图书馆 CIP 数据核字（2015）第 129861 号

总 策 划：刘 斌	发 行 部：（010）62174379（传真）（010）62132549
责任编辑：刘 斌	（010）68038093（邮购）（010）62100077
责任校对：肖新民	网 址：www.oceanpress.com.cn
责任印制：赵麟苏	承 印：北京旺都印务有限公司印刷
排 版：海洋计算机图书输出中心 晓阳	版 次：2015 年 7 月第 1 版
	2015 年 7 月第 1 次印刷
出版发行：海洋出版社	开 本：787mm×1092mm 1/16
地 址：北京市海淀区大慧寺路 8 号（716 房间）	印 张：21
100081	字 数：504 千字
经 销：新华书店	印 数：1～4000 册
技术支持：（010）62100055	定 价：38.00 元（含 1DVD）

本书如有印、装质量问题可与发行部调换

前　　言

　　Illustrator CC 是美国 Adobe 公司推出的 Adobe Creative Cloud 中的重要组成部分，是一款全球著名的专业平面矢量图形制作与编辑软件，其广泛应用于印刷出版、专业插画、多媒体图像处理和互联网页面制作等商业领域，也可以为线稿设计提供较高的精度和控制，适用于任何小型设计和大型的复杂项目。

　　本书先通过 Illustrator CC 的界面介绍、文件管理等基础知识，为读者学习 Illustrator 奠定坚实的基础，然后延伸到图稿和对象管理、绘制各种矢量图形、为图形应用填色和描边、改变与构建对象的形状、输入与设置文字、创建和美化图表、应用效果和图形样式等内容，通过大量上机练习，手把手带领读者学会操作方法，最后通过科技公司的 VI 系统、校园音乐节宣传海报和商品促销广告招贴三个项目设计，综合介绍了 Illustrator CC 在矢量图形绘制和效果设计上的应用与平面项目的制作方法。

　　本书是"十二五"职业院校计算机应用互动教学系列教程之一，具有该系列图书轻理论重实践的主要特点，并以"双模式"交互教学光盘为重要价值体现。本书的特点主要体现在以下方面：

- **高价值内容编排**：本书内容依据职业资格认证考试 Illustrator 考纲的内容，有效针对 Illustrator 认证考试量身定做。通过本书的学习，可以更有效地掌握针对职业资格认证考试的相关内容。
- **理论与实践结合**：本书从教学与自学出发，以快速掌握软件的操作技能为宗旨，书中不但系统、全面地讲解软件功能的概念、设置与使用，并提供大量的上机练习实例，读者可以亲自动手操作，真正做到理论与实践相结合，活学活用。
- **交互多媒体教学**：本书附送多媒体交互教学光盘，光盘除了附带书中所有实例的练习素材外，还提供了一个包含实例演示、模拟训练、评测题目三部分内容的双模式互动教学系统，让读者可以跟随光盘学习和操作。
  - ➢ **实例演示**：将书中各个实例进行全程演示并配合清晰语音的讲解，让读者体会到身临其境的课堂训练感觉。
  - ➢ **模拟训练**：以书中实例为基础，但使用了交互教学的方式，读者可以根据书中讲解，直接在教学系统中操作，亲手制作出实例的结果，让读者真正动手去操作，熟练地掌握各种操作方法，达到无师自通的效果。
  - ➢ **教学系统**：提供了考核评测题目，让读者除了从教学中轻松学习知识之外，更可以通过题目评测自己的学习成果。
- **丰富的课后评测**：本书在各章后提供了精心设计的填充题、选择题、判断题和操作题等类型的考核评估习题，让读者测评出自己了学习成效。

　　本书适合作为职业院校平面设计专业课教材，社会平面设计培训班教材，以及从事平面设计、广告设计、图像处理等从业人员的自学指导书。

　　本书由广州施博资讯科技有限公司策划，由黎文锋编著，参与本书编写与范例设计工作的还有李林、黄活瑜、梁颖思、吴颂志、梁锦明、林业星、黎彩英、周志苹、李剑明、黄俊杰、李敏虹、黎敏、谢敏锐、李素青、郑海平、麦华锦、龙昊等，在此一并谢过。在本书的编写过程中，我们力求精益求精，但难免存在一些不足之处，敬请广大读者批评指正。

编者

光盘使用说明

本书附送多媒体交互教学光盘，光盘除了附带书中所有实例的练习素材外，还提供了一个包含实例演示、模拟训练、评测题目三部分内容的双模式互动教学系统，读者可以跟随光盘学习和操作。

1. 启动光盘

从书中取出光盘并放进光驱，即可自动打开光盘主界面，如图 1 所示。如果是将光盘复制到本地磁盘中，则可以进入光盘文件夹，并双击【Play.exe】文件打开主播放界面，如图 2 所示。

图1　　　　　　　　　　　图2

2. 使用帮助

在光盘主界面中单击【使用帮助】按钮，可以阅读光盘的帮助说明内容，如图 3 所示。单击【返回首页】按钮，可返回主界面。

3. 进入章界面

在光盘主界面中单击章名按钮，可以进入对应章界面。章界面中将本章提供的实例演示和实例模拟训练条列显示，如图 4 所示。

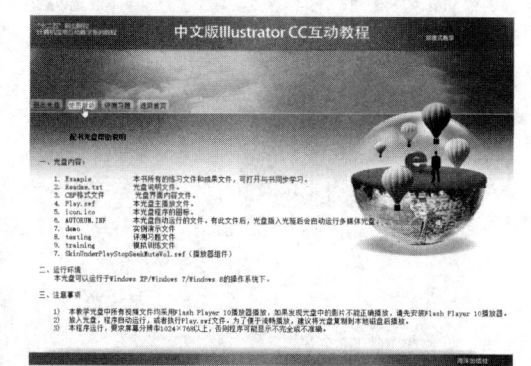

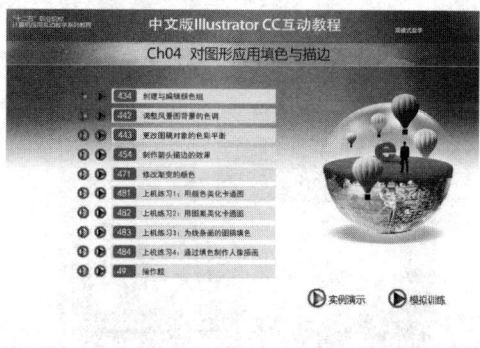

图3　　　　　　　　　　　图4

4. 双模式学习实例

（1）实例演示模式：将书中各个实例进行全程演示并配合清晰语音的讲解，让读者体会到身历其境的课堂训练感受。要使用演示模式观看实例影片，可以在章界面中单击 ❶ 按钮，进入实例演示界面并观看实例演示影片。在观看实例演示过程中，可以通过播放条进行暂停、停止、快进/快退和调整音量的操作，如图5所示。观看完成后，单击【返回本章首页】按钮返回章界面。

图5

（2）模拟训练模式：以书中实例为基础，但使用了交互教学的方式，可以让读者根据书中讲解，直接在教学系统中操作，亲手制作出实例的结果。要使用模拟训练方式学习实例操作，可以在章界面中单击 ❷ 按钮。进入实例模拟训练界面后，即可根据实例的操作步骤在影片显示的模拟界面中进行操作。为了方便读者进行正确的操作，模拟训练界面以绿色矩形框作为操作点的提示，读者必须在提示点上正确操作，才会进入下一步操作，如图6所示。如果操作错误，模拟训练界面将出现提示信息，提示操作错误，如图7所示。

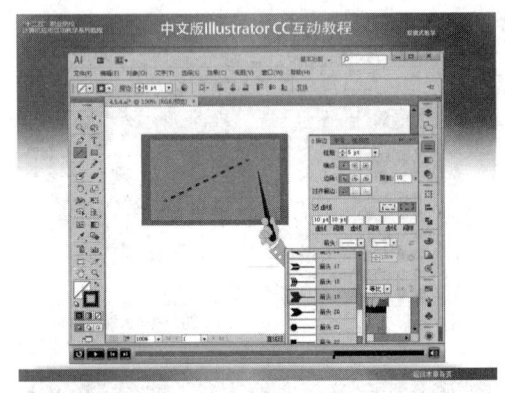

图6　　　　　　　　　　　图7

5. 使用评测习题系统

评测习题系统提供了考核评测题目,让读者除了从教学中轻松学习知识之外,更可以通过题目评测自己的学习成果。要使用评测习题系统,可以在主界面中单击【评测习题】按钮,然后在评测习题界面中选择需要进行评测的章,并单击对应章按钮,如图 8 所示。进入对应章的评测习题界面后,等待 5 秒即可显示评测题目。每章的评测习题共 10 题,包含填空题、选择题和判断题。每章评测题满分为 100 分,达到 80 分极为及格,如图 9 所示。

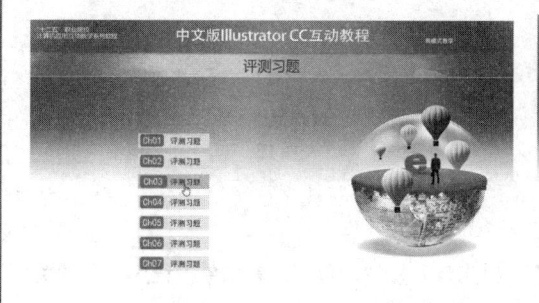

图 8   图 9

显示评测题目后,如果是填空题,则需要在【填写答案】后的文本框中输入题目的正确答案,然后单击【提交】按钮即完成当前题目操作,如图 10 所示。如果没有单击【提交】按钮而直接单击【下一个】按钮,则系统将该题认为被忽略的题目,将不计算本题的分数。另外,单击【清除】按钮,可以清除当前填写的答案;单击【返回】按钮返回前一界面。

如果是选择题或判断题,则可以单击选择答案前面的单选按钮,再单击【提交】按钮提交答案,如图 11 所示。

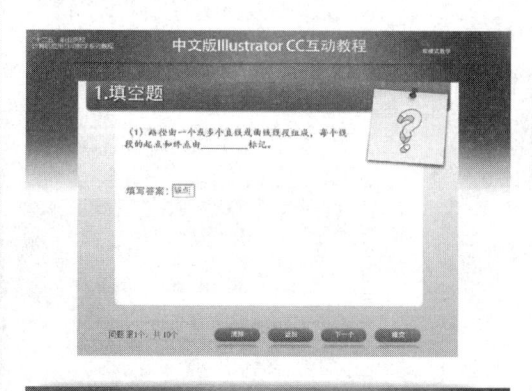

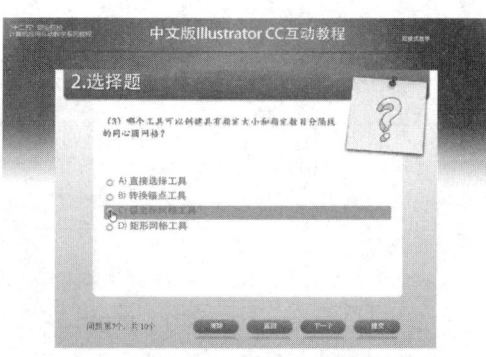

图 10   图 11

完成答题后,系统将显示测验结果,如图 12 所示。此时可以单击【预览测试】按钮,查看答题的正确与错误信息,如图 13 所示。

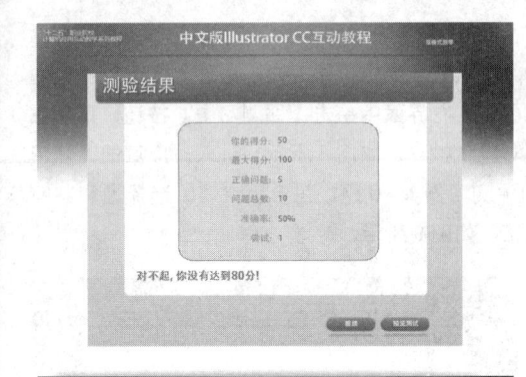

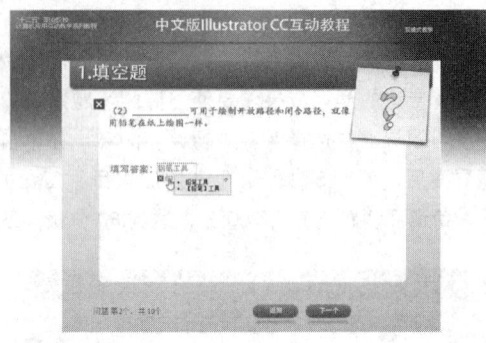

图12　　　　　　　　　　　　　　　　　　　图13

6. 退出光盘

如果需要退出光盘,可以在主界面中单击【退出光盘】按钮,也可以直接单击程序窗口的关闭按钮,关闭光盘程序。

目 录

第1章 Illustrator CC 应用基础 1
1.1 设置界面颜色方案 1
1.2 认识 Illustrator CC 1
1.2.1 菜单栏 2
1.2.2 工具面板 3
1.2.3 控制面板 4
1.2.4 面板组 4
1.2.5 文档窗口 5
1.2.6 工作区切换器 6
1.3 Illustrator 的文件管理 6
1.3.1 新建文件 6
1.3.2 打开文件 7
1.3.3 存储与另存文件 8
1.3.4 存储为 Web 所用格式 9
1.3.5 创建模板与使用模板 11
1.3.6 打印图像 12
1.4 技能训练 13
1.4.1 上机练习 1：置入与导出图稿 13
1.4.2 上机练习 2：新建自定义的工作区 14
1.4.3 上机练习 3：创建与编辑画板 16
1.4.4 上机练习 4：使用 Bridge 浏览并打开文件 19
1.5 评测习题 20

第2章 Illustrator CC 入门技能 22
2.1 查看图稿 22
2.1.1 放大或缩小显示图稿 22
2.1.2 更改图稿的查看区域 24
2.1.3 使用轮廓模式查看图稿 25
2.1.4 使用多个窗口和视图 26
2.2 使用辅助功能 27
2.2.1 使用标尺 28
2.2.2 使用参考线 30
2.2.3 使用智能参考线 32

2.2.4 使用度量工具 34
2.3 选择对象 34
2.3.1 选择对象概述 34
2.3.2 使用隔离模式 35
2.3.3 使用工具选择对象 37
2.3.4 仅按路径选择对象 40
2.4 编辑对象 41
2.4.1 编组和扩展对象 41
2.4.2 对齐与分布对象 42
2.4.3 旋转和镜像对象 45
2.5 使用图层管理对象 48
2.5.1 关于【图层】面板 49
2.5.2 更改图层的显示 49
2.5.3 创建图层和子图层 50
2.5.4 将项目释放到单独图层 50
2.5.5 设置图层和子图层选项 51
2.6 技能训练 52
2.6.1 上机练习 1：在输出媒体中预览图稿 52
2.6.2 上机练习 2：选择、编组并存储对象 54
2.6.3 上机练习 3：将 Photoshop 对象拖到图稿 55
2.6.4 上机练习 4：编辑对象以制作推土机车轮 56
2.7 评测习题 59

第3章 Illustrator 的矢量绘图 61
3.1 矢量绘图的基础 61
3.1.1 关于矢量图形 61
3.1.2 路径与路径的点 62
3.1.3 方向线和方向点 62
3.1.4 使用绘图模式 63
3.2 绘制线段与简单图形 64
3.2.1 绘制线段 64
3.2.2 绘制矩形和方形 67
3.2.3 绘制圆角矩形 68

	3.2.4	绘制椭圆和圆	70
	3.2.5	绘制多边形和星形	71
	3.2.6	绘制网格	74
3.3	使用钢笔和铅笔绘图	76
	3.3.1	钢笔工具的操作状态	76
	3.3.2	使用钢笔工具绘制直线	76
	3.3.3	使用钢笔工具绘制曲线	77
	3.3.4	使用钢笔工具绘制其他线段	78
	3.3.5	使用铅笔工具绘图	79
3.4	使用光晕工具绘制光晕	81
3.5	编辑路径和路径段	84
	3.5.1	选择锚点、路径和线段	84
	3.5.2	编辑路径上的锚点	85
	3.5.3	平滑与简化路径	87
	3.5.4	擦除与分割路径	88
	3.5.5	调整直线段和曲线段	90
3.6	技能训练	91
	3.6.1	上机练习1：制作简单的花朵图形	91
	3.6.2	上机练习2：制作简单的徽标图形	92
	3.6.3	上机练习3：快速绘制蝴蝶的图形	94
	3.6.4	上机练习4：制作创意的公司Logo	96
	3.6.5	上机练习5：编辑路径修改卡通图	98
	3.6.6	上机练习6：为星空图制作光晕效果	100
3.7	评测习题	101

第4章 对图形应用填色与描边 103

4.1	关于颜色	103
	4.1.1 常见的颜色模型	103
	4.1.2 色彩空间与色域	106
	4.1.3 色彩不匹配	106
	4.1.4 定义颜色的方式	106
4.2	选择颜色	107
	4.2.1 使用拾色器选择颜色	107
	4.2.2 使用【颜色】面板选择颜色	108
	4.2.3 使用吸管工具进行颜色取样	109

4.3	使用与创建色板	109
	4.3.1 关于色板	109
	4.3.2 使用【色板】面板	110
	4.3.3 将颜色添加到色板	112
	4.3.4 创建与编辑颜色组	113
	4.3.5 使用色板库	116
	4.3.6 创建颜色色板	118
4.4	调整颜色	119
	4.4.1 调整输出的颜色	119
	4.4.2 更改颜色色调	120
	4.4.3 调整颜色的色彩平衡	122
	4.4.4 混合重叠的颜色	124
4.5	通过填充和描边上色	125
	4.5.1 关于填色和描边	125
	4.5.2 将颜色应用于对象	126
	4.5.3 创建多种填充和描边	127
	4.5.4 编辑对象的描边效果	128
4.6	应用实时上色组	131
	4.6.1 关于实时上色	131
	4.6.2 创建实时上色组	132
	4.6.3 使用实时上色工具	133
	4.6.4 扩展或释放实时上色组	135
4.7	应用其他填充效果	136
	4.7.1 应用与编辑渐变	136
	4.7.2 创建与应用图案	140
	4.7.3 利用网格对象填充	143
4.8	技能训练	145
	4.8.1 上机练习1：用颜色美化卡通图	145
	4.8.2 上机练习2：用图案美化卡通图	146
	4.8.3 上机练习3：为线条画的图稿填色	148
	4.8.4 上机练习4：通过填色制作人像插画	150
4.9	评测习题	153

第5章 改变与构建对象的形状 155

5.1	变换对象	155
	5.1.1 认识【变换】面板	155
	5.1.2 变换对象的基础	156

5.1.3 缩放、倾斜与扭曲对象 157
5.2 变形对象 160
    5.2.1 液化工具组 161
    5.2.2 使用封套变形对象 166
5.3 组合对象创建形状 171
    5.3.1 组合对象方法 171
    5.3.2 使用路径查找器 172
    5.3.3 通过复合形状造形 174
    5.3.4 通过复合路径造形 177
5.4 使用工具创建形状 178
    5.4.1 使用形状生成器工具 178
    5.4.2 使用混合工具创建形状 180
5.5 将对象创建成 3D 形状 182
    5.5.1 通过凸出创建 3D 对象 182
    5.5.2 通过绕转创建 3D 对象 183
    5.5.3 在三维空间中旋转对象 184
    5.5.4 设置 3D 对象的表面渲染 184
    5.5.5 将图稿映射到 3D 对象上 187
5.6 技能训练 189
    5.6.1 上机练习 1：通过编辑完善
           人物插画 189
    5.6.2 上机练习 2：为人物插画创
           建装饰形状 192
    5.6.3 上机练习 3：制作具有独特
           创意的心形 194
    5.6.4 上机练习 4：为人像插画绘
           制博士帽 196
    5.6.5 上机练习 5：为 3D 花瓶对
           象制作贴图 198
5.7 评测习题 199

第 6 章 创建与应用文字和图表 201

6.1 创建文字 201
    6.1.1 创建点文字 201
    6.1.2 创建区域文字 201
    6.1.3 创建路径文字 202
6.2 设置字符与段落格式 203
    6.2.1 字体和字体样式 203
    6.2.2 大小和颜色 204
    6.2.3 行距和字距 205
    6.2.4 缩放与基线偏移 206

    6.2.5 对齐段落文字 207
    6.2.6 段落缩进 208
    6.2.7 段落格式其他选项 209
6.3 文字的高级应用 210
    6.3.1 设置区域文字选项 210
    6.3.2 区域文字的串接 211
    6.3.3 为文字设置制表符 212
    6.3.4 制作文绕图排列效果 213
6.4 创建和应用图表 214
    6.4.1 创建和编辑图表 214
    6.4.2 设置图表的选项 218
    6.4.3 改变图表的外观 220
6.5 技能训练 222
    6.5.1 上机练习 1：制作贺卡的
           标题效果 222
    6.5.2 上机练习 2：制作网店公
           告栏图稿 224
    6.5.3 上机练习 3：制作玩具广
           告的特殊标题 225
    6.5.4 上机练习 4：创建半年度
           水果产量图表 227
    6.5.5 上机练习 5：美化半年度
           水果产量图表 229
    6.5.6 上机练习 6：设计以符号
           为图例的图表 230
6.6 评测习题 232

第 7 章 应用效果和图形样式 233

7.1 应用效果 233
    7.1.1 关于效果 233
    7.1.2 应用效果 234
    7.1.3 修改或删除效果 236
7.2 典型矢量效果的应用 237
    7.2.1 SVG 滤镜效果组 237
    7.2.2 扭曲和变换效果组 237
    7.2.3 路径效果组 238
    7.2.4 路径查找器效果组 239
    7.2.5 转换为形状效果组 240
    7.2.6 风格化效果组 240
7.3 典型栅格效果的应用 242
    7.3.1 像素化效果组 242

	7.3.2	扭曲效果组		244
	7.3.3	模糊效果组		245
	7.3.4	画笔描边效果组		247
	7.3.5	其他栅格化效果		249
7.4	应用图形样式			250
	7.4.1	【图形样式】面板		250
	7.4.2	应用和创建图形样式		251
7.5	技能训练			252
	7.5.1	上机练习1：为贺卡标题制作特殊效果		252
	7.5.2	上机练习2：制作人物插画的画框效果		253
	7.5.3	上机练习3：制作广告的浮雕标题效果		255
	7.5.4	上机练习4：快速制作图稿艺术画效果		257
	7.5.5	上机练习5：制作展板横幅的标题效果		259
7.6	评测习题			261

第8章 平面设计上机特训 ... 263

8.1	上机练习1：利用常规图形设计徽标	263
8.2	上机练习2：绘制简单的小羊咩插图	266
8.3	上机练习3：绘制卡通的小猫咪插图	271
8.4	上机练习4：用画笔库美化小猫咪插图	274
8.5	上机练习5：绘制简单的青蛙头像插图	276
8.6	上机练习6：制作公司网站的横幅广告	279
8.7	上机练习7：利用符号库制作网页按钮	282
8.8	上机练习8：制作水晶效果的主页按钮	284
8.9	上机练习9：制作创意的公司Logo	286

第9章 综合平面项目设计 ... 289

9.1	项目设计1：科技公司的VI系统		289
	9.1.1	上机练习1：设计名片的正面	290
	9.1.2	上机练习2：设计名片的背面	295
	9.1.3	上机练习3：设计光盘和光盘盒封面	296
	9.1.4	上机练习4：设计公司VI的其他内容	300
9.2	项目设计2：校园音乐节宣传海报		304
	9.2.1	上机练习5：设计海报的背景和装饰	304
	9.2.2	上机练习6：设计海报标题文字效果	308
9.3	项目设计3：商品促销类广告招贴		313
	9.3.1	上机练习7：设计招贴创意年份数字	313
	9.3.2	上机练习8：设计招贴的标题和装饰	318

参考答案 ... 321

第 1 章 Illustrator CC 应用基础

学习目标

本章将重点介绍 Illustrator CC 的用户界面和管理文件的操作方法，为后续设计图像的操作提供坚实基础。

学习重点

☑ Illustrator CC 的界面组成
☑ 使用 Illustrator 管理文件
☑ 自定义工作区的操作
☑ 创建与编辑文件的画板
☑ 使用 Bridge 程序浏览文件

1.1 设置界面颜色方案

启动 Illustrator CC 应用程序后，即可进入用户界面。Illustrator CC 中用户界面经过了重新设计，与旧版相比较，外观上有了很大的改变。Illustrator CC 的用户界面有深色、中等深色、中等浅色和浅色 4 个主题颜色。用户可以根据自己的喜好选择界面的颜色方案。

选择【编辑】|【首选项】|【用户界面】命令，在打开的【首选项】对话框的【亮度】列表框中选择界面颜色方案，然后单击【确定】按钮即可更改用户界面颜色，如图 1-1 所示。

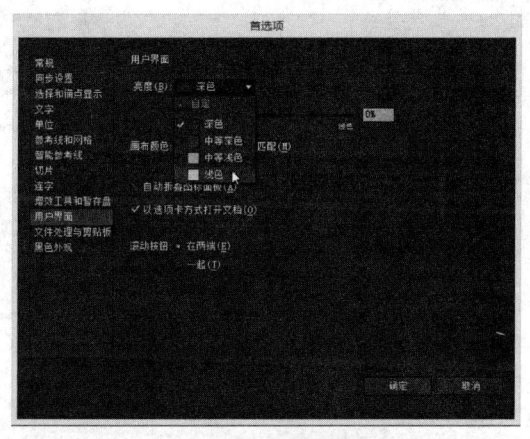

图 1-1 选择用户界面颜色方案

1.2 认识 Illustrator CC

Illustrator CC 的用户界面大致可分为菜单栏、控制面板、工具面板、面板组和文档窗口，如图 1-2 所示。

图 1-2　Illustrator CC 的用户界面

1.2.1 菜单栏

菜单栏由【文件】、【编辑】、【对象】、【文字】、【选择】、【效果】、【视图】、【窗口】和【帮助】9个菜单命令组成，单击任意一个菜单项，即可打开菜单，如图1-3所示。

当用户需要使用某个菜单的时候，除了单击菜单项可打开菜单外，还可以通过"按下Alt+菜单项后面的字母"的方式打开菜单。例如，打开【文件】菜单，只需同时按Alt+F键即可。

打开菜单后，就能显示该菜单所包含的命令项，在各个命令项的右边是该命令项的快捷键，可以使用快捷键来执行对应的命令。例如，【文件】菜单中【存储】命令的快捷键是Ctrl+S，当用户需要保存当前文件时，只要在键盘上同时按下Ctrl键和S键即可，如图1-4所示。

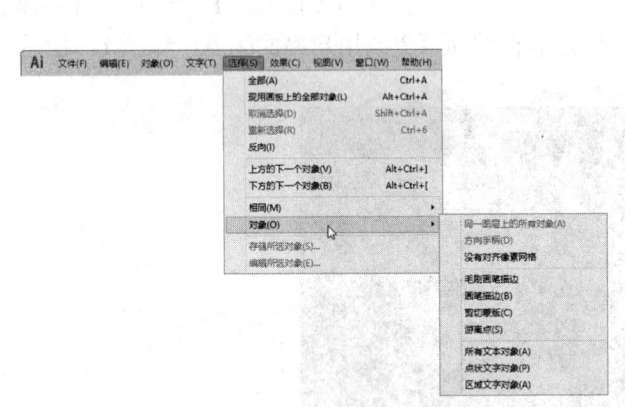

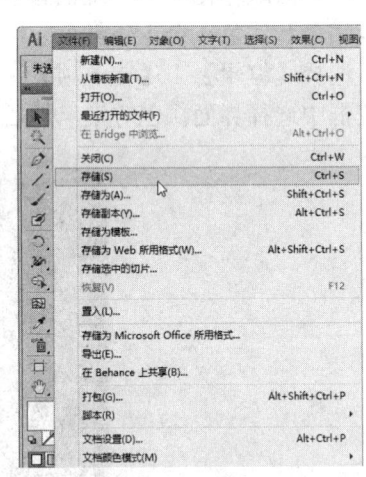

图 1-3　打开菜单　　　　　　图 1-4　查看命令项的快捷键

各菜单项的主要功能与作用如下：
- 【文件】：包含了对文件进行常用操作的命令，如新建、打开、存储、置入、导出、文档设置和打印等命令。
- 【编辑】：包含了对文件进行编辑及软件相关配置的命令，如还原、剪切、拷贝、粘贴、查找和替换文本等标准编辑命令，以及对颜色进行设置、调整键盘快捷键和自定首选项等命令。
- 【对象】：包含了对当前文件中选择的图形进行各种操作的命令，如变换、排列、编组、锁定、隐藏、栅格化、创建渐变网格、切片制作、路径编辑、效果编辑等命令。
- 【文字】：包含了对输入的文字进行相关操作的命令，如设置文字字体、大小、字型、方向以及查找、更改、拼写检查文字等命令。
- 【选择】：包含了对图形对象进行选择的命令。
- 【效果】：包含了对图形或图像进行各种艺术效果处理的命令，它与【滤镜】菜单中的命令非常相似，其使用方法也是相同的，只是对图形或图像进行特殊效果处理的性质有所不同。
- 【视图】：包含了对屏幕显示进行控制的命令，如叠印预览图像、像素预览图像、校样颜色、放大和缩小图像显示比例以及为文档窗口添加标尺、网格、参考线等辅助工具。
- 【窗口】：包含了软件操作界面中各种面板窗口的显示与否、自定工作区显示样式等命令。
- 【帮助】：包含了有关 Illustrator CC 各种帮助文档及在线技术支持等命令。

> 问：菜单中有些命令项为什么是灰色的？
> 答：若菜单中某些菜单命令项显示为灰色，则表示该命令在当前状态下不可用。

1.2.2 工具面板

默认情况下，Illustrator CC 的工具面板位于用户界面的最左侧，它是对图形进行绘制编辑时最常用的面板，可以说是图形编辑所需工具的聚集地。

1. 展开面板

在默认情况下，工具面板以单列显示工具按钮，只需单击工具面板标题栏的【展开面板】按钮，即可展开工具面板，此时工具面板以双列显示工具按钮，如图 1-5 所示。

2. 打开工具组列表

由于 Illustrator CC 的工具面板为用户提供了大量的编辑工具，当中有一些工具的功能十分相似，它们通常以组的形式隐藏在同一个工具按钮中。包含多个工具的工具按钮右下角会有一个小三角箭头。当用户要转换同一组的不同工具时，只需要用鼠标左键长按工具按钮即可打开工具组，此时选择相应的工具即可，如图 1-6 所示。

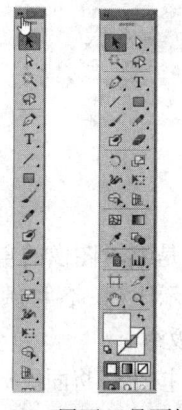

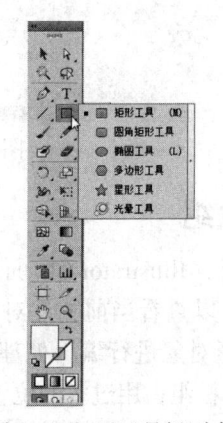

图 1-5　展开工具面板　　　　　　　图 1-6　打开工具组列表

3．显示工具组面板

如果觉得每次打开工具组列表来选择工具不方便，可以在打开的工具组列表中单击右侧的按钮，将工具组列表显示为工具组面板，如图1-7所示。

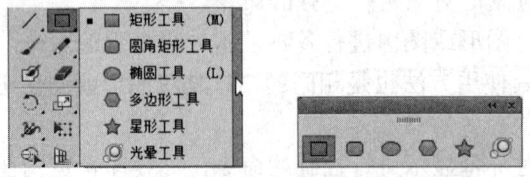

图1-7 显示工具组面板

1.2.3 控制面板

控制面板中显示的选项因所选的对象或工具类型而异。例如，选择文本对象时，控制面板除了显示用于更改对象颜色、位置和尺寸的选项外，还会显示文本格式选项，如图1-8所示。

图1-8 控制面板显示的设置选项

当控制面板中的文本为蓝色且带下画线时，可以单击文本以显示相关的面板或对话框。例如，单击"描边"可显示【描边】面板。另外，单击控制面板右上方的按钮，可以打开【面板菜单】进行详细的面板设置，如图1-9所示。

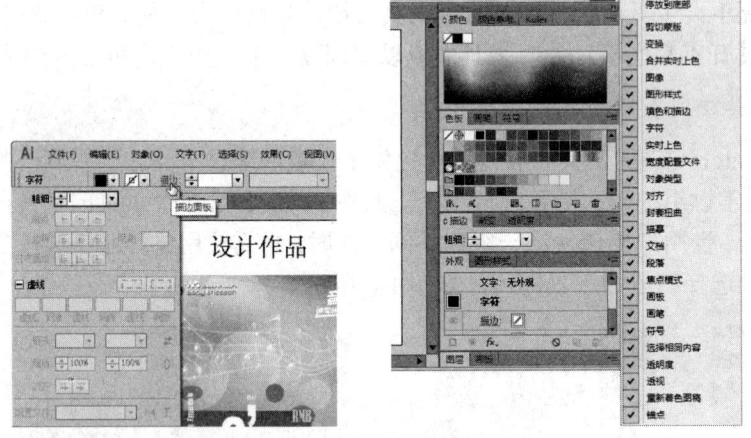

图1-9 打开面板和使用面板菜单

1.2.4 面板组

默认情况下，Illustrator CC 面板组位于用户界面最右侧，它是编辑图像的重要辅助工具。在面板组中，可以查看当前图形对象的各种信息，以及对图像显示比例、各种颜色参数进行调整，并可对图形对象进行编辑处理。如图1-10所示为默认的面板组。

当展开的面板组占用过多的位置时，可以单击【折叠为图标】按钮将面板折叠并以图标显示。当需要使用面板时，只需单击折叠面板组的按钮图标即可打开对应的面板，如图1-11所示。

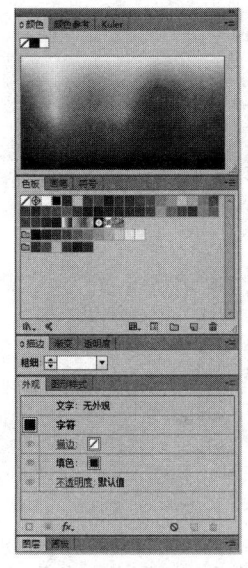

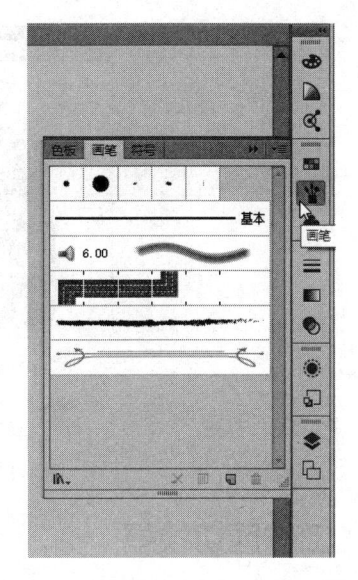

图 1-10　面板组　　　　　　　　　　　　图 1-11　折叠面板组后使用面板

1.2.5　文档窗口

Illustrator CC 采用了选项卡形式的文档窗口，该窗口用于显示和编辑当前文件。文档窗口分为文件标题、文件内容、文件状态三部分。当需要使文档窗口浮动显示时，可以按住文件标题然后往外拖动，使窗口浮动显示当前文件，如图 1-12 所示。

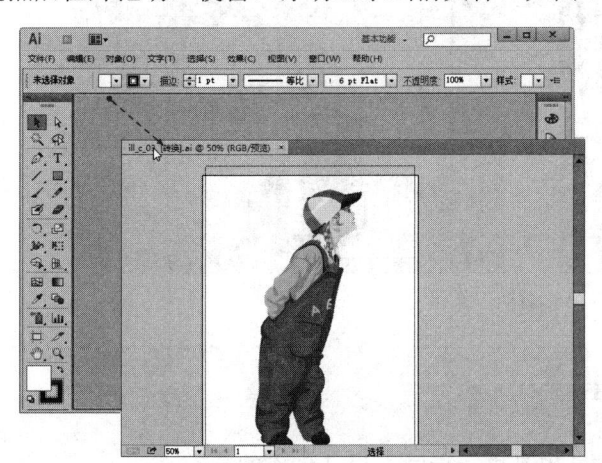

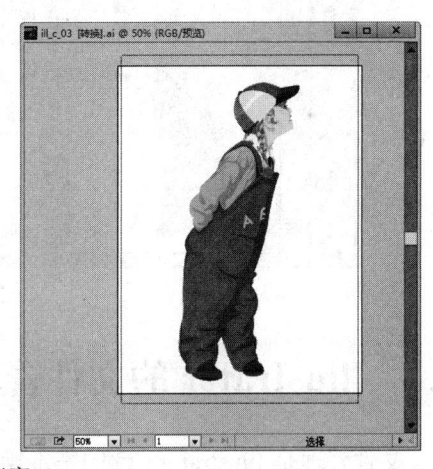

图 1-12　浮动显示文档窗口

文档窗口的底部是状态栏，用于显示当前文档的工作信息。状态栏由两部分组成，左侧的下拉文本框用于调整图像的显示比例；右侧区域则显示了当前图像的文件信息，单击该区域右侧的黑色小三角按钮，可以打开如图 1-13 所示的菜单，在其中可以选择所需显示的文件信息内容。

> 在默认状态下，文档窗口中的白色部分称为【画板】，灰色（或黑色）部分称为【画布】。画板表示可以包含可打印图稿的区域。

图 1-13　选择要显示的信息内容

1.2.6　工作区切换器

Illustrator CC 针对不同的用户提供了多种设计模式，包括【Web】、【上色】、【基本功能】、【打印和校样】等 8 种工作区模式。其中默认的工作区为【基本功能】，单击 基本功能 按钮即可打开如图 1-14 所示的工作区下拉列表，可以根据需要选择对应的选项切换工作区。

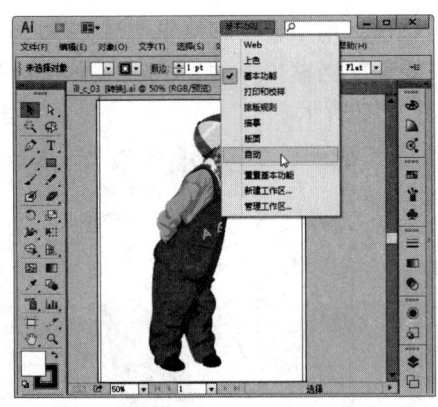

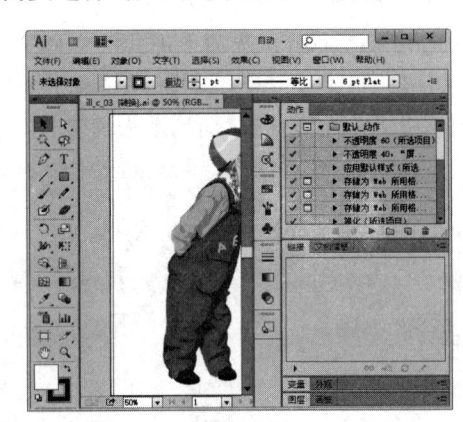

图 1-14　切换工作区

1.3　Illustrator 的文件管理

文件管理是 Illustrator CC 的基本操作，也是进一步学习设计创作的基础。

1.3.1　新建文件

在新建文件时，可以设置文件的名称、大小、取向、出血、颜色模式以及栅格效果等内容。在 Illustrator CC 中，可以使用多种方法新建文件。

方法 1　通过菜单命令新建文件：在菜单栏中选择【文件】|【新建】命令，打开【新建】对话框后，可以选择预设的文件设置，或者自行设置名称、大小、出血、颜色模式以及取向等内容，然后单击【确定】按钮即可，如图 1-15 所示。

方法 2　使用快捷键新建文件：按 Ctrl+N 键打开【新建】对话框，然后按照方法 1 的操作创建新文件。

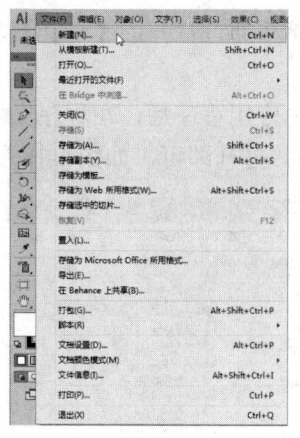

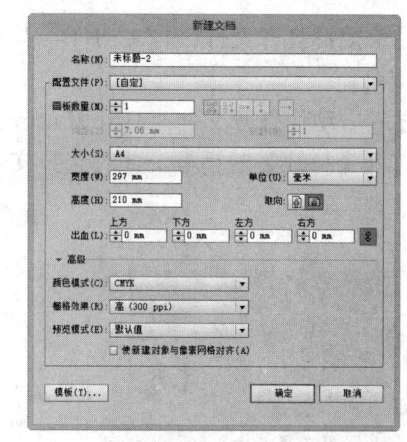

图 1-15　新建文件

方法 3　通过文档窗口新建文件：在文档窗口的标题栏上单击右键，然后从快捷菜单中选择【新建文档】命令，即可打开【新建】对话框，接着按照方法 1 的步骤操作新建文件，如图 1-16 所示。

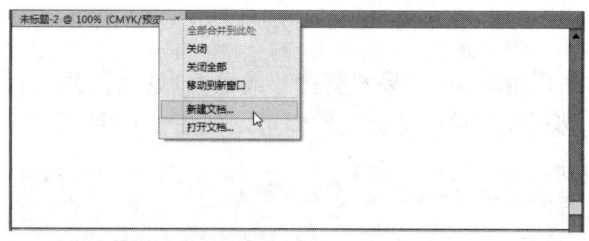

图 1-16　通过文档窗口新建文件

1.3.2　打开文件

当需要编辑 Illustrator 文件或其他图像文件时，可以通过 Illustrator CC 再次打开文件，然后根据需要查看文件内容或对其进行编辑。

在 Illustrator CC 中，打开文件常用的方法有下面几种。

方法 1　通过菜单命令打开文件：在菜单栏上选择【文件】|【打开】命令，然后通过打开的【打开】对话框选择要打开的 Illustrator 文件或图像文件，再单击【打开】按钮即可，如图 1-17 所示。

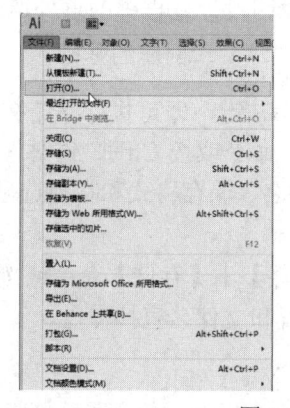

图 1-17　通过菜单命令打开文件

7

方法 2 通过快捷键打开文件：按 Ctrl+O 键，然后通过打开的【打开】对话框选择文件并单击【打开】按钮。

方法 3 通过双击动作打开文件：打开 Illustrator 应用程序后，在程序文档窗口编辑区上双击鼠标，即可打开【打开】对话框，此时选择文件并打开即可，如图 1-18 所示。

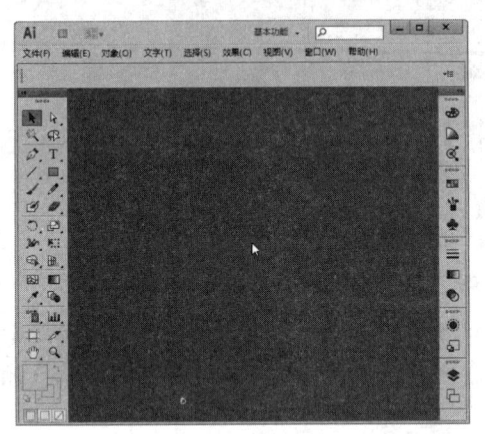

图 1-18 通过双击动作打开文件

方法 4 打开最近打开的文件：如果想要打开最近编辑过的文件，可以选择【文件】|【最近打开的文件】命令，然后在菜单中选择文件即可，如图 1-19 所示。

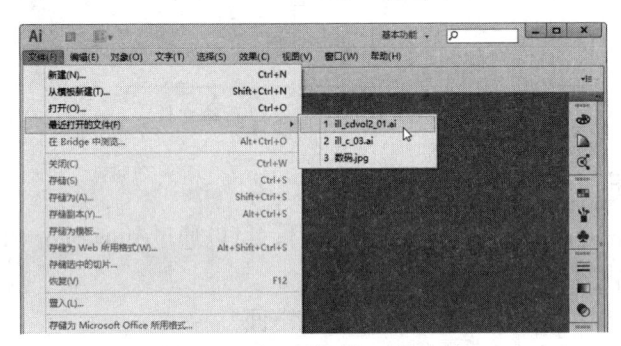

图 1-19 打开最近打开的文件

1.3.3 存储与另存文件

新建文件并完成绘图后，即可将其保存起来，以避免因设计过程中的意外造成损失。

1. 直接存储文件

在菜单栏中选择【文件】|【存储】命令，或按 Ctrl+S 键，即可执行存储文件的操作。

（1）如果是新建的文件，当选择【文件】|【存储】命令或按 Ctrl+S 键时，Illustrator 会打开【存储为】对话框，其中提供了设置保存位置、文件名、保存格式和存储选项，如图 1-20 所示。

（2）如果是打开的 Illustrator 文件，编辑后选择【文件】|【存储】命令或按下 Ctrl+S 键时，则不会打开【存储为】对话框，而是按照原文件位置和文件名直接覆盖。

2. 另存文件

当编辑 Illustrator 文件后，若不想覆盖原来的文件，可以选择【文件】|【存储为】命令

（或按 Shift+Ctrl+S 键），然后通过【存储为】对话框更改文件保存位置或名称，将原文件保存为另一个新文件。

图 1-20 存储为新文件

另外，选择【文件】|【存储副本】命令（或按 Alt+Ctrl+S 键）可以打开【存储副本】对话框，在其中可将文件另存为副本文件或新文件，如图 1-21 所示。

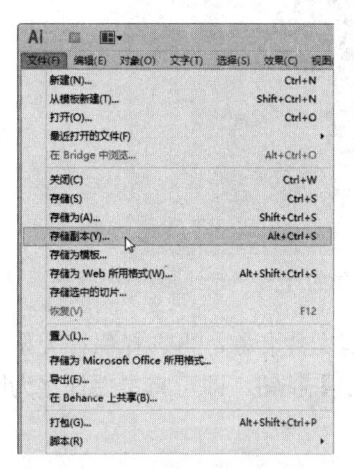

图 1-21 将文件存储为副本

1.3.4 存储为 Web 所用格式

在需要将图像应用于网页时，可以通过【存储为 Web 所用格式】对话框，对图像进行优化处理并存储为网页用的图像文件，以适应网络传递要求。

动手操作　将文件存储为 Web 图像

1 打开光盘中的"..\Example\Ch01\1.3.4.ai"练习文件，再打开【文件】菜单，选择【存储为 Web 所用格式】命令，如图 1-22 所示。

2 在打开的【存储为 Web 所用格式】对话框中选择【优化】选项卡，再通过对话框右侧设置图像格式和优化选项，如图 1-23 所示。

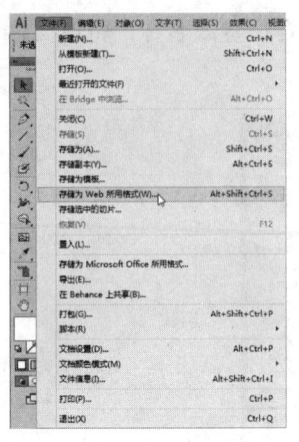

图 1-22 存储为 Web 所用格式

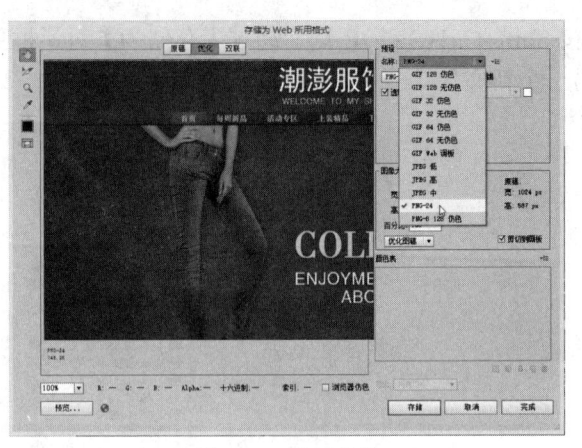

图 1-23 设置优化

3 选择【双联】选项卡，从浏览窗口中查看优化后的图像与原稿的效果对比，确认无误后单击【存储】按钮，如图 1-24 所示。

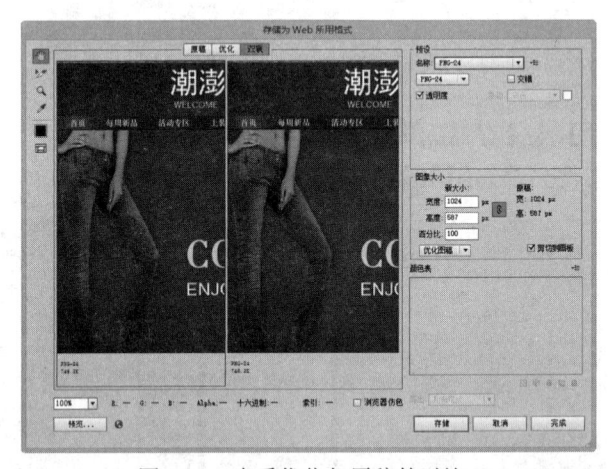

图 1-24 查看优化与原稿的对比

4 在打开的【将优化结果存储为】对话框中设置文件名称，再选择保存类型，接着单击【保存】按钮，在弹出的警告对话框中直接单击【确定】按钮，即可将文件保存为网页用的图像格式，如图 1-25 所示。

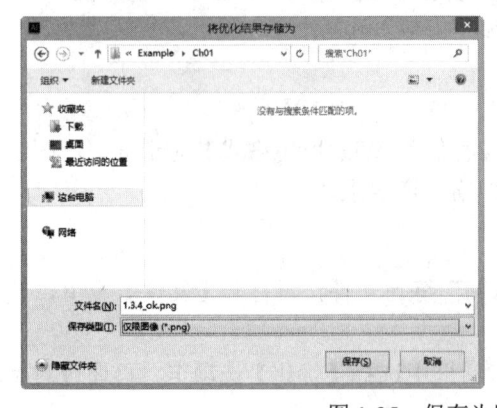

图 1-25 保存为网页用图像

1.3.5 创建模板与使用模板

在 Illustrator CC 中，可以使用模板创建共享通用设置和设计元素的新文件。例如，如果需要设计一系列外观和质感相似的名片，那么可以创建一个模板，为其设置所需的画板大小、视图设置（如参考线）和打印选项。而且，该模板还可以包含通用设计元素（如徽标）的符号，以及颜色色板、画笔和图形样式的特定组合。

> Illustrator 提供了许多模板，包括信纸、名片、信封、小册子、标签、证书、明信片、贺卡和网站等。

1．创建新模板

动手操作　创建新模板

1 打开新的或现有的文档，再按照下列任意方式自定文档：

（1）在从模板创建的新文档中根据意愿来设置文档窗口，其中包括放大级别、滚动位置、标尺原点、参考线、网格、裁剪区域和视图菜单中的选项。

（2）在通过模板创建的新文档中，根据需要绘制或导入任意图稿。

（3）删除不希望保留的任何现有色板、样式、画笔或符号。

（4）在相应面板中创建所需的任何新色板、样式、画笔和符号。还可以从 Illustrator 提供的各种库中导入预设的色板、样式、符号和动作。

（5）创建期望的图表设计，并将它们添加到【图表设计】对话框，或者导入预设的图表设计。

（6）在【文档设置】对话框和【打印选项】对话框中设置所需的选项。

2 选择【文件】|【存储为模板】命令，然后在【存储为】对话框中选择文件的位置，输入文件名，然后单击【保存】按钮，如图 1-26 所示。完成上述操作后，Illustrator 即可将文件存储为 AIT（Adobe Illustrator 模板）格式。

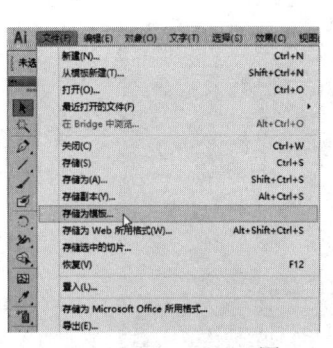

图 1-26　将文件保存为模板

2．从模板新建文件

动手操作　从模板新建文件

1 执行下列操作之一：

(1）选择【文件】|【从模板新建】命令。

(2）按 Shift+Ctrl+N 键。

(3）选择【文件】|【新建】命令，然后在【新建文档】对话框中单击【模板】按钮，如图 1-27 所示。

2 在【从模板新建】对话框中选择模板，然后单击【新建】按钮，如图 1-28 所示。

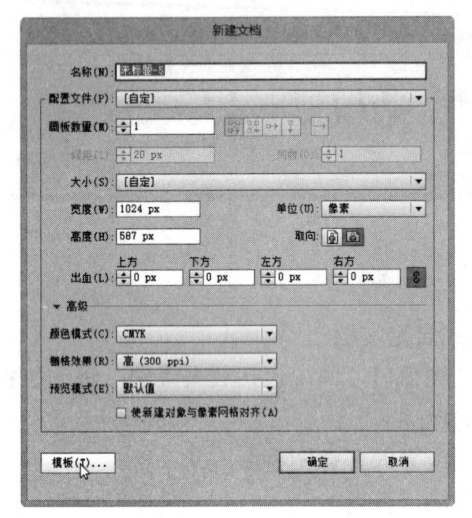

图 1-27　单击【模板】按钮　　　　　　　　图 1-28　选择模板并新建文件

1.3.6　打印图像

当编辑完文件后，如果电脑连接了打印机，就可以直接通过 Illustrator 的【打印】功能将图稿打印出来。

可以选择【文件】|【打印】命令，在【打印】对话框中指定打印机，再设置打印色彩和其他打印选项，最后单击【打印】按钮即可让打印机执行打印图像的处理，如图 1-29 所示。

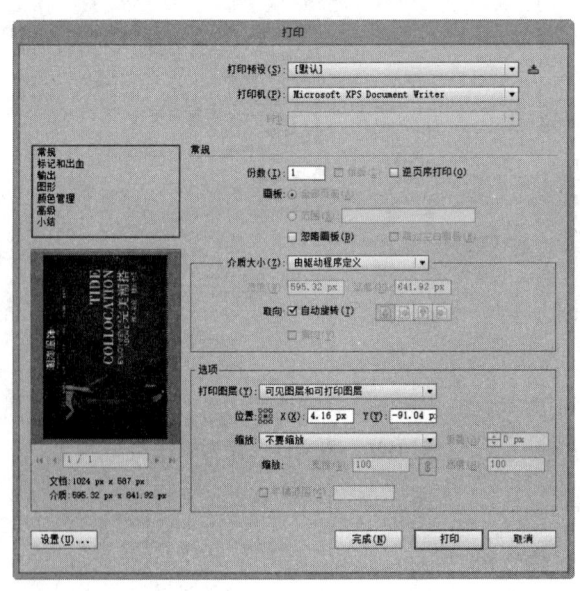

图 1-29　打印当前编辑的图稿

1.4 技能训练

下面通过 4 个上机练习实例，巩固所学技能。

1.4.1 上机练习 1：置入与导出图稿

Illustrator CC 支持将其他程序创建的文件置入当前图稿文件中，也可以将当前图稿导出为不同格式的文件。本例将一个 PNG 格式的图像置入练习文件中，并调整置入对象的位置，最后将整个完整的图稿导出为 JPG 格式的图像。

操作步骤

1 打开光盘中的"..\Example\Ch01\1.4.1.ai"练习文件，选择【文件】|【置入】命令，打开【置入】对话框后，选择"车.png"图像文件，再选择【链接】和【显示导入选项】复选框，接着单击【置入】按钮，如图 1-30 所示。

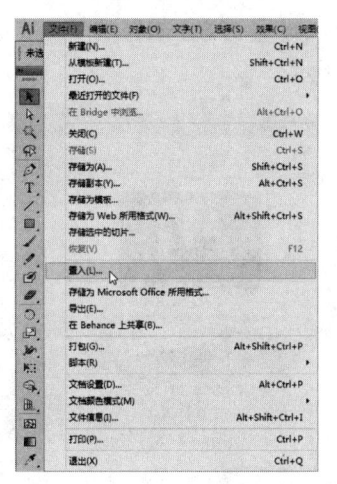

图 1-30 执行【置入】命令并选择文件

2 返回 Illustrator 用户界面后，可以看到鼠标显示置入的图案，此时可以在适当的位置上单击置入图像，或者拖动鼠标设置置入图像的大小和位置，如图 1-31 所示。

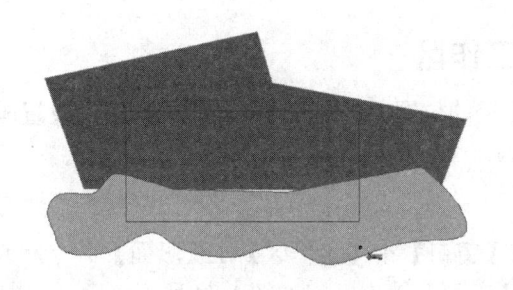

图 1-31 设置置入图像的大小和位置

3 如果要导出文件，可以选择【文件】|【导出】命令，然后在【导出】对话框中设置保存文件的目录和设置文件名称，再设置导出文件的保存类型（本例选择 JPEG 格式），接着单击【导出】按钮，如图 1-32 所示。

13

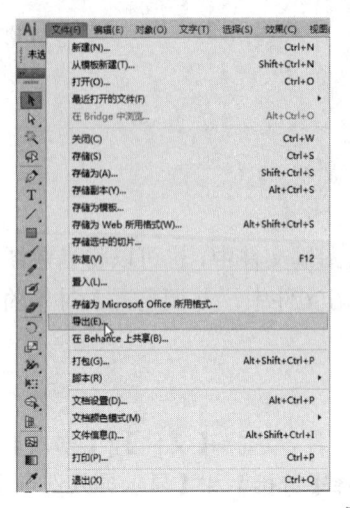

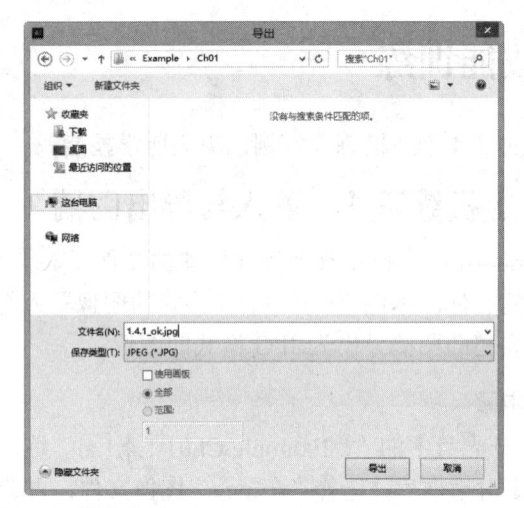

图 1-32　导出文件

4 此时程序打开【JPEG 选项】对话框，在其中可以设置 JPEG 图像的颜色、品质、压缩等选项，完成设置后，单击【确定】按钮，如图 1-33 所示。

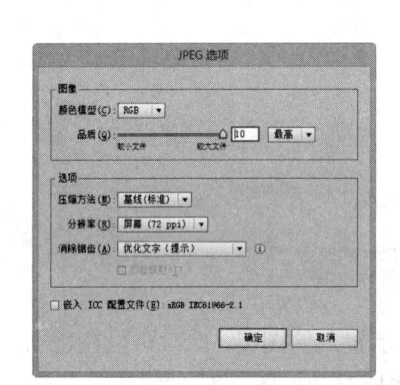

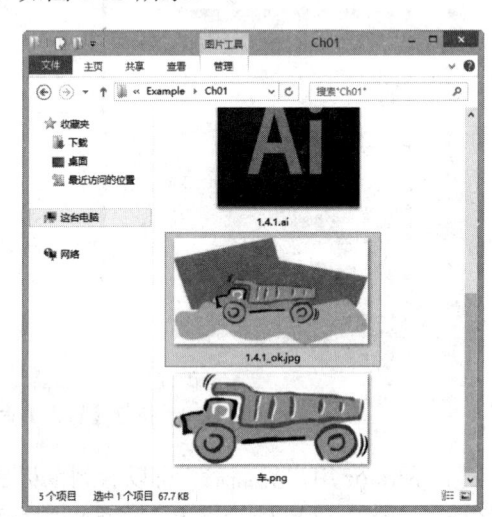

图 1-33　设置格式选项并查看结果

1.4.2　上机练习 2：新建自定义的工作区

本例先切换到【版面】工作区，然后调整面板的位置，再通过【首选项】对话框设置画布颜色为【白色】，最后将自定义的工作区设置为一个新的工作区。

操作步骤

1 启动 Illustrator CC 应用程序，然后选择【窗口】|【工作区】|【版面】命令，或者通过工作区切换器选择【版面】命令，切换到【版面】工作区，如图 1-34 所示。

2 使用鼠标按住【色板】面板集标题栏，然后将该面板集移到面板组最上方，如图 1-35 所示。

3 选择面板组下方的【变换】面板，再使用鼠标按住该面板的标题，并将该面板移到折叠的面板组上，如图 1-36 所示。

Illustrator CC 应用基础

图 1-34　切换工作区

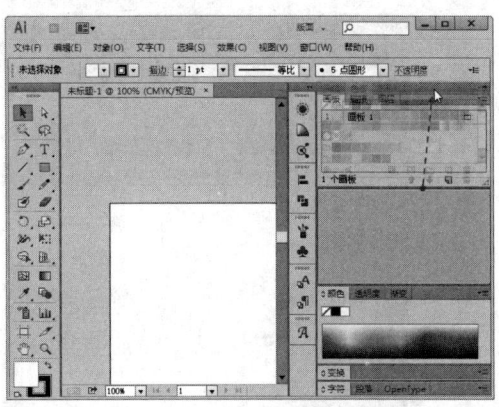

图 1-35　调整面板集的位置

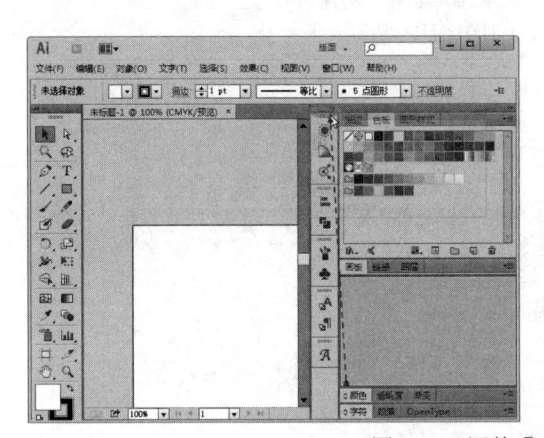

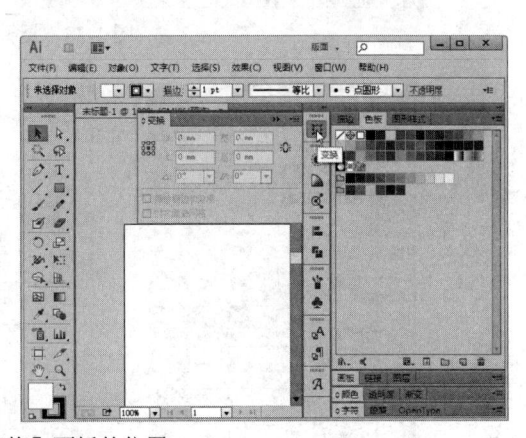

图 1-36　调整【变换】面板的位置

4 选择折叠面板下方的【字形】面板按钮 ，然后按住该按钮将【字形】面板拖到右侧展开的面板组上，如图 1-37 所示。

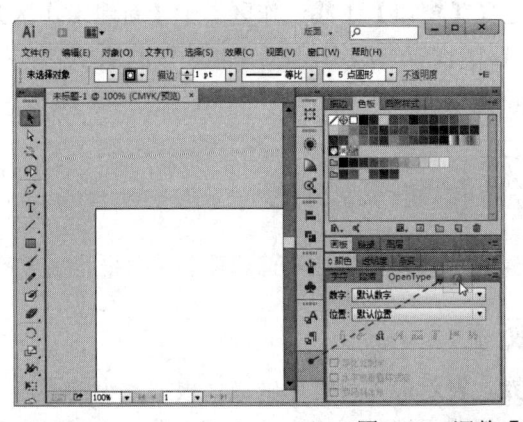

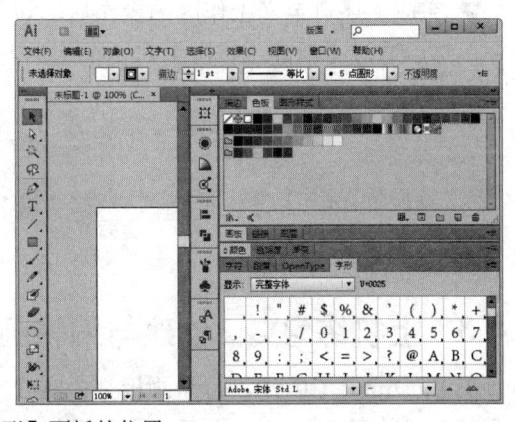

图 1-37　调整【字形】面板的位置

5 单击【工具】面板左上方的【展开面板】按钮 ，展开【工具】面板，如图 1-38 所示。
6 在面板组标题上单击右键，然后从打开的菜单中选择【用户界面首选项】命令，打开【首选项】对话框后，选择【用户界面】选项，接着在【画布颜色】项目中选择【白色】单选按钮，设置文档窗口中的画布为永久白色，最后单击【确定】按钮，如图 1-39 所示。

15

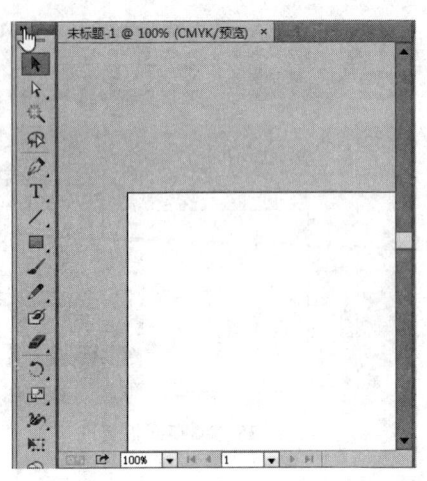

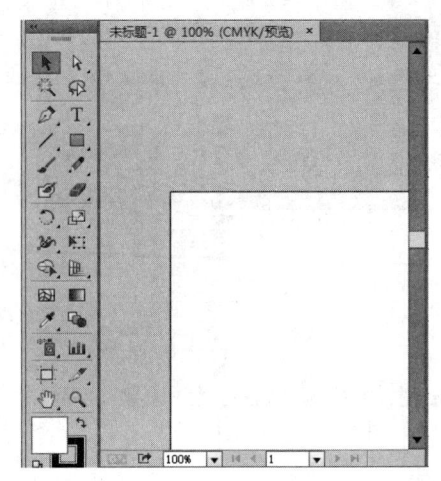

图 1-38　展开【工具】面板

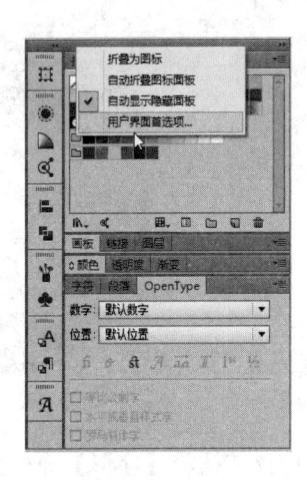

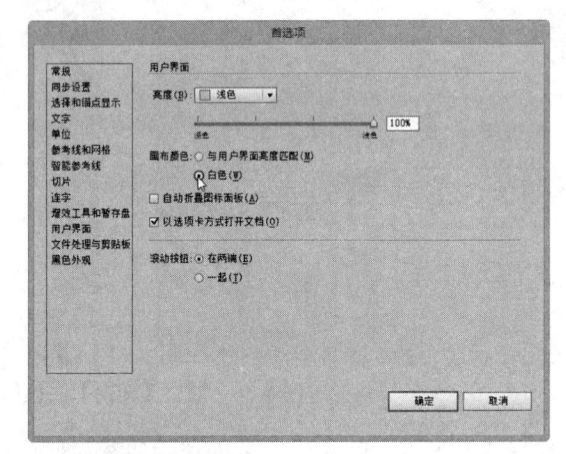

图 1-39　设置画布的颜色

7 完成上述自定义工作区的操作后，即可选择【窗口】|【工作区】|【新建工作区】命令，然后通过【新建工作区】对话框将当前工作区设置为新工作区，如图 1-40 所示。

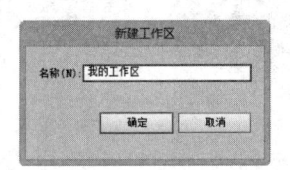

图 1-40　新建工作区

1.4.3　上机练习 3：创建与编辑画板

在 Illustrator CC 中，每个画板都由实线定界，表示最大可打印区域。根据大小的不同，每个文档可以有 1～100 个画板，用户可以在最初创建文档时指定文档的画板数，也可以在处理文档的过程中随时添加和删除画板。本例将介绍为文档创建与编辑画板的方法。

操作步骤

1 打开光盘中的"..\Example\Ch01\1.4.3.ai"练习文件，在工具面板中选择【画板工具】，然后通过控制面板设置画板的各个选项，也可以单击【画板选项】按钮，通过打开的【画板选项】对话框设置画板选项，如图1-41所示。

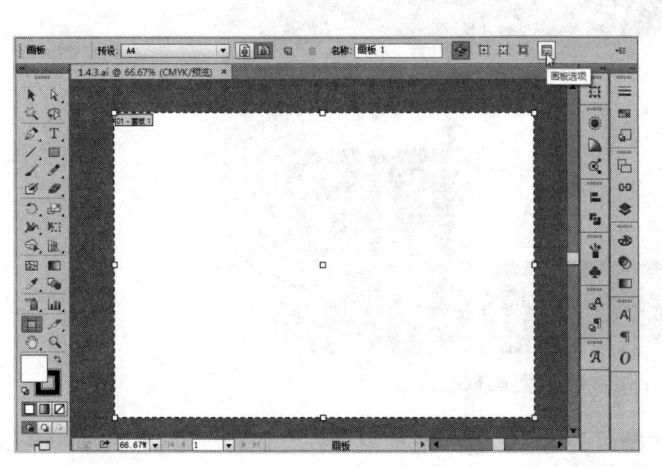

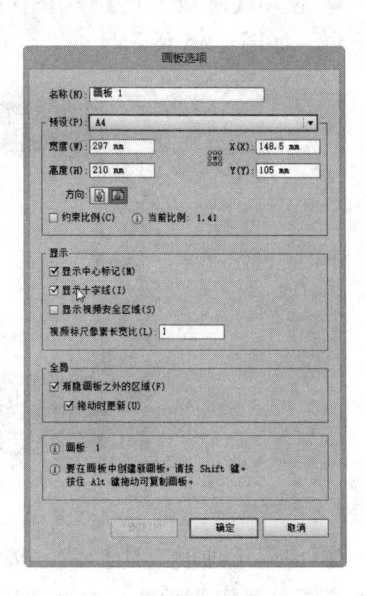

图1-41　设置画板的选项

2 在面板组中打开【画板】面板，在面板中单击【新建画板】按钮，此时面板中新建了【面板2】画板，文档窗口上也显示画板2，如图1-42所示。

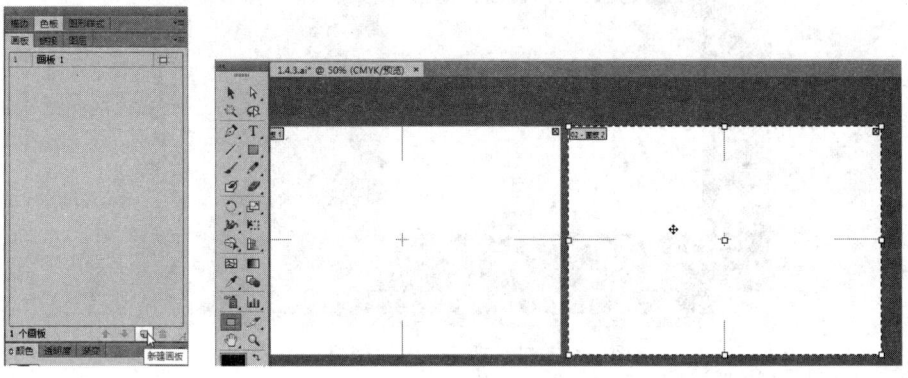

图1-42　新建画板

3 将鼠标移到画板2右下角的交叉点上，按住鼠标并向左上方移动，即可缩小画板，如图1-43所示。

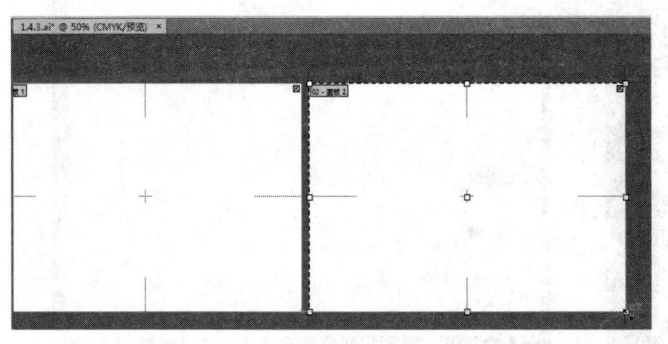

图1-43　缩小画板的尺寸

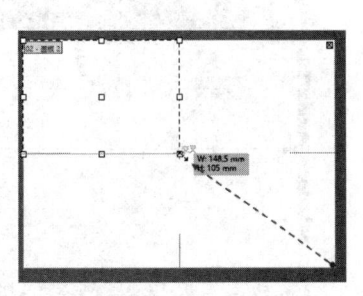

4 使用【画板工具】按住画板 2，然后将画板 2 拖到画板 1 的右上方，以调整画板 2 的位置，如图 1-44 所示。

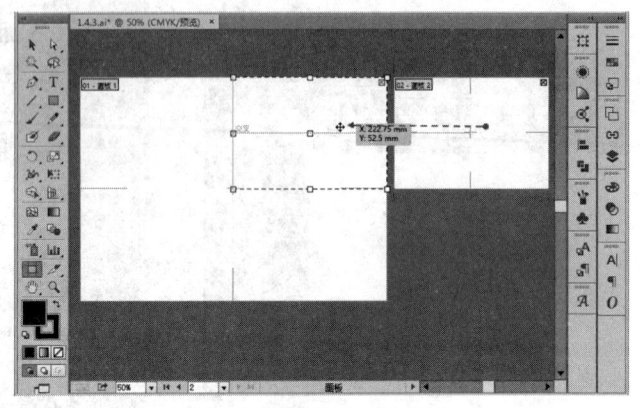

图 1-44 调整画板的位置

5 使用【画板工具】，按住键盘的 Shift 键并拖动鼠标，在画板 1 的左下方以手动绘制的方式创建出画板 3，如图 1-45 所示。

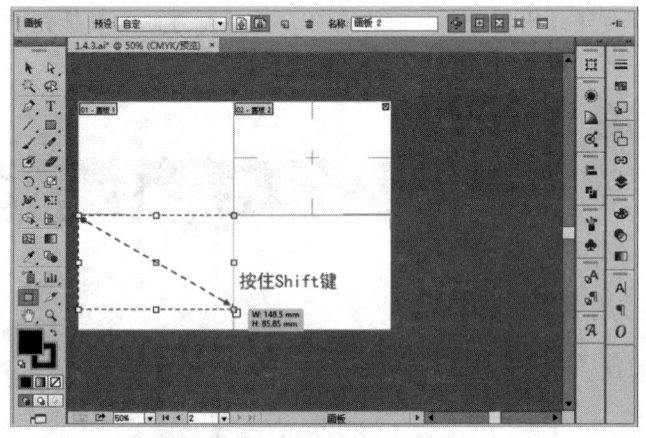

图 1-45 以手动绘制方式创建画板

6 选择画板 3，然后在【控制】面板的【名称】框中修改画板的名称为【名片正面】，再修改画板 2 的名称为【名片背面】，如图 1-46 所示。

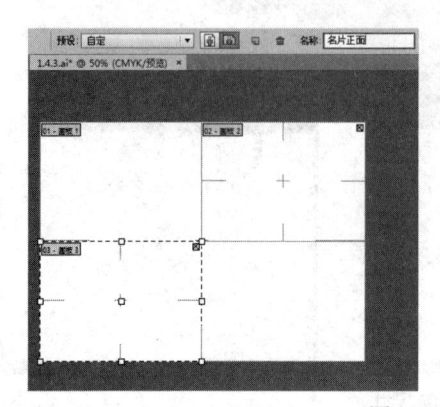

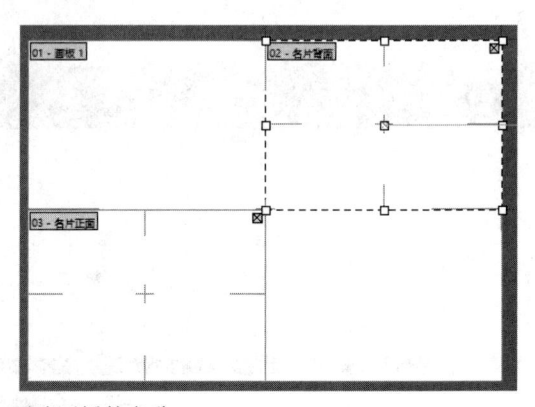

图 1-46 更改画板的名称

7 打开【画板】面板，再选择【名片正面】画板，然后单击【上移】按钮，调整【名片正面】画板的排列顺序，如图 1-47 所示。完成上述操作后，保存文档即可。

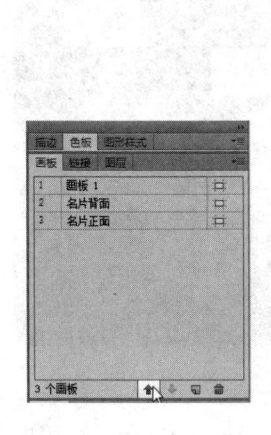

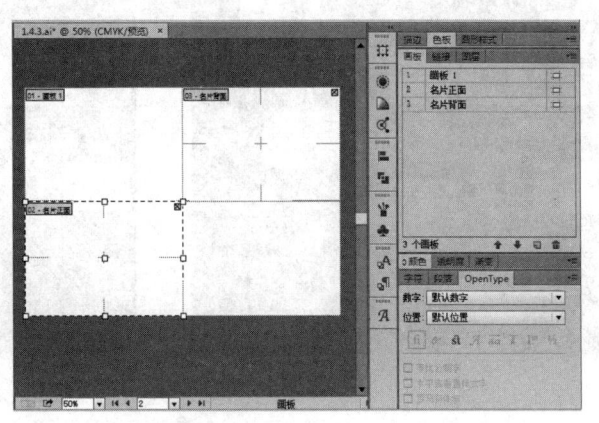

图 1-47　调整画板的排列顺序

1.4.4　上机练习 4：使用 Bridge 浏览并打开文件

Adobe Bridge 程序是 Adobe 各个应用程序的控制中心。Adobe Bridge 程序可以让用户方便地访问本地 PSD、AI、INDD 和 Adobe PDF 等文件以及其他 Adobe 和非 Adobe 应用程序文件。本例将介绍使用 Adobe Bridge CC 程序在本地电脑中浏览文件并将文件打开到 Illustrator 程序中的方法。

操作步骤

1 在 Illustrator CC 程序中选择【文件】|【在 Bridge 浏览】命令，或者按 Ctrl+Alt+O 快捷键，如图 1-48 所示。

2 打开 Adobe Bridge 程序后，打开【文件夹】选项卡，然后从选项卡中指定要打开文件所在的文件夹，如图 1-49 所示。

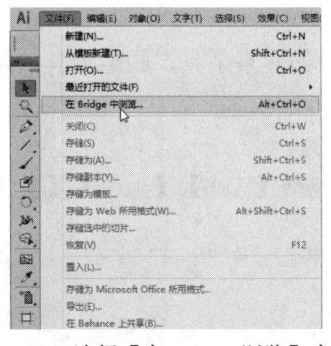

图 1-48　选择【在 Bridge 浏览】命令 　　　　图 1-49　打开文件所在的文件夹

3 在【内容】选项卡中选择要打开的文件，然后在【浏览】选项卡中单击以激活放大显示区，接着拖动放大显示控件，查看文件内容，如图 1-50 所示。

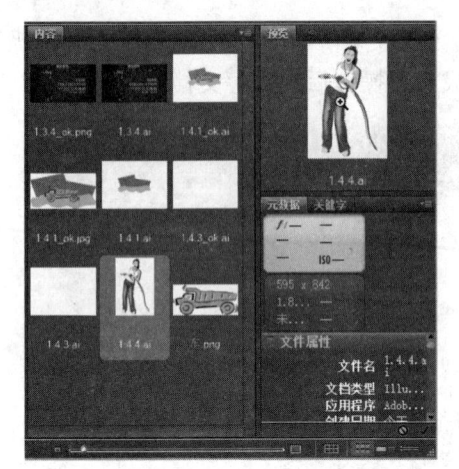

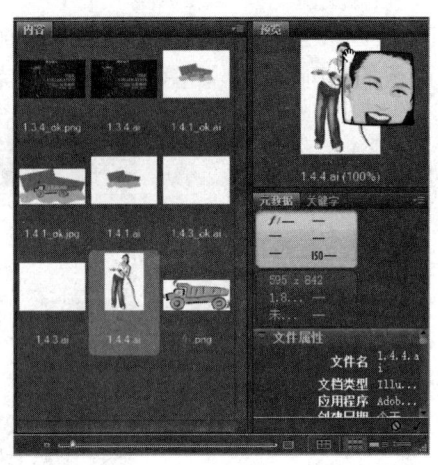

图 1-50 浏览要打开的文件

❹ 在【内容】选项卡中双击要打开的文件,即可将该文件打开到 Illustrator 程序中,如图 1-51 所示。

图 1-51 打开文件

1.5 评测习题

一、填充题

(1)_____包含了所有图形处理用到的编辑工具,如套索工具、画笔工具、矩形工具、文字工具、画板工具等。

(2)按_____键,可以打开【新建】对话框。

(3)Illustrator CC 针对不同的用户提供了多种设计模式,包括【Web】、【上色】、【基本功能】、【打印和校样】等_____种工作区模式。

二、选择题

(1)Illustrator CC 不包含哪种用户界面的颜色方案? ( )
  A. 深色   B. 中等深色   C. 中等浅色   D. 白色

(2)请问按什么快捷键可以打开【文件】菜单? ( )
  A. Alt+F   B. Ctrl+F   C. Ctrl+E   D. Shift+F

（3）按下哪个快捷键可以打开【另存为】对话框？　　　　　　　　（　　）

　　　A．Ctrl+Shift+O　　B．Ctrl+Shift+E　　C．Ctrl+Shift+S　　D．Ctrl+Shift+F

（4）以下哪个菜单包含了用于调整路径、变换对象、应用切片等的相关命令？（　　）

　　　A.【文件】菜单　　B.【对象】菜单　　C.【文字】菜单　　D.【窗口】菜单

三、判断题

（1）Illustrator CC 的菜单栏由【文件】、【编辑】、【对象】、【文字】、【选择】、【效果】、【视图】、【窗口】和【帮助】9 个菜单命令组成。（　　）

（2）菜单中某些菜单命令项显示为灰色，则表示该命令直接使用，不能通过对话框设置参数。（　　）

（3）如果是打开的 Illustrator 文件，编辑后按 Ctrl+S 键时，不会打开【存储为】对话框。

（　　）

四、操作题

将练习文件打开到 Illustrator 中，然后通过存储为 Office 所有格式的方式将文件另存为 PNG 格式的图像，结果如图 1-52 所示。

图 1-52　将文件保存为 PNG 格式的图像

操作提示

（1）启动 Illustrator CC 应用程序，打开"..\Example\Ch01\1.5.ai"文件。

（2）选择【文件】|【存储为 Microsoft Office 所有格式】命令。

（3）打开【存储为 Microsoft Office 所有格式】对话框后，设置文件名称和保存类型，再单击【保存】按钮。

第 2 章　Illustrator CC 入门技能

学习目标

本章将详细介绍查看图稿、使用辅助功能、选择和编辑对象、使用图层管理对象等基本的入门技能。

学习重点

☑ 放大或缩小显示图稿
☑ 各种查看图稿的方法
☑ 使用标尺、参考线和度量工具
☑ 选择对象、隔离对象和编辑对象
☑ 使用图层管理对象

2.1 查看图稿

在 Illustrator 中，图稿就是在文档画布中的所有内容，包括画板内的内容和超出画板外的内容。Illustrator 提供了多种方法查看图稿。

2.1.1 放大或缩小显示图稿

在 Illustrator 中，有多种方式可以放大或缩小图稿。

1. 使用缩放工具

【缩放工具】可以在文档窗口中增加和减小视图比例，从而更方便地查看图稿内容。

方法 1　在【工具】面板中，选择【缩放工具】。此时指针会变为一个中心带有加号的放大镜。要缩放视图时，单击要放大的区域的中心，或者按住 Alt 键并单击要缩小的区域的中心，如图 2-1 所示。每单击一次，视图便放大或缩小到上一个预设百分比。

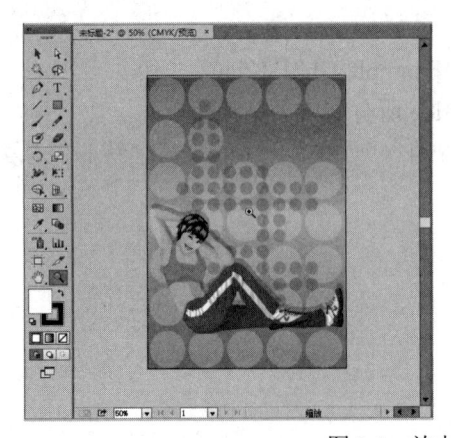

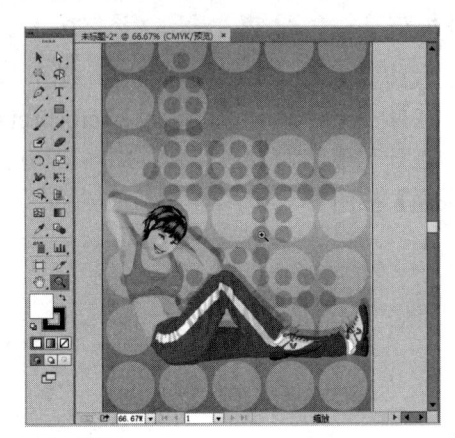

图 2-1　放大视图查看图稿

方法 2 如果要放大或缩小某个区域，可以先选择【缩放工具】🔍，然后在要放大的区域周围拖移虚线方框（称为选框），或者按住 Alt 键在要缩小的区域周围拖移虚线方框，接着放开鼠标即可，如图 2-2 所示。

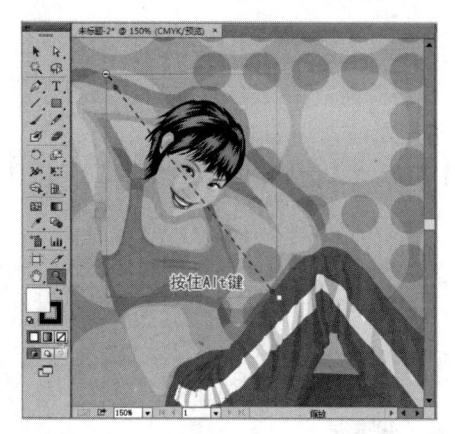

图 2-2 缩小选框的区域

如果要在图稿周围移动选框，可以按住空格键并继续拖移，将选框移动到新位置即可。

2．其他方法

（1）在菜单栏中选择【视图】|【放大】命令或【视图】|【缩小】命令，每执行一次命令，视图便放大或缩小到下一个预设百分比，其对应的快捷键为 Ctrl+ + 与 Ctrl+ −。

（2）在文档窗口左下角或【导航器】面板中设置缩放级别，如图 2-3 所示。

（3）在菜单栏中选择【视图】|【实际大小】命令，或者双击【缩放工具】按钮🔍，可以100%比例显示图稿内容。

（4）在菜单栏中选择【视图】|【适合窗口大小】命令，或者双击【抓手工具】按钮✋，可更改视图以适合文档窗口大小。

（5）要查看窗口中的所有内容，可以选择【视图】|【全部适合窗口大小】命令。

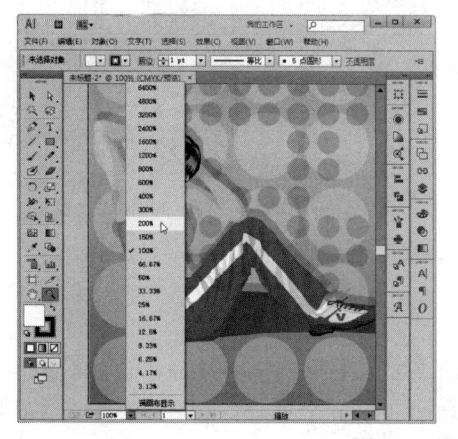

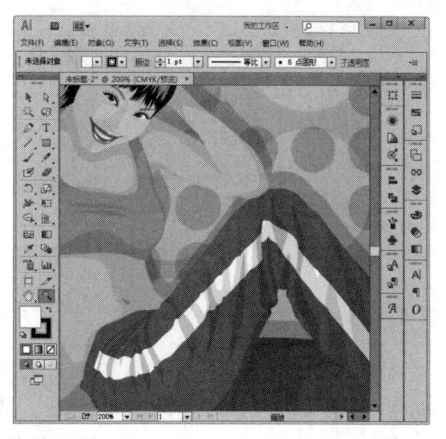

图 2-3 设置缩放级别

2.1.2 更改图稿的查看区域

查看区域是指视图中可以查看图稿的可视区域（默认情况下，文档视图等同于查看区域）。可以使用不同的方法更改查看区域，以查看图稿各部分的内容。

1．使用导航器

在菜单栏中选择【窗口】|【导航器】命令，即可打开【导航器】面板。该面板中的彩色框（即查看区域）与文档窗口中当前可查看的区域相对应，如图2-4所示。

当需要更改查看区域时，可以按住【导航器】面板的彩色框，然后移动该彩色框即可，如图2-5所示。

图2-4 通过【导航器】面板查看图稿 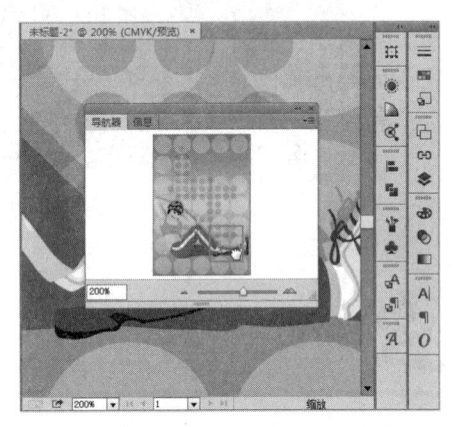　　　　　图2-5 移动彩色框以更改查看区域

在【导航器】面板中，单击【缩放】按钮 或【放大】按钮 ，即可在查看区域中放大或缩小视图显示比例。使用鼠标按住缩放滑块 ，向左拖动即可缩小视图；向右拖动即可放大视图，如图2-6所示。

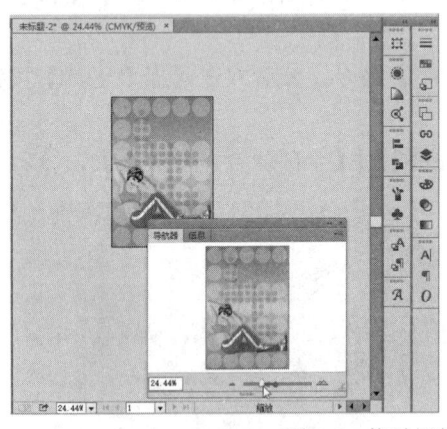

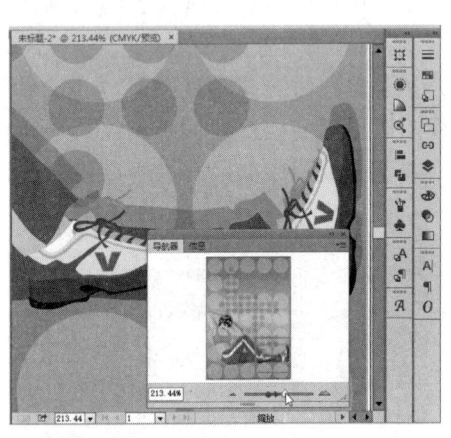

图2-6 拖动滑块缩放视图显示比例

2．其他方法

（1）选择【视图】|【实际大小】命令，可以实际大小将图稿内容显示在查看区域。

（2）选取【视图】|【全部适合窗口大小】命令可以缩小图稿，以便所有画板均可在查看区域上显示。

(3）选择【视图】|【画板适合窗口大小】命令可以放大现用画板。

（4）选择【抓手工具】，并向所需的图稿移动方向拖动，即可更改图稿在查看区域的显示内容，如图2-7 所示。

2.1.3 使用轮廓模式查看图稿

默认情况下，Illustrator【文件】窗口彩色预览所有图稿。用户也可以选择以其轮廓（或路径）显示图稿。在处理复杂图稿时，查看没有上色属性的图稿会减少用于重绘屏幕的时间。

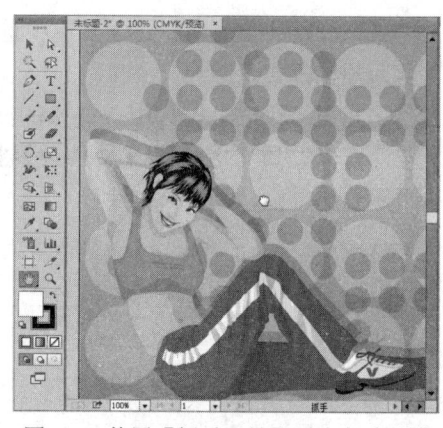

图 2-7 使用【抓手工具】更改查看区域

使用轮廓模式查看图稿的方法如下：

（1）如果要将所有图稿作为轮廓查看，可以选择【视图】|【轮廓】命令，如图 2-8 所示。选择【视图】|【预览】命令，则可以返回预览彩色图稿。

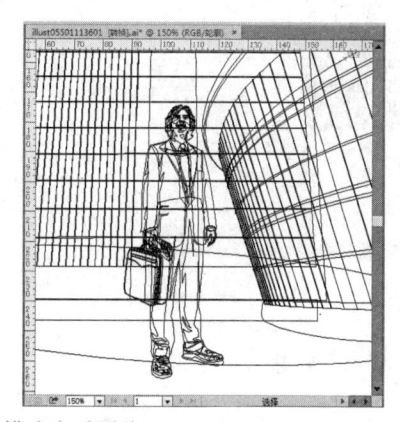

图 2-8 使用轮廓模式查看图稿

（2）要按轮廓查看图层中的所有图稿，可以按住 Ctrl 键并单击【图层】面板中该图层的眼睛图标，如图 2-9 所示。再次按住 Ctrl 键单击即可返回预览彩色图稿。启用【轮廓】视图时眼睛图标中央为空心的，启用【预览】视图时眼睛图标中央为实心的。

（3）要按轮廓查看未选择的图层中的所有项，可以按住 Alt+Ctrl 键并单击所选图层的眼睛图标。或者从【图层】面板菜单中选择【轮廓化其他图层】命令，如图 2-10 所示。

图 2-9 按轮廓查看图层中的所有图稿

（4）可以从【图层】面板菜单中选择【预览所有图层】命令，将【图层】面板中的所有项恢复为预览模式。

（5）在"轮廓"模式中，链接的文件默认显示为内部带 X 的轮廓框。要查看链接的文件内容，可以选择【文件】|【文档设置】命令，在【文档设置】对话框中选择【以轮廓模式显示图像】复选框，如图 2-11 所示。

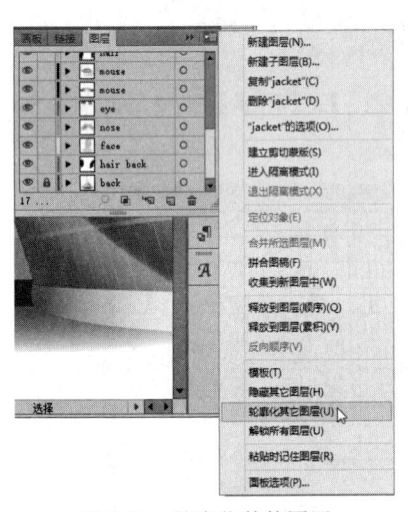

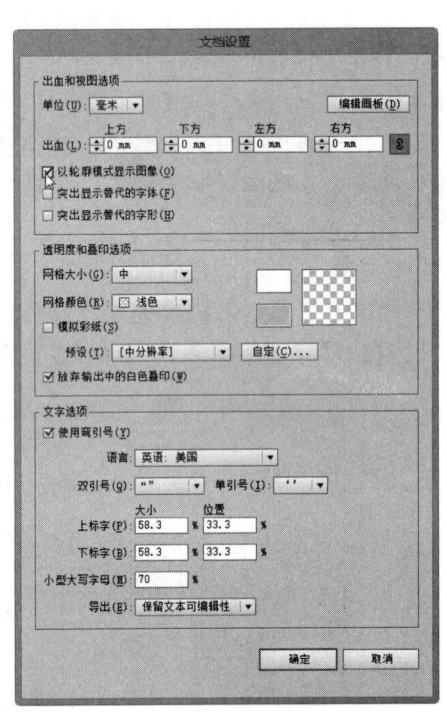

图 2-10　轮廓化其他图层　　　　　图 2-11　设置以轮廓模式显示图像

2.1.4　使用多个窗口和视图

1．关于多个窗口

Illustrator 允许同时打开单个文档的多个窗口，且每个窗口可以具有不同的视图设置。例如，可以设置一个高度放大的窗口以对某些对象进行特写，并创建另一个稍小的窗口以在页面上布置这些对象。

另外，可以根据需要，使用【窗口】菜单中的选项来排列多个打开的窗口。例如，"层叠"以堆叠的方式显示窗口，从屏幕左上方向下排列到右下方；"平铺"以边对边的方式显示窗口；"排列图标"在程序窗口内组织最小化的窗口。

2．关于多个视图

创建多个窗口的替代方法是创建多个视图。可以为每个文档创建和存储多达 25 个视图。

多个窗口和多个视图在以下方面是不同的：

（1）可以在文档中存储多个视图，但不会存储多个窗口。

（2）可以同时查看多个窗口。

（3）仅当打开多个窗口以在其中显示视图时，才能同时显示多个视图。更改视图时将改变当前窗口，但不会打开新的窗口。

创建多个窗口和视图的方法如下。

（1）创建新窗口：选择【窗口】|【新建窗口】命令，如图 2-12 所示。

图 2-12　新建窗口

（2）创建新视图：根据需要对视图进行设置，然后选择【视图】|【新建视图】命令，接着输入新视图的名称并单击【确定】按钮，如图 2-13 所示。

（3）重命名或删除视图：选择【视图】|【编辑视图】命令，然后选择要重命名或删除的视图，再输入名称或单击【删除】按钮。

（4）在视图之间切换：从【视图】菜单底部选择一个视图名称的命令即可。

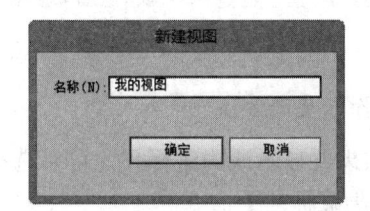

图 2-13　新建视图

2.2　使用辅助功能

在图稿设计过程中，使用辅助功能是重要的手段之一。下面将介绍多种辅助功能的使用方法。

2.2.1 使用标尺

1．标尺概述

标尺可以准确定位和度量文档窗口或画板中的对象。在每个标尺上显示 0 的位置称为标尺原点。Illustrator CC 中的标尺与其他 Adobe 应用程序（如 InDesign 和 Photoshop）中的标尺类似。Illustrator 分别为文档和画板提供了单独的标尺。用户可以在一个点上只选择这些标尺中的其中一个。

2．全局标尺和画板标尺

文档窗口的标尺即窗口标尺，称为"全局标尺"，用于画板的标尺称为"画板标尺"。上述标尺的说明如下：

（1）全局标尺显示在文档窗口的顶部和左侧。默认标尺原点位于文档窗口的左上角，如图 2-14 所示。

（2）画板标尺显示在现用画板的顶部和左侧。默认画板标尺原点位于画板的左上角，如图 2-15 所示。

（3）画板标尺与全局标尺的区别在于：如果选择画板标尺，原点将根据活动的画板变化。此外，不同的画板标尺可以有不同的原点。如果更改画板标尺的原点，填充于画板对象上的图案将不受影响。

（4）全局标尺的默认原点位于第一个画板的左上角，图稿标尺的默认原点位于各个画板的左上角。

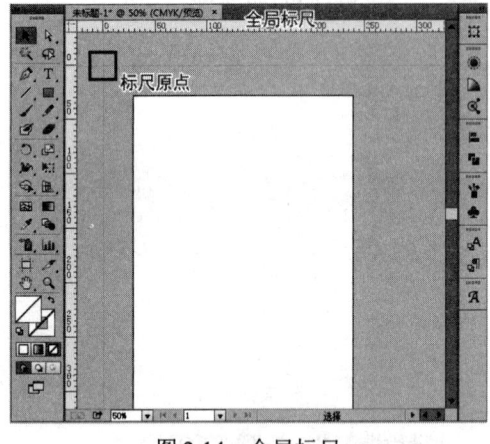

图 2-14　全局标尺　　　　　　　　图 2-15　画板标尺

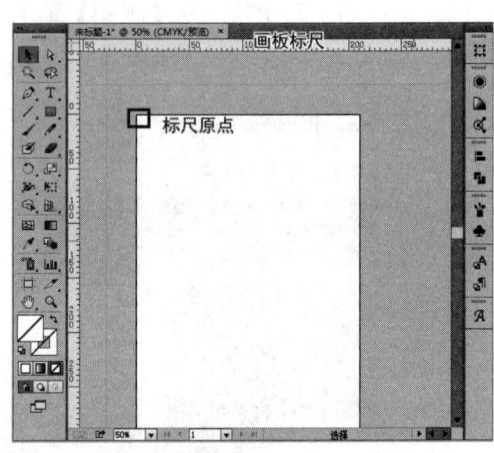

3．操作标尺的方法

（1）如果要显示或隐藏标尺，可以选择【视图】|【标尺】|【显示标尺】命令或【视图】|【标尺】|【隐藏标尺】命令。

（2）如果要在画板标尺和全局标尺之间切换，可以选择【视图】|【标尺】|【更改为全局标尺】命令或【视图】|【标尺】|【更改为画板标尺】命令。默认情况下显示画板标尺，因此【标尺】子菜单中默认为显示【更改为全局标尺】命令。

（3）如果要显示或隐藏视频标尺，可以选择【视图】|【标尺】|【显示视频标尺】命令或【视图】|【标尺】|【隐藏视频标尺】命令。

（4）如果要更改标尺原点，可以将指针移到左上角（标尺在此处相交），然后将指针拖到所需的新标尺原点处。进行拖动时，窗口和标尺中的十字线会指示不断变化的全局标尺原点。更改全局标尺原点会影响图案拼贴。

（5）如果要恢复默认标尺原点，可以双击左上角（标尺在此处相交）。

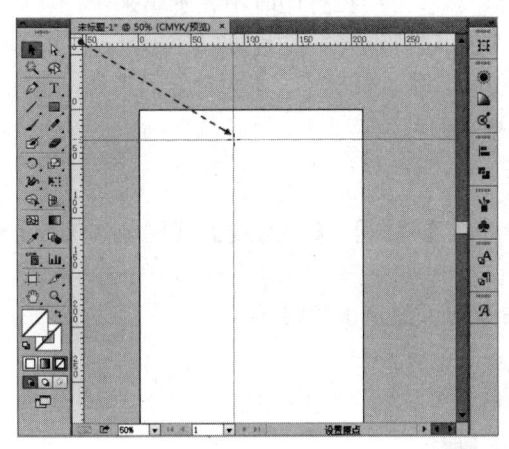

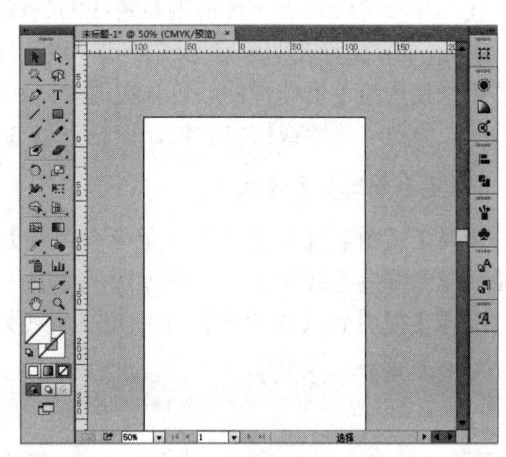

图2-16　更改标尺原点

4．更改标尺的度量单位

Illustrator中默认的度量单位是点（一个点等于0.3528毫米），而标尺默认的度量单位是毫米。用户可以更改Illustrator用于常规度量（标尺度量）、描边和文字的单位。

方法1　如果要更改默认的度量单位，可以选择【编辑】|【首选项】|【单位】命令，然后选择【常规】、【描边】和【文字】选项的单位，如图2-17所示。【常规】度量选项会影响标尺度量点之间的距离、移动和变换对象、设置网格和参考线间距以及创建形状。

方法2　如果只设置当前文档的常规（保持）度量单位，可以选择【文件】|【文档设置】命令，从【单位】列表框中选择要使用的度量单位并单击【确定】按钮，如图2-18所示。

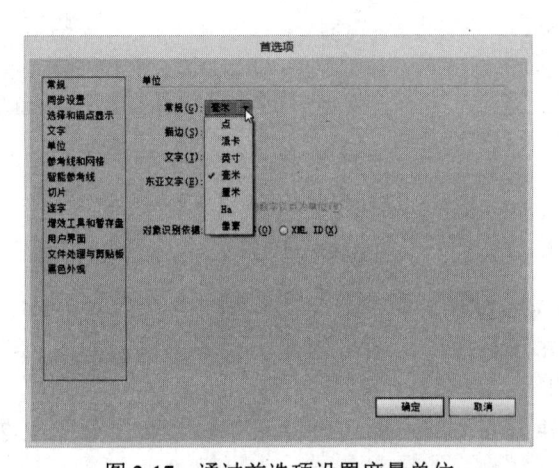

图2-17　通过首选项设置度量单位 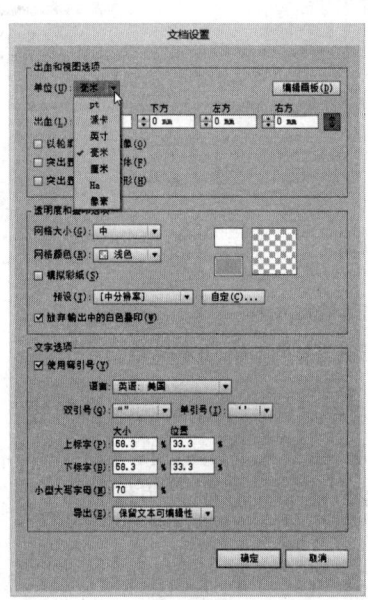　　　　图2-18　设置当前文档的度量单位

2.2.2 使用参考线

1．关于参考线

参考线可以帮助对齐文本和图形对象。在 Illustrator 中可以创建标尺参考线（垂直或水平的直线）和参考线对象（转换为参考线的矢量对象）。参考线在打印时不显示出来。

Illustrator 允许在两种参考线样式（点和线）之间进行选择，并且可以使用预定义的参考线颜色或使用拾色器选择的颜色来更改参考线的颜色。默认情况下，不会锁定参考线，因此可以移动、修改、删除或恢复它们，但也可以选择将它们锁定。

2．显示或锁定参考线

选择【视图】|【参考线】|【显示参考线】命令或【视图】|【参考线】|【隐藏参考线】命令显示或隐藏参考线即可，如图 2-19 所示。

选择【视图】|【参考线】|【锁定参考线】命令即可锁定参考线。

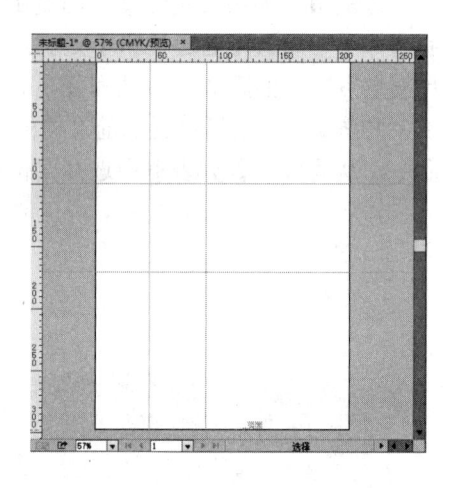

图 2-19　显示参考线

3．创建与删除参考线

动手操作　创建与删除参考线

1 如果未显示标尺，先选择【视图】|【显示标尺】命令。

2 将指针放在左边标尺上，按住鼠标并向右拖动，即可创建垂直参考线，如图 2-20 所示。

3 将指针放在顶部标尺上，按住鼠标并向下拖动，即可创建水平参考线，如图 2-21 所示。

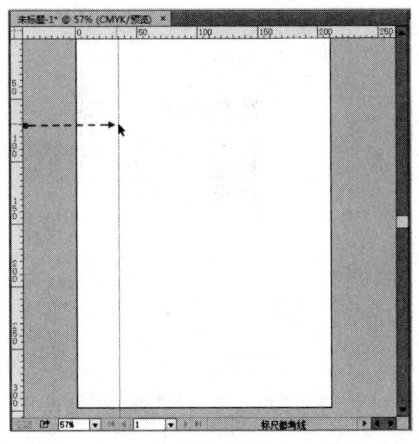

图 2-20　创建垂直参考线　　　　　　图 2-21　创建水平参考线

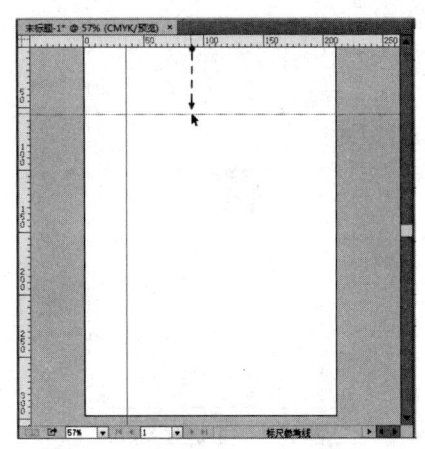

4 选择矢量对象，再选择【视图】|【参考线】|【建立参考线】命令，可以将矢量对象转换为参考线，如图 2-22 所示。

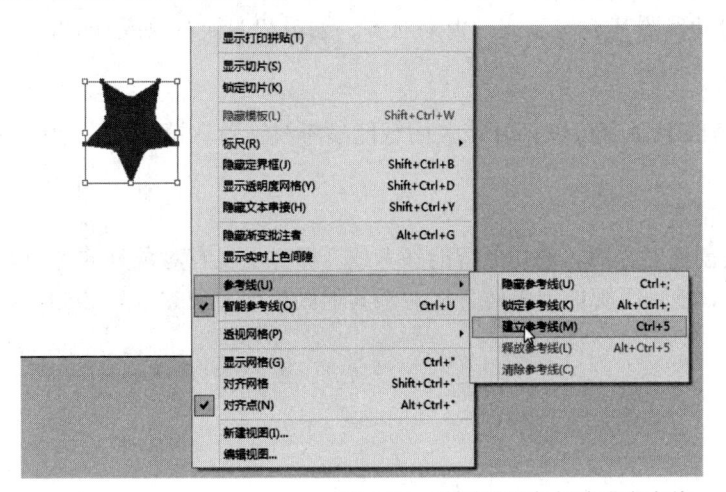

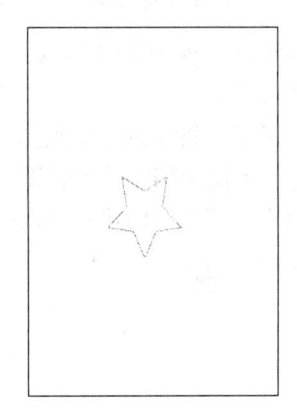

图 2-22　将适量对象创建成参考线

问：如果希望将参考线限制在画板上，应该怎么办？

答：如果希望将参考线限制在画板上，而非整个画布，可以选择【画板工具】，然后将参考线拖到画板上。

4．将对象对齐到参考线

动手操作　将对象对齐到参考线

1 选择【视图】|【对齐点】命令。

2 选择要移动的对象，将指针精确放置到要与参考线对齐的点上，如图 2-23 所示。在指定：对齐点时，根据指针的位置进行对齐，而不是根据被拖移对象的边缘。

3 将对象拖移到所需位置。当指针在参考线 2 个像素之内时，它会指定对齐点。对齐时，指针从实心箭头变为空心箭头，如图 2-24 所示。

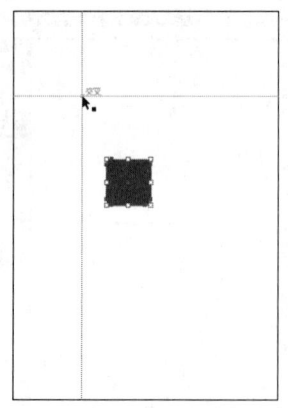

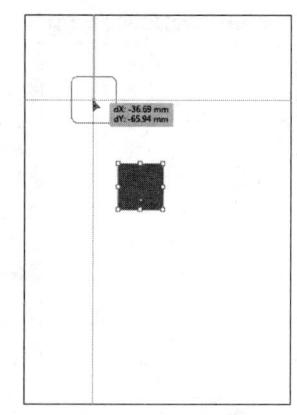

图 2-23　指定对齐点　　　　　　　　　图 2-24　对齐参考线的点

2.2.3 使用智能参考线

智能参考线是创建或操作对象或画板时显示的临时对齐参考线。通过对齐和显示 X、Y 位置和偏移值，这些参考线可帮助参照其他对象或画板来对齐、编辑和变换对象或画板。

1．使用智能参考线

选择【视图】|【智能参考线】命令可以打开或关闭智能参考线（默认情况下，智能参考线是打开的）。

可以采用下列方式使用智能参考线：

（1）使用钢笔或形状工具创建对象时，使用"智能参考线"相对于现有对象来放置新对象的锚点。或者在创建新画板时，使用"智能参考线"相对于其他画板或对象来放置该画板，如图 2-25 所示。

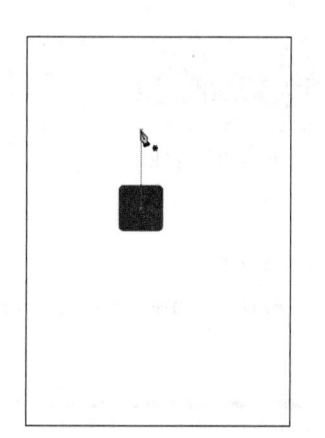

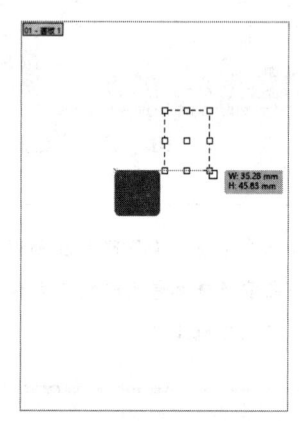

图 2-25　使用钢笔工具和创建画板时使用智能参考线

（2）使用钢笔或形状工具创建对象或在变换对象时，使用智能参考线的结构参考线可将锚点放置于特定的预设角度，如 45 度或 90 度（可以在【智能参考线】首选项中设置这些角度），如图 2-26 所示。

（3）移动对象或画板时，使用"智能参考线"可将选定的对象或画板与其他对象或画板对齐。"对齐"操作是基于对象和画板的几何形状来进行的。当对象接近其他对象的边缘或中心点时会显示参考线，如图 2-27 所示。

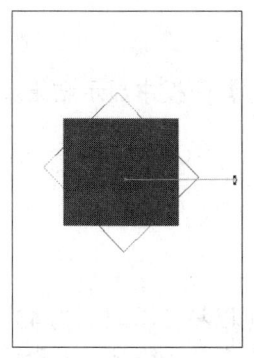

图 2-26　变换对象时使用智能参考线 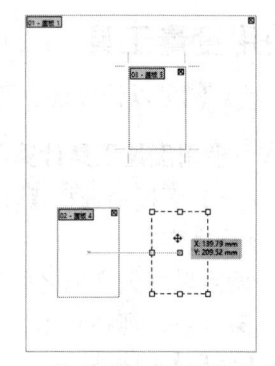　　　　图 2-27　移动画板时使用智能参考线

3．设置智能参考线首选项

可以通过设置智能参考线首选项来更改"智能参考线"显示的时间和方式。

选择【编辑】|【首选项】|【智能参考线】命令，在【首选项】对话框中的【智能参考线】选项卡中可以设置各个选项，如图 2-28 所示。

【智能参考线】首选项说明如下：

- 颜色：指定参考线的颜色。
- 对齐参考线：显示沿着几何对象、画板和出血的中心和边缘生成的参考线。当移动对象以及执行绘制基本形状、使用钢笔工具以及变换对象等操作时，会生成这些参考线。
- 锚点/路径标签：在路径相交或路径居中对齐锚点时显示信息。
- 度量标签：当将光标置于某个锚点上时，为许多工具（如绘图工具和文本工具）显示有关光标当前位置的信息。创建、选择、移动或变换对象时，它显示相对于对象原始位置的 x 轴和 y 轴偏移量。如果在绘图工具选定时按 Shift 键，将显示起始位置。
- 对象突出显示：在对象周围拖移时突出显示指针下的对象。突出显示颜色与对象的图层颜色匹配。
- 变换工具：在比例缩放、旋转和倾斜对象时显示信息。
- 结构参考线：在绘制新对象时显示参考线。指定从附近对象的锚点绘制参考线的角度。最多可以设置六个角度。可以在选中的【角度】框中键入一个角度，从【角度】列表框中选择一组角度，或者从列表框中选择一组角度并更改框中的一个值以自定一组角度。
- 对齐容差：从另一对象指定指针必须具有的点数，使"智能参考线"生效。

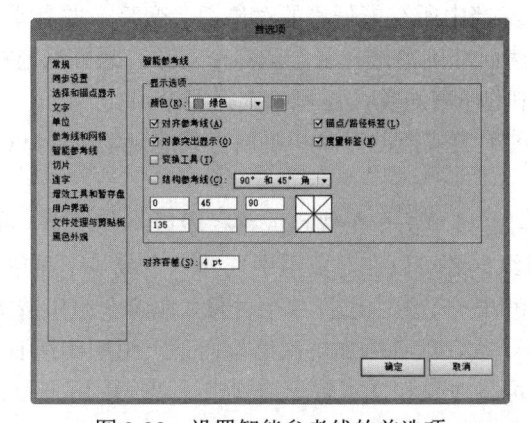

图 2-28　设置智能参考线的首选项

2.2.4 使用度量工具

【度量工具】可以计算任意两点之间的距离并在【信息】面板中显示结果。

动手操作　使用度量工具计算两点间的距离

1 在【工具】面板中选择【度量工具】。

2 执行下列操作之一：

（1）单击两点以度量它们之间的距离。

（2）单击第一点并拖移到第二点。按住 Shift 键拖移时可以将工具限制为 45°的倍数。

3 此时【信息】面板将显示到 x 轴和 y 轴的水平和垂直距离、绝对水平和垂直距离、总距离以及测量的角度，如图 2-29 所示。

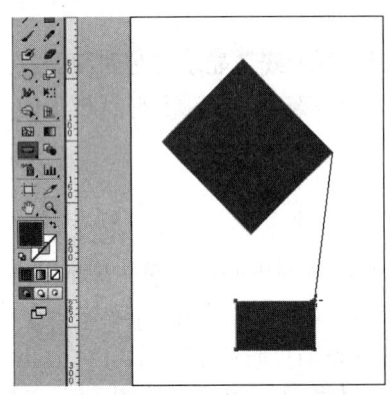

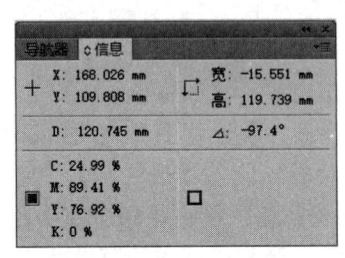

图 2-29　使用度量工具测量距离

2.3　选择对象

在修改或编辑某个对象前，需要将其与周围的对象区分开来，此时通过选择对象，即可加以区分。只要选择了对象或者对象的一部分，即可对其进行编辑。

2.3.1　选择对象概述

Illustrator 提供以下选择方法和工具：

（1）隔离模式：可快速将一个图层、子图层、路径或一组对象与文档中的其他所有图稿隔离开来。在隔离模式下，文档中所有未隔离的对象都会变暗，并且不可对其进行选择或编辑。

（2）图层面板：可快速而准确地选择单个或多个对象。既可以选择单个对象（即使其位于组中），也可以选择图层中的所有对象，还可以选择整个组。

（3）选择工具：可通过单击或拖动对象和组以将其选定，还可以在组中选择组或在组中选择对象。

（4）直接选择工具：可通过单击单个锚点或路径段以将其选定，或通过选择项目上的任何其他点来选择整个路径或组。还可以在对象组中选择一个或多个对象。

（5）编组选择工具：可在一个组中选择单个对象，在多个组中选择单个组，或在图稿中选择一个组集合。每多单击一次，就会添加层次结构内下一组中的所有对象。

（6）透视选区工具：可将对象和文本置于透视中、切换现用平面、移动透视中的对象，并在垂直方向上移动对象。

（7）套索工具：可选择对象、锚点或路径段，方法是围绕整个对象或对象的一部分拖动鼠标。

（8）魔棒工具：可通过单击对象来选择具有相同的颜色、描边粗细、描边颜色、不透明度或混合模式的对象。

（9）实时上色选择工具：可选择【实时上色】组的表面（由路径包围的区域）和边缘（路径交叉部分）。

（10）选择命令（位于【选择】菜单中）：可快速选择或取消选择所有对象，以及基于对象相对其他对象的位置来选择对象。

> 当处于轮廓模式时，【直接选择工具】需要准确地移到路径上时才可选择路径和描点。在复杂的图稿设计中，为避免选择错误的对象，可以在做出选择前锁定或隐藏图形。

2.3.2 使用隔离模式

1．关于隔离模式

（1）隔离模式可隔离对象，以便能够轻松选择和编辑特定对象或对象的某些部分。

（2）隔离模式可以隔离下列任何对象：图层、子图层、组、符号、剪切蒙版、复合路径、渐变网格和路径。

（3）在隔离模式下，可以相对于隔离的图稿执行以下操作：删除、替换和添加新的图稿。一旦退出隔离模式，替换的或新的图稿便会添加到原始隔离图稿所在的位置。

（4）隔离模式自动锁定其他所有对象，因此所做的编辑只会影响处于隔离模式的对象。

（5）当隔离模式处于现用状态时，隔离的对象以全色显示，而图稿的其余部分则会变暗，如图 2-30 所示。隔离对象的名称和位置显示在隔离模式边框中，而【图层】面板则仅仅显示隔离子图层或组中的图稿。当退出隔离模式时，其他图层和组将重新显示在【图层】面板中。

图 2-30　隔离对象后的显示效果

2．隔离路径、对象或组

执行下列操作之一即可隔离路径、对象或组：

（1）使用【选择工具】双击路径或组。

（2）选择组、对象或路径，然后单击【控制】面板中的【隔离选中的对象】按钮，如图2-31所示。

（3）右键单击组并选择【隔离选定的组】命令；右键单击路径并选择【隔离选中的路径】命令。

（4）在【图层】面板中选择组、对象或路径，并从【图层】面板菜单中选择【进入隔离模式】命令，或单击【控制】面板中的【隔离选中的对象】按钮。

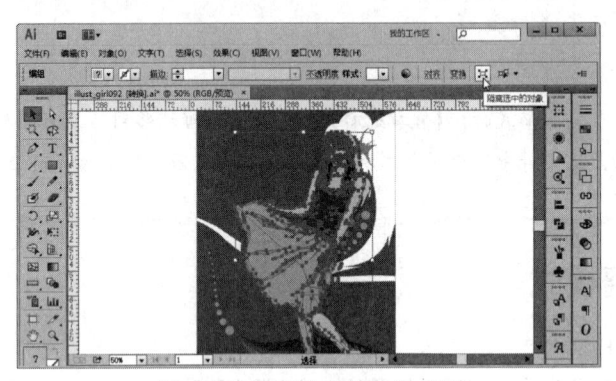

图 2-31　隔离选中的对象或组

3．隔离组内的路径

先使用【直接选择工具】或通过在【图层】面板中定位选择路径。然后单击【控制】面板中的【隔离选中的对象】按钮，如图 2-32 所示。

图 2-32　隔离组内选定的路径

4．退出隔离模式

执行下列操作之一可退出隔离模式：

（1）按下 Esc 键。

（2）单击【退出隔离模式】按钮一次或多次（如果隔离了一个子图层，则单击一次会后退一级，单击两次则退出隔离模式）。

（3）单击隔离模式栏中的任意位置。

（4）单击【控制】面板中的【退出隔离模式】按钮。如图 2-33 所示在隔离模式下进入编组的路径编辑窗口中，单击【退出隔离模式】按钮退出隔离模式。

（5）使用【选择工具】在隔离的组外部双击。

（6）右键单击并选择【退出隔离模式】命令。

图 2-33　退出隔离模式

2.3.3　使用工具选择对象

1．使用选择工具

先选择【选择工具】▶，然后执行下列任一操作：

（1）单击一个对象。

（2）在一个或多个对象的周围拖放鼠标，形成一个选框，圈住所有对象或部分对象，如图 2-34 所示。

（3）如果要加选或减选对象，可以按住 Shift 键并单击，或是按住 Shift 键并拖放鼠标，圈住要添加或删除的对象。

图 2-34　拖出选框来选择对象

2．使用套索工具选择对象

先选择【套索工具】，然后绕对象或穿越对象拖动鼠标，即可将对象选中，如图 2-35 所示。

图 2-35　使用套索工具选择对象

3．使用魔棒工具选择对象

使用【魔棒工具】可以选择文档中具有相同或相似填充属性（如颜色和图案）的所有对象。使用【魔棒工具】时，可以自定该工具，以基于描边粗细、描边颜色、不透明度或混合模式来选择对象，还可以更改魔棒工具所用的容差来识别类似对象。

先选择【魔棒工具】，然后执行下列操作之一选择对象：

（1）如果要创建新的选择对象，可以单击包含要选择的属性的对象，则所有与此对象属性相同的对象都将被选中，如图 2-36 所示。

（2）如果要添加到当前选择，可以按住 Shift 键并单击包含要添加的属性的其他对象，所单击的所有具有相同属性的对象也将被选中。

（3）如果要从当前所选对象中删除对象，可以按住 Alt 键并单击包含要删除的属性的对象，则所有与此对象属性相同的对象都将从所选对象中删除。

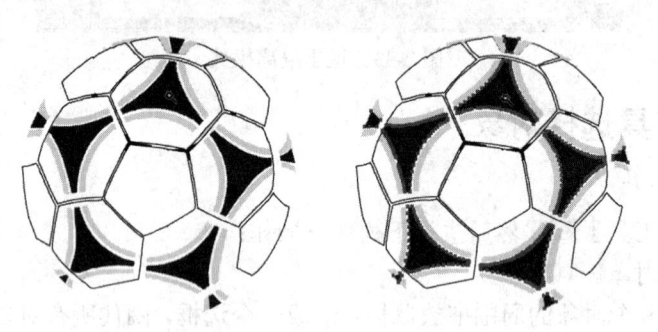

图 2-36　使用魔棒工具选择具有相似填充属性的对象

问：怎么自定义【魔棒工具】？
答：在【工具】面板中双击【魔棒工具】，然后在【魔棒】面板中设置各选项即可。

4．选择一个组中的单个对象

执行下列操作之一可以选择一个组中的单个对象：

（1）选择【编组选择工具】，并单击对象。

（2）选择【套索工具】，然后绕对象路径或穿越对象路径拖动鼠标。

（3）选择【直接选择工具】，单击对象内部，或拖动鼠标形成一个选框，围住部分或全部对象路径，如图 2-37 所示。

（4）如果要用任何选择工具在选区中添加或删除对象或组，可以按住 Shift 键并选择要添加或删除的对象。

图 2-37　使用直接选择工具选择编组的单个对象

5．使用编组选择工具选择对象和组

（1）选择【编组选择工具】，单击要选择的组内对象，如图2-38所示。

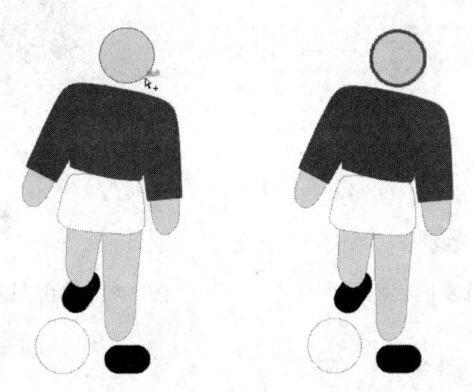

图2-38 选择编组的单个对象

（2）如果要选择对象的父级组，可以再次单击同一个对象，如图2-39所示。

（3）如果继续单击同一个对象，可以选择包含所选组的其他组，依次类推，直到所选对象中包含了所有要选择的内容为止。

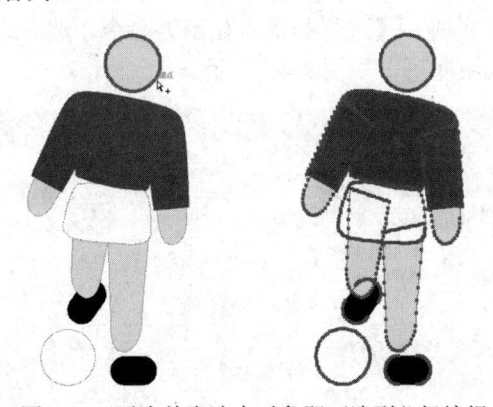

图2-39 再次单击选中对象即可选到父级编组

6．选择实时上色组中的表面和边缘

使用【实时上色选择工具】可以选择【实时上色】组的表面和边缘。如果要选择整个【实时上色】组，只需用选择工具单击相应的组即可。

选择【实时上色选择工具】，将工具移近【实时上色】组，直至要选择的表面或边缘被突出显示为止（当【实时上色选择工具】贴近边缘时，工具形状将变为）。

然后执行下列任一操作即可选择实时上色组中的表面和边缘：

（1）单击可选择突出显示的表面或边缘，如图2-40所示。

（2）围绕多个表面或边缘拖动选框。完全或部分地由选框包围的任何表面或边缘都将包含在选区中。

（3）双击一个表面或边缘，可以选择与其颜色相同的所有相连表面或边缘（连选）。

（4）三击一个表面或边缘，可以选择与其颜色相同的所有表面或边缘（选择相同项）。

（5）如果要在选区中添加或删除表面或边缘，可以按住Shift键并单击要添加或删除的表面或边缘，如图2-41所示。

图 2-40　选择【实时上色】组　　　　图 2-41　加选【实时上色】组

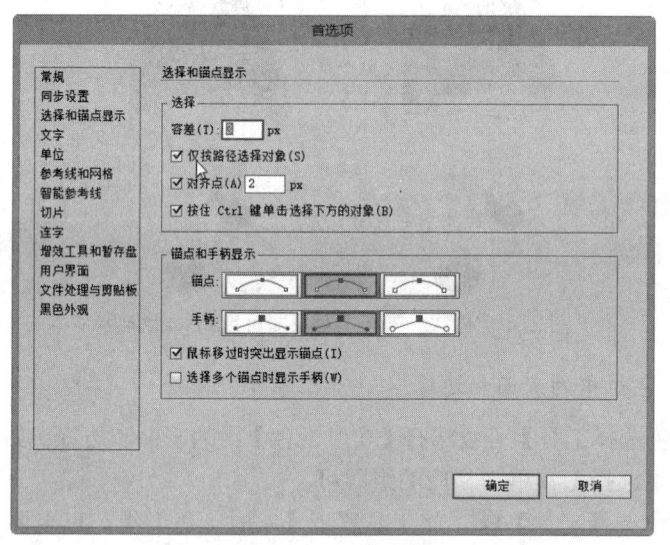

2.3.4　仅按路径选择对象

【仅按路径选择对象】首选项决定了是用【选择工具】或【直接选择工具】以单击对象中任意一点的方式来选择填充对象，还是必须使用这些工具单击路径段或锚点才能选择填充对象。

默认情况下，【仅按路径选择对象】首选项处于关闭状态。在某些情况下，可以打开这个首选项。选择【编辑】|【首选项】|【选择和锚点显示】命令，然后选择【仅按路径选择对象】复选项，再单击【确定】按钮即可，如图 2-42 所示。

图 2-42　开启【仅按路径选择对象】首选项

> 选择非填充对象时或按轮廓查看图稿时，【仅按路径选择对象】首选项皆不适用。此类情况下，不能通过在对象路径内部单击的方式来选择对象。

当【仅按路径选择对象】首选项处于未选中状态时，用【直接选择工具】单击对象内一点并拖动，可选择并移动该对象，如图 2-43 所示。

图 2-43　选择并移动该对象

当【仅按路径选择对象】首选项处于选中状态时，用【直接选择工具】拖动，可选择选框内的点和段，如图 2-44 所示。

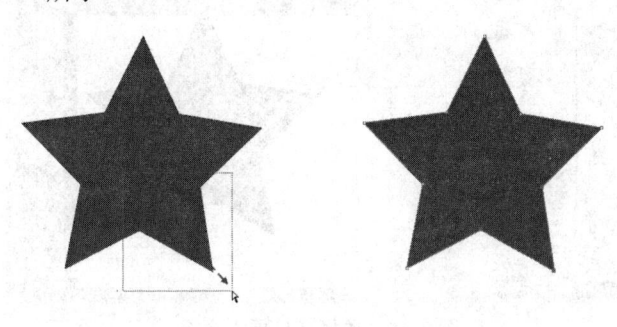

图 2-44　选择对象的点和段

2.4　编辑对象

Illustrator 提供了多种编辑对象的方法，如编组对象、分布与对齐对象、旋转和镜像对象等。

2.4.1　编组和扩展对象

在编辑对象时，可以将若干个对象合并到一个组中，把这些对象作为一个单元同时进行处理。这样就可以同时移动或变换若干个对象，且不会影响其属性或相对位置。

编组对象被连续堆叠在图稿的同一图层上，位于组中最前端对象之后。因此，编组可能会更改对象的图层分布及其在给定图层上的堆叠顺序。如果选择位于不同图层中的对象并将其编组，则其所在图层中的最靠前图层，即是这些对象将被编入的图层。

组还可以是嵌套结构，也就是说，组可以被编组到其他对象或组之中，形成更大的组。

1．编组与取消编组

先选择要编组的对象或要取消编组的组，然后选择【对象】|【编组】命令编组对象或选择【对象】|【取消编组】命令，取消对象编组。

2．关于扩展对象

扩展对象可用来将单一对象分割为若干个对象，这些对象共同组成其外观。例如，扩展一个具有实色填色和描边的圆，那么填色和描边就会变为离散的对象。如果扩展更加复杂的图稿，则图稿会被分割为各种截然不同的路径,而所有这些路径组合在一起,就是创建这一填充图案的路径。

通常,想要修改对象的外观属性及其中特定图素的其他属性时,就需要扩展对象。此外,想在其他应用程序中使用 Illustrator 自有的对象(如网格对象),而此应用程序又不能识别该对象时,扩展对象也可能派上用场。

3.扩展对象的方法

动手操作 扩展对象

1 选择对象。选择【对象】|【扩展】命令,如图 2-45 所示。如果对象应用了外观属性,则【对象】|【扩展】命令将变暗。在这种情况下,可以选择【对象】|【扩展外观】命令,然后再选择【对象】|【扩展】命令。

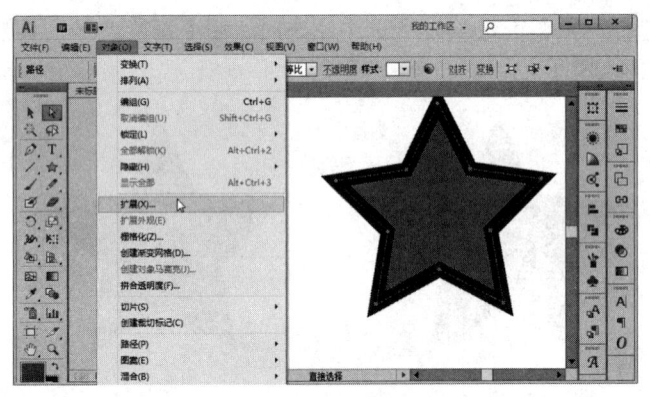

图 2-45 选择【扩展】命令

2 设置以下选项,然后单击【确定】按钮,如图 2-46 所示。
- 对象:扩展复杂对象,包括实时混合、封套、符号组和光晕等。
- 填充:扩展填色。
- 描边:扩展描边。
- 渐变网格:将渐变扩展为单一的网格对象。
- 指定:设置色标之间的颜色值容差。数量越多越有助于保持平滑的颜色过渡;数量较低则可创建条形色带外观。

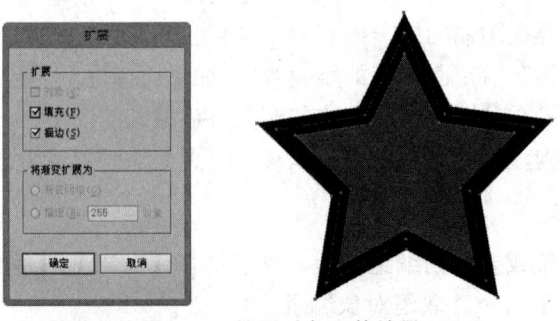

图 2-46 扩展对象及其结果

2.4.2 对齐与分布对象

使用【对齐】面板和【控制】面板中的对齐选项可沿指定的轴对齐或分布所选对象。可以使用对象边缘或锚点作为参考点,并且可以对齐所选对象、画板或关键对象(关键对象指的是选择的多个对象中的某个特定对象)。

默认情况下,Illustrator 会根据对象路径计算对象的对齐和分布情况。不过,当处理具有不同描边粗细的对象时,可以改为使用描边边缘来计算对象的对齐和分布情况。

1. 相对于所有选定对象的定界框对齐或分布

选择要对齐或分布的对象,然后在【对齐】面板或【控制】面板中选择【对齐所选对象】命令,单击对齐或分布类型所对应的按钮即可,如图 2-47 所示。

图 2-47 设置对齐所选对象

2. 相对于一个锚点对齐或分布

选择【选择工具】，按住 Shift 键并选择要对齐或分布的锚点,如图 2-48 所示。所选择的最后一个锚点会作为关键锚点。然后在【对齐】面板或【控制】面板中,单击与所需的对齐或分布类型对应的按钮,如图 2-49 所示。

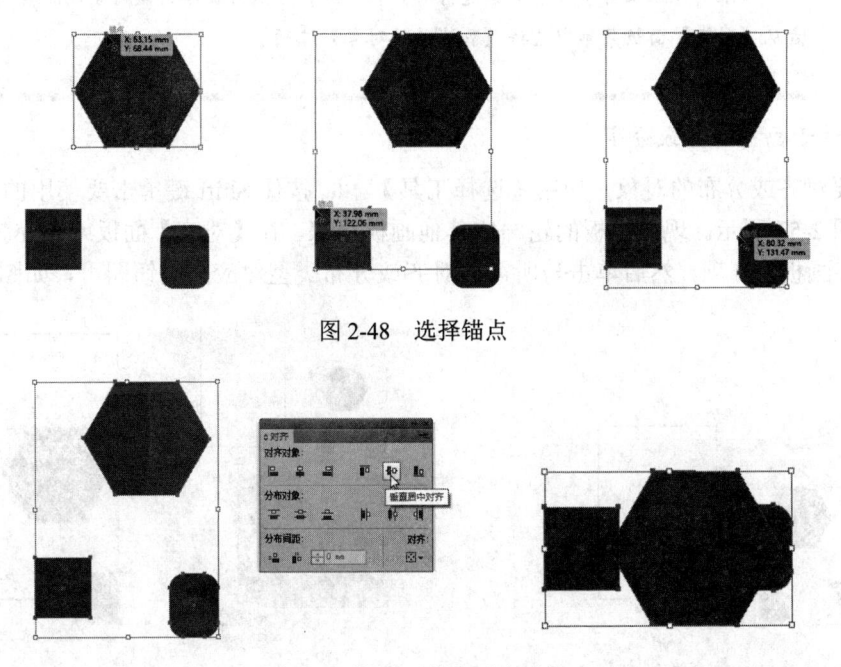

图 2-48 选择锚点

图 2-49 相对于锚点对齐对象

3．相对于关键对象对齐或分布

先选择要对齐或分布的对象，单击要用作关键对象的对象（这一次无须在单击时按住 Shift 键）。关键对象周围出现一个蓝色轮廓，并会在【控制】面板和【对齐】面板中自动选中【对齐关键对象】选项，如图 2-50 所示。在【对齐】面板或【控制】面板中，单击与所需的对齐或分布类型对应的按钮即可，如图 2-51 所示。

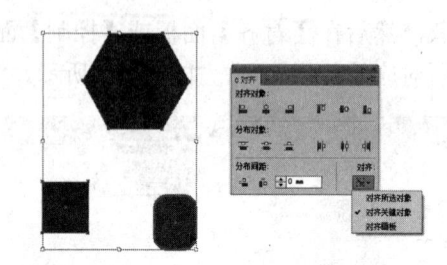

图 2-50　选择关键对象

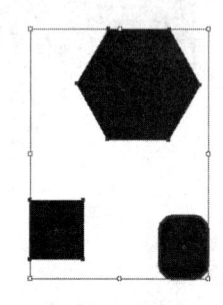

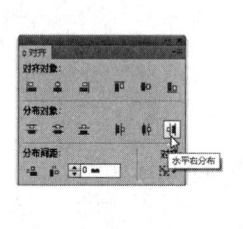

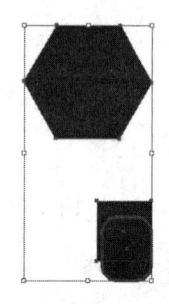

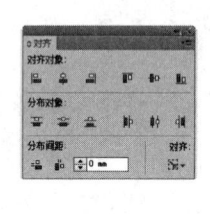

图 2-51　相对于关键对象分布

> 如果要停止相对于某个对象进行对齐和分布，可以再次单击该对象删除蓝色轮廓，或者从【对齐】面板菜单中选择【取消关键对象】选项。

4．相对于画板对齐或分布

选择要对齐或分布的对象，使用【选择工具】，按住 Shift 键单击要使用的画板以将其激活，如图 2-52 所示。现用画板的轮廓比其他画板要深。在【对齐】面板或【控制】面板中，选择【对齐画板】选项，然后单击与所需的对齐或分布类型对应的按钮即可，如图 2-53 所示。

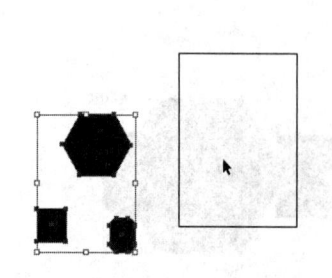

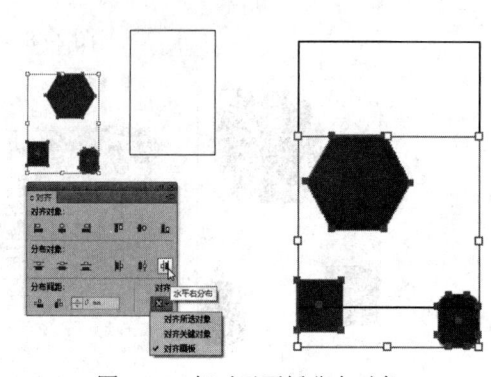

图 2-52　选择要使用的画板　　　　图 2-53　相对于画板分布对象

2.4.3 旋转和镜像对象

1. 旋转对象

旋转对象功能可使对象围绕指定的固定点翻转，默认的参考点是对象的中心点。

如果选区中包含多个对象，则这些对象将围绕同一个参考点旋转。默认情况下，这个参考点为选区的中心点或定界框的中心点。

（1）使用选择工具旋转对象：选择一个或多个对象，然后使用【选择工具】将位于定界框外部的鼠标指针移近一个定界框手柄，待指针形状变为↺后再拖动鼠标，如图 2-54 所示。

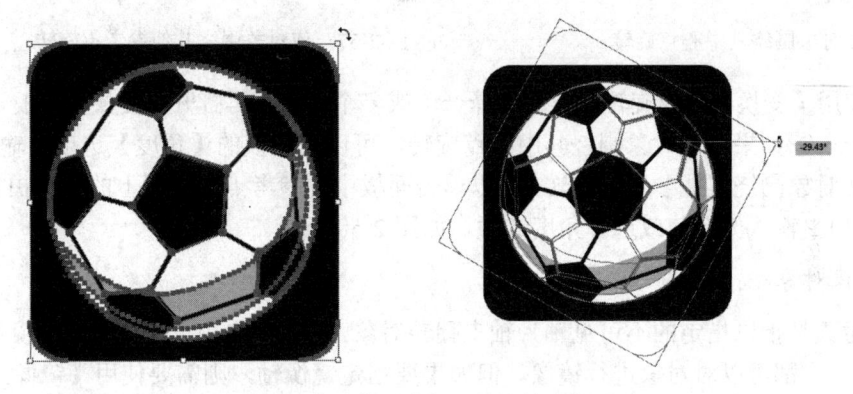

图 2-54 使用选择工具旋转对象

（2）使用自由变换工具旋转对象：选择一个或多个对象，再选择【自由变换工具】，然后将鼠标指针定位在定界框的外部，移动指针使其靠近定界框，待指针形状变为↺后再拖动鼠标，如图 2-55 所示。

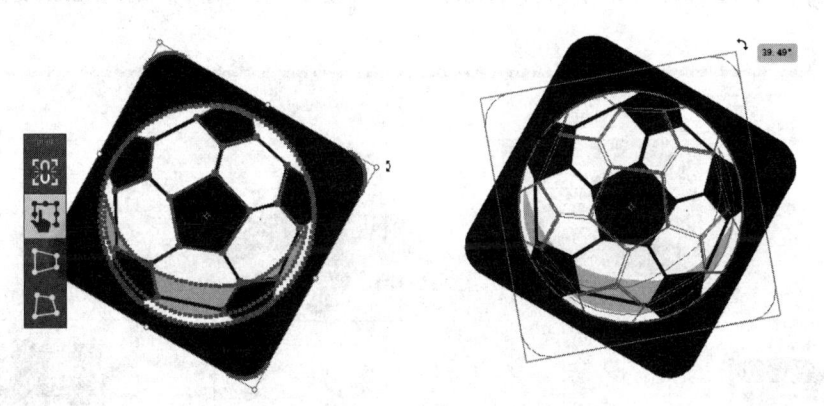

图 2-55 使用自由变换工具旋转对象

（3）使用旋转工具旋转对象：选择一个或多个对象，再选择【旋转工具】，执行下列任一操作：① 如果要使对象围绕其中心点旋转，可以在文档窗口的任意位置拖动鼠标指针作圆周运动，如图 2-56 所示；② 如果要使对象围绕其他参考点旋转，可以单击文档窗口中的任意一点，以重新定位参考点，然后将指针从参考点移开，并拖动指针作圆周运动，如图 2-57 所示；③ 如果要旋转对象的副本，而非对象本身，可以在开始拖动之后按住 Alt 键。

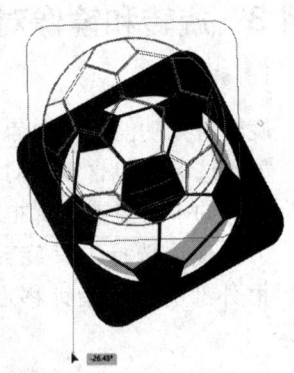

图 2-56　使对象围绕其中心点旋转 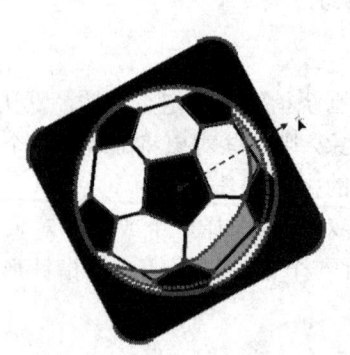　　　　　　图 2-57　使对象围绕其他参考点旋转

（4）使用【变换】面板旋转对象：选择一个或多个对象，再打开【变换】面板，并执行下列操作之一：①如果要使对象围绕其中心点旋转，可以在面板的【角度】选项中输入一个值；②如果要使对象围绕其他参考点旋转，可以单击面板中的参考点定位器上的一个白方块，并在【角度】选项中输入一个值或选择角度选项，如图 2-58 所示。

2．镜像对象

镜像对象是指以指定的不可见轴为轴来翻转对象。使用【自由变换工具】、【镜像工具】或【镜像】命令，都可以对对象进行镜像。但如果要指定镜像轴，则需要使用【镜像工具】。

选择要镜像的对象，再选择【自由变换工具】，然后拖动定界框的手柄，使其越过对面的边缘或手柄，直至对象位于所需的镜像位置即可镜像对象，如图 2-59 所示。

> 如果要维持对象的比例，在拖动角手柄越过对面的手柄时可以按住 Shift 键。

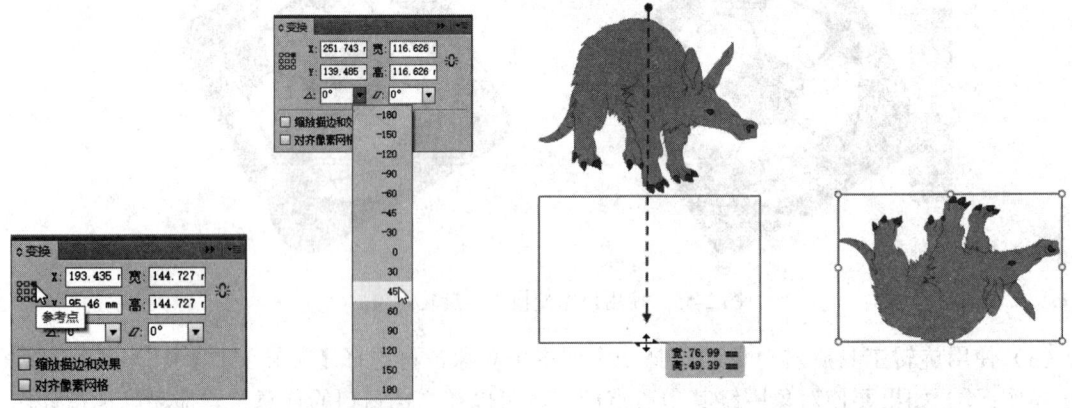

图 2-58　使用【变换】面板旋转对象　　　　　　图 2-59　使用自由变换工具镜像对象

动手操作　通过镜像和旋转对象制作脚步

1 打开光盘中的 "..\Example\Ch02\2.4.3.ai" 练习文件，选择文档上的脚步图形对象。

2 在【工具】面板中选择【镜像工具】，由于本例要绘制镜像对象时所要基于的不可见轴，所以在对象的右上方的位置单击，以确定轴上的一点（此时指针形状将变为箭头），如图 2-60 所示。

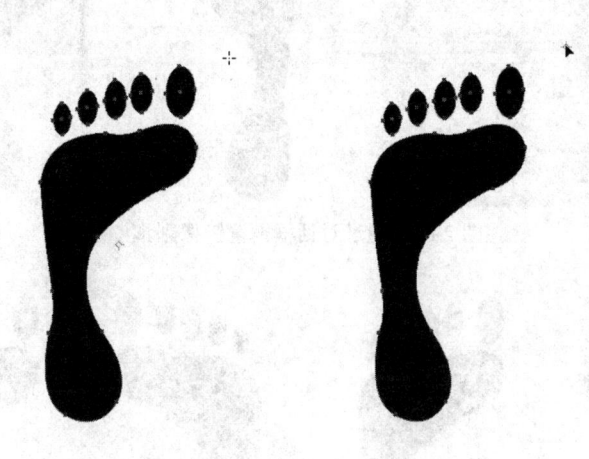

图 2-60　确定镜像轴的第一点

3 按住 Alt 键在脚步对象右下方单击以确定镜像轴的第二个点，本步骤的目的是镜像对象的副本，如图 2-61 所示。

按住Alt键单击

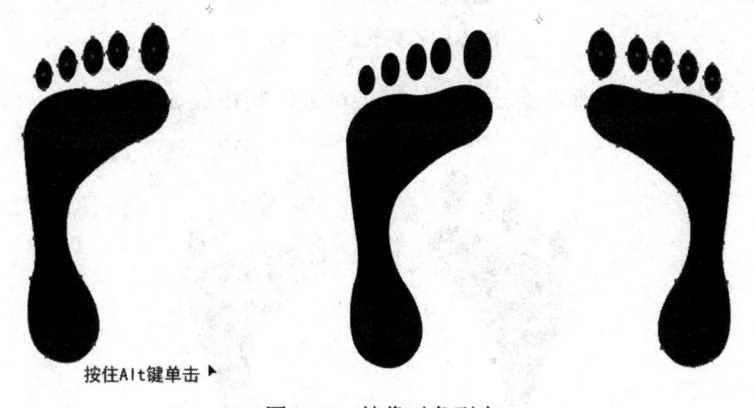

图 2-61　镜像对象副本

> 如果不按住 Alt 键直接单击确定镜像轴的第二个点，对象将直接被镜像处理，而不产生副本。

4 如果想要在镜像副本时提供设置，可以按 Ctrl+Z 键先取消步骤 3 产生的镜像副本，然后再次按住 Alt 键单击确定镜像轴的第二个点，此时程序打开【镜像】对话框，选择【垂直】单选项，接着单击【复制】按钮即可，如图 2-62 所示。

5 选择副本对象，再选择【旋转工具】，在对象上单击指定参考点，然后按住鼠标并拖动，以旋转副本对象，如图 2-63 所示。

47

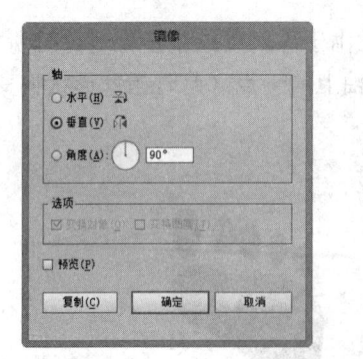

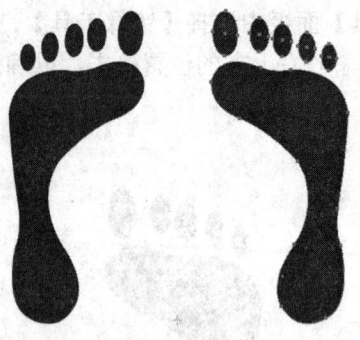

图 2-62　通过对话框设置镜像副本

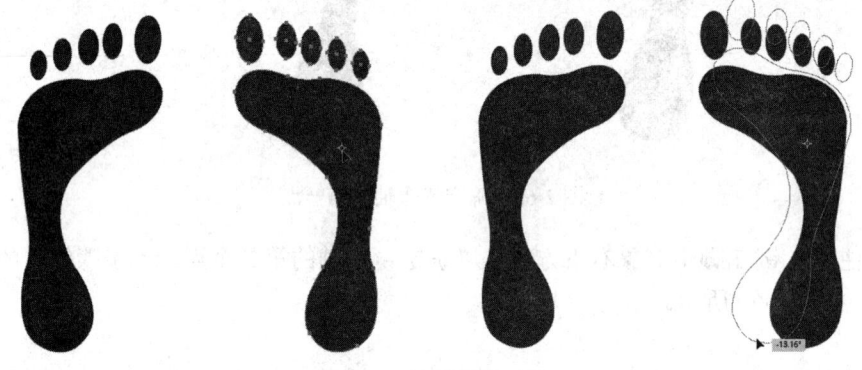

图 2-63　旋转副本对象

❻ 使用步骤 5 的方法，适当旋转左侧的脚步对象，制作成如图 2-64 所示的效果。

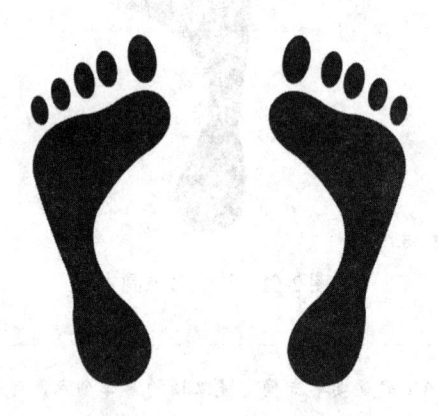

图 2-64　旋转另一个脚步对象的结果

2.5　使用图层管理对象

　　在创建复杂图稿时，如果要跟踪文档窗口中的所有项目，绝非易事。有些较小的项目隐藏于较大的项目之下，增加了选择图稿的难度。而图层则为此提供了一种有效方式来管理组成图稿的所有项目。可以将图层视为结构清晰的含图稿文件夹，在文件夹间可以移动项目，也可以在文件夹中创建子文件夹，从而让项目的管理简单化。

2.5.1 关于【图层】面板

默认情况下，所有项目都被组织到一个单一的父图层中。可以创建新的图层，并将项目移动到这些新建图层中，或随时将项目从一个图层移动到另一个图层中。这些操作都可以通过【图层】面板来完成。

【图层】面板提供了一种简单易行的方法，可以对图稿的外观属性进行选择、隐藏、锁定和更改。另外，可以创建模板图层，这些模板图层可用于描摹图稿，以及与 Photoshop 交换图层。

默认情况下，Illustrator 将为【图层】面板中的每个图层指定唯一的颜色（最多 9 种颜色），此颜色将显示在面板中图层名称的旁边。所选对象的定界框、路径、锚点及中心点也会在插图窗口显示与此相同的颜色。如图 2-65 所示为【图层】面板。

图 2-65　【图层】面板

2.5.2 更改图层的显示

动手操作　更改图层的显示

1 从【图层】面板菜单中选择【面板选项】命令，如图 2-66 所示。

2 选择【仅显示图层】选项可隐藏【图层】面板中的路径、组和元素集。

3 在【行大小】框中选择一个选项，可以指定行高度。如果要指定自定大小，可以输入一个介于 12～100 之间的值，如图 2-67 所示。

4 在【缩览图】框中可以选择图层、组和对象的一种组合，确定其中哪些项要以缩览图预览形式显示。

> 处理复杂文件时，在【图层】面板中显示缩览图可能会降低性能。关闭图层缩览图可以提高性能。

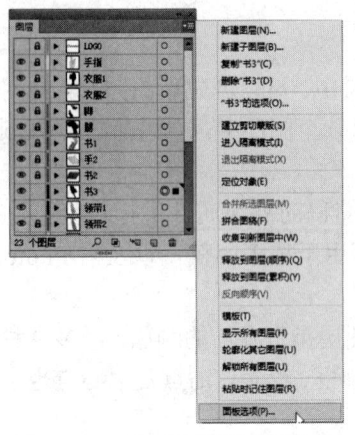

图 2-66　选择【面板选项】命令　　　　　　　图 2-67　设置图层行大小

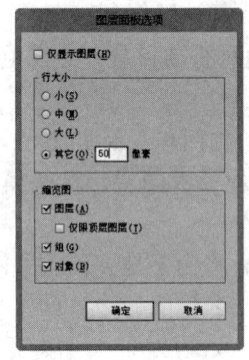

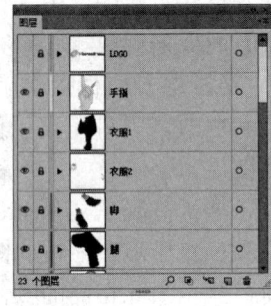

2.5.3　创建图层和子图层

在【图层】面板中，单击要在其上（或其中）添加新图层的图层的名称。然后执行下列操作之一即可创建图层和子图层：

（1）如果要在选定的图层之上添加新图层，可以单击【图层】面板中的【创建新图层】按钮，如图 2-68 所示。

（2）如果要在选定的图层内创建新子图层，则单击【图层】面板中的【创建新子图层】按钮，如图 2-69 所示。

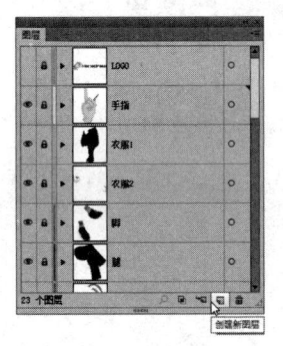

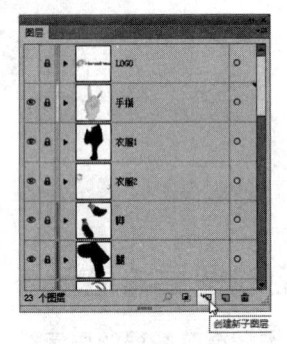

图 2-68　创建新图层　　　　　　　　　　　图 2-69　创建新子图层

2.5.4　将项目释放到单独图层

【释放到图层】命令可以将图层中的所有项目重新分配到各图层中，并根据对象的堆叠顺序在每个图层中构建新的对象。

在【图层】面板中单击图层或组的名称，以选中图层或组，然后执行下列操作之一：

（1）如果要将每个项目都释放到新的图层，可以从【图层】面板菜单中选择【释放到图层（顺序）】命令，如图 2-70 所示。

（2）如果要将项目释放到图层并复制对象以创建累积顺序，可以从【图层】面板菜单中选择【释放到图层（累积）】命令，最底部的对象出现在每个新建的图层中，而最顶部的对象仅出现在最顶层的图层中，如图 2-71 所示。

50

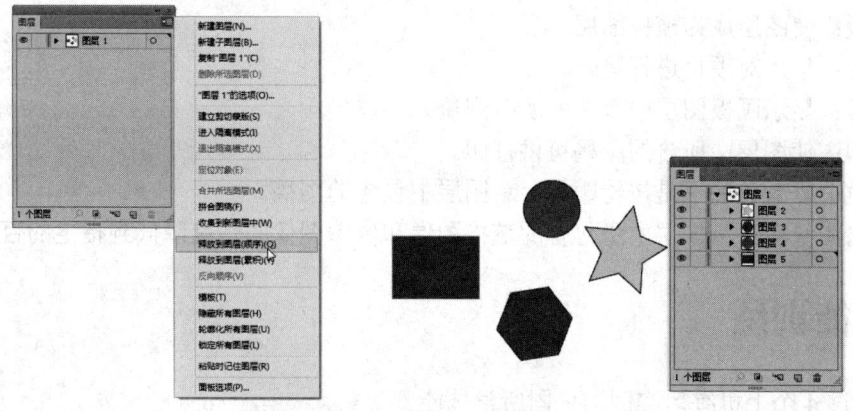

图 2-70　将每个项目都释放到新的图层

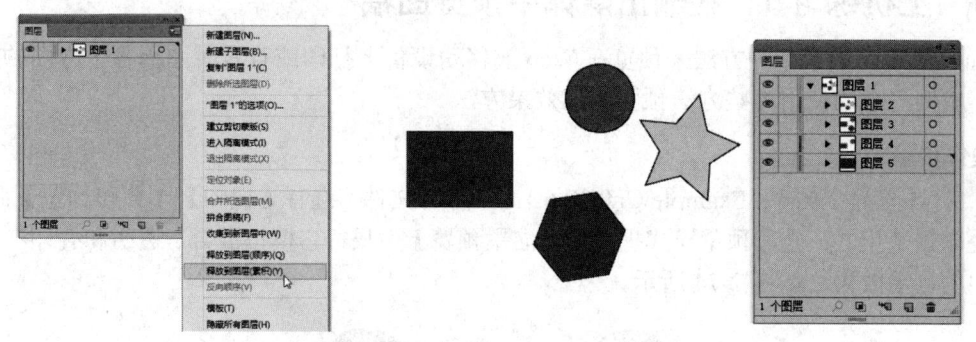

图 2-71　将项目释放到图层并复制对象以创建累积顺序

2.5.5　设置图层和子图层选项

执行下列操作之一可以设置图层和子图层选项：
（1）双击【图层】面板中的项目名称。
（2）单击项目名称，并从【图层】面板菜单中选择该项目名称的命令，如图 2-72 所示。
（3）从【图层】面板菜单中选择【新建图层】命令或【新建子图层】命令。
在【图层选项】对话框中可以指定下列任一选项，如图 2-73 所示。

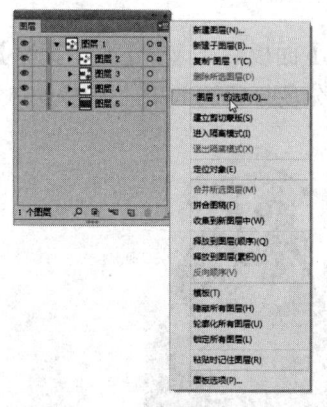

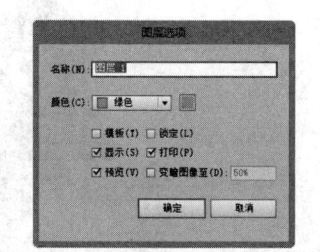

图 2-72　设置图层选项　　　　　　图 2-73　【图层选项】对话框

- 名称：指定项目在【图层】面板中显示的名称。
- 颜色：指定图层的颜色设置。可以从菜单中选择颜色，或双击颜色色板以选择颜色。

- 模板：使图层成为模板图层。
- 锁定：禁止对项目进行更改。
- 显示：显示画板图层中包含的所有图稿。
- 打印：使图层中所含的图稿可供打印。
- 预览：以颜色而不是按轮廓来显示图层中包含的图稿。
- 变暗图像至：将图层中所包含的链接图像和位图图像的强度降低到指定的百分比。

2.6 技能训练

下面通过 4 个上机练习实例，巩固所学技能。

2.6.1 上机练习 1：在输出媒体中预览图稿

Illustrator 提供了多种方法来预览在 Web 或移动设备上打印或查看时图稿各个方面的显示效果。本例将介绍使用这些方法预览图稿效果方法。

操作步骤

1 打开光盘中的"..\Example\Ch02\2.6.1.ai"练习文件，选择【视图】|【叠印预览】命令，使用叠印预览模式。叠印预览模式提供了【油墨预览】效果，它模拟混合、透明和叠印在分色输出中的显示效果，如图 2-74 所示。

图 2-74　使用叠印预览模式查看图稿

2 选择【窗口】|【分色预览】命令，打开【分色预览】面板后，选择【叠印预览】复选框，再选择显示和隐藏分色项目，使用分色预览模式查看图稿分色打印的效果，如图 2-75 所示。

图 2-75　使用分色预览模式查看图稿分色打印的效果

3 选择【视图】|【像素预览】命令，使用像素预览模式，模拟栅格化图稿并在 Web 浏览器中查看时图稿的显示效果，如图 2-76 所示。

图 2-76　使用像素预览模式

4 选择【窗口】|【拼合器预览】命令，打开【拼合器预览】面板后单击【刷新】按钮，以查看存储或打印时，突出显示符合某些拼合条件的图稿区域，如图 2-77 所示。

图 2-77　通过【拼合器预览】面板预览图稿

5 选择【视图】|【校样设置】|【自定】命令，打开【校样设置】对话框后，选择要模拟的设备并设置显示选项，通过电子校样模拟图稿颜色在特定类型的显示器或输出设备中会如何显示，如图 2-78 所示。

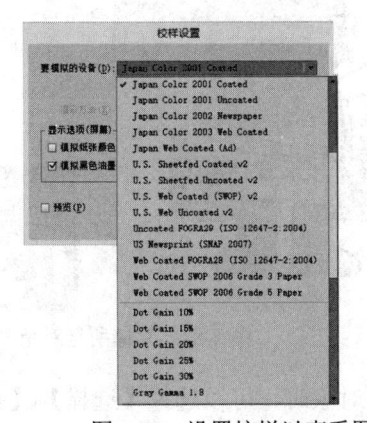

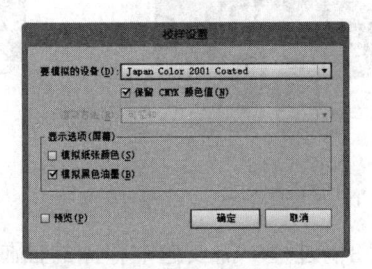

图 2-78　设置校样以查看图稿在特定设备中的显示效果

2.6.2 上机练习2: 选择、编组并存储对象

本例将使用【套索工具】将图稿中人物衣服对象上的插画对象选中并进行编组，然后使用【选择工具】选择编组并将选中的编组存储，以便后续可以直接选择存储了的对象。

操作步骤

1 打开光盘中的"..\Example\Ch02\2.6.2.ai"练习文件，在【工具】面板中选择【套索工具】，然后在插画对象周围拖动鼠标以选择该对象，如图2-79所示。

2 选择【对象】|【编组】命令，将选中的插画对象进行编组处理，如图2-80所示。

图2-79 选择到插画对象　　　　　图2-80 编组插画对象

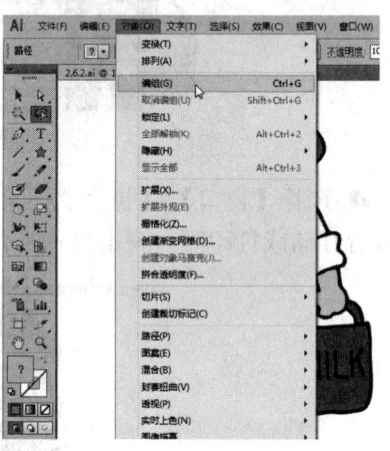

3 在【工具】面板中选择【选择工具】，使用该工具在编组上单击选择编组对象，如图2-81所示。

4 选择【选择】|【存储所选对象】命令，打开【存储所选对象】对话框后，输入名称，再单击【确定】按钮，如图2-82所示。

图2-81 选择编组对象　　　　　图2-82 存储所选对象

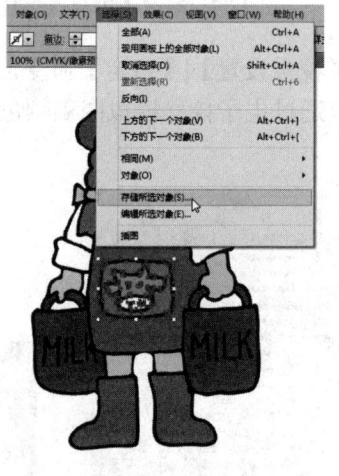

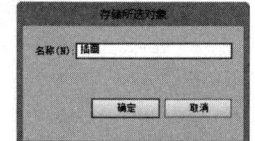

5 在设计图稿过程中需要选中存储的插画对象时，可以选择【选择】|【插画】命令，如图2-83所示。

6 如果想要更改存储对象的名称或删除存储的对象，可以选择【选择】|【编辑所选对象】命令，然后通过【编辑所选对象】对话框重命名对象或删除对象，如图 2-84 所示。

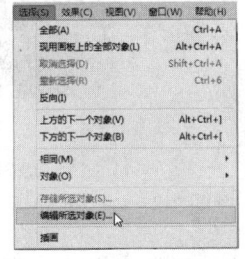

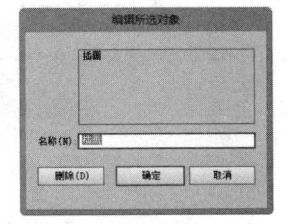

图 2-83　选择存储的对象　　　　　　　　　图 2-84　编辑所选对象

2.6.3　上机练习 3：将 Photoshop 对象拖到图稿

本例将在 Illustrator 中新建一个文件，然后将 PSD 格式的素材文件在 Photoshop 中打开，并选择该素材文件中的对象，接着将该对象拖到 Illustrator 文件中，作为图稿的内容，最后保存文件。

操作步骤

1 启动 Illustrator 程序，选择【文件】|【新建】命令，然后在【新建文档】对话框中设置文档选项，再单击【确定】按钮，如图 2-85 所示。

2 在 Photoshop 中打开光盘中的 "..\Example\Ch02\2.6.3.psd" 练习文件，然后打开【图层】面板，再选择【风景】图层，以选择该图层的对象，如图 2-86 所示。

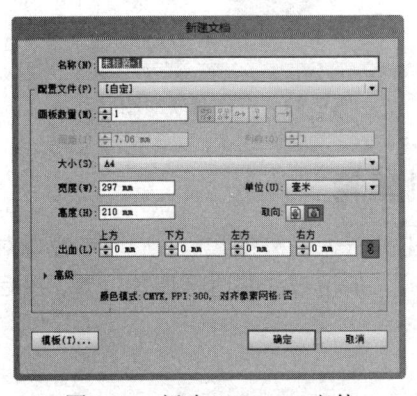

图 2-85　新建 Illustrator 文件 　　　　　　　图 2-86　打开素材文件并选择图层

3 在 Photoshop 中选择【移动工具】，再按住对象并拖动到 Illustrator 的文档窗口，松开鼠标后即可将 Photoshop 文档的对象加入到 Illustrator 图稿中，如图 2-87 所示。

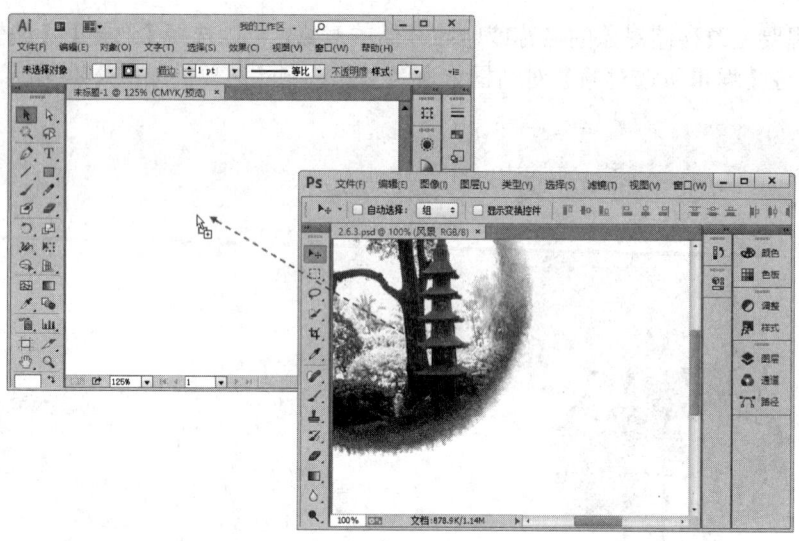

图 2-87 将 Photoshop 对象加入到图稿

4 在 Illustrator 中选择【选择工具】，然后在对象上单击选中对象，再按住对象并将其拖动到画板的中央处，以调整对象的位置，如图 2-88 所示。

5 打开【图层】面板，程序会自动创建图层以放置从 Photoshop 中加入的对象，如图 2-89 所示。最后将图稿文档保存即可。

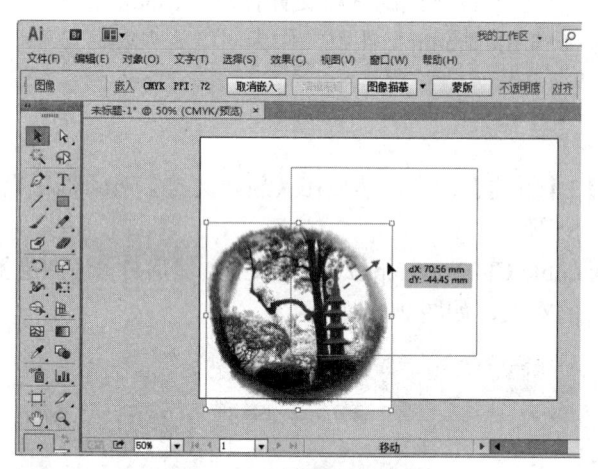

图 2-88 调整对象的位置

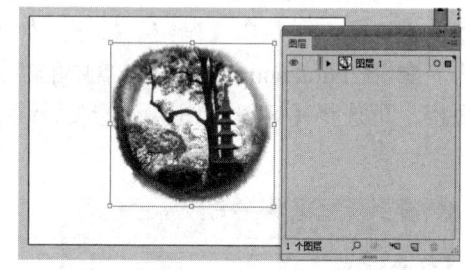

图 2-89 查看对象的图层

2.6.4 上机练习 4：编辑对象以制作推土机车轮

本例先通过【图层】面板将推土机前车轮所有对象选中并进入隔离模式，然后通过镜像对象副本方式制作另一个车轮对象，接着使用【变换】面板扩大车轮对象并适当调整位置，最后退出隔离模式。

操作步骤

1 打开光盘中的"..\Example\Ch02\2.6.4.ai"练习文件，打开【图层】面板，再打开【图层 1】子图层列表，然后在第一个【<编组>】图层目标列上单击 ○ 按钮，选择推土机前轮对象，如图 2-90 所示。

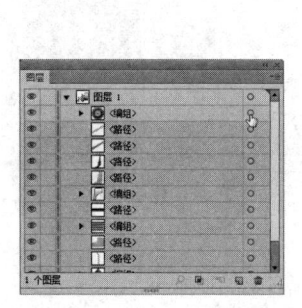

图 2-90　通过【图层】面板选择到对象

2 打开【图层】面板菜单，再选择【进入隔离模式】命令进入隔离模式，以便可以只编辑推土机前轮对象，如图 2-91 所示。

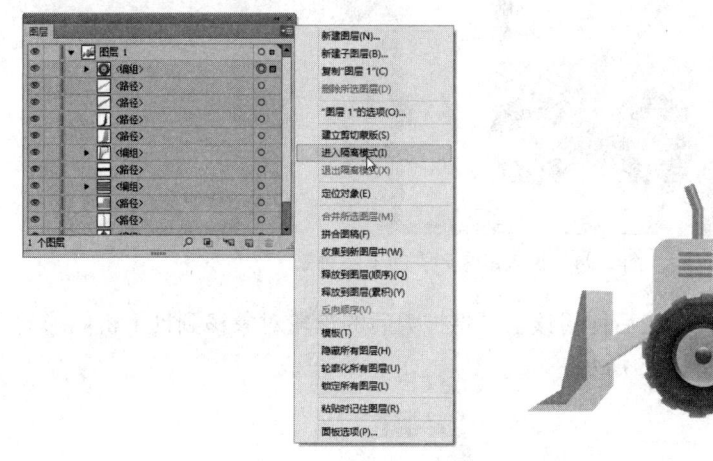

图 2-91　进入隔离模式

3 选择【选择工具】，然后使用该工具选择推土机前轮对象，再选择【镜像工具】，在对象的右上方的位置单击，确定镜像轴的一点，如图 2-92 所示。

图 2-92　选择对象并确定镜像轴的一点

4 按住 Alt 键在对象右下方单击以确定镜像轴的第二个点，此时在镜像轴右侧将产生对象的镜像副本，如图 2-93 所示。

5 在【控制】面板中单击【变换】文字，打开【变换】面板后单击【约束宽度和高度比例】按钮，然后输入宽度为 60mm 并按 Enter 键，扩大镜像产生的车轮对象，如图 2-94 所示。

中文版 Illustrator CC 互动教程

图 2-93　指定镜像轴第二个点产生对象镜像副本

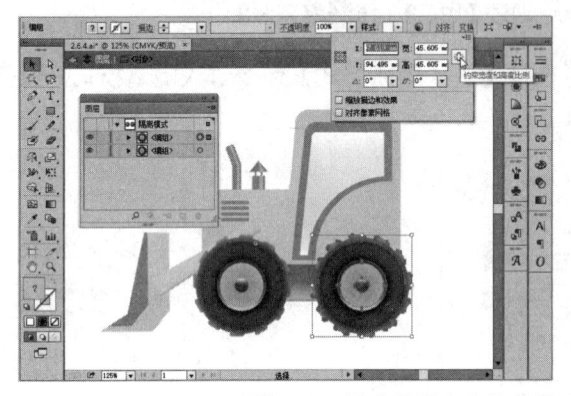

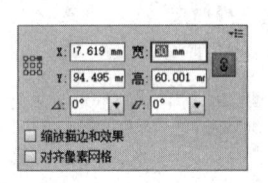

图 2-94　扩大镜像产生的车轮对象

6 选择【选择工具】，然后使用该工具将扩大后的车轮对象移到推土机图形的右下方，作为推土机的后车轮，如图 2-95 所示。

图 2-95　调整车轮对象的位置

7 打开【图层】面板的菜单，再选择【退出隔离模式】命令，退出隔离模式，如图 2-96 所示。

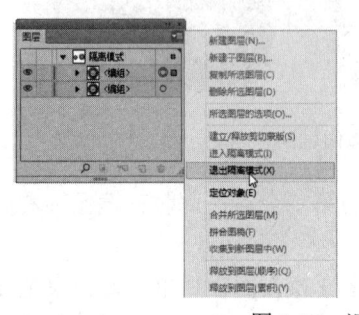

图 2-96　退出隔离模式并查看结果

58

2.7 评测习题

一、填充题

(1) _____可以在文档窗口中增加和减小视图比例，从而更方便地查看图稿内容。

(2) 文档窗口的标尺即窗口标尺，称为_____，用于画板的标尺称为画板标尺。

(3) _____可以计算任意两点之间的距离并在【信息】面板中显示结果。

二、选择题

(1) 以下哪个模式可快速将一个图层、子图层、路径或一组对象与文档中的其他所有图稿隔离开来？ ( )

    A．隔离模式   B．叠印模式   C．分色模式   D．拼合模式

(2) 以下哪个工具可以选择文档中具有相同或相似填充属性(如颜色和图案)的所有对象？ ( )

    A．套索工具   B．选择工具   C．魔棒工具   D．实时上色选择工具

(3) 使用旋转工具旋转对象时，如果要旋转对象的副本，而非对象本身，则可以在开始拖动之后按住哪个键？ ( )

    A．Ctrl+Shift   B．Ctrl   C．Shift   D．Alt

(4) 默认情况下，Illustrator 将为【图层】面板中的每个图层指定唯一的颜色，请问最多可以指定几种颜色？ ( )

    A．5 种   B．8 种   C．9 种   D．12 种

三、判断题

(1)【释放到图层】命令可以将图层中的所有项目重新分配到各图层中，并根据对象的堆叠顺序在每个图层中构建新的对象。 ( )

(2) 默认情况下，Illustrator 设置预览，以便所有图稿以轮廓预览。 ( )

(3) 智能参考线是创建或操作对象或画板时显示的临时对齐参考线。 ( )

四、操作题

选择画板上的全部对象，然后分别进行【垂直顶对齐】和【垂直居中对齐】处理，并将所有对象编组，结果如图 2-97 所示。

图 2-97　本题编辑对象的结果

操作提示

(1) 打开光盘中的"..\Example\Ch02\2.7.ai"练习文件。

(2) 在【工具】面板中选择【选择工具】, 然后按住 Shift 键分别单击画板上的对象, 将所有对象选择。

(3) 打开【对齐】面板, 分别单击【垂直顶对齐】按钮和【垂直居中对齐】按钮。

(4) 再次选择到所有对象, 然后选择【对象】|【编组】命令, 或者按 Ctrl+G 键编组对象。

第 3 章　Illustrator 的矢量绘图

学习目标

Illustrator CC 提供了多种绘图的工具，如【矩形工具】、【圆角矩形工具】、【椭圆形工具】、【多边形工具】、【钢笔工具】、【光晕工具】、【螺旋线工具】、【极坐标网格工具】等，除此之外还可使用各种路径编辑工具修改路径形状，使绘图的工作更加简便。本章将详细介绍在 Illustrator CC 中应用各种工具进行绘图和编辑路径的方法。

学习重点

- ☑ 认识矢量图、路径和绘图模式
- ☑ 使用各种工具绘制线段与简单的图形
- ☑ 使用钢笔工具和铅笔工具
- ☑ 使用光晕工具绘图
- ☑ 编辑路径和路径段的方法

3.1　矢量绘图的基础

在 Illustrator CC 中，可以使用多种绘制工具和技术来绘制和修改路径，以创作出不同形状和效果的矢量图形。在学习绘图前，首先要了解绘图的基础知识。

3.1.1　关于矢量图形

矢量图形（有时称作矢量形状或矢量对象）是由称作矢量的数学对象定义的直线和曲线构成的。矢量根据图像的几何特征对图像进行描述，在任意移动或修改矢量图形的情况下，也不会丢失细节或影响清晰度，如图 3-1 所示。因为，矢量图形是与分辨率无关的，即当调整矢量图形的大小、将矢量图形打印到 PostScript 打印机、在 PDF 文件中保存矢量图形或将矢量图形导入到基于矢量的图形应用程序中时，矢量图形都将保持清晰的边缘。

因此，对于将在各种输出媒体中按照不同大小使用的图稿（如徽标），矢量图形是最佳选择。

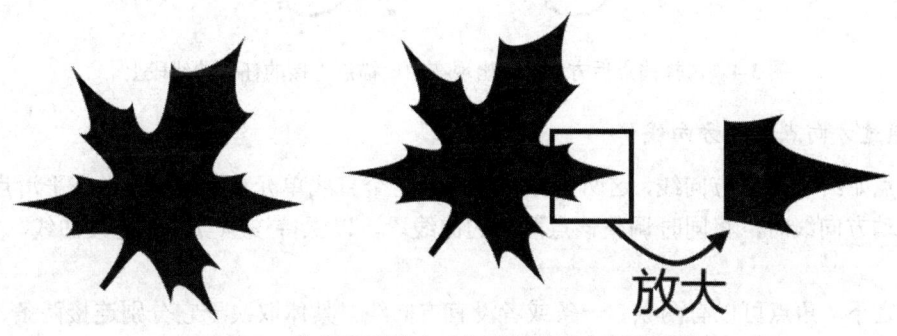

图 3-1　矢量图形放大后依然保持原来的清晰度

3.1.2 路径与路径的点

在绘图时，可以创建称作路径的线条。路径由一个或多个直线或曲线线段组成，每个线段的起点和终点由锚点（类似于固定导线的销钉）标记，如图 3-2 所示。

路径可以是闭合的（如圆形、椭圆形、星形），也可以是开放的并具有不同的端点（如波浪线、弧线）。通过拖动路径的锚点、方向点（位于在锚点处出现的方向线的末尾）或路径段本身，可以改变路径的形状。

路径可以具有两类锚点：角点和平滑点。在角点，路径突然改变方向。在平滑点，路径段连接为连续曲线，如图 3-3 所示。可以使用角点和平滑点的任意组合绘制路径，如果绘制的点类型有误，可随时更改。另外，角点可以连接任何两条直线段或曲线段，而平滑点始终连接两条曲线段。

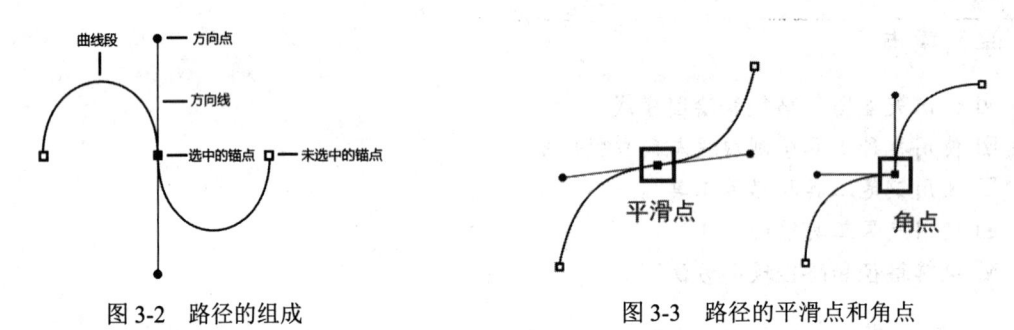

图 3-2　路径的组成　　　　图 3-3　路径的平滑点和角点

3.1.3 方向线和方向点

1．方向线

当选择连接曲线段的锚点（或选择线段本身）时，连接线段的锚点会显示由方向线（终止于方向点）构成的方向手柄，如图 3-4 所示。

方向线不会出现在最终的输出中。另外，方向线的角度和长度决定曲线段的形状和大小。当移动方向点时，可以改变曲线形状。

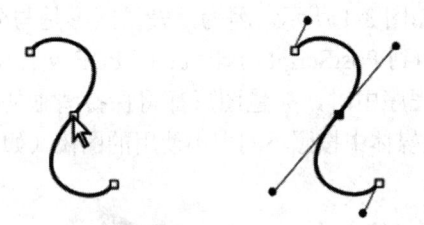

图 3-4　选择锚点后方向线将出现在由该锚点连接的任何曲线段上

2．通过方向点调整方向线

平滑点始终有两条方向线，这两条方向线作为一个直线单元一起移动。当在平滑点上按住方向点移动方向线时，将同时调整该点两侧的曲线段，以保持该锚点处的连续曲线，如图 3-5 所示。

相比之下，角点可以有两条、一条或者没有方向线，具体取决于它分别连接两条、一条还是没有连接曲线段。角点方向线通过使用不同角度来保持拐角，当按住方向点移动角点上的方向线时，只调整与该方向线位于角点同侧的曲线，如图 3-6 所示。

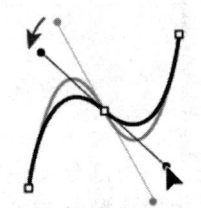

图 3-5　调整平滑点上的方向线　　　　　　图 3-6　调整角点上的方向线

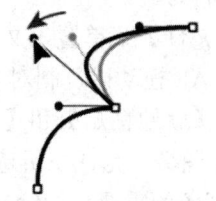

> 方向线始终与锚点处的曲线相切（与半径垂直）。每条方向线的角度决定曲线的斜度，每条方向线的长度决定曲线的高度或深度。

3．设置方向点和方向线的显示首选项

选择【编辑】|【首选项】|【选择和锚点显示】命令。可以在【锚点和手柄显示】区域中，指定【手柄】选项中的任一选项：

- ▭：将方向点显示为一个小的实心圆圈。
- ▭：将方向点显示为一个大的实心圆圈。
- ▭：将方向点显示为一个开口十字线。

选择【选择多个锚点时显示手柄】复选框，可以设置当使用直接选择工具或编组选择工具选择对象时，在所有选定的锚点上显示方向线，如图 3-7 所示。

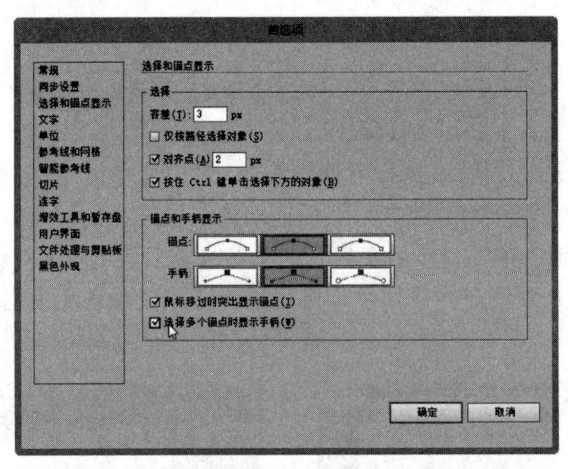

图 3-7　设置方向点和方向线的显示首选项

3.1.4　使用绘图模式

Illustrator CC 提供了下列绘图模式：正常绘图、背面绘图和内部绘图。

- 正常绘图：是默认的绘图模式，效果如图 3-8 所示。
- 背面绘图：允许在没有选择画板的情况下，在所选图层上的所有画板背面绘图，如图 3-9 所示。如果选择了画板，则新对象将直接在所选对象下面绘制。以下情况遵循背面绘图模式：

（1）创建新图层。

（2）置入符号。

（3）从【文件】菜单置入文件。

（4）按住 Alt 拖动以复制对象。

（5）使用【就地粘贴】和【在所有画板上粘贴】选项。

- 内部绘图：允许在所选对象的内部绘图，如图 3-10 所示。内部绘图模式消除了执行多个任务的需要，如绘制和转换堆放顺序或绘制、选择和创建剪贴蒙版。内部绘图模式仅在选择单一对象（路径、混合路径或文本）时启用。

要切换绘图模式，只需在【工具】面板中单击【绘图模式】面板上对应的按钮即可。在绘图过程中，还可以按 Shift+D 键在绘图模式中循环切换。

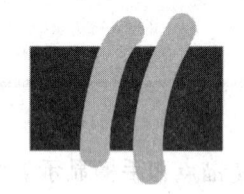

图 3-8　正常绘图模式　　　　图 3-9　背面绘图模式　　　　图 3-10　内部绘图模式

3.2　绘制线段与简单图形

Illustrator 提供了多种用于绘制线条和图形的工具，可以绘制矩形、椭圆形、星形等。

3.2.1　绘制线段

1．绘制直线段

可以使用【直线段工具】绘制直线段。其方法为：

选择【直线段工具】，然后执行下列操作之一：

（1）将指针定位到线段开始的地方，然后拖动到线段终止的地方。

（2）在线段开始的地方单击，然后在打开的【直线段工具选项】对话框中指定线的长度和角度。如果要以当前填充颜色对线段填色，则可选择【线段填色】复选框，接着单击【确定】按钮，如图 3-11 所示。

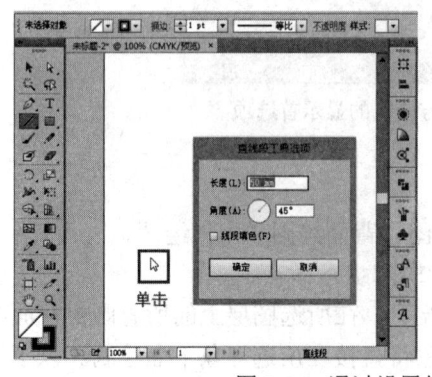

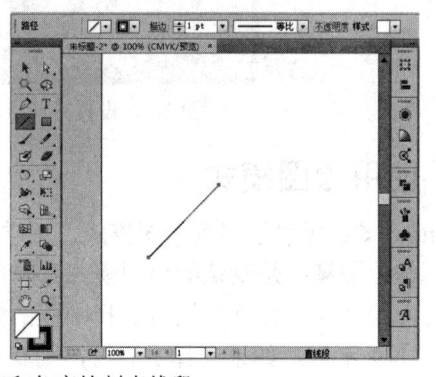

图 3-11　通过设置长度和角度绘制直线段

2．绘制弧线

可以使用【弧线段工具】绘制弧线段。其方法为：

选择【弧线段工具】，然后执行下列操作之一：

（1）将指针定位到弧线开始的地方，然后拖动到弧线终止的地方，如图3-12所示。

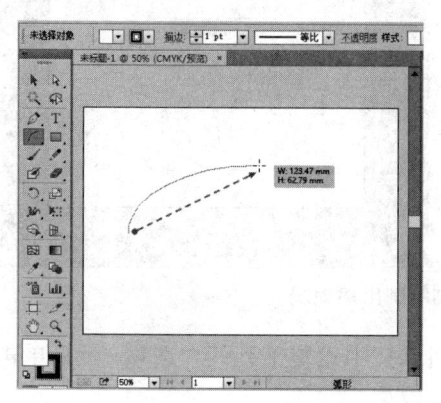

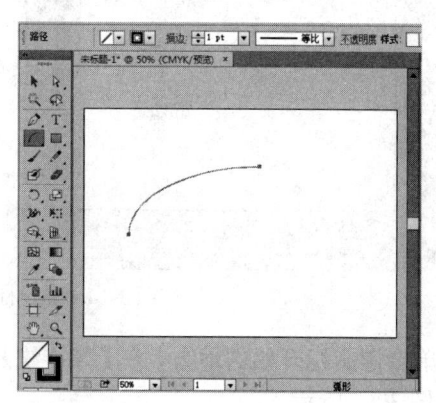

图3-12　通过拖动方式绘制弧线

（2）单击弧线开始的地方。在【弧线段工具选项】对话框中，单击参考点定位器上的一个方框以确定从其上绘制弧线的点，然后设置下列任一选项并单击【确定】按钮，如图3-13所示。

- X轴长度：指定弧线宽度。
- Y轴长度：指定弧线高度。
- 类型：指定对象为开放路径还是封闭路径。
- 基线轴：指定弧线方向。根据沿【水平（X）轴】还是【垂直（Y）轴】绘制弧线基线，来选择X轴还是Y轴。
- 斜率：指定弧线斜率的方向。对凹入（向内）斜率输入负值，对凸起（向外）斜率输入正值。斜率为0将创建直线。
- 弧线填色：以当前填充颜色为弧线填色。

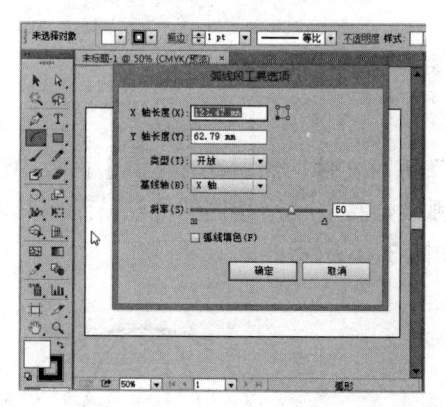

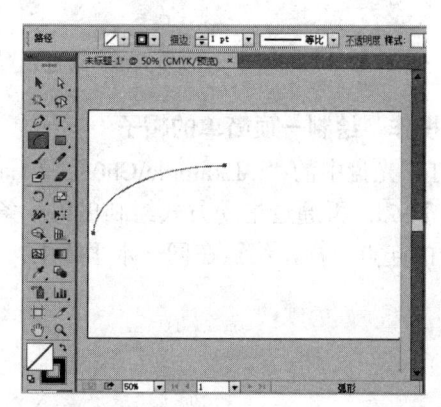

图3-13　通过设置选项绘制弧线

3．绘制螺旋线

选择【螺旋线工具】，然后执行下列操作之一：

（1）拖动直到螺旋线达到所需大小，在不放开鼠标的情况下再拖动弧线中的指针以旋转螺旋线，如图 3-14 所示。

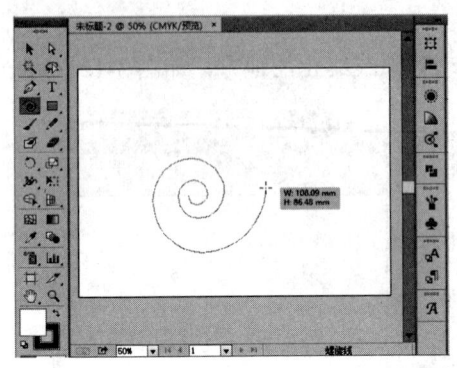

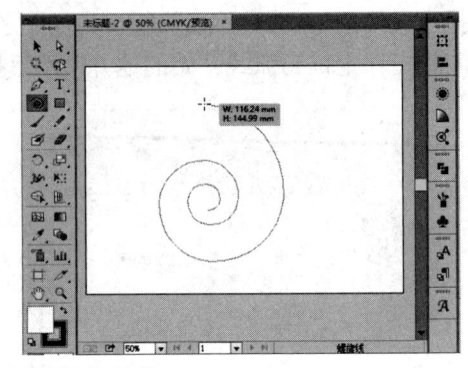

图 3-14　通过拖动绘制出螺旋线

（2）单击螺旋线开始的地方，在【螺旋线】对话框中设置下列任一选项，然后单击【确定】按钮，如图 3-15 所示。

- 半径：指定从中心到螺旋线最外点的距离。
- 衰减：指定螺旋线的每一螺旋相对于上一螺旋应减少的量。
- 线段：指定螺旋线具有的线段数。螺旋线的每一个完整螺旋由四条线段组成。
- 样式：指定螺旋线方向。

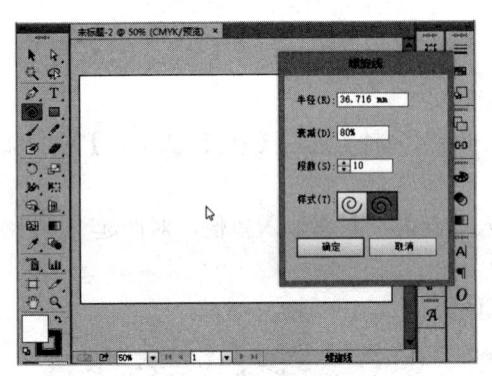

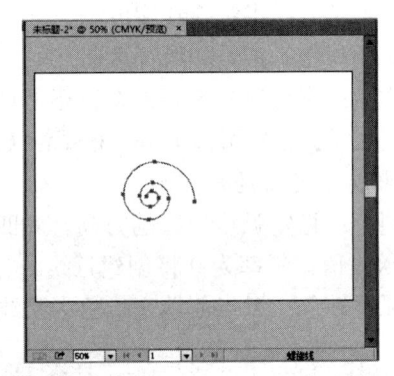

图 3-15　通过设置选项绘制出螺旋线

动手操作　绘制一顶简单的帽子

1 打开光盘中的"..\Example\Ch03\3.2.1.ai"练习文件，然后在【工具】面板中选择【弧线段工具】，再通过拖动方式绘制出第一条弧线，接着使用相同的方法，绘制其他弧线，这些弧线的起点一样，终点在同一水平线上，如图 3-16 所示。

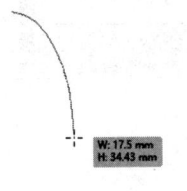

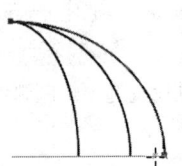

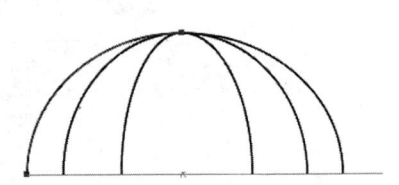

图 3-16　绘制出多条弧线

2 在【工具】面板中选择【直线段工具】，然后在弧线的起点上单击确定直线段起点，接着拖动鼠标到弧线终点水平线的交点处（会显示智能参考线），如图 3-17 所示。

3 选择【直线段工具】，然后在最左端的弧线终点处单击确定为直线段起点，接着拖动鼠标到最右端弧线的终点处，绘制出第二条直线段，如图 3-18 所示。

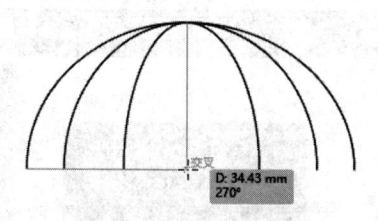

图 3-17　绘制第一条直线段　　　　　　　图 3-18　绘制第二条直线段

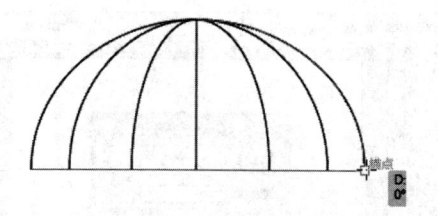

4 在【工具】面板中选择【螺旋线工具】，然后在帽子的上方单击并向下拖动，使螺旋线的终点处于弧线的起点处，绘制出螺旋线作为帽顶图形，如图 3-19 所示。

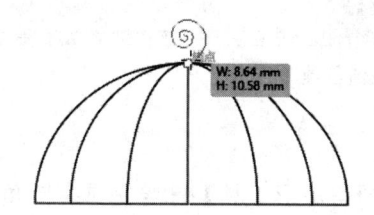

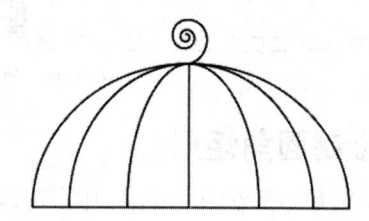

图 3-19　绘制螺旋线

3.2.2　绘制矩形和方形

在 Illustrator 中，可以使用【矩形工具】绘制各种基本矩形几何形状，如长方形、正方形等。其方法为：

选择【矩形工具】，在【控制】面板中设置填充颜色和描边颜色，再设置描边、不透明度等属性。

（1）如果要绘制一个矩形，可以在画板中向对角线方向拖动鼠标，直到矩形达到所需大小后放开鼠标即可，如图 3-20 所示。

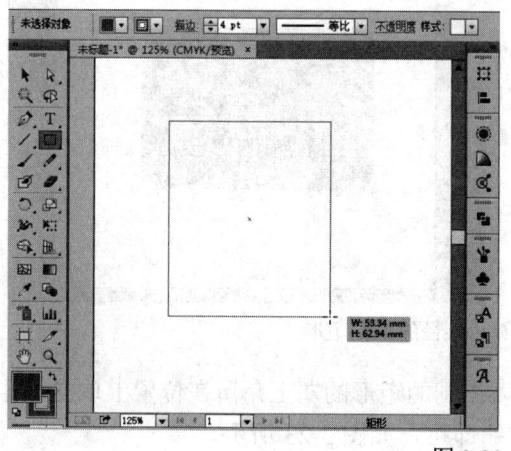

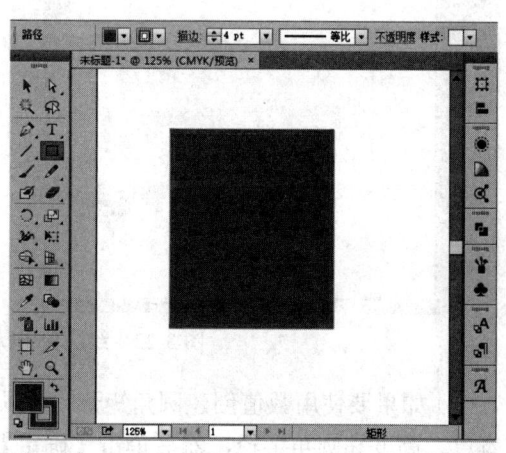

图 3-20　绘制矩形

（2）如果要绘制方形，可以在按住 Shift 键的同时向对角线方向拖动鼠标，直到达到方形所需大小放开鼠标即可。

（3）如果要使用数值创建方形或矩形，可以在要绘制的方形或矩形的左上角所在位置上单击，再指定宽度和高度，然后单击【确定】按钮即可，如图 3-21 所示。

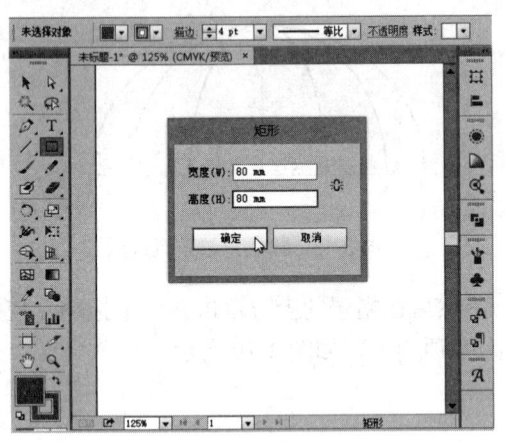

图 3-21　通过输入数值创建方形

3.2.3　绘制圆角矩形

1. 绘制圆角矩形在 Illustrator 中，可以使用【圆角矩形工具】绘制具有圆角效果的矩形和方形。其方法为：

选择【圆角矩形工具】，然后在【控制】面板中设置填充颜色和描边颜色，再设置描边、不透明度等属性。

（1）如果要绘制一个使用默认圆角半径的圆角矩形，可以在画板中向对角线方向拖动鼠标，直到矩形达到所需大小后放开鼠标即可，如图 3-22 所示。要绘制圆角方形时，只需在绘制过程中按住 Shift 键即可。

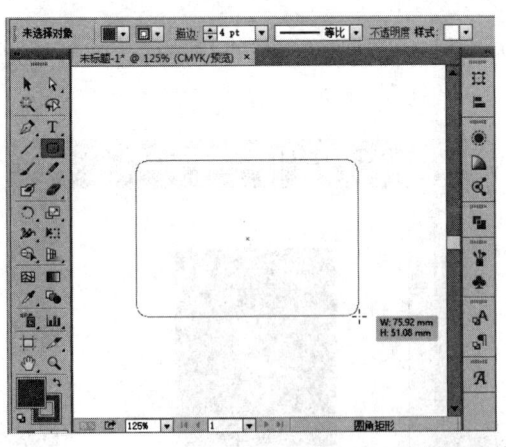

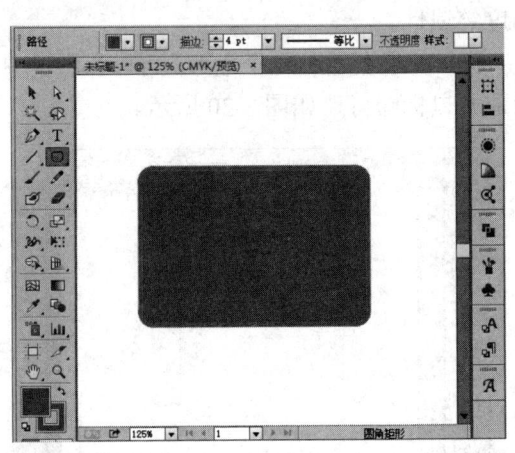

图 3-22　绘制使用默认圆角半径的圆角矩形

（2）如果要使用数值创建圆角矩形，可以在要绘制的矩形的左上角所在位置上单击，再指定宽度、高度和圆角半径，然后单击【确定】按钮即可，如图 3-23 所示。

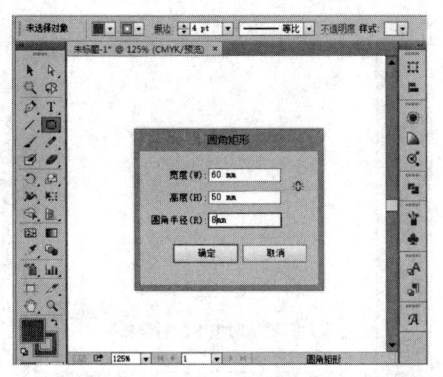

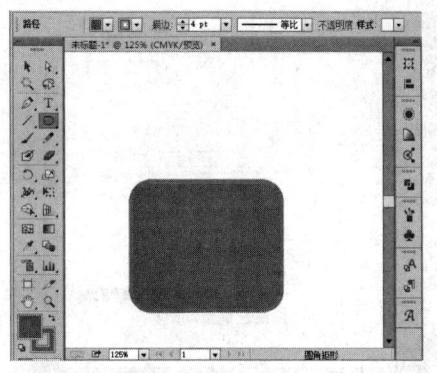

图 3-23　通过输入数值创建圆角矩形

2．指定圆角半径

圆角半径决定了矩形圆角的圆度。可以更改所有新矩形的默认半径，也可以在绘制各个矩形时更改它们的半径。其方法为：

（1）如果要更改默认的圆角半径，可以选择【编辑】|【首选项】|【常规】命令，并为圆角半径输入一个新的值，如图 3-24 所示。或者选择【圆角矩形工具】，在文档窗口中单击，然后为圆角半径输入新值。

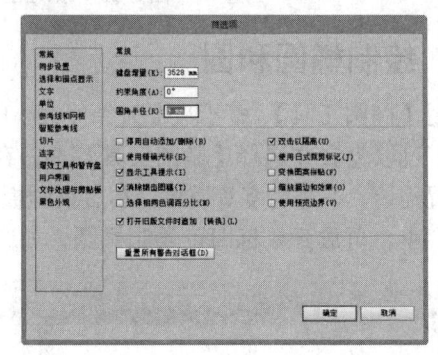

图 3-24　更改默认的圆角半径

> 问：更改默认圆角半径会影响现有的圆角矩形吗？
> 答：不会。默认半径仅应用于绘制的新圆角矩形，而不是现有圆角矩形。

（2）如果要在使用【圆角矩形工具】拖动时更改圆角半径，可以按向上箭头键或向下箭头键。当圆角达到所需圆度时松开键即可。

（3）如果要在使用【圆角矩形工具】拖动时创建方形圆角，可以按向左箭头键，如图 3-25 所示。

（4）如果要在使用【圆角矩形工具】拖动时创建最圆的圆角，可以按向右箭头键，如图 3-26 所示。

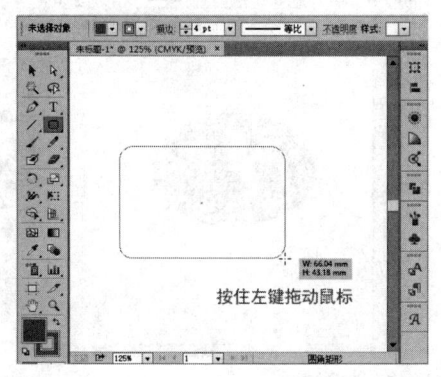

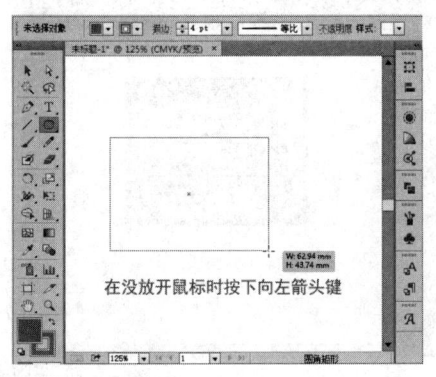

图 3-25　绘制过程中创建方形圆角

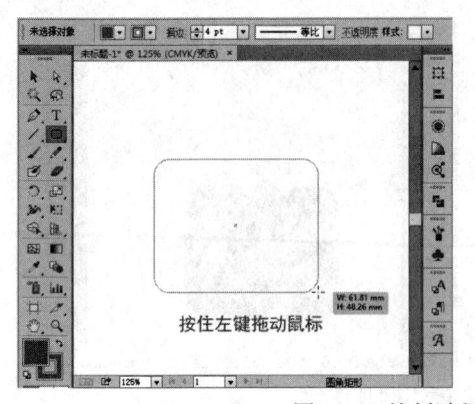

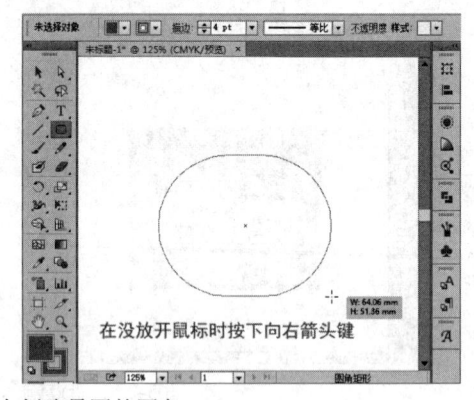

图 3-26　绘制过程中创建最圆的圆角

3.2.4　绘制椭圆和圆

使用【椭圆工具】可以绘制各种大小的椭圆形和正圆形。其方法为：单击并按住【矩形工具】可以查看并选择【椭圆工具】，在【控制】面板中可以设置填充颜色和描边颜色，以及设置描边、不透明度等属性。然后在画板中按住鼠标左键，向对角线方向拖动直到椭圆达到所需大小，再放开鼠标即可绘制椭圆，如图 3-27 所示。

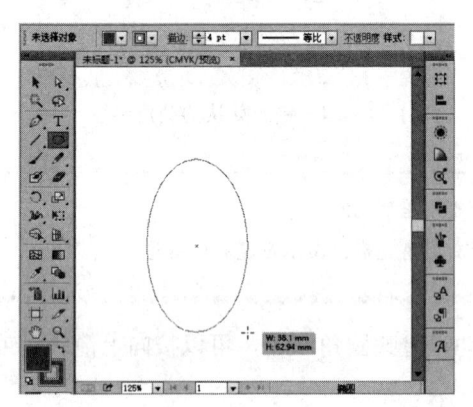

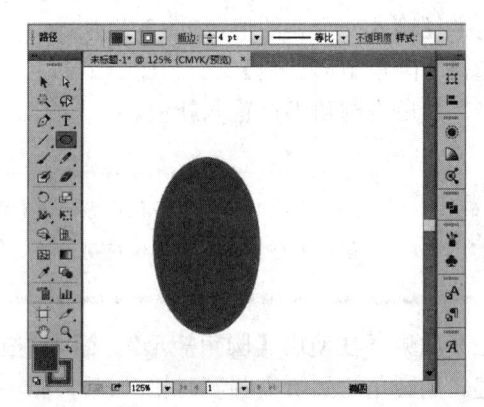

图 3-27　通过拖动的方式绘制椭圆

（1）如果要使用数值创建椭圆，则可以在要绘制的椭圆定界框左上角所在位置单击，然后指定椭圆的宽度和高度，接着单击【确定】按钮，如图 3-28 所示。

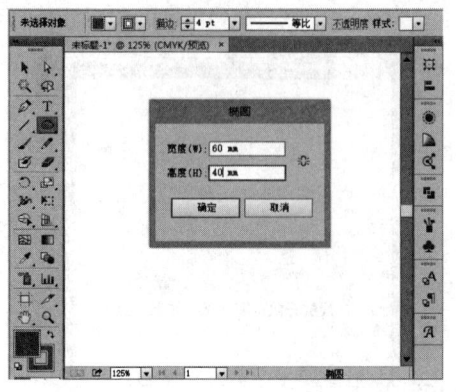

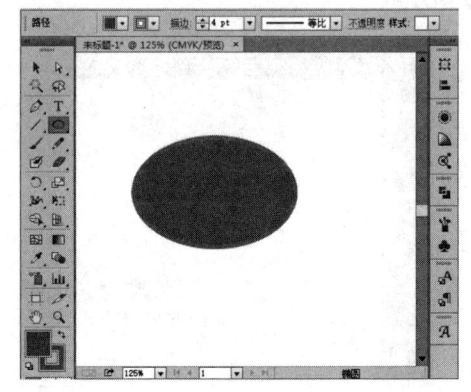

图 3-28　通过输入数值创建椭圆

（2）如果要创建圆，可以在拖动绘图时按住 Shift 键，或者在指定椭圆数值时设置一样大小的宽度和高度，即可创建出圆，如图 3-29 所示。

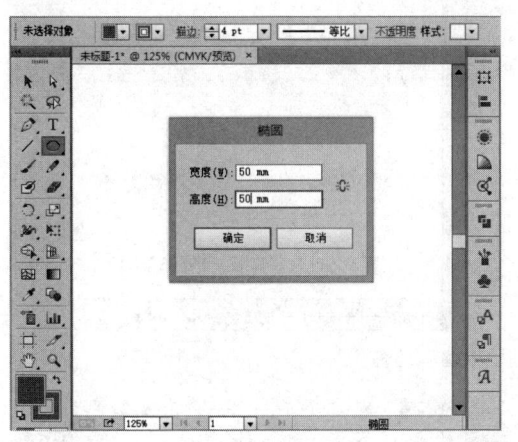

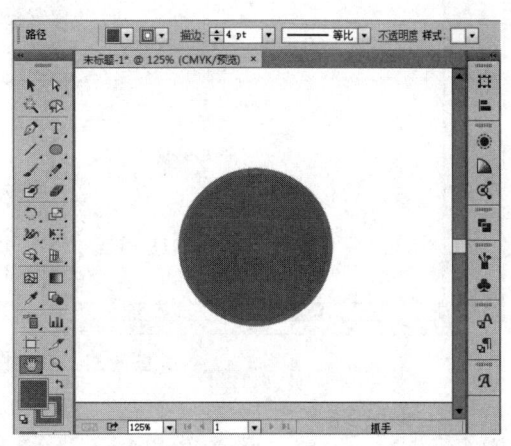

图 3-29　创建圆形

3.2.5　绘制多边形和星形

使用【多边形工具】 可以绘制各种正多边形，如三边形、八边形等；使用【星形工具】 可以绘制多角星形，如五角星形。

1．绘制多边形

选择【多边形工具】 ，在【控制】面板中可以设置填充颜色和描边颜色，以及设置描边、不透明度等属性。然后执行下列操作之一：

（1）按住鼠标左键并拖动，直到多边形达到所需大小，在拖动过程中可以任意旋转多边形，如图 3-30 所示。

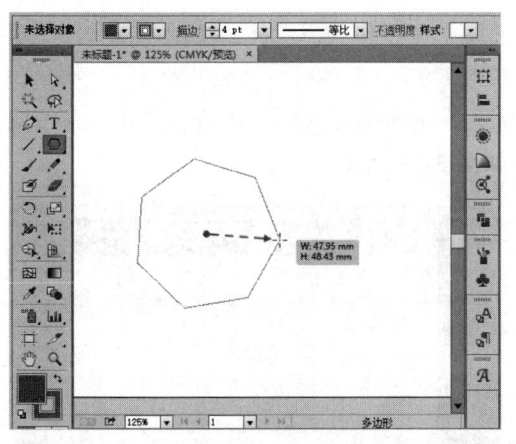

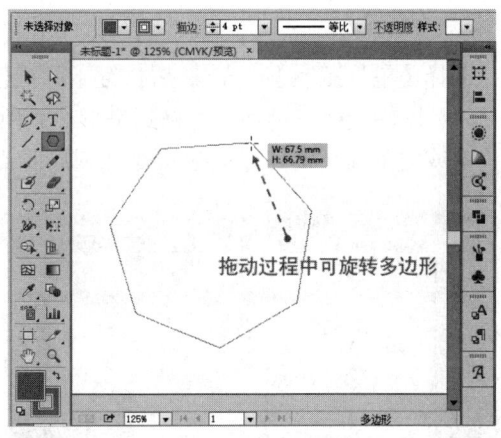

图 3-30　通过拖动绘制多边形

（2）按住鼠标左键并拖动，直到多边形达到所需大小，在拖动过程中按向上箭头键或向下箭头键，可以向多边形中添加或删除边，如图 3-31 所示。

（3）如果使用数值创建多边形，可以在多边形中心所在位置单击，再指定多边形的半径和边的数量，然后单击【确定】按钮，如图 3-32 所示。

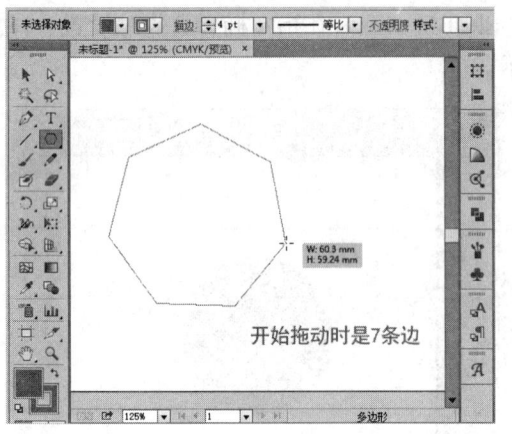

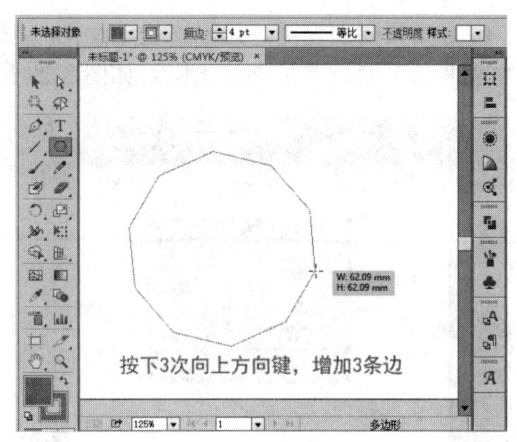

图 3-31 在绘图过程中增减边数

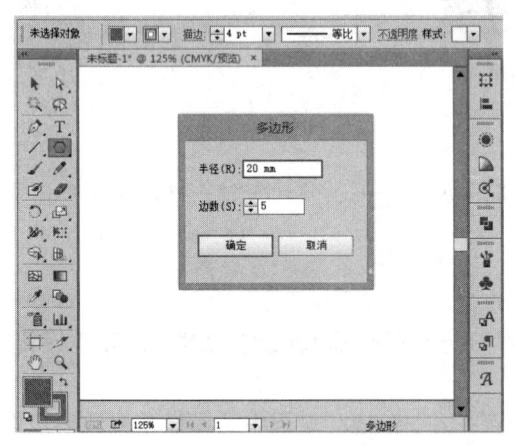

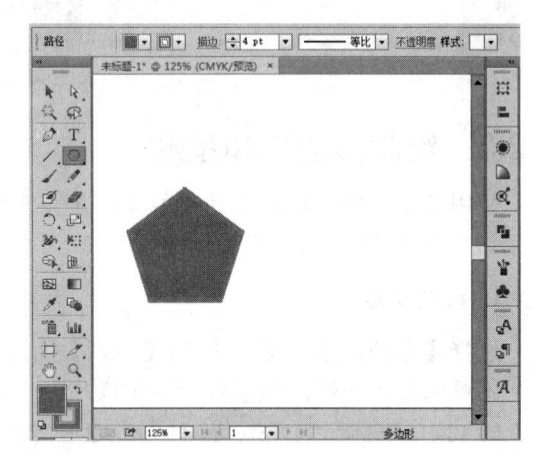

图 3-32 通过输入数值创建多边形

2．绘制星形

选择【星形工具】，然后执行下列操作之一：

（1）按住鼠标左键拖动，直到星形达到所需大小，在拖动过程中可以旋转星形，且按向上箭头键或向下箭头键可以向星形添加或删除点，如图 3-33 所示。

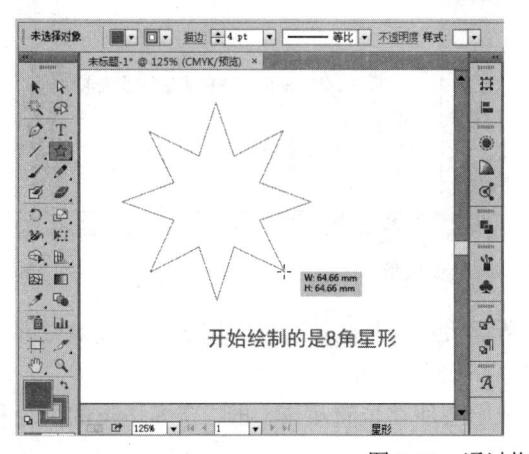

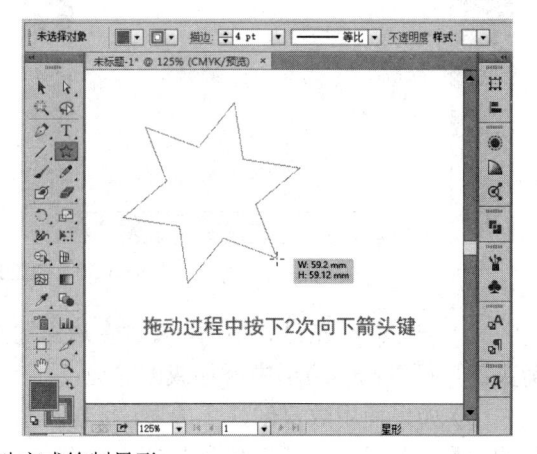

图 3-33 通过拖动方式绘制星形

（2）如果要使用数值创建星形，可以在要绘制的星形中心所在位置上单击，然后设置下列选项，再单击【确定】按钮，如图 3-34 所示。
- 半径 1：指定从星形中心到星形最内点的距离。
- 半径 2：指定从星形中心到星形最外点的距离。
- 角点数：指定星形具有的角点数。

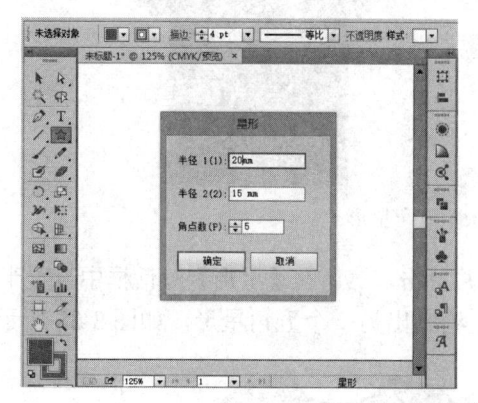

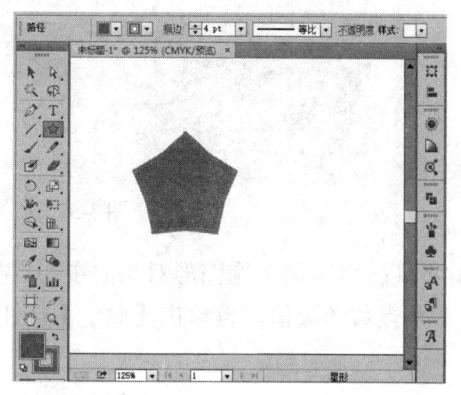

图 3-34　通过输入数值创建星形

动手操作　为 T 恤绘制装饰图形

1 打开光盘中的"..\Example\Ch03\3.2.5.ai"练习文件，然后在【工具】面板中选择【多边形工具】，在【控制】面板中设置填色为【无】、描边颜色为【黄色】、描边粗细为 5pt，如图 3-35 所示。

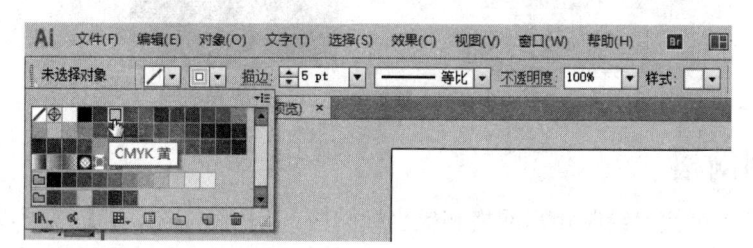

图 3-35　选择多边形工具并设置控制选项

2 将鼠标移动到 T 恤图形对象的中心点处，然后按住鼠标左键拖动，绘制出一个六边形，如图 3-36 所示。

图 3-36　绘制出六边形

3 在【工具】面板中选择【星形工具】，然后在【控制】面板中设置填色为【无】、描边颜色为【白色】、描边粗细为 5pt，接着将鼠标移动到 T 恤图形对象的中心点处，并按住鼠标左键拖动，绘制出一个五角星形，如图 3-37 所示。

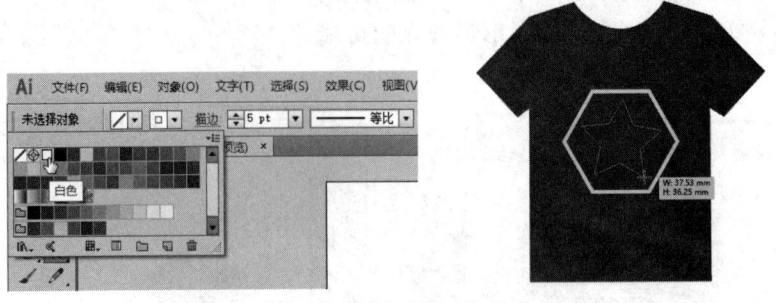

图 3-37　绘制一个五角星形

4 将鼠标移动到 T 恤图形对象的中心点处并单击，然后在【星形】对话框中设置半径 1、半径 2 和角点数的数值，再单击【确定】按钮，绘制出另一个五角星形，如图 3-38 所示。

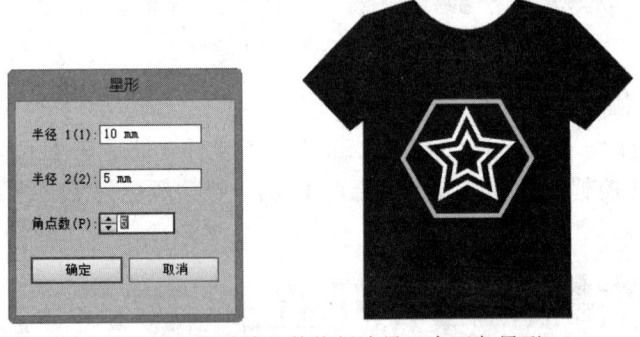

图 3-38　通过输入数值创建另一个五角星形

3.2.6　绘制网格

使用网格工具可快速绘制矩形网格和极坐标网格。【矩形网格工具】可以使用指定数目的分隔线创建指定大小的矩形网格；【极坐标网格工具】可以创建具有指定大小和指定数目的分隔线的同心圆网格。

1. 绘制矩形网格

选择【矩形网格工具】，然后执行下列操作之一：

（1）按住鼠标左键拖动，直到网格达到所需大小，可以绘制默认分隔线数量的网格。

（2）在画板中单击打开【矩形网格工具选项】对话框。在该对话框中，单击参考点定位器上的一个方框，可以确定绘制网格的起始点，然后设置下列任一选项，并单击【确定】按钮，如图 3-39 所示。

- 默认大小：指定整个网格的宽度和高度。
- 水平分隔线：指定在网格顶部和底部之间出现的水平分隔线数量。【倾斜】值决定水平分隔线倾向网格顶部或底部的程度。
- 垂直分隔线：指定希望在网格左侧和右侧之间出现的分隔线数量。【倾斜】决定垂直分隔线倾向于左侧或右侧的方式。

- 使用外部矩形作为框架：以单独矩形对象替换顶部、底部、左侧和右侧线段。
- 填色网格：以当前填充颜色填色网格，否则填色设置为无。

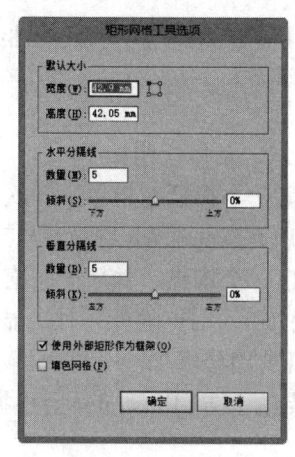

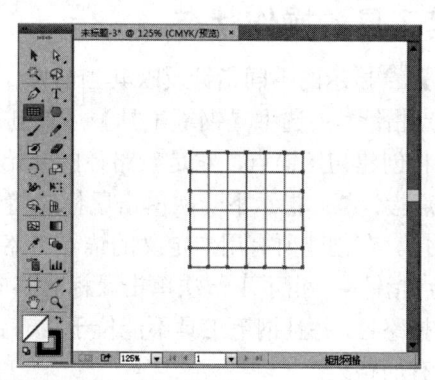

图 3-39　通过输入数值创建矩形网格

2. 绘制极坐标网格

选择【极坐标网格工具】，然后执行下列操作之一：

（1）按住鼠标左键拖动，直到网格达到所需大小极坐标绘制默认分隔线数量的网格。

（2）在画板中单击打开【极坐标网格工具选项】对话框。在该对话框中，单击参考点定位器上的一个方框以确定绘制网格的起始点，然后设置下列任一选项，并单击【确定】按钮，如图 3-40 所示。

- 默认大小：指定整个网格的宽度和高度。
- 同心圆分隔线：指定出现在网格中的圆形同心圆分隔线数量。【倾斜】值决定同心圆分隔线倾向于网格内侧或外侧的方式。
- 径向分隔线：指定在网格中心和外围之间出现的径向分隔线数量。【倾斜】值决定径向分隔线倾向于网格逆时针或顺时针的方式。
- 从椭圆形创建复合路径：将同心圆转换为独立复合路径并每隔一个圆填色。
- 填色网格：以当前填充颜色填色网格，否则填色设置为无。

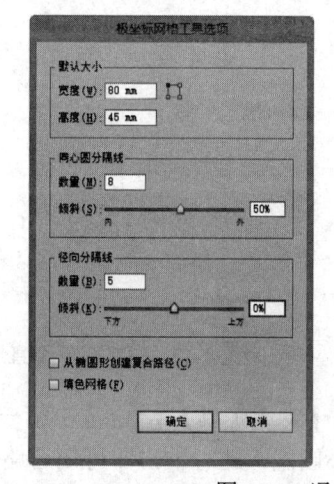

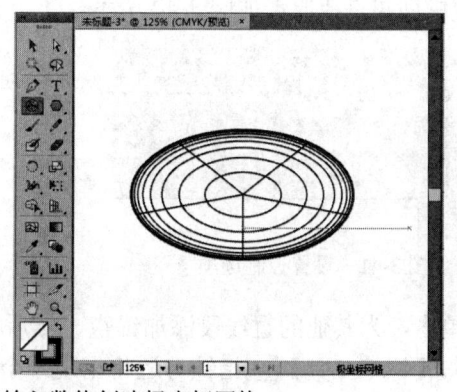

图 3-40　通过输入数值创建极坐标网格

3.3 使用钢笔和铅笔绘图

在 Illustrator 中可以使用【钢笔工具】和【铅笔工具】绘制各种直线、曲线和闭合路径。

3.3.1 钢笔工具的操作状态

【钢笔工具】显示的不同指针反映其当前操作状态，具体说明如下：

- 初始锚点指针：选中【钢笔工具】后看到的第一个指针。指示下一次在舞台上单击鼠标时将创建初始锚点，它是新路径的开始（所有新路径都以初始锚点开始）。
- 连续锚点指针：指示下一次单击鼠标时将创建一个锚点，并用一条直线与前一个锚点相连接。在创建所有用户定义的锚点（路径的初始锚点除外）时，显示此指针。
- 添加锚点指针：指示下一次单击鼠标时将向现有路径添加一个锚点。若要添加锚点，必须选择路径，并且钢笔工具不能位于现有锚点的上方。Illustrator 会根据添加的锚点，重绘现有的路径。
- 删除锚点指针：指示下一次在现有路径上单击鼠标时将删除一个锚点。若要删除锚点，必须用选择工具选择路径，并且指针必须位于现有锚点的上方。Illustrator 会根据删除的锚点，重绘现有的路径。
- 闭合路径指针：在用户正绘制的路径的起始点处闭合路径。用户只能闭合当前正在绘制的路径，并且现有锚点必须是同一个路径的起始锚点。
- 转换锚点指针：该状态将不带方向线的转角点转换为带有独立方向线的转角点。

3.3.2 使用钢笔工具绘制直线

使用【钢笔工具】可以绘制的最简单路径是直线，只需通过单击【钢笔工具】创建两个锚点，单击即可创建由角点连接的直线段组成的路径。

动手操作　绘制五角星路径

1 新建一个文件，然后在【工具】面板中选择【钢笔工具】，此时光标显示为钢笔笔头的形状。

2 在【控制】面板中设置填色为【无】、描边颜色为【黑色】、描边粗细为 1pt，如图 3-41 所示。

3 将【钢笔工具】定位到所需的直线段起点并单击，定义第一个锚点（不要拖动），再次单击后即可创建直线段，如图 3-42 所示。

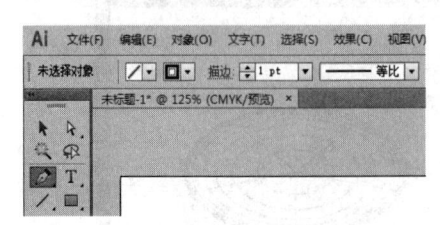

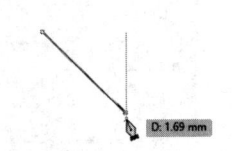

图 3-41　设置控制选项　　　　　　　　图 3-42　绘制第一个直线段

4 继续单击，为其他的直线段添加锚点，然后将【钢笔工具】定位在第一个锚点上，当位置正确时，【钢笔工具】指针旁边将出现一个小圆圈，此时单击即可闭合路径，完成五角星的绘制，如图 2-43 所示。

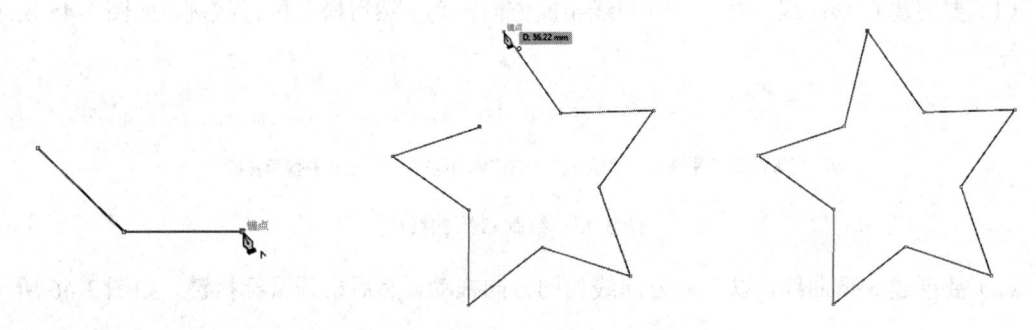

图 2-43 单击添加锚点并闭合路径

> 使用【钢笔工具】定义第一个锚点后，按住 Shift 键并单击，可以将线段的角度限制为 45 度的倍数。另外，如果要保持路径开放，可以按住 Ctrl 键并单击远离所有对象的任何位置。

3.3.3 使用钢笔工具绘制曲线

使用【钢笔工具】除了可以绘制直线段外，还可以绘制曲线。

只需在曲线改变方向的位置添加一个锚点，然后拖动构成曲线形状的方向线即可，方向线的长度和斜度决定了曲线的形状。

> 如果使用尽可能少的锚点拖动曲线，可以更容易编辑曲线并且系统可更快速显示和打印它们。使用过多描点会在曲线中造成不必要的凸起。

动手操作　绘制曲线

1 新建文件，在【工具】面板中选择【钢笔工具】，此时光标显示为钢笔笔头的形状。

2 在【控制】面板中设置填色为【无】、描边颜色为【黑色】、描边粗细为 2pt。

3 将【钢笔工具】定位在曲线的起始点并按住鼠标左键，此时会出现第一个锚点，同时钢笔工具指针变为箭头。

4 拖动设置要创建曲线段的斜率，然后松开鼠标按键，如图 3-44 所示。一般而言，将方向线向计划绘制的下一个锚点延长约三分之一距离。

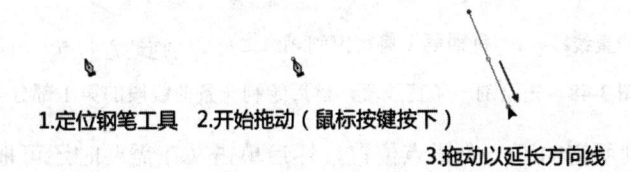

1.定位钢笔工具　2.开始拖动（鼠标按键按下）

3.拖动以延长方向线

图 3-44 创建曲线段斜率

5 将【钢笔工具】定位到曲线段结束的位置，执行下列操作之一：

（1）要创建 C 形曲线，以上一方向线相反方向拖动，然后松开鼠标按键，如图 3-45 所示。

1.开始拖动第二个平滑点　　2.远离上一方向线方向拖动　　3.松开鼠标按键

图 3-45　绘制 C 形曲线

（2）要创建 S 形曲线，以上一方向线相同方向拖动，然后松开鼠标按键，如图 3-46 所示。

1.开始拖动新的平滑点　　2.往前一方向线的方向拖动　　3.松开鼠标按键

图 3-46　绘制 S 形曲线

6 要创建一系列平滑曲线，可以继续从不同位置拖动【钢笔工具】。将锚点置于每条曲线的开头和结尾，而不放在曲线的顶点（这样不会闭合曲线），结果如图 3-47 所示。

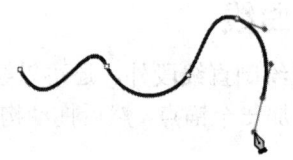

图 3-47　绘制平滑曲线

3.3.4　使用钢笔工具绘制其他线段

1．绘制带有曲线的直线

动手操作　绘制带有曲线的直线

1 使用【钢笔工具】单击两个位置的角点以创建直线段。

2 将【钢笔工具】定位在所选端点上，【钢笔工具】将出现一个转换点图标。此时单击锚点并拖动显示的方向线，设置将要创建的下一条曲线段的斜度，如图 3-48 所示。

完成的直线段　　将钢笔工具定位到端点上　　拖动方向点

图 3-48　先绘制一条直线段，然后绘制一条曲线段的第 1 部分

3 将钢笔定位到所需的下一个锚点位置，然后单击（在需要时还可拖动）这个新锚点以完成曲线，如图 3-49 所示。

定位钢笔工具　　　　拖动方向线　　　　完成绘制新曲线段

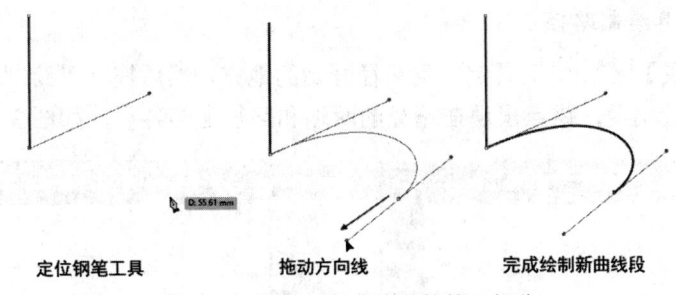

图 3-49　绘制一条曲线段的第 2 部分

2．绘制带有直线的曲线

动手操作　绘制带有直线的曲线

1 使用【钢笔工具】拖动创建曲线段的第一个平滑点，然后松开鼠标按钮。

2 在曲线段结束的位置重新定位【钢笔工具】，拖动以完成曲线，然后松开鼠标按钮，如图 3-50 所示。

3 将【钢笔工具】定位在所选端点上，【钢笔工具】旁将出现一个转换点图标，此时单击锚点将平滑点转换为角点，接着将【钢笔工具】重新定位到所需的直线段终点，然后单击以完成直线段的绘制，如图 3-51 所示。

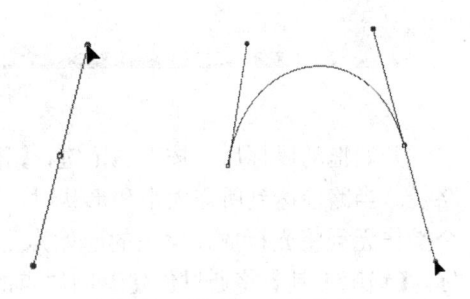

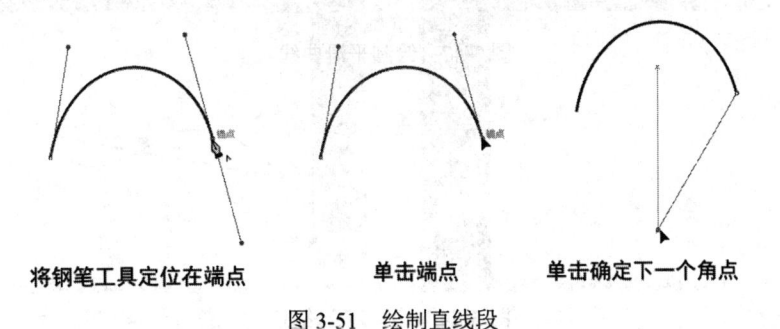

图 3-50　绘制一个曲线段

将钢笔工具定位在端点　　单击端点　　单击确定下一个角点

图 3-51　绘制直线段

3.3.5　使用铅笔工具绘图

【铅笔工具】可用于绘制开放路径和闭合路径，就像用铅笔在纸上绘图一样，这对于快速素描或创建手绘外观很有用。

在使用【铅笔工具】绘制路径时，锚点已自动设置，在路径完成后可以调整它们。设置的锚点数量由路径的长度和复杂程度以及【铅笔工具选项】对话框中的容差设置决定。这些设置控制【铅笔工具】对鼠标或画图板光笔移动的敏感程度。

在【工具】面板中双击【铅笔工具】，即可打开【铅笔工具选项】对话框，如图 3-52 所示。

图 3-52　【铅笔工具选项】对话框

1. 使用铅笔工具绘制路径

选择【铅笔工具】 ，将工具定位到路径开始的地方，然后拖动以绘制路径。当拖动时，一条点线将跟随指针出现，锚点出现在路径的两端和路径上的各点，如图 3-53 所示。

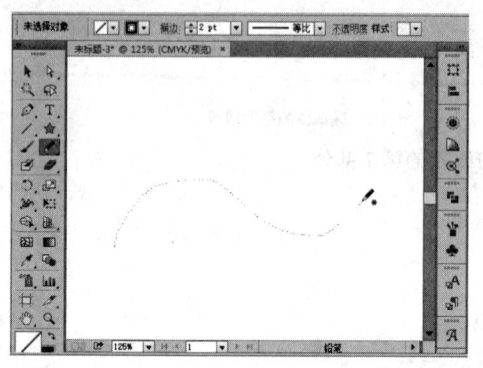

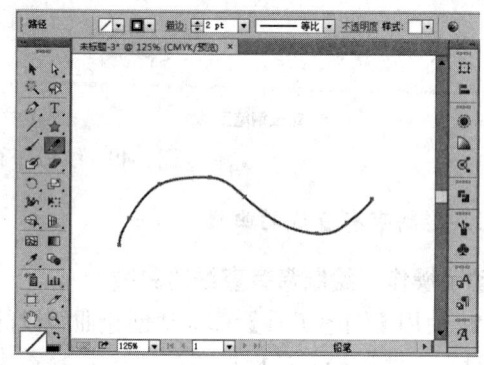

图 3-53 绘制自由路径

开始拖动鼠标后，按下 Alt 键，【铅笔工具】将显示一个小圆圈，指示正在创建一个闭合路径。当路径达到所需大小和形状时，松开鼠标按钮即可自动闭合路径，如图 3-54 所示。这个操作无须将光标放在路径的起始点上方就可以创建闭合路径；如果在某个其他位置松开鼠标，【铅笔工具】将通过创建返回原点的最短线条来闭合形状。

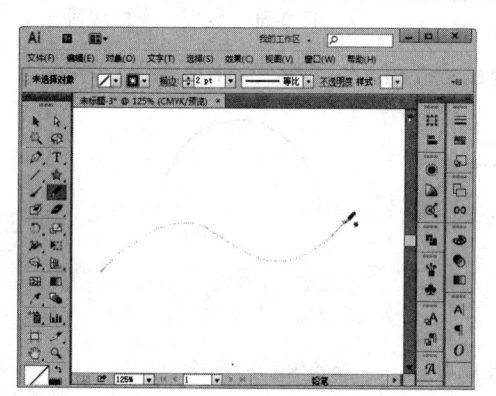

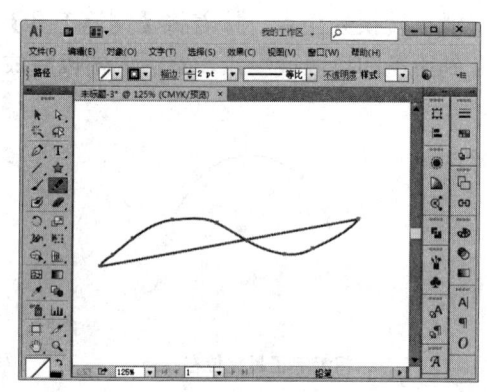

图 3-54 绘制闭合路径

2. 使用铅笔工具添加路径

先选择现有路径，再选择【铅笔工具】 。将铅笔笔尖定位到路径端点，当铅笔笔尖旁边的小*消失时，即表示已非常靠近端点。此时拖动鼠标即可继续绘制路径，如图 3-55 所示。

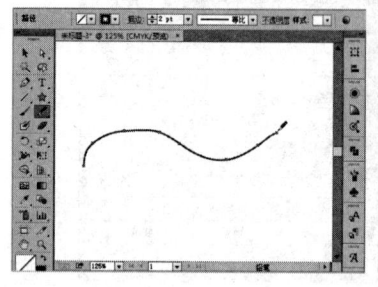

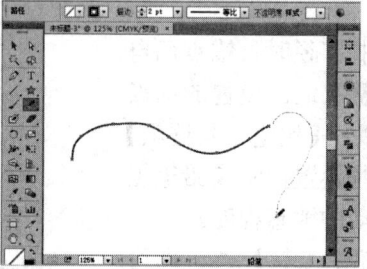

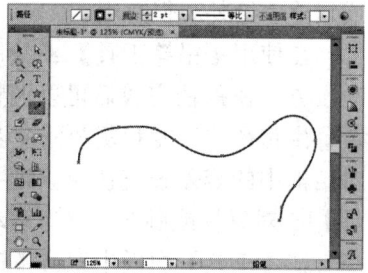

图 3-55 使用铅笔工具继续添加路径

3．使用铅笔工具连接两条路径

先按住 Shift 键并单击路径以选择到两条路径，然后选择【铅笔工具】，将指针定位到要从一条路径开始的地方，然后开始向另一条路径拖动。开始拖移后，按住 Ctrl 键，此时【铅笔工具】会显示一个小的合并符号，指示正添加到现有路径，如图 3-56 所示。拖动到另一条路径的端点上，松开鼠标按钮再松开 Ctrl 键，即可连接两条路径，如图 3-57 所示。

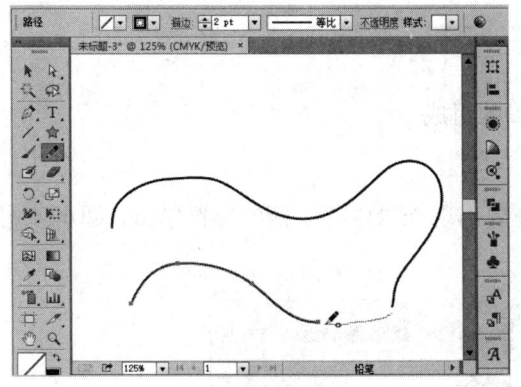

图 3-56　按住 Ctrl 键拖动鼠标添加路径　　　　图 3-57　连接路径的结果

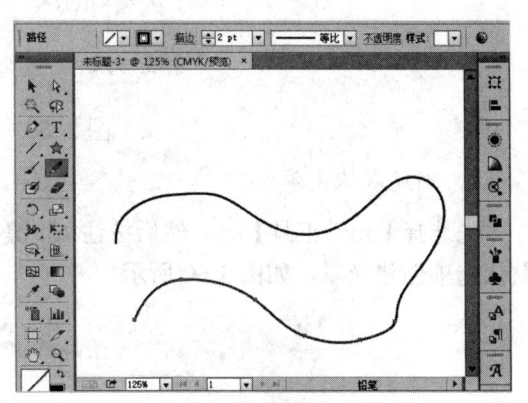

4．使用铅笔工具改变路径形状

先选择要更改的路径，将【铅笔工具】定位在要重新绘制的路径上或附近。当铅笔笔尖旁边的小*消失时，即表示与路径非常接近。此时拖动工具直到路径达到所需形状即可，如图 3-58 所示。

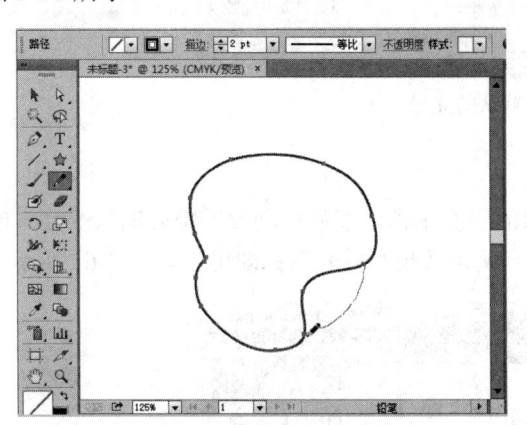

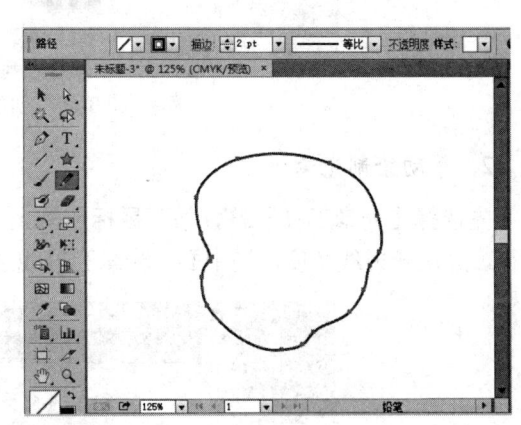

图 3-58　铅笔工具改变路径形状

3.4　使用光晕工具绘制光晕

使用【光晕工具】可以创建具有明亮的中心、光晕和射线及光环的光晕对象。使用此工具可创建类似照片中镜头光晕的效果。

"光晕"包括中央手柄和末端手柄，中央手柄是光晕的明亮中心（光晕路径从该点开始）。绘制光晕时需要使用手柄定位光晕及其光环。如图 3-59 所示为光晕的组成。

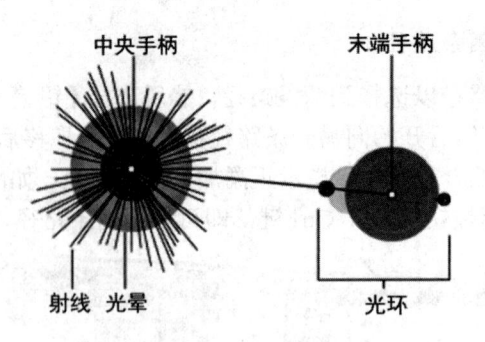

图 3-59　光晕的组成

1．创建默认光晕

先选择【光晕工具】，然后按住 Alt 键并在要出现光晕中心手柄的位置单击，即可使用默认选项创建光晕，如图 3-60 所示。

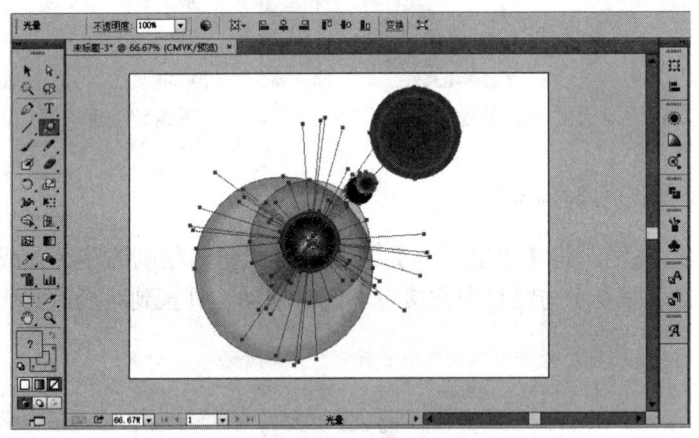

图 3-60　创建默认的光晕

2．手动绘制光晕

先选择【光晕工具】，按下鼠标放置光晕的中心手柄，然后拖动设置中心的大小光晕的大小，并旋转射线角度，当中心、光晕和射线达到所需效果时松开鼠标即可，如图 3-61 所示。

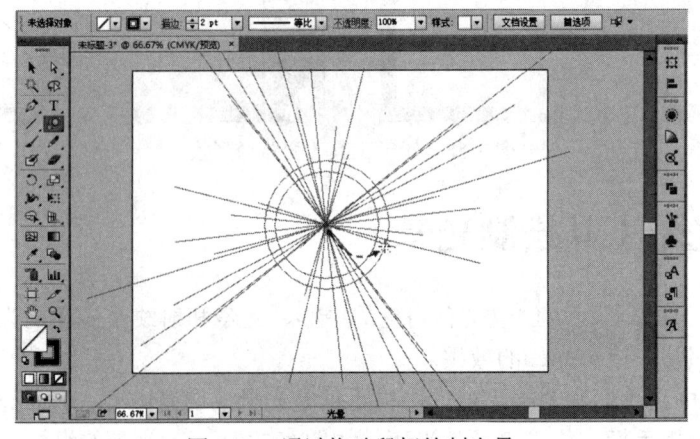

图 3-61　通过拖动鼠标绘制光晕

> 按住 Shift 键可以将射线限制在设置角度；按向上或向下箭头键可以添加或减去射线；按住 Ctrl 键可以保持光晕中心位置不变。

再次按下鼠标并拖动可以为光晕添加光环并放置末端手柄。在松开鼠标前，按向上或向下箭头键可以添加或减去光环，按符号（~）键可以随机放置光环。当末端手柄到达所需位置时松开鼠标，如图 3-62 所示。

> 光晕中的每个元素（中心、光晕、光环和射线）以不同的透明度设置填充颜色。

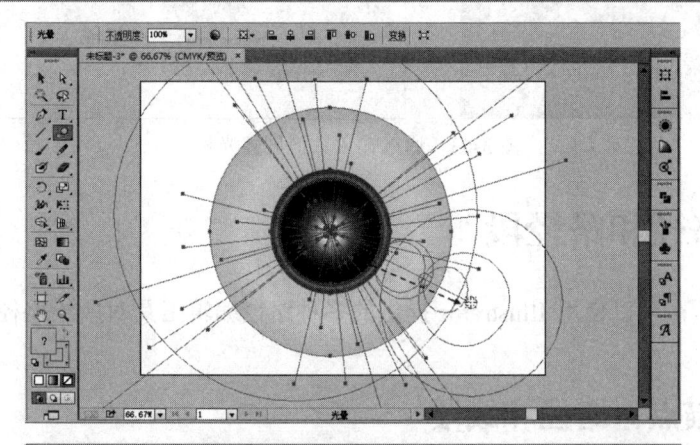

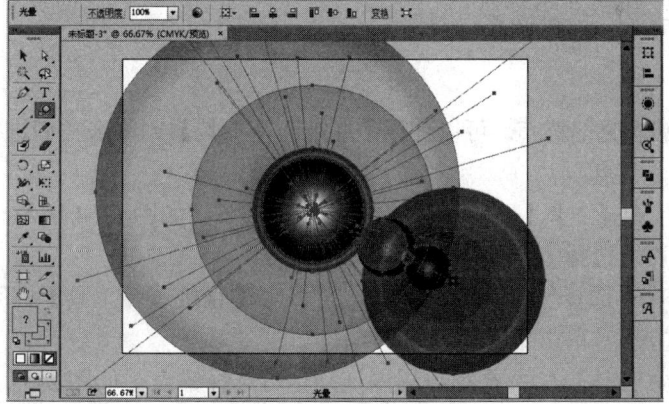

图 3-62 添加光晕的光环

3．通过输入数值创建光晕

选择【光晕工具】，在要放置光晕中心手柄的位置单击。然后在【光晕工具选项】对话框中选择并设置下列任一选项，单击【确定】按钮，如图 3-63 所示。

- 居中：指定光晕中心的整体直径、不透明度和亮度。
- 光晕：指定光晕的"增大"作为整体大小的百分比，然后指定光晕的模糊度（0 为锐利，100 为模糊）。

- 射线：如果希望光晕包含射线，可以选择【射线】复选框，并指定射线的数量、最长的射线（作为射线平均长度的百分比）和射线的模糊度（0 为锐利，100 为模糊）。
- 环形：如果希望光晕包含光环，可以选择【环形】复选框，并指定光晕中心点（中心手柄）与最远的光环中心点（末端手柄）之间的路径距离、光环数量、最大的光环（作为光环平均大小的百分比）和光环的方向或角度。

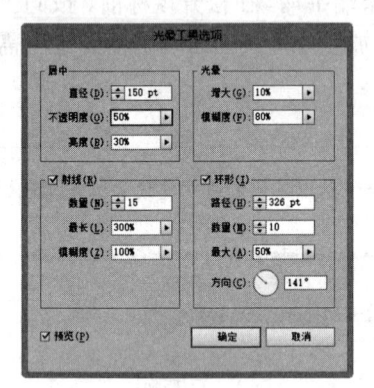

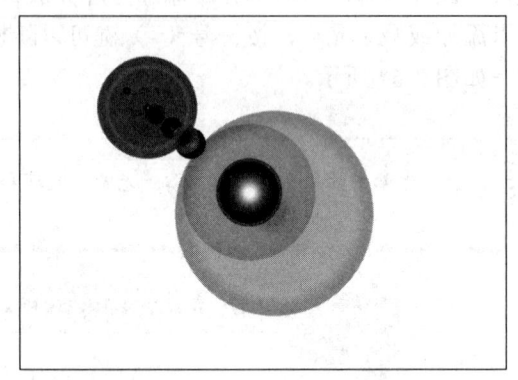

图 3-63　通过输入数值创建光晕

3.5　编辑路径和路径段

绘制完路径后，可以使用 Illustrator 提供的多种路径编辑工具对所绘路径的锚点和线段进行编辑。

3.5.1　选择锚点、路径和线段

执行下列操作之一，即可选择锚点。

1．选择锚点

（1）如果是能够看见的锚点，可以使用【直接选择工具】单击它们进行选择。按住 Shift 键并单击可选择多个锚点。

（2）选择【直接选择工具】并在锚点周围拖动边界，如图 3-64 所示。按住 Shift 键并在其他锚点周围拖移可以选择多个锚点。

（3）如果要确保不选择包含锚点的路径，可以将【直接选择工具】移动到锚点上方，在指针显示为空心方形时单击锚点即可。

（4）选择【套索工具】并在锚点周围拖动也可选择锚点，如图 3-65 所示。

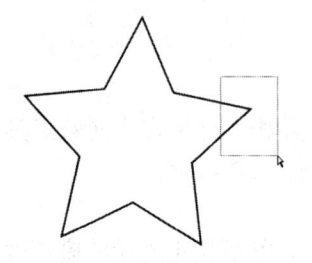

图 3-64　拖动边界选择锚点　　　　　　　　图 3-65　使用套索工具选择锚点

2. 选择路径段

执行下列操作之一，即可选择路径段。

（1）选择【直接选择工具】 ，然后在线段的 2 个像素内单击或将选取框拖动到线段部分的上方，如图 3-66 所示。按住 Shift 键并单击或按住 Shift 键并在其他路径段周围拖动以选择它们。

（2）选择【套索工具】 并在路径段的部分周围拖动，如图 3-67 所示。

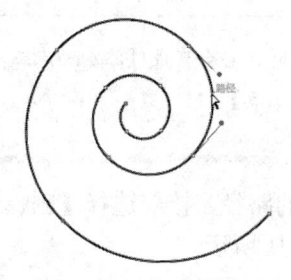

图 3-66　单击选择路径段 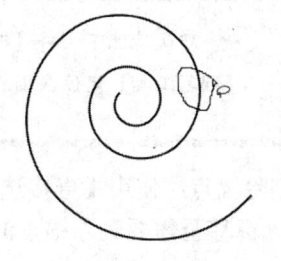　　　　　　　图 3-67　使用套索工具选择路径段

3. 选择路径中所有锚点和线段

执行下列操作之一，即可选择路径中所有描点和线段。

（1）使用【直接选择工具】 或【套索工具】 在整个路径周围拖动进行选择，如图 3-68 所示。

（2）如果已填充路径，可以使用【直接选择工具】 在路径内部单击，以选择所有锚点，如图 3-69 所示。

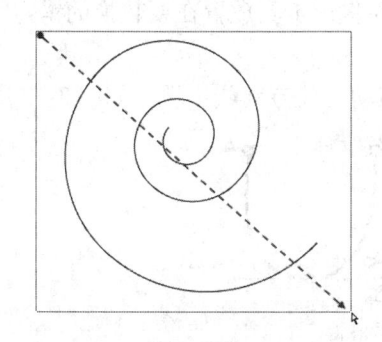

图 3-68　拖动选择所有锚点和线段 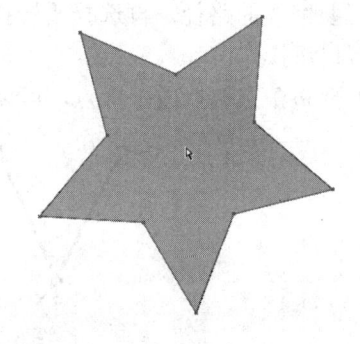　　　　图 3-69　单击选择所有锚点和线段

3.5.2　编辑路径上的锚点

在 Illustrator CC 中，使用【添加锚点工具】 可以添加锚点，增强对路径的控制，也可以扩展开放路径。使用【删除锚点工具】 可以删除多余的锚点，降低路径的复杂性。使用【转换锚点工具】 则可在平滑点与角点之间转换。

1. 添加与删除锚点

（1）添加锚点：使用【直接选择工具】 选择要修改的路径，接着选择【添加锚点工具】 ，并将光标移至需要添加锚点的位置单击即可，如图 3-70 所示。

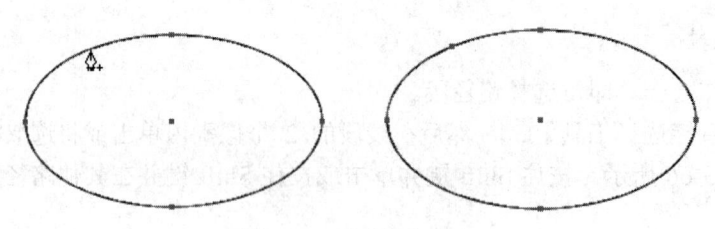

图 3-70 单击添加锚点

> 默认情况下,将【钢笔工具】定位在选定路径上时,它会变成【添加锚点工具】;将【钢笔工具】定位在锚点上时,它会变成【删除锚点工具】。

(2)删除锚点:使用【直接选择工具】选择要修改的路径,接着选择【删除锚点工具】,并将光标移至需要删除锚点的位置单击即可,如图 3-71 所示。

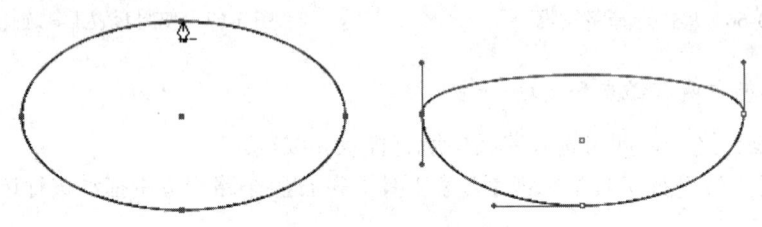

图 3-71 单击删除锚点

2. 转换平滑点和角点

选择要修改的路径,再选择【转换点工具】,并将该工具放置在要转换的锚点上方,然后执行以下操作:

(1)要将角点转换成平滑点,可以按住角点向外拖动,使方向线出现,如图 3-72 所示。

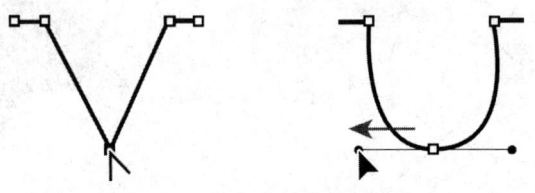

图 3-72 将角点转换成平滑点

(2)要将平滑点转换成没有方向线的角点,只需直接单击平滑点即可,如图 3-73 所示。

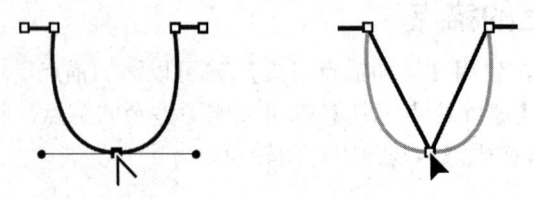

图 3-73 将平滑点转换成角点

(3)要将平滑点转换成具有独立方向线的角点,可以将方向点拖动出角点(成为具有方向线的平滑点),然后松开鼠标,再拖动任一方向点即可,如图 3-74 所示。

（4）要将没有方向线的角点转换为具有独立方向线的角点，可以将方向点拖动出角点（成为具有方向线的平滑点），然后松开鼠标（不要松开激活转换锚点工具时按下的任何键），拖动任一方向点即可。

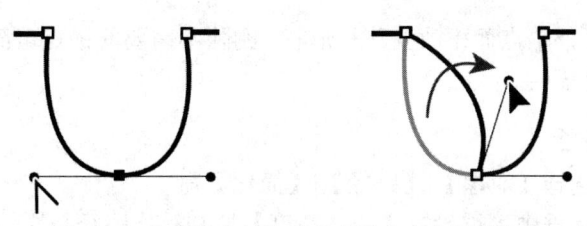

图 3-74　将平滑点转换成具有独立方向线的角点

3．使用控制面板转换一个或多个锚点

要使用【控制】面板中的锚点转换选项，则应仅选择相关锚点，而不是选择整个对象。如果选择多个对象，则其中某个对象必须是仅部分选定的。当选定全部对象时，【控制】面板选项将更改为影响整个对象的选项。

（1）要将一个或多个角点转换为平滑点，可以选择这些点，然后单击【控制】面板中的【将所选锚点转换为平滑】按钮 。

（2）要将一个或多个平滑点转换为角点，可以选择这些点，然后单击【控制】面板中的【将所选锚点转换为尖角】按钮 。

3.5.3　平滑与简化路径

在 Illustrator 中，可以平滑路径外观，也可以通过删除多余的锚点简化路径。

1．平滑路径

🖎 **动手操作　平滑路径**

1 选择对象，再选择【平滑工具】 （打开【铅笔工具】列表即可选择到）。

2 沿要平滑的路径线段拖动工具，继续平滑直到描边或路径达到所需平滑度即可，如图 3-75 所示。

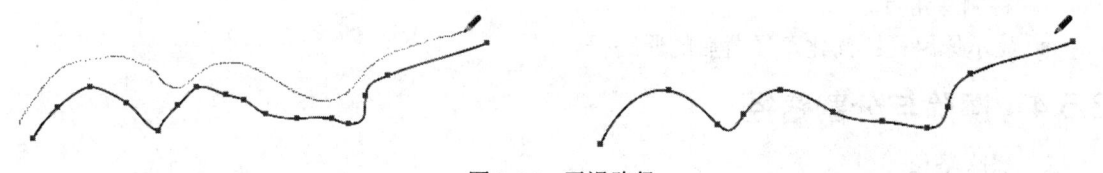

图 3-75　平滑路径

3 如果要更改平滑量，可以双击【平滑工具】 并设置下列选项，如图 3-76 所示：

● 保真度：控制必须将鼠标或光笔移动多大距离，Illustrator 才会向路径添加新锚点。例如，保真度值为 2.5，表示小于 2.5 像素的工具移动将不生成锚点。保真度的范围可介于 0.5～20 像素之间。值越大，路径越平滑，复杂程度越小。

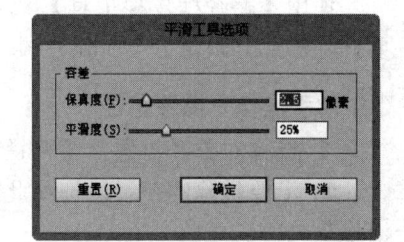

图 3-76　设置平滑工具选项

- 平滑度：控制使用工具时 Illustrator 应用的平滑量。平滑度的值介于 0～100%之间。值越大，路径越平滑。

2．简化路径

简化路径将删除额外锚点而不改变路径形状。删除不需要的锚点可简化图稿，减小文件大小，使显示和打印速度更快。

动手操作　简化路径

1 选择对象，再选择【对象】|【路径】|【简化】命令。

2 在【简化】对话框中可以设置【曲线精度】控制简化路径与原始路径的接近程度，然后选择【预览】复选框显示简化路径的预览并列出原始路径和简化路径中点的数量，最后设置其他选项，再单击【确定】按钮，如图 3-77 所示。简化路径的结果如图 3-78 所示。

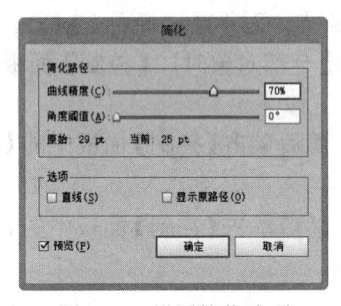

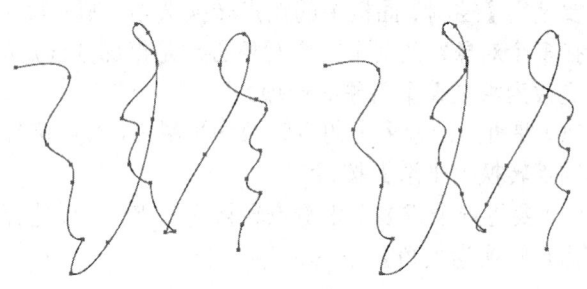

图 3-77　设置简化选项　　　　图 3-78　简化路径前后对比

【简化】选项说明如下：

- 曲线精度：输入 0～100%之间的值设置简化路径与原始路径的接近程度。越高的百分比将创建越多点并且越接近。除曲线端点和角点外的任何现有锚点将忽略（除非为【角度阈值】输入了值）。
- 角度阈值：输入 0～180 度间的值以控制角的平滑度。如果角点的角度小于角度阈值，将不更改该角点。如果"曲线精度"值低，该选项有助于保持角锐利。
- 直线：在对象的原始锚点间创建直线。如果角点的角度大于【角度阈值】中设置的值，将删除角点。
- 显示原路径：简化路径背后的原路径。

3.5.4　擦除与分割路径

1．擦除路径

使用【路径橡皮擦工具】可通过沿路径进行绘制来抹除此路径的各个部分。当希望将要抹除的部分限定为一个路径段（如多边形的一条边）时，此工具很有用。

动手操作　擦除路径

1 选择对象，再选择【路径橡皮擦工具】。

2 沿要抹除的路径段拖动此工具，如图 3-79 所示。要获得最佳效果，可以使用单一的平滑拖动动作。

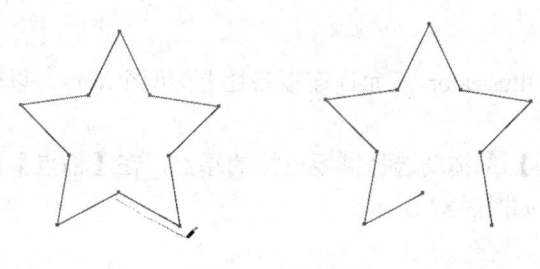

图 3-79　擦除路径

2．分割路径

在 Illustrator 中，可以在任意锚点或沿任意线段分割路径。在分割路径时，需要记住以下注意事项：

（1）如果要将封闭路径分割为两个开放路径，必须在路径上的两个位置进行切分。

（2）如果只切分封闭路径一次，则将获得一个其中包含间隙的路径。

（3）由分割操作生成的任何路径都继承原始路径的路径设置，如描边粗细和填充颜色。描边对齐方式会自动重置为居中。

动手操作　分割路径

1 选择路径以查看其当前锚点（可选）。

2 执行下列操作之一：

（1）选择【剪刀工具】并单击要分割路径的位置。在路径段中间分割路径时，两个新端点将重合（一个在另一个上方）并选中其中的一个端点，如图 3-80 所示。

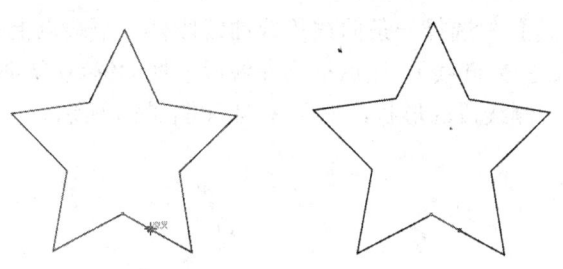

图 3-80　使用【剪刀工具】分割路径

（2）选择要分割路径的锚点，然后单击【控制】面板中的【在所选锚点处剪切路径】按钮，如图 3-81 所示。当在锚点处分割路径时，新锚点将出现在原锚点的顶部，并会选中一个锚点。

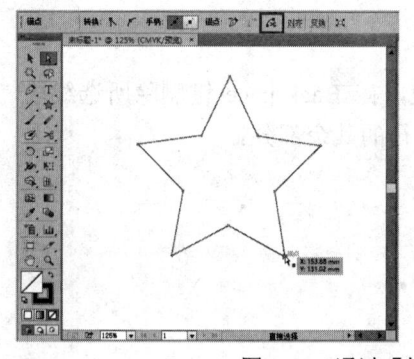

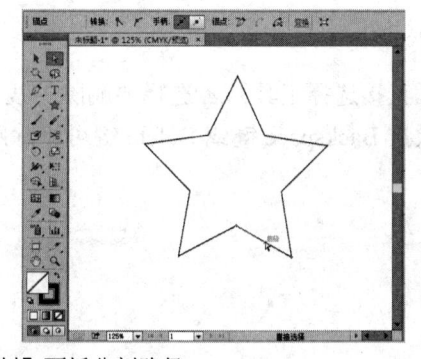

图 3-81　通过【控制】面板分割路径

3．连接端点

除了可切割路径外，Illustrator 还允许连接路径上的两个端点，以便将开放路径转为封闭路径。

使用【直接选择工具】拖动选择需要连接的端点，在【锚点】控制面板中单击【连接所选终点】按钮即可，如图 3-82 所示。

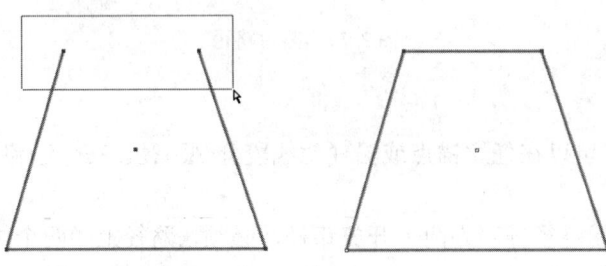

图 3-82　连接端点

3.5.5　调整直线段和曲线段

1．调整直线段的长度或角度

使用【直接选择工具】在要调整的线段上选择一个锚点，然后将锚点拖动到所需的位置，如图 3-83 所示。按住 Shift 键拖动可将调整限制为 45 度的倍数。

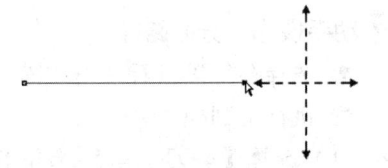

图 3-83　调整直线段的长度或角度

2．调整曲线段的位置或形状

使用【直接选择工具】选择一条曲线段或曲线段任一个端点上的一个锚点（如果存在任何方向线，则将显示这些方向线），然后拖动曲线段或拖动锚点/方向线点，即可调整曲线段的位置或所选锚点任意一侧线段的形状，如图 3-84 和图 3-85 所示。

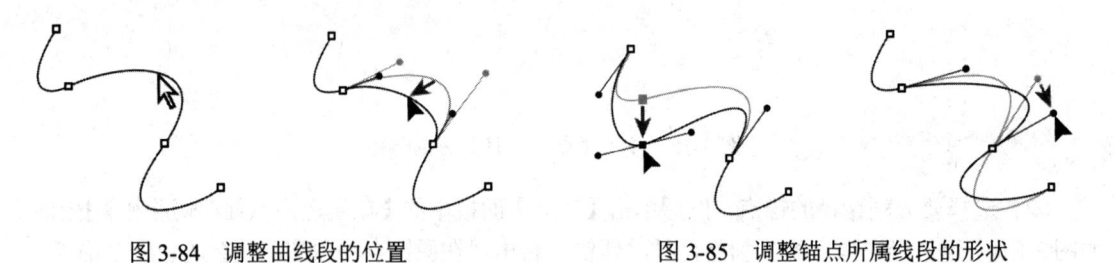

图 3-84　调整曲线段的位置　　　　　　图 3-85　调整锚点所属线段的形状

3．删除路径线段

使用【直接选择工具】选择要删除的线段，按 Backspace 键删除所选线段，如图 3-86 所示。再次按 Backspace 键或 Delete 键可删除路径的其余部分。

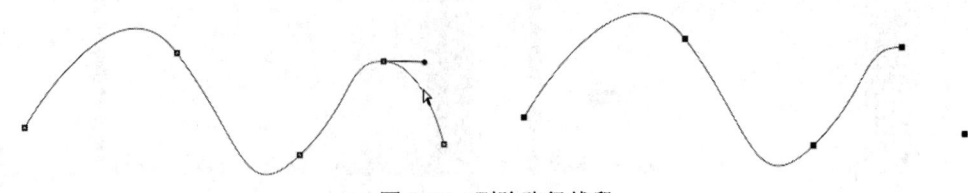

图 3-86　删除路径线段

3.6 技能训练

下面通过 6 个上机练习实例，巩固所学技能。

3.6.1 上机练习 1：制作简单的花朵图形

本例将先绘制一个五角星形，然后将五角星形路径的 5 个角点转换为平滑点，接着通过调整曲线段位置的方法修改路径形状，制作出简单的花朵形状。

操作步骤

1 选择【文件】|【新建】命令，然后在【新建文档】对话框中设置文档选项，再单击【确定】按钮新建一个文件，如图 3-87 所示。

2 在【工具】面板中选择【星形工具】，再设置填色为【无】、描边色为【黑色】、描边粗细为 2pt，然后在画板上绘制一个五角星形，如图 3-88 所示。

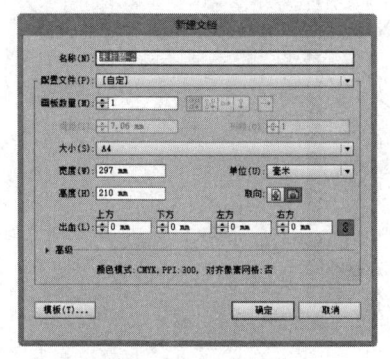

图 3-87　新建文档 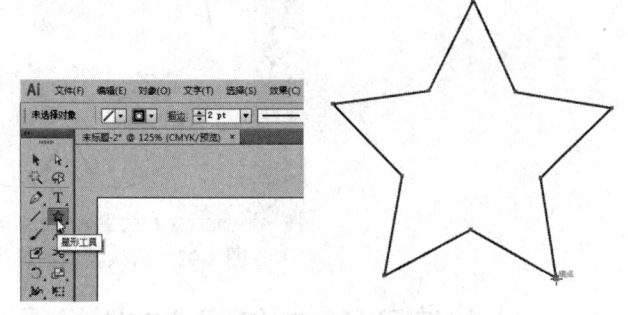　　　　　　　　　图 3-88　绘制五角星形

3 在【工具】面板中选择【直接选择工具】，然后选择五角星形的其中一个角锚点，再单击【控制】面板的【将所选锚点变为平滑】按钮，如图 3-89 所示。

4 使用步骤 3 的方法，将五角星形的其他角的锚点转换为平滑点，结果如图 3-90 所示。

图 3-89　将五角星形的一个角点转换为平滑点 　　　图 3-90　将五角星形其他角点转换为平滑点

5 使用【直接选择工具】选择五角星形平滑点一侧的曲线段，然后拖动曲线段，调整其形状，再使用相同的方法，调整平滑点另一侧曲线段的形状，如图 3-91 所示。

6 使用步骤 5 的方法，分别调整其他平滑点两侧曲线段的形状，将五角星形修改成一个简单的花朵图形，如图 3-92 所示。

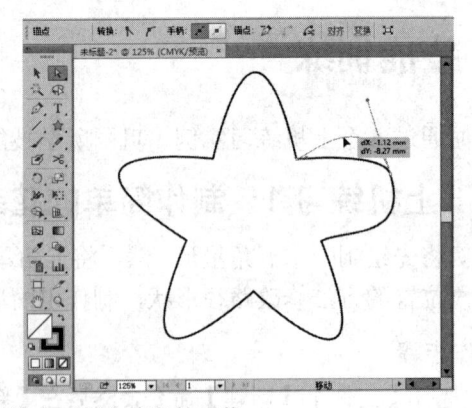

图 3-91 调整其中一个平滑点两侧曲线段的形状

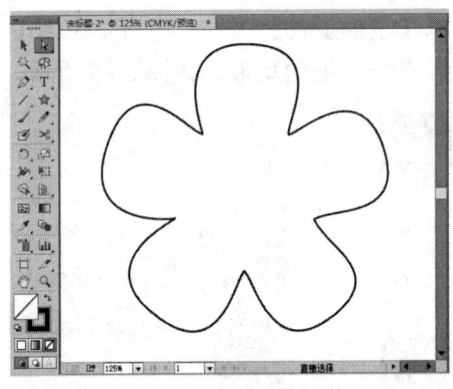

图 3-92 修改其他曲线段的形状

3.6.2 上机练习 2：制作简单的徽标图形

本例将先绘制一个正方形，再绘制一个圆角矩形，使两个图形处于同一中点，然后绘制一个极坐标网格并放置在圆角矩形中点处，最后同时选择网格和圆角矩形并设置填色即可。

操作步骤

1 选择【文件】|【新建】命令，然后在【新建文档】对话框中设置文档选项，再单击【确定】按钮新建一个文件，如图 3-93 所示。

2 在【工具】面板中选择【矩形工具】，然后在画板中单击并在【矩形】对话框中设置矩形的宽高数值，接着单击【确定】按钮，如图 3-94 所示。

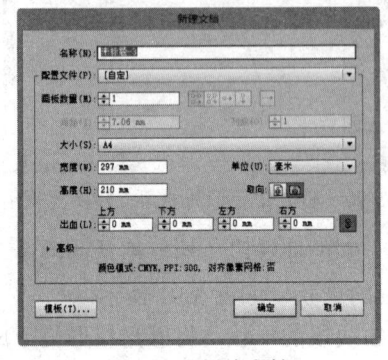

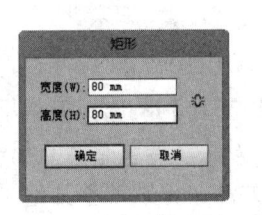

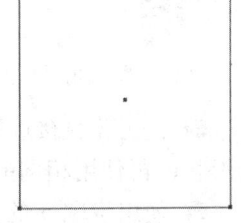

图 3-93 新建文档　　　　　　　图 3-94 创建正方形

3 使用【选择工具】选择矩形路径，然后在【控制】面板中设置描边的粗细为 5pt，如图 3-95 所示。

4 选择【圆角矩形工具】，在【控制】面板中设置描边粗细为 5pt，然后在矩形中点处单击，如图 3-96 所示。

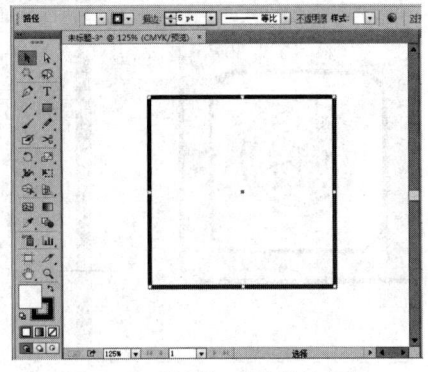

图 3-95　设置矩形的描边粗细 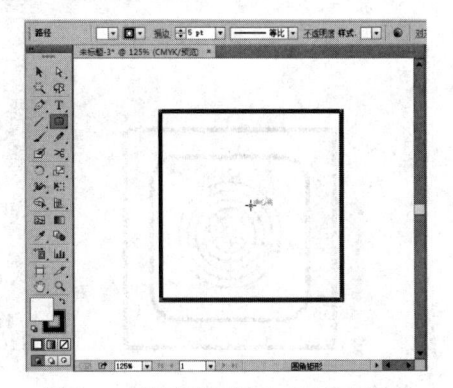　　　　　　图 3-96　使用圆角矩形工具单击画板

5 在【圆角矩形】对话框中设置宽高和圆角半径并单击【确定】按钮，将圆角矩形中点拖到矩形中点处，如图 3-97 所示。

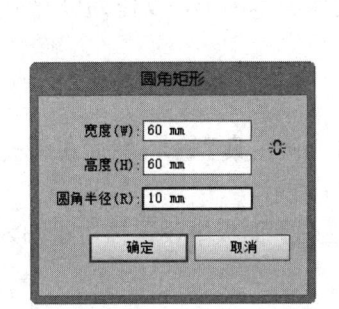

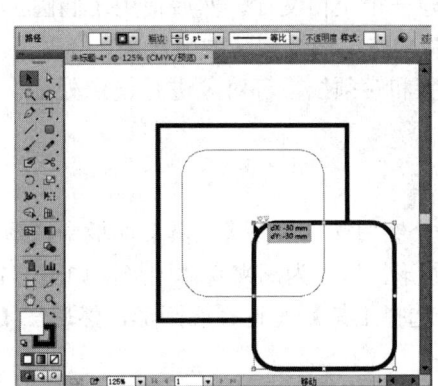

图 3-97　设置圆角矩形选项并调整图形位置

6 选择【极坐标网格工具】，再修改描边粗细为 2pt，然后通过按住 Shift 键并拖动鼠标绘制极坐标网格，接着将网格中点拖到矩形中点处，如图 3-98 所示。

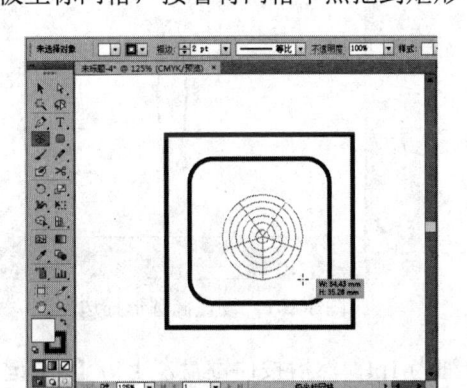

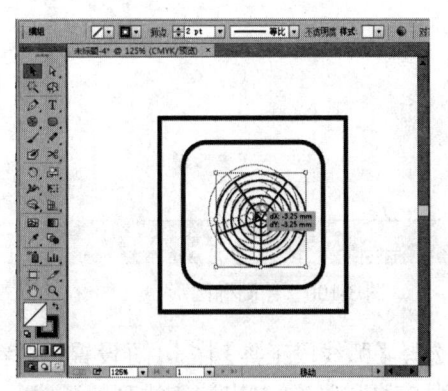

图 3-98　绘制极坐标网格并调整位置

7 按住 Shift 键选择矩形和极坐标网格图形，然后在【控制】面板中设置对象的填色为【黄色】，如图 3-99 所示。

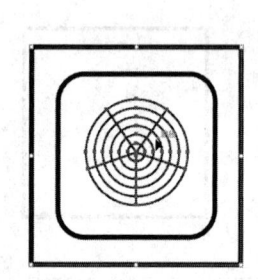

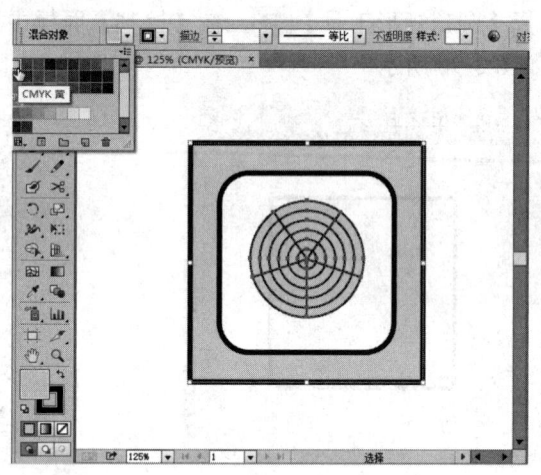

图 3-99　选择对象并设置填充颜色

3.6.3　上机练习 3：快速绘制蝴蝶的图形

本例先新建一个空白文件，然后使用【椭圆工具】绘制蝴蝶身体部分，再使用【弧形段工具】快速绘制出作为蝴蝶翅膀的弧线段，接着再次使用【弧形段工具】绘制蝴蝶触须线段，最后对蝴蝶翅膀和触须线段等对象进行镜像处理，制作副本图形，以作为蝴蝶另一侧的翅膀和触须。

操作步骤

1 新建一个空白文档，在【工具】面板中选择【椭圆工具】，然后在画板空白处拖动绘制出一个椭圆形，以作为蝴蝶身体图形，如图 3-100 所示。

2 使用【选择工具】选择椭圆形，然后在【控制】面板中设置描边粗细为 5pt，如图 3-101 所示。

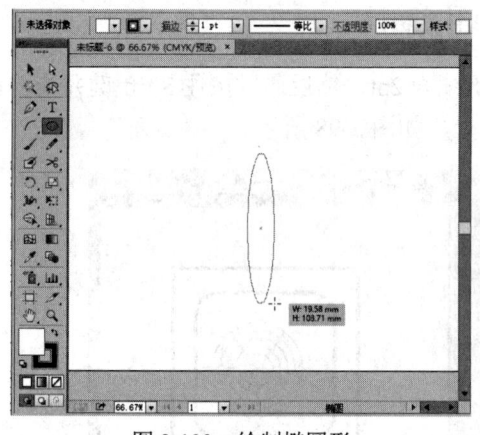

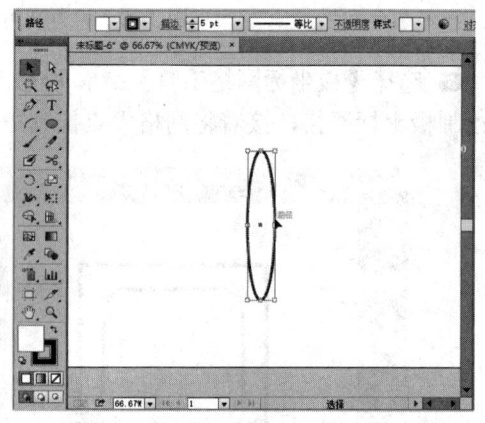

图 3-100　绘制椭圆形　　　　　　　　图 3-101　设置椭圆形描边粗细

3 选择【弧线段工具】，再设置描边粗细为 1pt，然后按住键盘左上方【~】键并在椭圆形左侧拖动鼠标，绘制出连续排列的弧线，如图 3-102 所示。

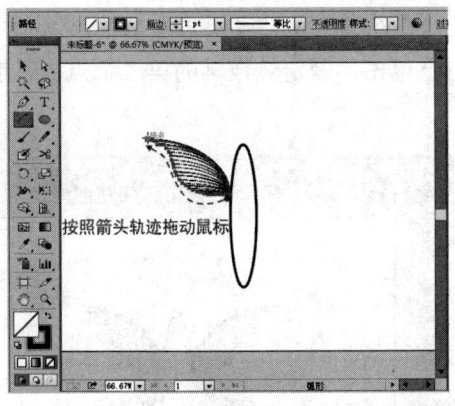

Illustrator 的矢量绘图 **3**

图 3-102 绘制出连续排列的弧线

4 使用步骤 3 的方法，再次使用【弧线段工具】并按住键盘左上方【~】键在椭圆形左侧下方拖动鼠标，绘制出另一些连续排列的弧线，如图 3-103 所示。

5 使用【弧线段工具】在椭圆形左上方向拖动鼠标，绘制出一条弧线段，以作为蝴蝶的触须线段，如图 3-104 所示。

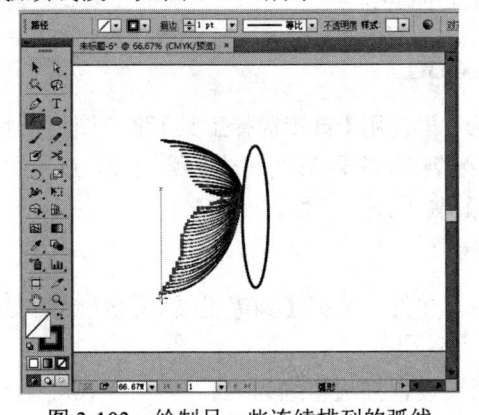

图 3-103 绘制另一些连续排列的弧线 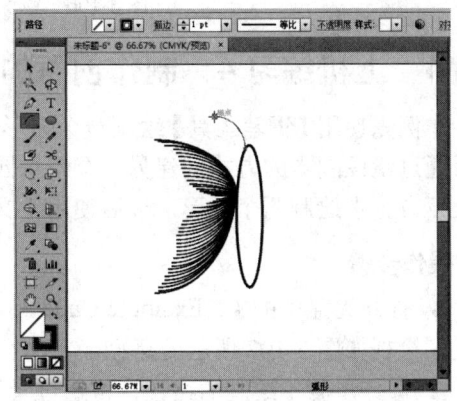　　　　图 3-104 绘制蝴蝶的触须弧线

6 使用【选择工具】选择画板上的所有对象，然后按住 Shift 键单击椭圆形，从选择中减去椭圆形，如图 3-105 所示。

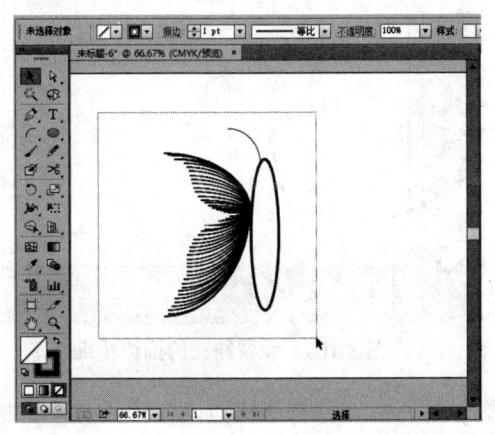

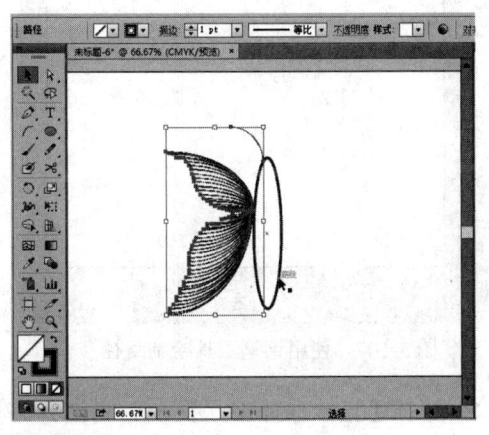

图 3-105 选择到翅膀和触须的线段对象

7 在【工具】面板中选择【镜像工具】，然后在椭圆形顶端锚点上单击，以确定镜像轴的第一点，接着按住 Alt 键在椭圆形下端的锚点上单击，确定镜像轴的第二个点，以镜像对象副本，完成蝴蝶图形的制作，如图 3-106 所示。

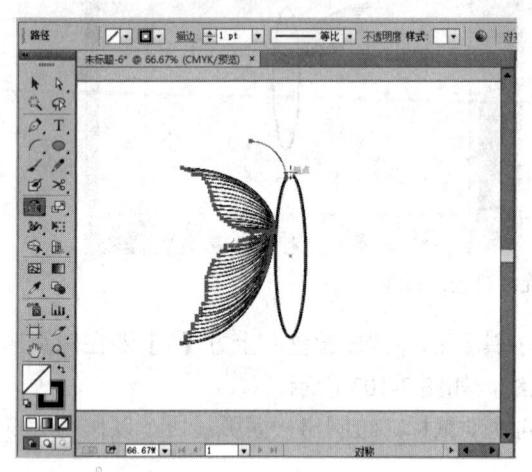

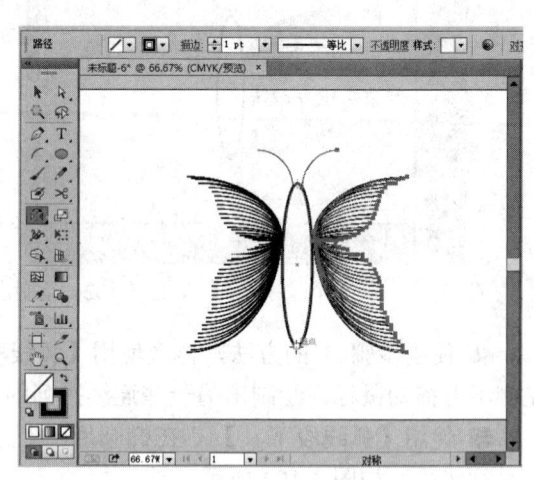

图 3-106 镜像翅膀和触须的线段对象

3.6.4 上机练习 4：制作创意的公司 Logo

本例先使用【钢笔工具】绘制一个弧形的四边形，再使用【直接选择工具】修改图形形状，然后通过镜像副本的方式创建另一个镜像四边形，接着在两个图形之间绘制螺旋线，并在螺旋线上下方分别绘制两个矩形，最后使用【文字工具】输入公司名称。

操作步骤

1 打开光盘中的 "..\Example\Ch04\3.6.4.ai" 练习文件，选择【钢笔工具】，然后在画板左侧绘制如图 3-107 所示的路径。

2 选择步骤 1 绘制的路径，再通过【控制】面板设置描边粗细为 5pt，如图 3-108 所示。

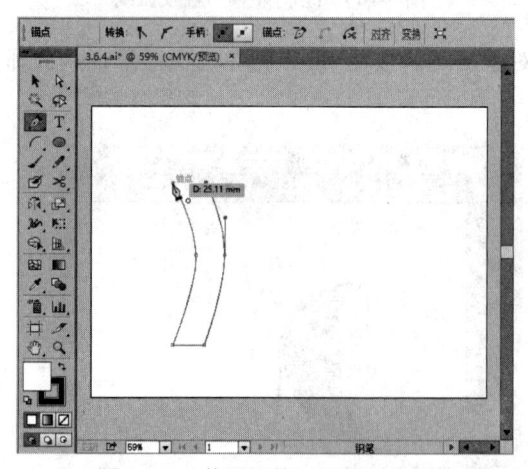

图 3-107 使用钢笔工具绘制路径 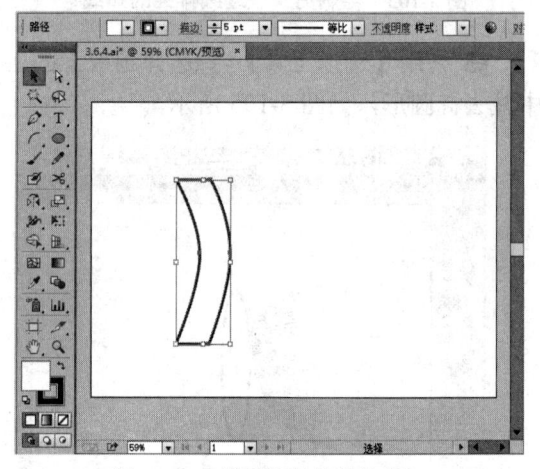　　　图 3-108 设置路径的描边粗细

3 选择【直接选择工具】，再选择路径左下角的锚点并将该锚点向左水平移动，接着选择左侧路径中间的锚点，并拖动修改路径形状，如图 3-109 所示。

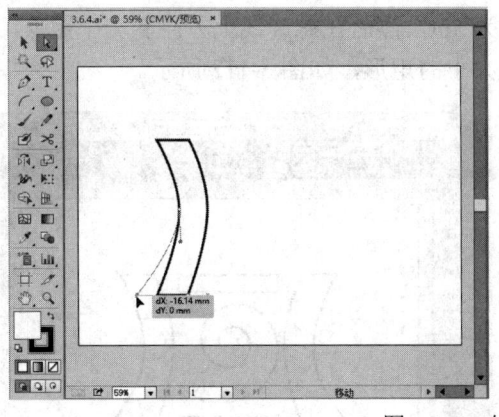

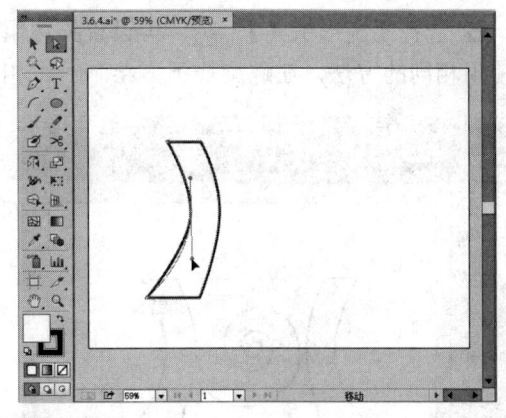

图 3-109 修改路径的形状

4 在【工具】面板中选择【镜像工具】，然后在路径右上方单击，以确定镜像轴的第一点，接着按住 Alt 键在路径右下方单击，确定镜像轴的第二个点，以水平镜像对象副本，如图 3-110 所示。

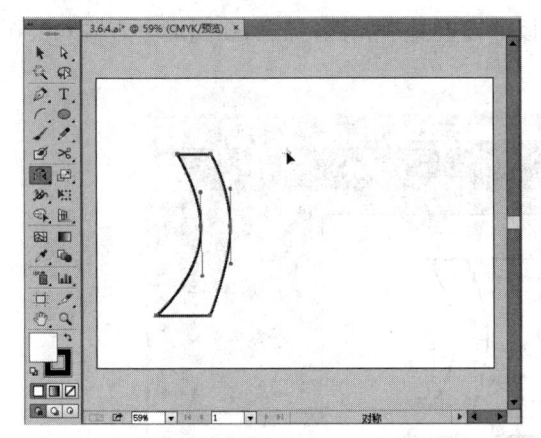

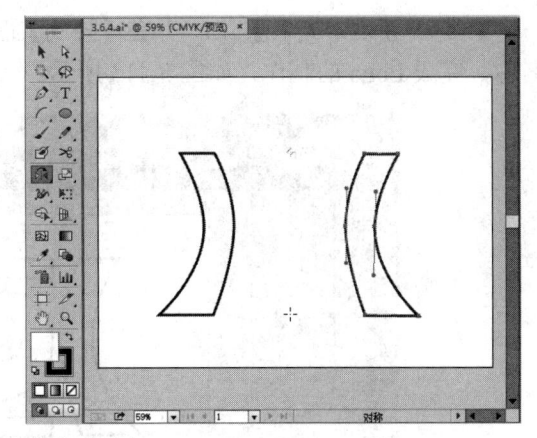

图 3-110 镜像路径生成副本

5 选择【螺旋线工具】，再设置描边粗细为 5pt，然后在画板两个图形的中点处按住鼠标拖动绘制出螺旋线，如图 3-111 所示。

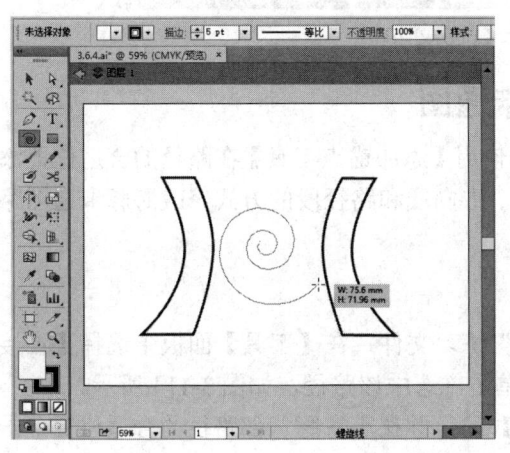

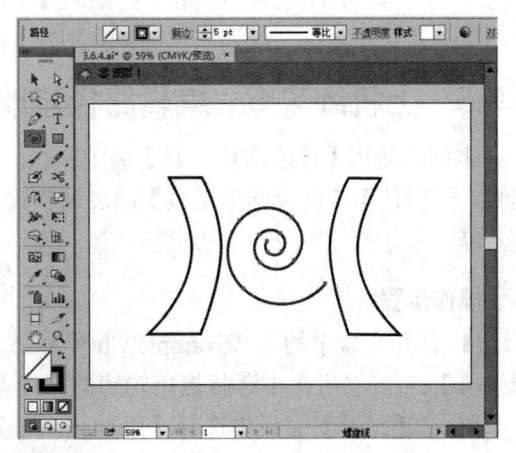

图 3-111 绘制螺旋线

6 选择【矩形工具】■，再设置描边粗细为 5pt，然后在螺旋线上方绘制一个矩形，接着使用相同的方法，在螺旋线下方绘制一个相同大小的矩形，如图 3-112 所示。

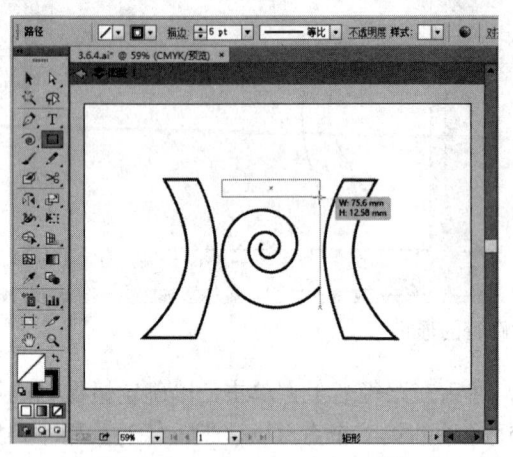

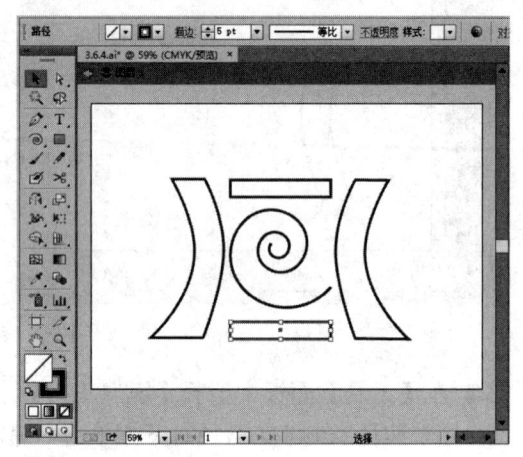

图 3-112　分别绘制两个矩形

7 选择【文字工具】Ｔ，并在【控制】面板中设置文字属性，然后在图形下方输入公司名称，完成 Logo 的制作，如图 3-113 所示。

图 3-113　输入 Logo 文字

3.6.5　上机练习 5：编辑路径修改卡通图

本例先使用【直接选择工具】选中路径，再使用【添加锚点工具】在路径的合适位置添加锚点，然后使用【直接选择工具】通过调整锚点、方向线和路径段的方式修改海豚卡通图路径的形状。

操作步骤

1 打开光盘中的 "..\Example\Ch04\3.6.5.ai" 练习文件，在【工具】面板中选择【直接选择工具】，然后在小海豚黑色轮廓的路径上单击，选中该路径，如图 3-114 所示。

2 在【工具】面板中选择【添加锚点工具】，并在小海豚背部路径的合适位置单击添加锚点，如图 3-115 所示。

98

图 3-114　选中卡通图轮廓的路径 　　　　　　图 3-115　在路径上添加锚点

3 在【工具】面板中再次选择【直接选择工具】，然后单击新增的锚点，并向右上方拖动移动该锚点，如图 3-116 所示。

4 使用【直接选择工具】按住新锚点上边的路径段，然后移动鼠标，修改曲线段的形状，如图 3-117 所示。

图 3-116　调整锚点的位置 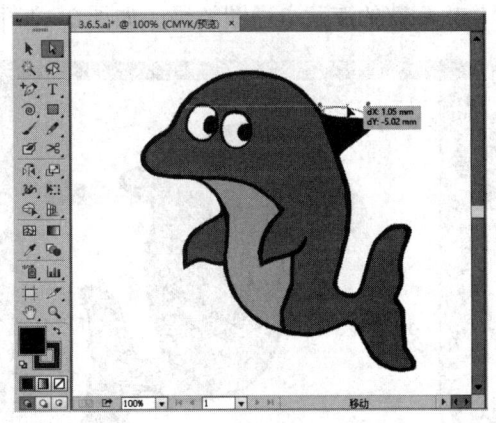　　　　　　　　　图 3-117　修改曲线段的形状

5 选择新添加的锚点，然后按住锚点下方的方向点并移动，调整方向线，接着选择另一个锚点，调整该锚点的方向线，如图 3-118 所示。

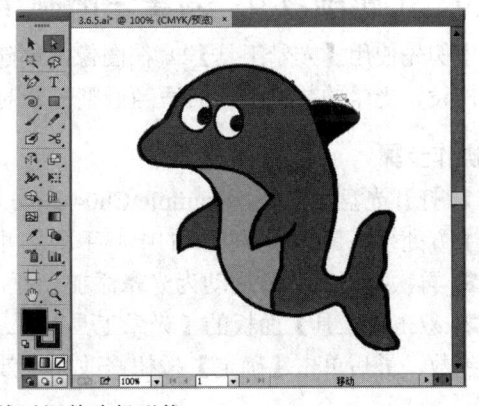

图 3-118　编辑方向线以调整路径形状

6 使用步骤 1 和步骤 2 的方法，选择小海豚内侧的路径，然后使用【添加锚点工具】在路径上添加一个锚点，如图 3-119 所示。

图 3-119　选择到另一个路径并添加锚点

7 使用步骤 3 至步骤 5 的方法，通过编辑锚点方向线和路径的曲线段，修改路径的形状，制作出完整的海豚卡通图效果，如图 3-120 所示。

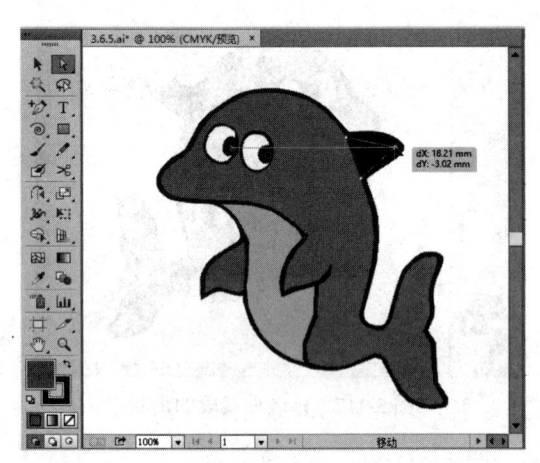

图 3-120　修改路径的形状

3.6.6　上机练习 6：为星空图制作光晕效果

本例先使用【光晕工具】在图像上创建光晕，再添加光晕，然后通过【光晕工具选项】对话框设置光晕的数值，最后适当调整光晕对象的位置。

操作步骤

1 打开光盘中的 "..\Example\Ch04\3.6.6.ai" 练习文件，选择【光晕工具】，然后在图像左上方处按下鼠标放置光晕的中心手柄，并拖动鼠标绘制光晕，如图 3-121 所示。

2 再次按下鼠标并拖动为光晕添加光环，并放置末端手柄，如图 3-122 所示。

3 双击【工具】面板的【光晕工具】，打开【光晕工具选项】对话框后，设置各个选项的参数，最后单击【确定】按钮修改光晕效果，如图 3-123 所示。

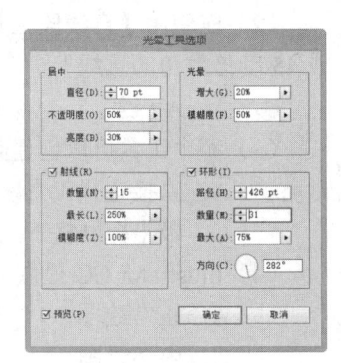

图 3-121　手动绘制光晕　　　图 3-122　添加光晕　　　图 3-123　设置光晕选项

4 使用【选择工具】选择光晕对象，然后拖动对象，适当调整位置，如图 3-124 所示。

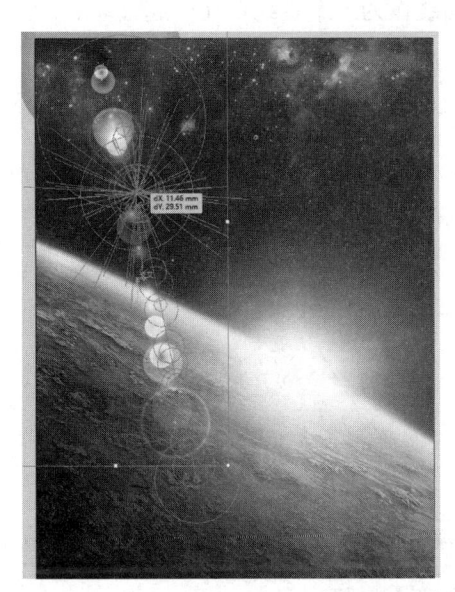

图 3-124　调整光晕的位置

3.7　评测习题

一、填空题

（1）路径由一个或多个直线或曲线线段组成，每个线段的起点和终点由_____标记。

（2）_____可用于绘制开放路径和闭合路径，就像用铅笔在纸上绘图一样。

（3）要将一个或多个角点转换为平滑点，可以选择这些点，然后单击【控制】面板中的_____按钮。

（4）使用_____可通过沿路径进行绘制来抹除此路径的各个部分。

二、选择题

（1）下列不属于路径组成部分的是哪一项？　　　　　　　　　　　　　　　（　　）
  A．方向点　　　B．旋转点　　　C．方向线　　　D．锚点

（2）在使用【直线段工具】绘制直线时，按住下列哪一个键的同时可绘制出角度为 45 度或 45 度倍数角的直线？　　　　　　　　　　　　　　　　　　　　　　　　（　　）
  A．Alt 键　　　B．Shift 键　　　C．Tab 键　　　D．Ctrl 键

（3）哪个工具可以创建具有指定大小和指定数目分隔线的同心圆网格？　　　（　　）
  A．直接选择工具　　　　　　　　B．转换锚点工具
  C．极坐标网格工具　　　　　　　D．矩形网格工具

（4）Illustrator CC 提供了多种绘图模式，但不包括以下哪个模式？　　　　　（　　）
  A．正常绘图　　　　　　　　　　B．背面绘图
  C．内部绘图　　　　　　　　　　D．混合绘图

三、判断题

（1）在 Illustrator 中，可在任意锚点或沿任意线段分割路径。　　　　　　　（　　）
（2）平滑点始终有两条方向线，这两条方向线作为一个直线单元一起移动。（　　）

四、操作题

对练习文件中的三角形进行编辑，制作出一个心形图形，结果如图 3-125 所示。

图 3-125　将三角形编辑成心形的结果

操作提示

（1）打开光盘中的 "..\Example\Ch03\3.7.ai" 练习文件，使用【直接选择工具】分别选择到三角形的角点，再将角点转换为平滑点。

（2）删除图形左右两边曲线段上中间的锚点。

（3）选择上边曲线段中间的锚点，然后向下垂直移动该锚点的位置。

（4）使用【直接选择工具】按住各个曲线段，调整路径的形状，使之变成心形。

第 4 章 对图形应用填色与描边

学习目标

对图形进行填充及描边处理是使用 Illustrator CC 进行图形设计时非常重要的一环。在矢量图设计过程中，可以使用不同的方法为图形进行填色和添加描边，其中包括填充颜色、填充图案、填充渐变等。本章将详细介绍颜色的应用及进行填色和描边的各种方法。

学习重点

- ☑ 了解颜色的基础知识
- ☑ 选择颜色的方法
- ☑ 使用色板和色板库
- ☑ 调整颜色和混合重叠颜色
- ☑ 进行填充和描边处理
- ☑ 应用实时上色组进行上色
- ☑ 应用渐变、图案和网格填充

4.1 关于颜色

对图形应用颜色是一项常见的设计任务，它要求了解有关颜色模型和颜色模式的一些知识。当对图稿应用颜色时，应考虑用于发布图稿的最终输出媒体，以便能够使用正确的颜色模型和颜色定义。

4.1.1 常见的颜色模型

我们用颜色模型来描述在数字图形中看到和用到的各种颜色。每种颜色模型（如 RGB、CMYK 或 HSB）分别表示用于描述颜色及对颜色进行分类的不同方法。

颜色模型用数值来表示可见色谱。色彩空间是另一种形式的颜色模型，它有特定的色域（范围）。例如，RGB 颜色模型中存在多个色彩空间：Adobe RGB、sRGB 和 Apple RGB。虽然这些色彩空间使用相同的三个轴（R、G 和 B）定义颜色，但它们的色域却不相同。

在处理图形颜色时，实际是在调整文件中的数值，这些数值本身并不是绝对的颜色，而只是在生成颜色的设备的色彩空间内具备一定的颜色含义。

1. RGB 颜色模型

绝大多数可视光谱都可表示为红、绿、蓝（RGB）三色光在不同比例和强度上的混合，这些颜色若发生重叠，则产生青、洋红和黄。

RGB 颜色称为加成色，因为通过将 R、G 和 B 添加在一起（即所有光线反射回眼睛）可产生白色。加成色用于照明光、电视和计算机显示器，如显示器通过红色、绿色和蓝色荧光粉发射光线产生颜色。如图 4-1 所示为 RGB 加成色示意图。

可以通过使用基于 RGB 颜色模型的 RGB 颜色模式处理颜色值。在 RGB 模式下，每种 RGB 成分都可使用从 0（黑色）～255（白色）的值，如图 4-2 所示。例如，亮红色使用 R 值 246、G 值 20 和 B 值 50。当所有三种成分值相等时，产生灰色阴影。当所有成分的值均为 255 时，结果是纯白色；当该值为 0 时，结果是纯黑色。

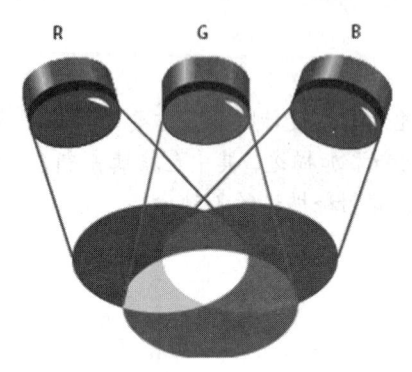

图 4-1　RGB 加成色示意图

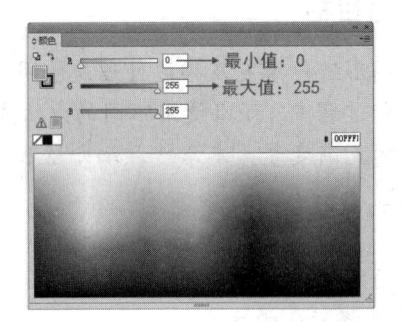

图 4-2　使用 RGB 颜色模式处理颜色值

> Illustrator 还包括称为"Web 安全 RGB"的经修改的 RGB 颜色模式，这种模式仅包含适合在 Web 上使用的 RGB 颜色。

2．CMYK 颜色模型

RGB 模型取决于光源来产生颜色，而 CMYK 模型基于纸张上打印的油墨的光吸收特性。当白色光线照射到半透明的油墨上时，将吸收一部分光谱，没有吸收的颜色反射回眼睛。

混合纯青色（C）、洋红色（M）和黄色（Y）色素可通过吸收产生黑色，或通过相减产生所有颜色。因此这些颜色称为减色。添加黑色（K）油墨可以实现更好的阴影密度，将这些油墨混合重现颜色的过程称为四色印刷，如图 4-3 所示。

在设计图稿时，可以通过使用基于 CMYK 颜色模型的 CMYK 颜色模式处理颜色值。在 CMYK 模式下，每种 CMYK 四色油墨可使用从 0～100%的值，如图 4-4 所示。为最亮颜色指定的印刷色油墨颜色百分比较低，而为较暗颜色指定的百分比较高。例如，亮红色可能包含 2%青色、93%洋红、90%黄色和 0%黑色。在 CMYK 对象中，低油墨百分比更接近白色，高油墨百分比更接近黑色。

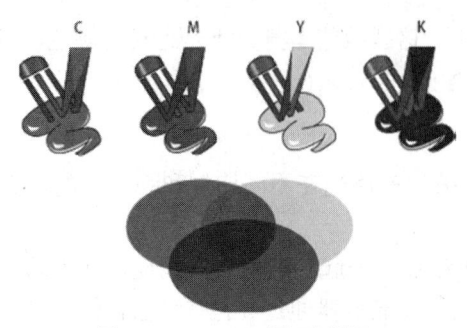

图 4-3　CMYK 减色示意图

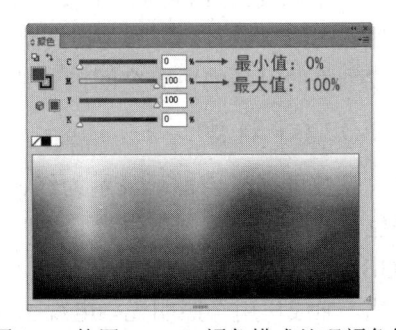

图 4-4　使用 CMYK 颜色模式处理颜色值

> 问：为什么黑色用字母 K 表示，而其他颜色则用对应英文的第一个字母表示？
> 答：使用字母 K 表示黑色的原因是黑色是产生其他颜色的"主"色。

3．HSB 颜色模型

HSB 颜色模型以人类对颜色的感觉为基础，描述了颜色的 3 种基本特性：

- 色相（H）：反射自物体或投射自物体的颜色。在 0～360 度的标准色轮上，按位置度量色相。在通常的使用中，色相由颜色名称标识，如红色、橙色或绿色。
- 饱和度（S）：颜色的强度或纯度（有时称为色度）。饱和度表示色相中灰色分量所占的比例，它使用从 0（灰色）～100%（完全饱和）的百分比来度量。在标准色轮上，饱和度从中心到边缘递增。
- 亮度（B）：是颜色的相对明暗程度，通常使用从 0（黑色）～100%（白色）的百分比来度量。

如图 4-5 所示为 HSB 颜色模型。在程序中，可以通过如图 4-6 所示的 HSB 颜色模式处理颜色值。

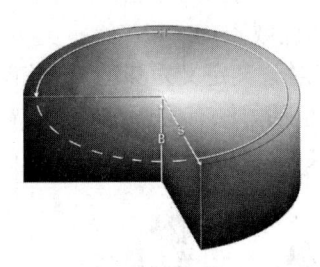

图 4-5　HSB 颜色模型示意图 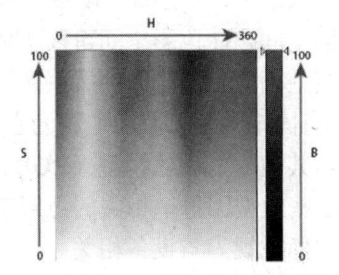　　　　图 4-6　使用 HSB 颜色模式处理颜色值

4．灰度颜色模型

灰度使用黑色调表示物体。每个灰度对象都具有从 0（白色）～100%（黑色）的亮度值。使用黑白或灰度扫描仪生成的图像通常以灰度显示。

使用灰度可将彩色图稿转换为高质量黑白图稿，如图 4-7 所示。在这种情况下，Illustrator 放弃原始图稿中的所有颜色信息，并转换对象的灰色级别（阴影）表示原始对象的明度。

图 4-7　将彩色图稿转换为黑白图稿

105

4.1.2 色彩空间与色域

色彩空间是可见光谱中的颜色范围，也可以看作是另一种形式的颜色模型。如 Adobe RGB、Apple RGB 和 sRGB 就是基于同一个颜色模型的不同色彩空间。

色彩空间包含的颜色范围称为色域。整个工作流程内用到的各种不同设备（计算机显示器、扫描仪、桌面打印机、印刷机、数码相机）都在不同的色彩空间内运行，它们的色域各不相同。某些颜色位于计算机显示器的色域内，但不在喷墨打印机的色域内；某些颜色位于喷墨打印机的色域内，但不在计算机显示器的色域内。

无法在设备上生成的颜色被视为超出该设备的色彩空间。也就是说，该颜色超出色域。不同颜色空间的色域示意图如图 4-8 所示。

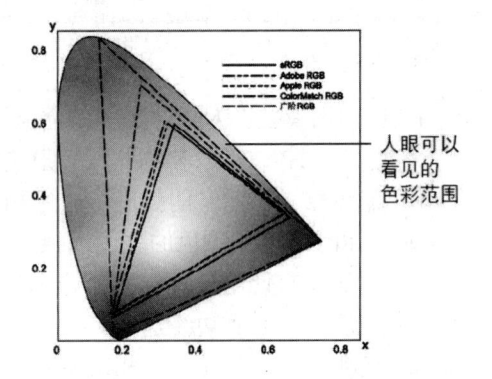

图 4-8 不同颜色空间的色域示意图

4.1.3 色彩不匹配

在出版系统中，没有哪种设备能够重现人眼可以看见的整个范围的颜色。每种设备都使用特定的色彩空间，此色彩空间可以生成一定范围的颜色（即色域）。

颜色模型确定各值之间的关系，色彩空间将这些值的绝对含义定义为颜色。某些颜色模型（如 Lab）有固定的色彩空间，因为它们直接与人类识别颜色的方法有关。这些模型被视为与设备无关。其他一些颜色模型（RGB、HSL、HSB、CMYK 等）可能具有许多不同的色彩空间。由于这些模型因每个相关的色彩空间或设备而异，因此它们被视为与设备相关。

由于色彩空间不同，在不同设备之间传递文档时，颜色在外观上会发生改变。颜色偏移的产生可来自不同的图像源、应用程序定义颜色的方式不同、印刷介质的不同（新闻印刷纸张比杂志品质的纸张重现的色域要窄），以及其他自然差异，如显示器的生产工艺不同或显示器的使用年限不同。

如图 4-9 所示，A 为人眼所能看到的 Lab 色彩空间；B 为文档所能使用的色域；C 为各种设备所能使用的色域。

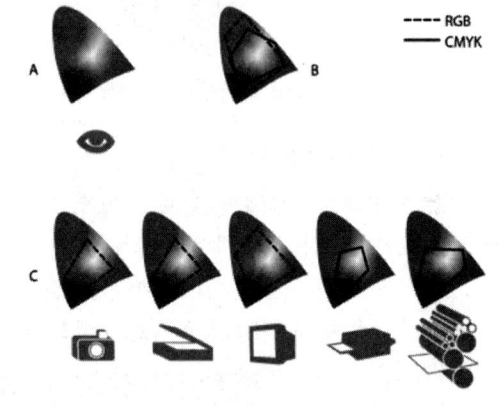

图 4-9 各种设备和文档的色域

4.1.4 定义颜色的方式

在 Illustrator 中，常常会使用 16 进制来定义颜色，也就是说每种颜色都使用唯一的 16 进制码来表示，称为 16 进制颜色码。

以 RGB 颜色为例，16 进制定义颜色的方法是分别指定 R、G、B 颜色，也就是红、绿、蓝三种原色的强度。通常规定，每一种颜色强度最低为 0，最高为 255。那么以 16 进制数值表示，255 对应于 16 进制就是 FF，并把 R、G、B 三个数值依次并列起来，就有 6 位 16 进制数值。因此，RGB 颜色可以从 000000 到 FFFFFF 等 16 进制数值表示，其中从左到右每两位分开分别代表红绿蓝，所以 FF0000 是纯红色，00FF00 是纯绿色，0000FF 是纯蓝色，000000 是黑色，FFFFFF 是白色。

另外需要注意，在 Illustrator 中使用 16 进制的颜色时还需要在色彩值前加上"#"符号，例如，白色就使用"#FFFFFF"或"#ffffff"色彩值来表示。在 Illustrator 的【拾色器】中选择颜色时，就可以使用 16 进制方式来定义，如图 4-10 所示。

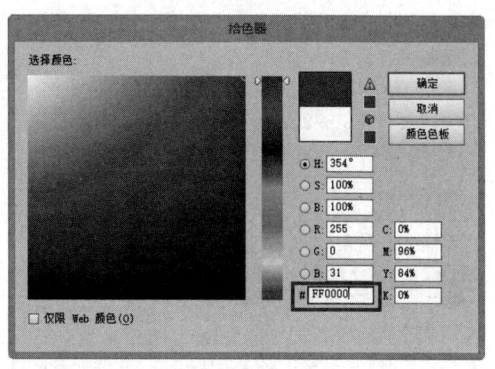

图 4-10　使用 16 进制定义颜色

4.2　选择颜色

在 Illustrator 中，可以通过使用各种工具、面板和对话框为图稿选择颜色。如何选择颜色取决于图稿的要求。例如，如果希望使用公司认可的特定颜色，则可以从公司认可的色板库中选择颜色。如果希望颜色与其他图稿中的颜色匹配，则可以使用吸管或拾色器并输入准确的颜色值。

4.2.1　使用拾色器选择颜色

拾色器可通过选择色域和色谱、定义颜色值或单击色板的方式，选择对象的填充颜色或描边颜色。

动手操作　使用拾色器选择颜色

1 在【工具】面板或【颜色】面板中双击填充颜色或描边颜色选框，显示【拾色器】对话框。

2 单击一个字母：H（色相）、S（饱和度）、B（亮度）、R（红色）、G（绿色）或 B（蓝色），即可更改在拾色器中显示的色谱，如图 4-11 所示。

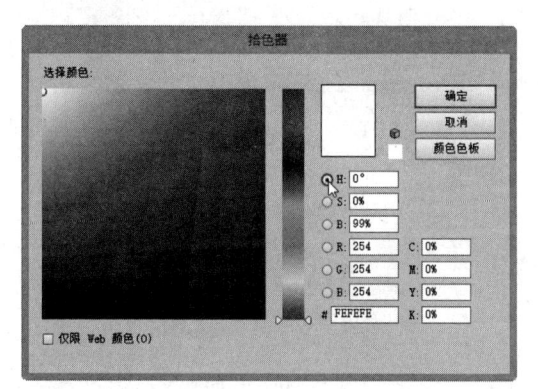

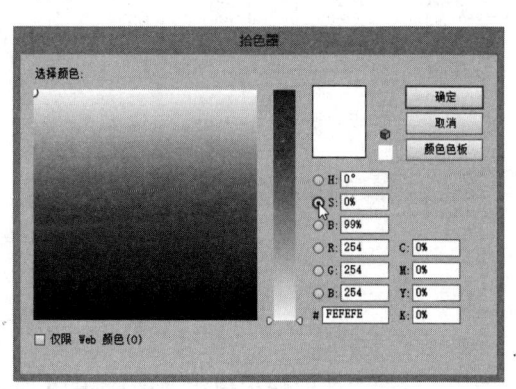

图 4-11　更改拾色器中显示的色谱

3 使用下列的操作之一通过拾色器选择颜色：
（1）在色谱中单击或拖动。圆形标记指示色谱中颜色的位置，如图 4-12 所示。
（2）沿颜色滑块拖动三角形或在颜色滑块中单击。
（3）在任何文本框中输入颜色值。
（4）单击【颜色色板】按钮，再选择一个色板，然后单击【确定】按钮，如图 4-13 所示。

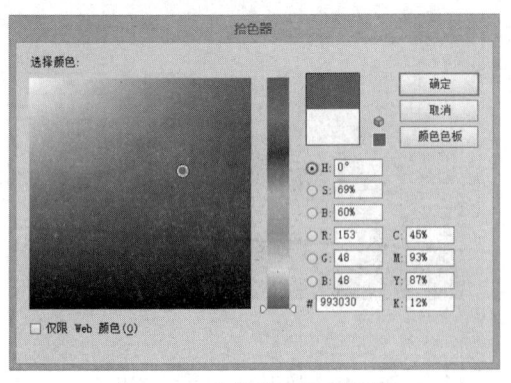

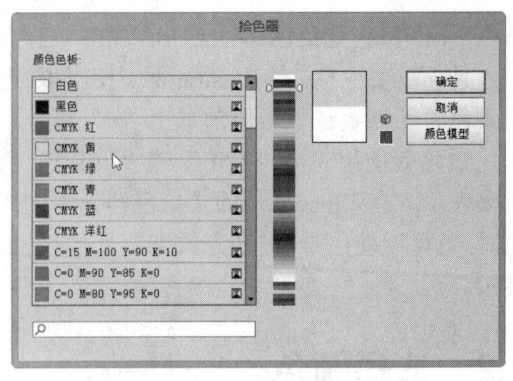

图 4-12　在色谱中选择颜色　　　　　　　　图 4-13　通过颜色色板选择颜色

4.2.2　使用【颜色】面板选择颜色

使用【颜色】面板可以将颜色应用于对象的填充和描边，还可以编辑和混合颜色。【颜色】面板可使用不同颜色模型显示颜色值。

使用【颜色】面板中的滑块，可以利用几种不同的颜色模型来编辑填充色和描边色。此外，也可以从显示在【颜色】面板底部的色谱中选择填充色和描边色。

动手操作　使用颜色面板选择颜色

1 选择【窗口】|【颜色】命令，打开【颜色】面板。

2 从【颜色】面板菜单中选择【灰度】、【RGB】、【HSB】、【CMYK】或【Web 安全 RGB】命令，即可更改颜色模型，如图 4-14 所示。

3 从【颜色】面板菜单中选择【显示选项】命令，或者单击面板选项卡上的双三角形，可以对显示大小进行循环切换（默认情况下显示了选项），如图 4-15 所示。

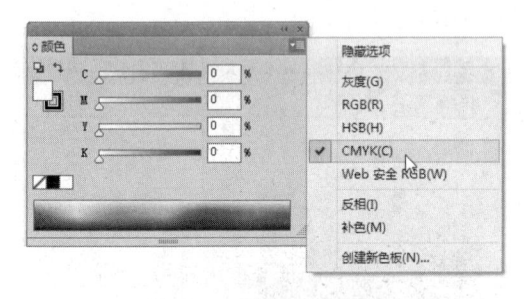

图 4-14　更改颜色模型　　　　　　　　图 4-15　显示面板选项

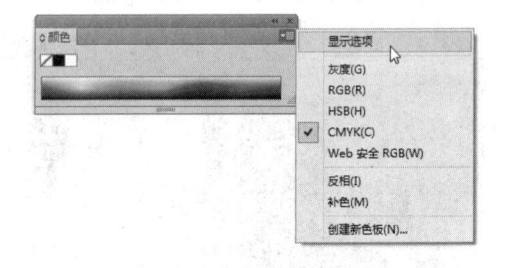

4 执行下列操作之一来选择颜色：

（1）拖动或在滑块中单击，如图 4-16 所示。

（2）按住 Shift 键拖动颜色滑块移动与之关联的其他滑块（HSB 滑块除外）。这样可保留类似颜色，但色调或强度不同。

（3）在任何文本框中输入颜色值。

（4）单击面板底部的色谱。

（5）若不选择任何颜色，可以单击颜色条左侧的【无】框；若要选择白色，可以单击颜色条右上角的白色色板；若要选择黑色，可以单击颜色条右下角的黑色色板，如图 4-17 所示。

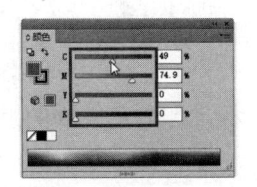

图 4-16　拖动或在滑块中单击选择颜色 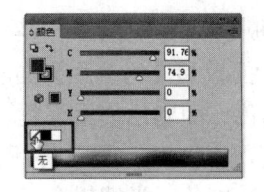　　　　　图 4-17　快速设置无、白、黑的颜色

4.2.3　使用吸管工具进行颜色取样

使用【吸管工具】可以对图稿中颜色进行采样，以指定新的填充色和描边色。使用此工具可以从文档的画板和整个文档窗口的任何位置采集色样。

动手操作　使用吸管工具进行颜色取样

1 在【工具】面板中选择【吸管工具】。

2 将【吸管工具】移至要进行属性取样的对象上（将工具正确地放到文字上时，光标指针会显示一个小的 T 字形）。

3 执行下列操作之一：

（1）单击【吸管工具】可以对所有外观属性取样，并将其应用于所选对象上，如图 4-18 所示。

（2）按住 Shift 键单击，则仅对渐变、图案、网络对象或置入图像的一部分进行颜色取样，并将所取颜色应用于所选填色或描边。

（3）按住 Shift 键，然后按住 Alt 键并单击，则将一个对象的外观属性添加到所选对象的外观属性中，如图 4-19 所示。也可先单击，然后按住 Shift+Alt 键。

图 4-18　使用吸管工具进行取样 　　　　　图 4-19　使用吸管工具加选取样

4.3　使用与创建色板

色板是命名的颜色、色调、渐变和图案。与文档相关联的色板出现在【色板】面板中。另外，色板可以单独出现，也可以成组出现。

4.3.1　关于色板

在 Illustrator 中，可以打开来自其他 Illustrator 文档和各种颜色系统的色板库。色板库显示在单独的面板中，不与文档一起存储。

【色板】面板和【色板库】面板可包括以下类型的色板：
- 印刷色：印刷色使用青色、洋红色、黄色和黑色 4 种标准印刷色油墨的组合打印。默认情况下，Illustrator 将新色板定义为印刷色。
- 全局印刷色：当编辑全局色时，图稿中的全局色自动更新。所有专色都是全局色，但是印刷色可以是全局色或局部色。用户可以根据全局色图标（当面板为列表视图时）或下角的三角形（当面板为缩略图视图时）标识全局色色板。
- 专色：专色是预先混合的用于代替或补充 CMYK 四色油墨的油墨。可以根据专色图标（当面板为列表视图时）或下角的点（当面板为缩略图视图时）标识专色色板。
- 渐变：渐变是两个或多个颜色或者同一颜色或不同颜色的两个或多个色调之间的渐变混合。渐变色可以指定为 CMYK 印刷色、RGB 颜色或专色。将渐变存储为渐变色板时，会保留应用于渐变滑块的透明度。对于椭圆渐变（通过调整径向渐变的长宽比或角度而创建），不存储其长宽比和角度值。
- 图案：图案是带有实色填充或不带填充的重复（拼贴）路径、复合路径和文本。
- 无：【无】色板从对象中删除描边或填色。这个色板不能编辑或删除。
- 套版色：套版色色板是内置的色板，可使利用它填充或描边的对象从 PostScript 打印机进行分色打印。
- 颜色组：颜色组可以包含印刷色、专色和全局印刷色，而不能包含图案、渐变、无或套版色色板。

4.3.2 使用【色板】面板

1．认识【色板】面板

通过【色板】面板可以控制所有文档的颜色、渐变和图案。可以任意命名和存储这些项用于快速访问，当选择的对象的填充或描边包含从【色板】面板应用的颜色、渐变、图案或色调时，所应用的色板将在【色板】面板中突出显示。

要使用【色板】面板，可以选择【窗口】|【色板】命令，打开【色板】面板，如图 4-20 所示。默认情况下，【色板】面板以小缩览图视图显示，通过面板菜单可以更改为小列表视图显示方式，如图 4-21 所示。【色板】面板的说明如图 4-22 所示。

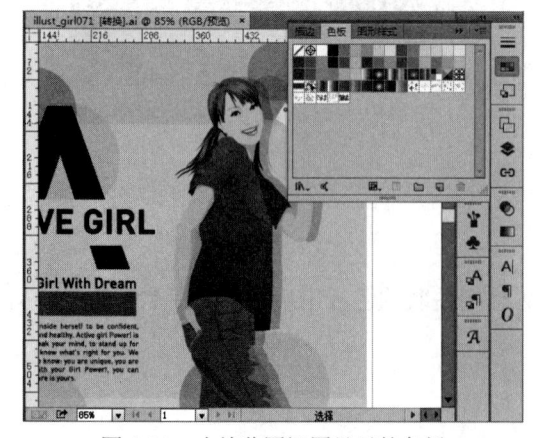

图 4-20　小缩览图视图显示的色板 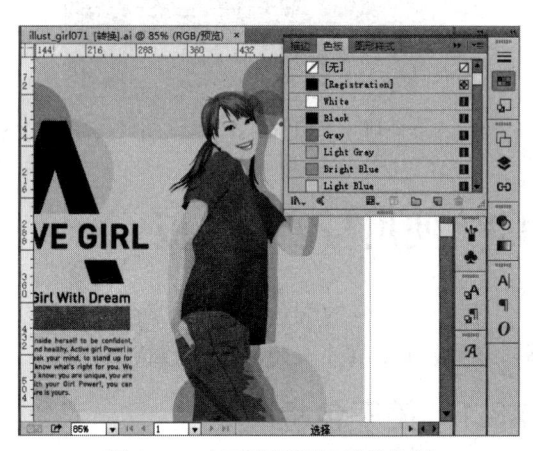　　　　图 4-21　小列表视图显示的色板

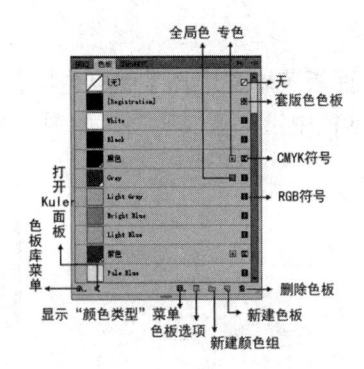

图 4-22 【色板】面板的说明

2．更改色板显示

从【色板】面板菜单中选择【小缩览图视图】、【中缩览图视图】、【大缩览图视图】、【小列表视图】或【大列表视图】中的任意一个视图命令即可，如图 4-23 所示。

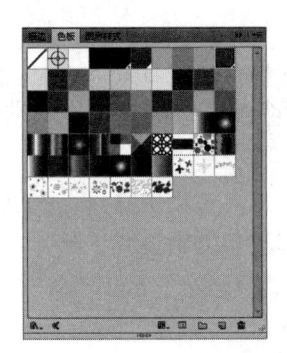

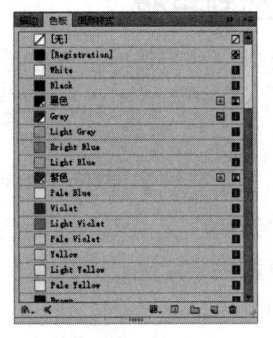

图 4-23 大缩览图视图与小列表视图的效果

3．为对象应用色板颜色

选择需要应用填色或描边的对象，然后打开【色板】面板，再单击相应的色板即可，如图 4-24 所示。

图 4-24 为对应应用色板颜色

4．显示特定类型的色板

单击【显示色板类型】按钮 ，并选择下列命令之一：【显示所有色板】、【显示颜色色板】、【显示渐变色板】、【显示图案色板】或【显示颜色组】，如图 4-25 所示。

5. 设置色板选项

选择色板，再打开【色板】面板菜单并选择【色板选项】命令，或者单击【色板选项】按钮，然后在【色板选项】对话框中设置色板选项，如图 4-26 所示。

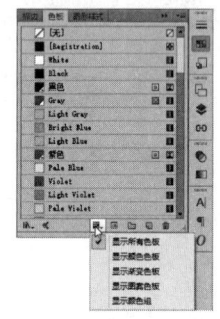

图 4-25　显示色板类型

图 4-26　设置色板的选项

4.3.3　将颜色添加到色板

在 Illustrator 中，可以自动将选定的图稿或文档中的所有颜色添加到【色板】面板。Illustrator 会查找【色板】面板中尚未包含的颜色，将任何印刷色转换为全局色，并将其作为新色板添加到【色板】面板中。

当自动将颜色添加到【色板】面板中时，将包含文档中除以下颜色之外的所有颜色：

（1）不透明蒙版中的颜色（当未处于不透明蒙版编辑模式中时）。
（2）混合中的插值颜色。
（3）图像像素中的颜色。
（4）参考线颜色。
（5）复合形状内的不可见对象中的颜色。

如果将渐变填充、图案填充或符号实例更改为新的全局色，则会将该颜色添加为新色板，并保留原始颜色的色板。

1. 添加所有文档颜色到色板

确保未选择任何内容，然后从【色板】面板菜单中选择【添加使用的颜色】命令即可，如图 4-27 所示。

图 4-27　添加文档的颜色到色板

2．添加选定图稿中的颜色

选择包含要添加到【色板】面板中的颜色的对象，然后执行下列操作之一：

（1）从【色板】面板菜单中选择【添加使用的颜色】命令。

（2）单击【色板】面板中的【新建颜色组】按钮，然后指定显示的对话框中的选项，如图 4-28 所示。

> 颜色是使用【色相向前】规则排列并存储的。

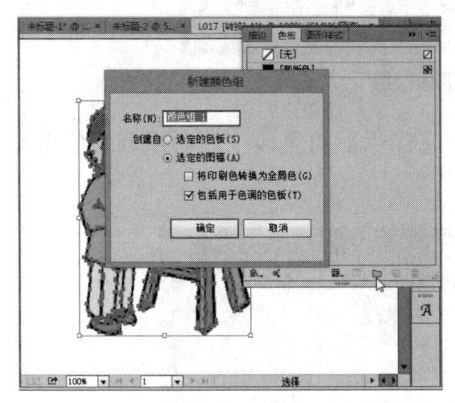

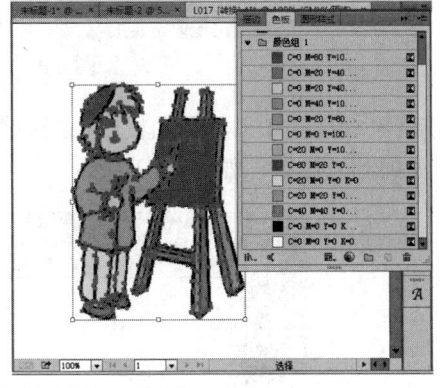

图 4-28　将选定对象的颜色添加到色板

4.3.4　创建与编辑颜色组

颜色组可以包含印刷色、专色和全局印刷色，而不能包含图案、渐变、无或套版色色板。可以使用【颜色参考】面板或【编辑颜色】|【重新着色图稿】对话框来创建基于颜色协调的颜色组。

动手操作　创建与编辑颜色组

1 打开光盘中的"..\Example\Ch04\4.3.4.ai"练习文件，在【工具】面板中双击【填色】色板，打开【拾色器】对话框后，设置颜色为【红色】，然后单击【确定】按钮，如图 4-29 所示。

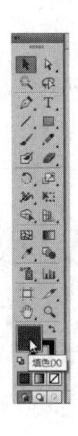

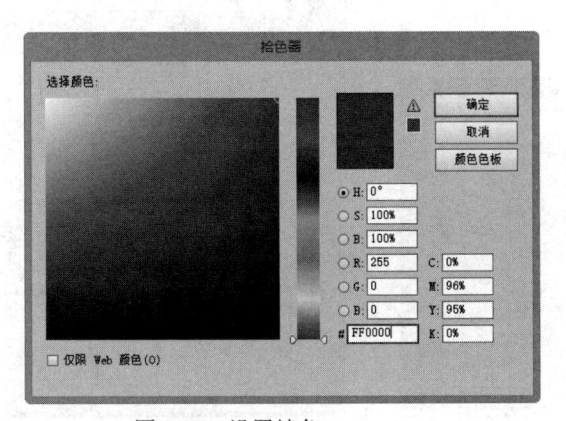

图 4-29　设置填色

113

2 打开【色板】面板，再单击【新建颜色组】按钮 ，打开【新建颜色组】对话框后，设置颜色组名称，再单击【确定】按钮，如图 4-30 所示。

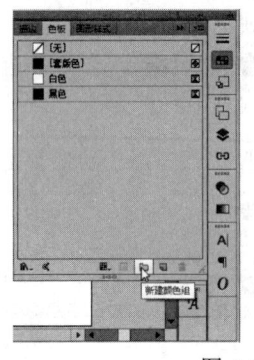

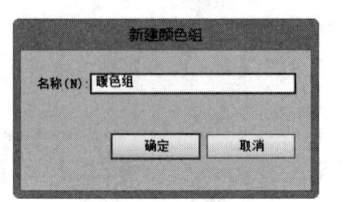

图 4-30　新建颜色组

3 使用鼠标按住【工具】面板中已经设置为【红色】的色板，然后拖到颜色组文件中，将该颜色添加到颜色组，如图 4-31 所示。

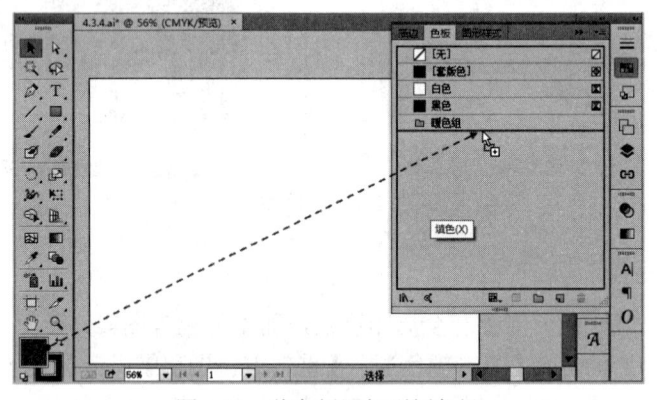

图 4-31　将色板添加到颜色组

4 选择【暖色组】的颜色组文件夹，再单击【编辑颜色组】按钮 ，打开【编辑颜色】对话框后，单击【显示分段的色轮】按钮 ，如图 4-32 所示。

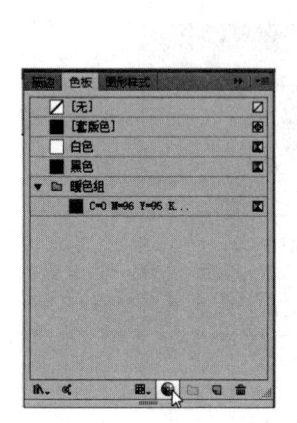

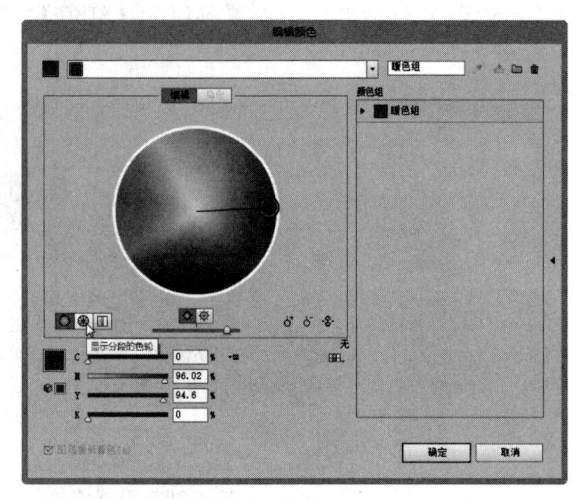

图 4-32　编辑颜色组并显示分段色轮

5 在【编辑颜色】对话框中单击【添加颜色工具】按钮，然后在分段色轮中的【洋红色】色段中单击，多添加一个颜色，如图4-33所示。

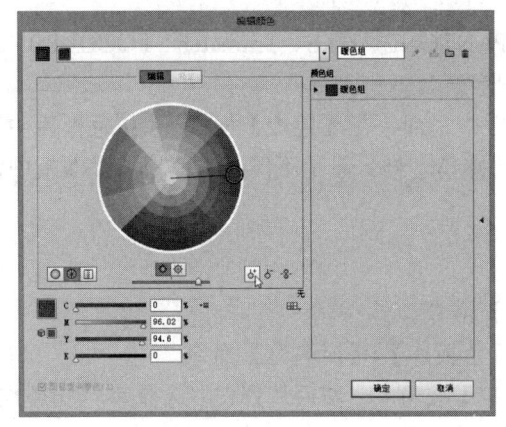

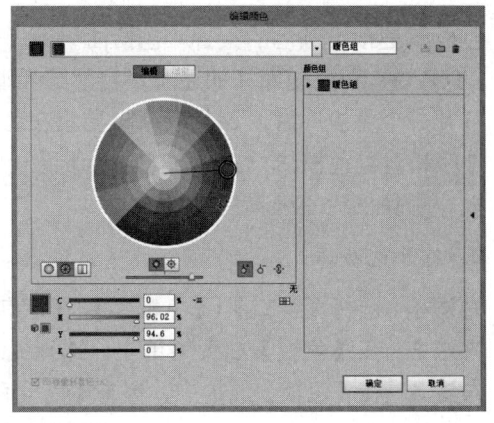

图4-33 多添加一个颜色

6 使用步骤5的方法，使用添加颜色工具在分段色轮上添加多个暖色系的颜色，然后单击【将更改保存到颜色组】按钮，接着打开【颜色组】列表，查看当中的颜色，最后单击【确定】按钮，如图4-34所示。

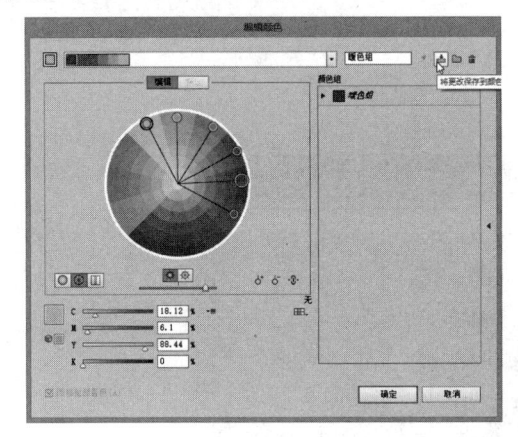

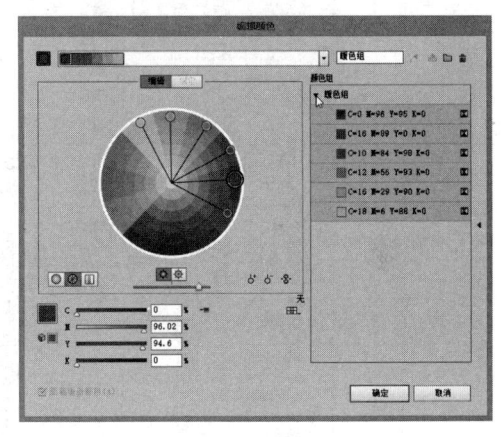

图4-34 添加多个颜色并保存到颜色组

7 返回练习文件中，打开【色板】面板，即可看到颜色组中添加的色板，如图4-35所示。

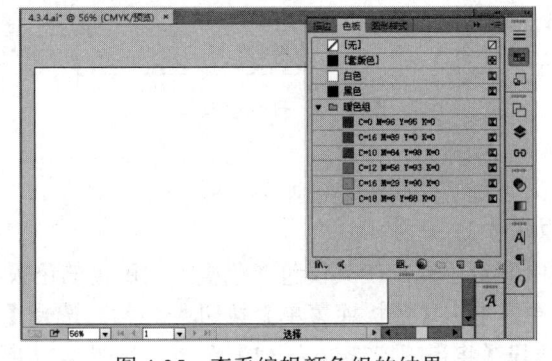

图4-35 查看编辑颜色组的结果

4.3.5 使用色板库

1．关于色板库

色板库是预设颜色的集合，包括油墨库（如 PANTONE、HKS、Trumatch、FOCOLTONE、DIC、TOYO）和主题库（如迷彩、自然、希腊和宝石）。

打开一个色板库时，该色板库将显示在新面板中（而不是【色板】面板）。在色板库中选择、排序和查看色板的方式与在【色板】面板中的操作一样。但是不能在【色板库】面板中添加色板、删除色板或编辑色板。

2．打开色板库

方法 1　选择【窗口】|【色板库】|【库名称】命令。
方法 2　在【色板】面板菜单中，选择【打开色板库】|【库名称】命令。
方法 3　在【色板】面板中，单击【色板库菜单】按钮，然后从列表中选择库，如图 4-36 所示。

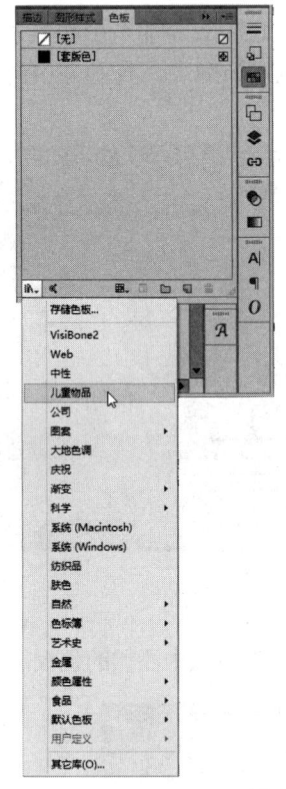

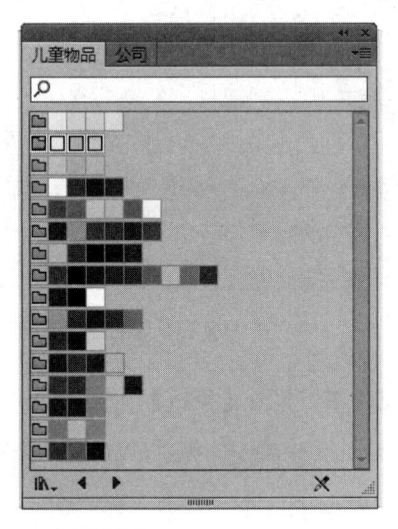

图 4-36　打开色板库

3．创建色板库

动手操作　创建色板库

1 在【色板】面板中编辑色板，使其仅包含色板库中所需的色板。

2 在【色板】面板中，单击【色板库菜单】按钮，然后选择【存储色板】命令，或者在【色板】面板菜单中选择【将色板库存储为 AI】命令，如图 4-37 所示。

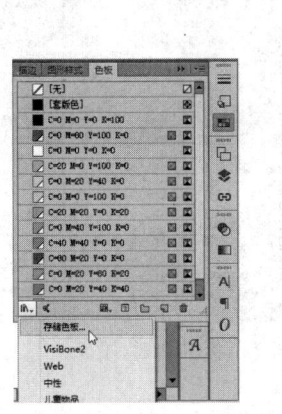

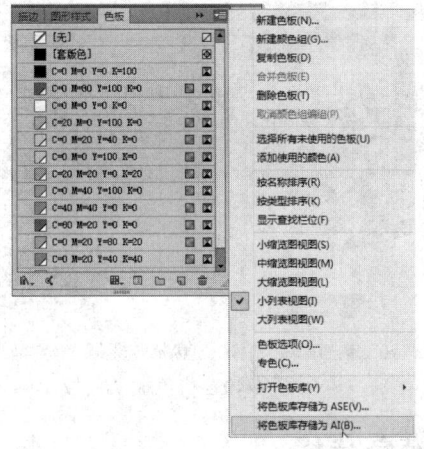

图 4-37 存储色板库

3 打开【另存为】对话框后，设置文件名称再单击【保存】按钮即可，如图 4-38 所示。如果要使用新建的色板库，则可以通过【色板库菜单】选择，如图 4-39 所示。

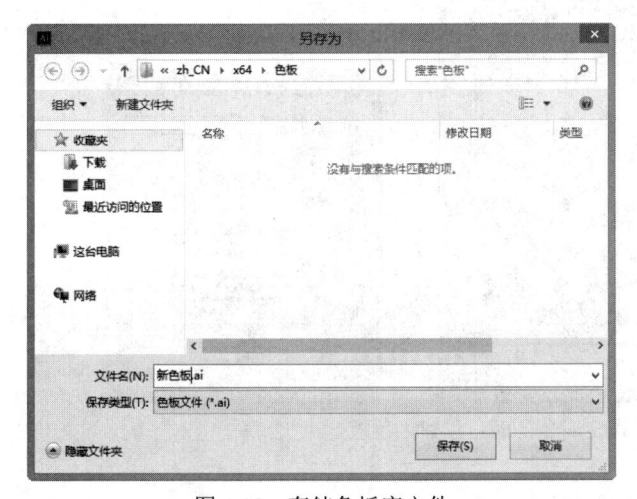

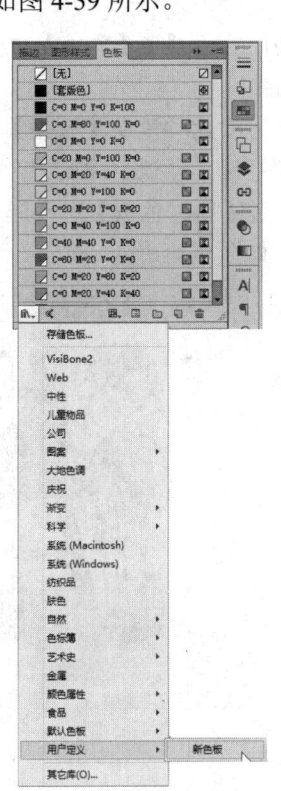

图 4-38 存储色板库文件　　　　　　　　图 4-39 选择创建的新色板库

4. 从色板库移动色板到【色板】面板

方法 1　将一个或多个色板从【色板库】面板拖动到【色板】面板，如图 4-40 所示。
方法 2　选择要添加的色板，然后从库的面板菜单中选择【添加到色板】命令。
方法 3　将色板应用到文档中的对象。如果色板是一个全局色板或专色色板，则会自动将此色板添加到【色板】面板。

117

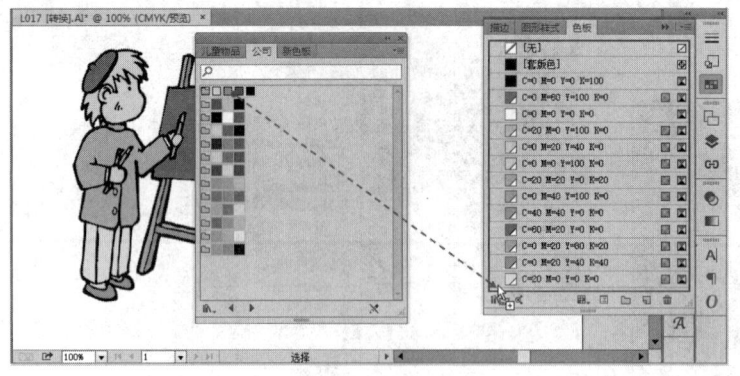

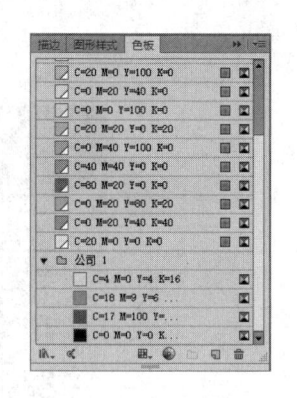

图 4-40 将色板从色板库移到【色板】面板

4.3.6 创建颜色色板

在 Illustrator 中，通过【色板】面板可以创建印刷色、专色或渐变色色板。

1．创建印刷色色板

使用拾色器或【颜色】面板选择颜色，或选择具有所需颜色的对象。然后执行下列操作之一即可：

（1）将此颜色从【工具】面板或【颜色】面板拖动到【色板】面板。

（2）在【色板】面板中，单击【新建色板】按钮或从面板菜单中选择【新建色板】命令，然后通过【新建色板】对话框设置颜色类型为【印刷色】，再设置色板选项，接着单击【确定】按钮，如图 4-41 所示。

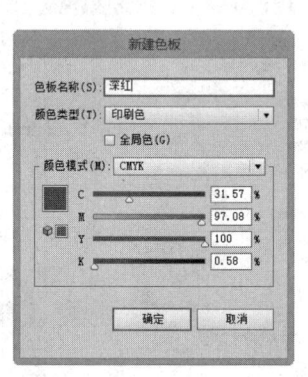

图 4-41 将选定对象的颜色创建为色板

2．创建渐变色板

使用【渐变】面板创建渐变，或选择带有所需渐变的对象。然后执行下列操作之一即可：

（1）将渐变填充从【工具】面板或【颜色】面板上的【填充】框中拖动到【色板】面板。

（2）在【渐变】面板中，单击渐变菜单（位于渐变框旁边），然后单击【添加到色板库】按钮 。

（3）在【色板】面板中，单击【新建色板】按钮或从【色板】面板菜单中选择【新建色板】命令，然后在显示的对话框中输入色板的名称并单击【确定】按钮，如图 4-42 所示。

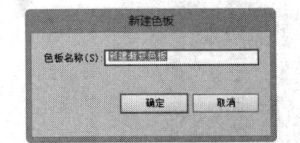

图 4-42　创建渐变色板

3．创建专色色板

使用拾色器或【颜色】面板选择颜色，或选择具有所需颜色的对象。然后执行下列操作之一即可：

（1）按住 Ctrl 键并将颜色从【工具】面板或【颜色】面板拖动到【色板】面板，如图 4-43 所示。

（2）在【色板】面板中，按住 Ctrl 键并单击【新建色板】按钮，或从面板菜单中选择【新建色板】命令，然后在显示的对话框中设置颜色类型为【专色】，接着设置其他色板选项，再单击【确定】按钮即可。

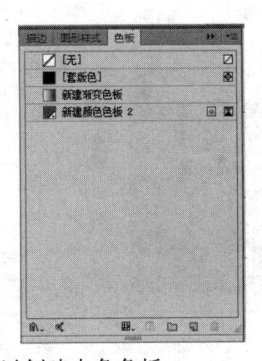

图 4-43　按住 Ctrl 键将颜色拖到【色板】面板以创建专色色板

4.4　调整颜色

选择并使用颜色后，还可以根据设计或图稿输出需要，适当调整颜色的应用。

4.4.1　调整输出的颜色

1．将颜色转换为 Web 安全颜色

Web 安全颜色是所有浏览器使用的 216 种颜色，与平台无关。如果设计图稿时，选择的颜色不是 Web 安全颜色，则在【颜色】面板、拾色器或【编辑颜色】|【重新着色图稿】对话框中会出现一个警告方块，如图 4-44 所示。

要将颜色转换为 Web 安全颜色，可以在选择颜色时，在【颜色】面板、拾色器或【编辑颜色】|【重新着色图稿】对话框中单击警告方块，即可将当前选中颜色转换为最接近的 Web

119

安全颜色，如图 4-45 所示。

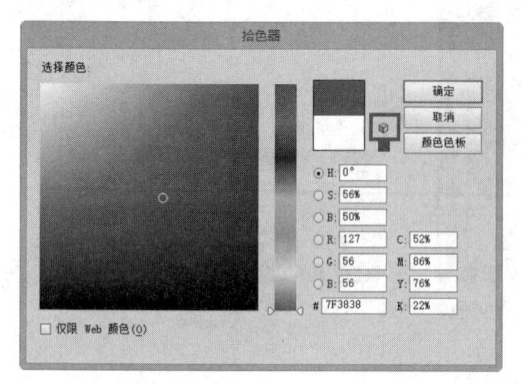

图 4-44　颜色不是 Web 安全颜色时出现警告方块 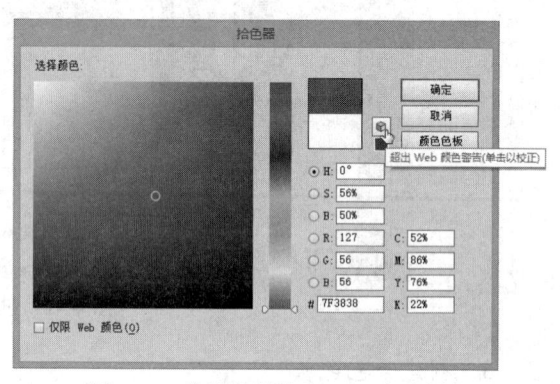　　　图 4-45　将颜色转换为 Web 安全颜色

2．将超出色域的颜色转换为可打印的颜色

由于 RGB 和 HSB 颜色模型中的一些颜色（如霓虹色）在 CMYK 模型中没有等同的颜色，因此无法打印这些颜色。如果选择上述所说超出色域的颜色，Illustrator 会在【颜色】面板或拾色器中出现一个警告三角形，如图 4-46 所示。

要将超出色域的颜色转换为可打印的颜色，可以在【颜色】面板或拾色器中单击警告三角形，即可将选中的颜色转换为最接近的 CMYK 对等色，如图 4-47 所示。

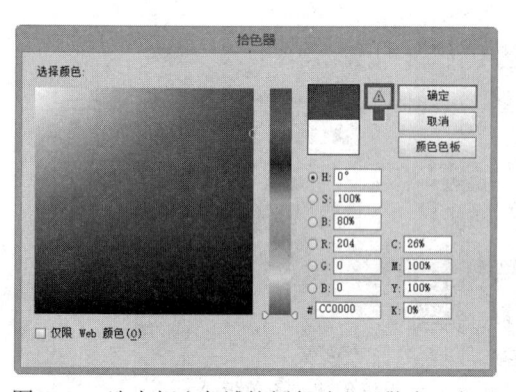

图 4-46　选中超出色域的颜色时出现警告三角形 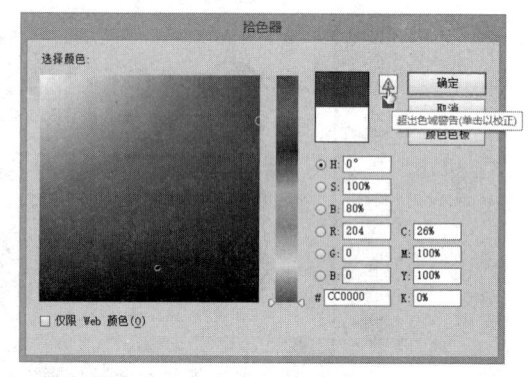　　　图 4-47　将超出色域的颜色转换为可打印颜色

4.4.2　更改颜色色调

色调是指物体反射的光线中以哪种波长占优势来决定的，不同波长产生不同颜色的感觉，色调是颜色的重要特征，它决定了颜色本质的根本特征。

动手操作　更改颜色色调

1 在【色板】面板中选择全局印刷色或专色，或者选择应用了全局印刷色或专色的对象。

2 在【颜色】面板中，可以拖动【T】项滑块或在文本框中输入值修改颜色的强度，如图 4-48 所示。色调范围从 0～100%，值越小，色调越亮。

3 如果要将色调存储为色板，可以将颜色拖动到【色板】面板，或单击【色板】面板中的【新建色板】按钮。色调将以基色的名称存储，不过色调百分比会添加到该名称上。例如，如果存储 50% 的名为 "Sky Blue" 的颜色，则色板名称为 "Sky Blue 50%"。

对图形应用填色与描边 **4**

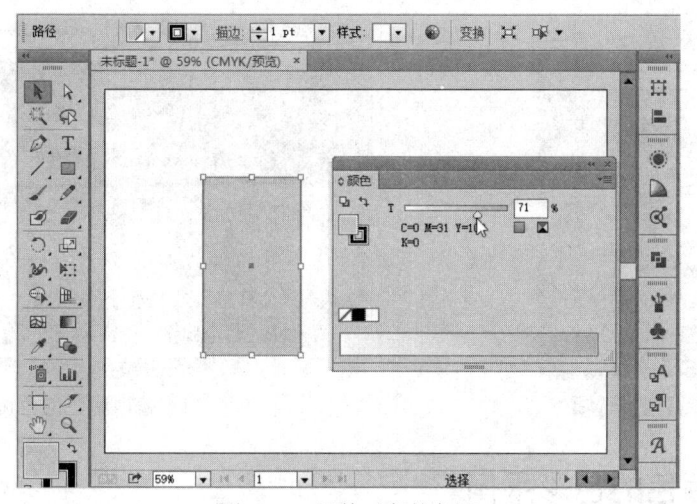

图 4-48 调整对象的色调

> 问：为什么选择对象后，在【颜色】面板中没有发现【T】项滑块？
>
> 答：如果看不到【T】项滑块，需要先确保选择对象是应用了全局印刷色或专色。如果仍看不到【T】项滑块，可以从【颜色】面板菜单中选择【显示选项】命令。

动手操作　调整风景图背景的色调

1 打开光盘中的"..\Example\Ch04\4.4.2.ai"练习文件，选择图稿中的背景网格对象，然后打开【色板】面板，再为对象应用如图 4-49 所示的颜色。

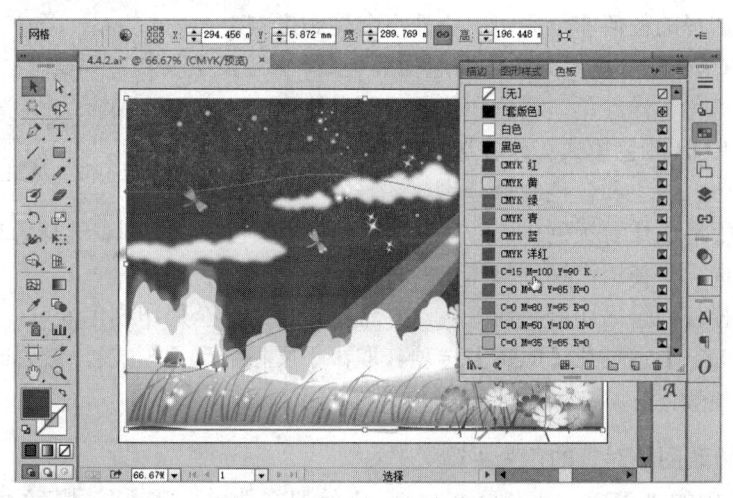

图 4-49 为对象应用色板颜色

2 双击应用选定对象的色板，打开【色板选项】对话框后，修改色板的名称为【背景色】，再选择【全局色】复选框，然后单击【确定】按钮，如图 4-50 所示。

3 选择背景网格对象，然后打开【颜色】面板，修改颜色的色调为 65%，接着查看对象修改色调后的结果，如图 4-51 所示。

121

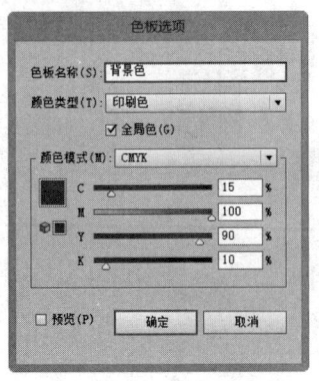

图 4-50 设置色板选项

图 4-51 修改颜色的色调

4.4.3 调整颜色的色彩平衡

在图形学中,色彩平衡是表示图像中颜色的动态范围的术语。在通常的美术作品中,画家可以选择彩色调色板来表达作品的感情。在图像处理领域,色彩平衡经常表示通过改变图像的颜色值,从而能够在特定的显示或者打印设备上得到正确的颜色。

动手操作　调整颜色的色彩平衡

1 选择要调整颜色的对象。

2 选择【编辑】|【编辑颜色】|【调整色彩平衡】命令。

3 设置【填色和描边】选项。

4 根据需要调整颜色值,然后单击【确定】按钮,如图 4-52 所示:

（1）如果选择任何全局印刷色或专色,可以使用色调滑块调整颜色强度。选择的任何非全局印刷色都不会受到影响。

（2）如果以 CMYK 颜色模式工作并选择非全局印刷色,可以使用滑块调整青色、洋红色、黄色和黑色的百分比。

（3）如果以 RGB 颜色模式工作并选择非全局印刷色,可以使用滑块调整红色、绿色和蓝色的百分比。

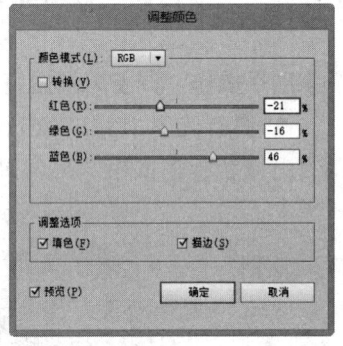

图 4-52 调整颜色的色彩平衡

（4）如果希望将选择的颜色转换为灰度,可以从【颜色模式】列表选择【灰度】选项,然后选择【转换】选项,使用滑块调整黑色的百分比。

（5）如果选择任何全局印刷色或专色,并希望转换为非全局印刷色,可以从【颜色模式】列表中选择【CMYK】选项或【RGB】选项（取决于文档的颜色模式）,然后选择【转换】选项,使用滑块调整颜色。

动手操作　更改图稿对象的色彩平衡

1 打开光盘中的"..\Example\Ch04\4.4.3.ai"练习文件,打开【图层】面板,再打开图层列表,然后单击【背景】图层右侧的 按钮选择该图层,如图 4-53 所示。

2 选择【编辑】|【编辑颜色】|【调整色彩平衡】命令,打开【调整颜色】对话框后,分别设置各个颜色的参数,再单击【确定】按钮,如图 4-54 所示。

3 打开【图层】面板,再打开图层列表,然后单击【箱子】图层右侧的 按钮选择该图层,如图 4-55 所示。

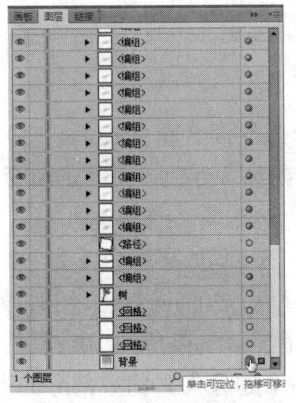

对图形应用填色与描边 **4**

图 4-53 选择【背景】图层 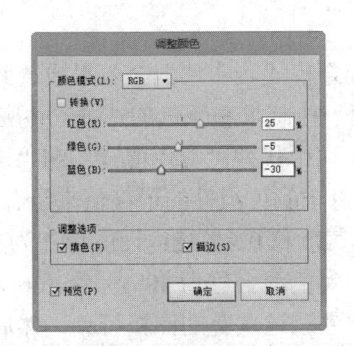　　图 4-54 设置背景图层的色彩平衡 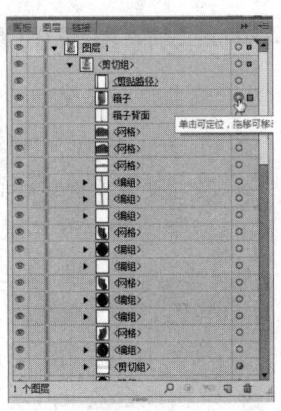　　图 4-55 选择【箱子】图层

4 选择【编辑】|【编辑颜色】|【调整色彩平衡】命令，打开【调整颜色】对话框后，通过拖动滑块分别设置各个颜色的参数，接着单击【确定】按钮，如图 4-56 所示。

5 使用步骤 3 和步骤 4 的方法，选择【箱子背景】图层，并调整该图层对象的色彩平衡，如图 4-57 所示。

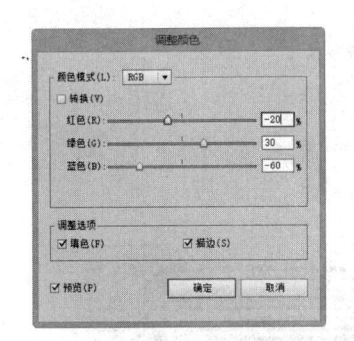

图 4-56 设置箱子图层的色彩平衡　　图 4-57 修改【箱子背景】图层对象的色彩平衡

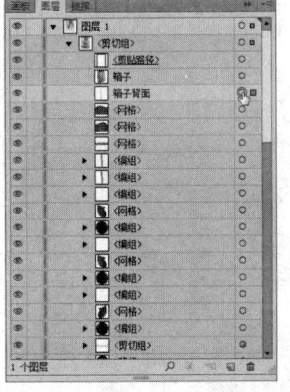

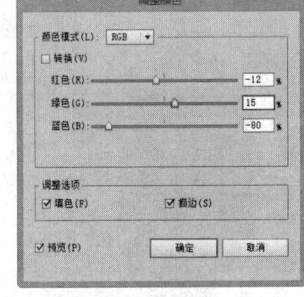

6 修改对象的色彩平衡后，可以通过文档窗口查看结果，如图 4-58 所示。

图 4-58 修改对象色彩平衡的前后效果对比

123

4.4.4 混合重叠的颜色

1. 关于颜色重叠

在 Illustrator 中,可以使用混合模式、实色混合效果或透明混合效果混合重叠颜色。

- 混合模式:提供了许多用于控制重叠颜色的选项,并应始终在包含专色、图案、渐变、文字的图稿或其他复杂图稿中代替"实色混合"和"透明混合"。
- 实色混合效果:通过选择每个颜色组件的最高值来组合颜色。例如,如果颜色 1 为 20%青色、66%洋红色、40%黄色和 0%黑色;而颜色 2 为 40%青色、20%洋红色、30%黄色和 10%黑色,则产生的实色混合色为 40%青色、66%洋红色、40%黄色和 10%黑色。
- 透明混合效果:使底层颜色透过重叠的图稿可见,然后将图像划分为其构成部分的表面。透明混合效果允许指定在重叠颜色中的可视性百分比。

在处理图稿时,可以对各个对象应用混合模式,对整个组或图层则必须应用实色混合和透明混合效果。混合模式同时影响对象的填色和描边,而实色混合和透明混合效果将删除对象的描边。

2. 使用实色混合效果混合颜色

定位组或图层,然后选择【效果】|【路径查找器】|【实色混合】命令即可,如图 4-59 所示。

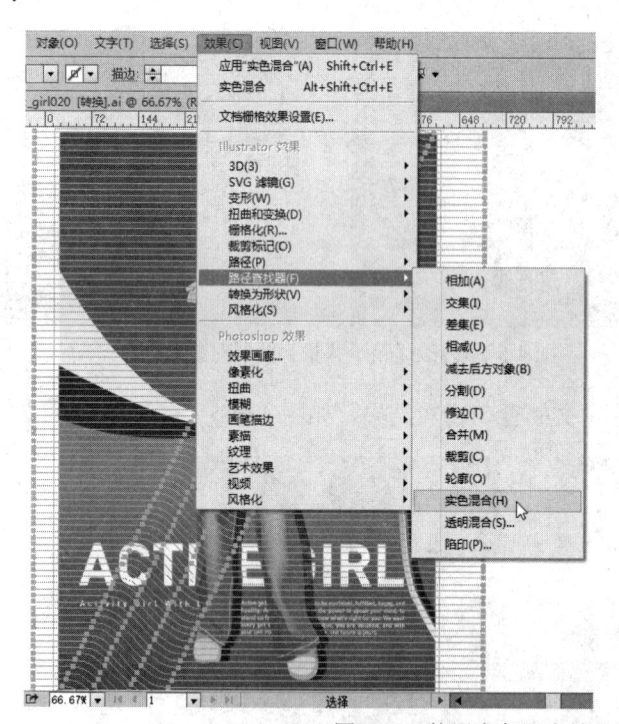

图 4-59 使用实色混合效果混合颜色

3. 使用透明混合效果混合颜色

定位组或图层,选择【效果】|【路径查找器】|【透明混合】命令,然后在【混合比率】文本框中输入 1%~100%之间的值,确定重叠颜色中的可视性百分比,然后单击【确定】按钮即可,如图 4-60 所示。

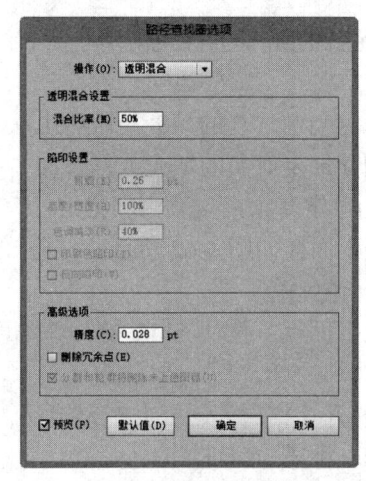

图 4-60　使用透明混合效果混合颜色

4.5　通过填充和描边上色

在 Illustrator 中，有以下两种上色方法：为整个对象指定填充和（或）描边；将对象转换为实时上色组，并为组内路径的单独边缘和表面指定填充或描边。

- 为对象上色：绘制对象后，可以为其指定填充和（或）描边，然后可以用类似方法绘制其他可以上色的对象，将每个新的对象一层层地放置在以前的对象上。最终的结果有如一幅由各种形状的彩色剪纸构成的拼贴画，而图稿的外观取决于在这些分层对象组成的堆栈中，哪些对象处于堆栈上方。
- 为实时上色组上色："实时上色"法更类似使用传统着色工具上色，无须考虑图层或堆栈顺序，从而使工作流程更加流畅自然。"实时上色"组中的所有对象都可以被视为同一平面中的一部分。这就意味着可以绘制几条路径，然后在这些路径所围出的每个区域（称为一个表面）内分别着色。也可以为各个交叉区域相交的路径部分（称为边缘）指定不同的描边颜色和粗细。由此得出的结果有如一款涂色簿，可以使用不同的颜色对每个表面填色、为每条边缘描边。

4.5.1　关于填色和描边

填色是指对象中的颜色、图案或渐变。填色可以应用于开放和封闭的对象以及"实时上色"组的表面。

描边是对象、路径或实时上色组边缘的可视轮廓。用户可以控制描边的宽度和颜色，也可以使用【路径】选项来创建虚线描边，并使用画笔为风格化描边上色。

在【工具】面板、【控制】面板和【颜色】面板中提供了用于设置填充和描边的控件。

（1）可以使用【工具】面板中的以下任何控件来指定颜色：
- 【填充】按钮■：通过双击此按钮，可以使用拾色器来选择填充颜色，如图 4-61 所示。
- 【描边】按钮□：通过双击此按钮，可以使用拾色器来选择描边颜色。
- 【互换填色和描边】按钮↰：通过单击此按钮，可以在填充和描边之间互换颜色。
- 【默认填色和描边】按钮⬜：通过单击此按钮，可以恢复默认颜色设置（白色填充和黑色描边）。

- 【颜色】按钮■：通过单击此按钮，可以将上次选择的纯色应用于具有渐变填充或者没有描边和填充的对象。
- 【渐变】按钮■：通过单击此按钮，可以将当前选择的填充更改为上次选择的渐变。
- 【无】按钮☑：通过单击此按钮，可以删除选定对象的填充或描边。

（2）可以使用【控制】面板中的以下控件为选定对象指定颜色和描边：

- 填充颜色■：单击此按钮可打开【色板】面板如图 4-62 所示；按住 Shift 键并单击可打开替代颜色模式面板，可以从中选择一种颜色。
- 描边颜色□：单击此按钮可打开【色板】面板；按住 Shift 键并单击可打开替代颜色模式面板，可以从中选择一种颜色。
- 【描边】文字 描边：单击文字【描边】可打开【描边】面板并指定选项。
- 描边粗细 1 pt：从弹出式菜单中选择一种描边粗细。

图 4-61 双击【填充】按钮打开【拾色器】对话框 　　图 4-62 单击【填充颜色】按钮打开色板

4.5.2 将颜色应用于对象

在绘图后，可以将一种颜色、图案或渐变应用于整个对象，也可以使用实时上色组为对象内的不同表面应用不同的颜色。

1．应用颜色于选择的对象

使用【选择工具】或【直接选择工具】选择对象，单击【工具】面板或【颜色】面板中的【填充】按钮，以表示要应用填色；如果要应用描边，则可以单击【描边】按钮，如图 4-63 所示。然后执行以下操作之一选择填充或描边颜色：

图 4-63 单击【描边】按钮

> 【填充】按钮处于现用状态时，【填充】按钮位于【描边】按钮上方。
> 【描边】按钮处于现用状态时，【描边】按钮位于【填充】按钮上方。

（1）单击【控制】面板、【颜色】面板、【色板】面板、【渐变】面板或色板库中的颜色，如图 4-64 所示。

（2）双击【填充】按钮，然后从拾色器中选择一种颜色。

（3）选择【吸管工具】，然后按住 Alt 键并单击某个对象以应用当前属性，其中包括当前填充和描边。

（4）单击【无】按钮以删除该对象的当前填充。

（5）通过将颜色从【填充】按钮、【颜色】面板、【渐变】面板或【色板】面板拖到对象上，可以快速将颜色应用于没有选择的对象。

2．从对象中删除填充或描边

选择对象，单击【工具】面板中的【填充】按钮或【描边】按钮。此操作表示要删除对象的填充或描边。然后单击【工具】面板、【颜色】面板或【色板】面板中的【无】按钮☒即可。

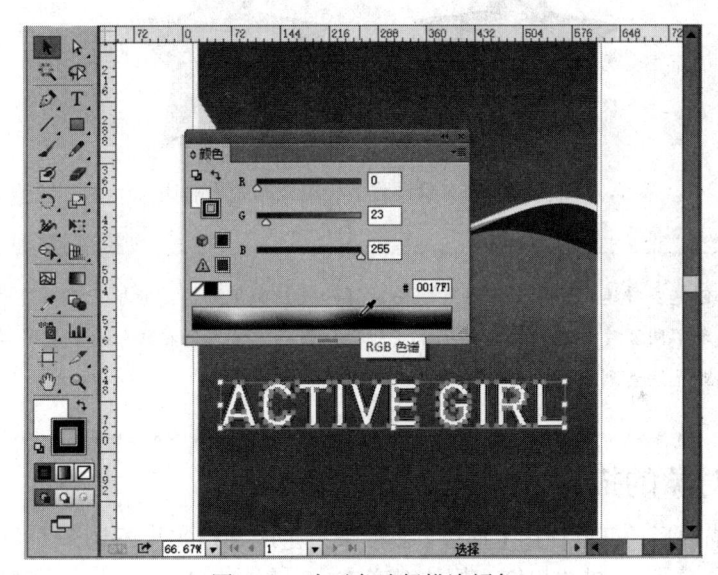

图 4-64　为对象选择描边颜色

4.5.3　创建多种填充和描边

在 Illustrator 中，可以使用【外观】面板为相同对象创建多种填充和描边。在一个对象上添加多种填色和描边，可创建出很多令人惊喜的效果。例如，可以在一条宽描边上创建另一条略窄的描边，也可以将效果应用于一种填色而不应用于其他填色。

动手操作　为对象创建多种填充和描边

1 选择一个或多个对象或组（或在【图层】面板中定位一个图层）。

2 选择【窗口】|【外观】命令，然后从【外观】面板菜单中选择【添加新填色】或【添加新描边】命令。也可以在【外观】面板中单击【添加新描边】按钮□或【添加新填色】按钮■，如图 4-65 所示。

3 设置新填充或新描边的颜色和其他属性，如图 4-66 所示。为对象设置多种填充的效果如图 4-67 所示。

127

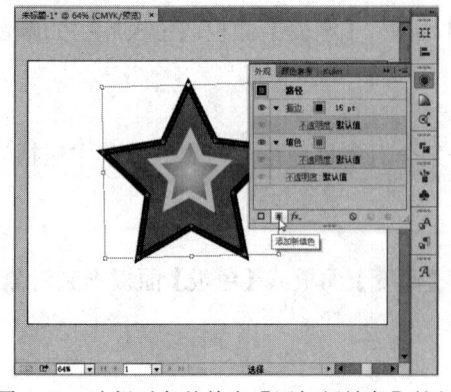

图 4-65　选择对象并单击【添加新填色】按钮　　　　图 4-66　设置新的填色

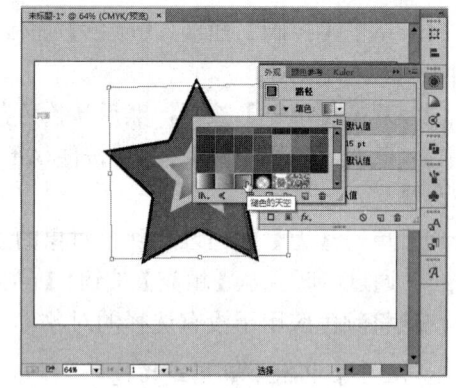

图 4-67　为对象设置多种填充的效果对比

> 创建多种填充和描边时可能需要在【外观】面板中调整新填充或描边的位置。如果创建两条不同宽度的描边，需要确保【外观】面板中较窄的描边位于较宽的描边上方，否则窄边就无法看到。

4.5.4　编辑对象的描边效果

为对象设置描边后，可以使用【描边】面板来指定线条是实线还是虚线、虚线顺序及其他虚线调整（如果是虚线）、描边粗细、描边对齐方式、斜接限制、箭头、宽度配置文件和线条连接的样式及线条端点。

选择【窗口】|【描边】命令即可打开【描边】面板，如图 4-68 所示。

【描边】面板中各个选项的说明如下：

- 粗细：设置对象描边线条的大小。
- 端点：包括平头端点、圆头端点和方头端点。
    - ➢ 平头端点：用于创建具有方形端点的描边线。
    - ➢ 圆头端点：用于创建具有半圆形端点的描边线。
    - ➢ 方头端点：用于创建具有方形端点且在线段端点之外延伸出线条宽度的一半的描边线。此选项使线段的粗细沿线段各方向均匀延伸出去。
- 边角：包括斜接连接、圆角连接和斜角连接。
    - ➢ 斜接连接：创建具有点式拐角的描边线。可以输入一个介于 1～500 之间的斜接限制。斜接限制值可以控制程序在何种情形下由斜接连接切换成斜角连接。默认斜接

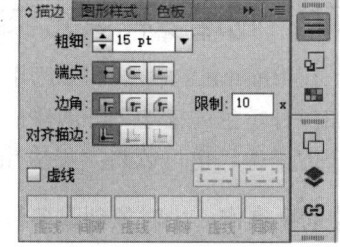

图 4-68　【描边】面板

限制为 10，这意味着点的长度达到描边粗细的 10 倍时，程序将从斜接连接切换为斜角连接。如果斜接限制为 1，则直接生成斜角连接。
- 圆角连接：用于创建具有圆角的描边线。
- 斜角连接：用于创建具有方形拐角的描边线。
● 对齐描边：设置将描边沿路径对齐。
● 虚线：选择该复选框可以为描边创建虚线。启用【虚线】功能后，可以通过输入短划的长度和短划间的间隙来指定虚线次序。输入的数字会按次序重复，因此只要建立了图案，则无须再一一填写所有文本框。
- ⸤ ⸥（使虚线与边角和路径终端对齐，并调整到适合长度）：此选项可使各角的虚线和路径的尾端保持一致并可预见，如图 4-69 所示。
- ⸤ ⸥（保留虚线和间隙的精确长度）：在不对齐边角和路径终端的情况下保留虚线外观，如图 4-70 所示。

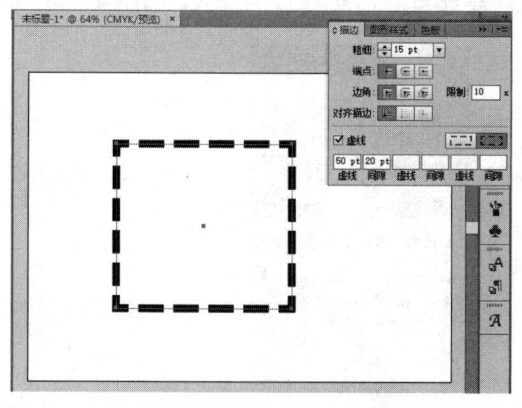

图 4-69　与边角和路径终端对齐，并调整到适合长度

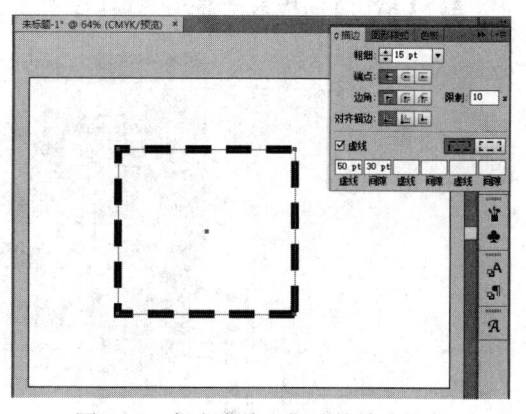

图 4-70　保留虚线和间隙的精确长度

动手操作　制作箭头描边的效果

1 打开光盘中的"..\Example\Ch04\4.5.4.ai"练习文件，在【工具】面板中选择【直线段工具】，并在【工具】面板中单击【描边】按钮，然后在【颜色】面板中设置颜色为【黑色】，接着在【控制】面板中设置描边粗细为 5pt，如图 4-71 所示。

2 使用【直线段工具】在图稿绿色矩形对象上绘制一条直线段，如图 4-72 所示。

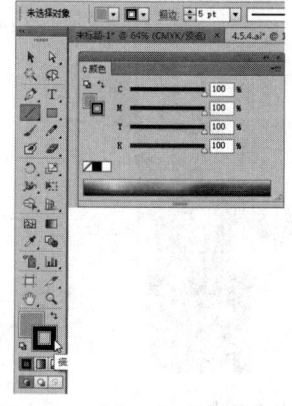

图 4-71　选择工具并设置选项

图 4-72　绘制直线段

3 打开【描边】面板，然后选择【虚线】复选框，再设置虚线和间隙的数值，如图4-73所示。

4 在【描边】面板中单击 ▼≡ 打开菜单，再选择【显示选项】命令，如图4-74所示。

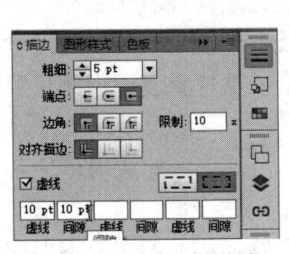

图4-73 设置虚线描边

图4-74 显示描边选项

5 【描边】面板显示箭头选项后，分别设置箭头起点和箭头终点的样式，如图4-75所示。

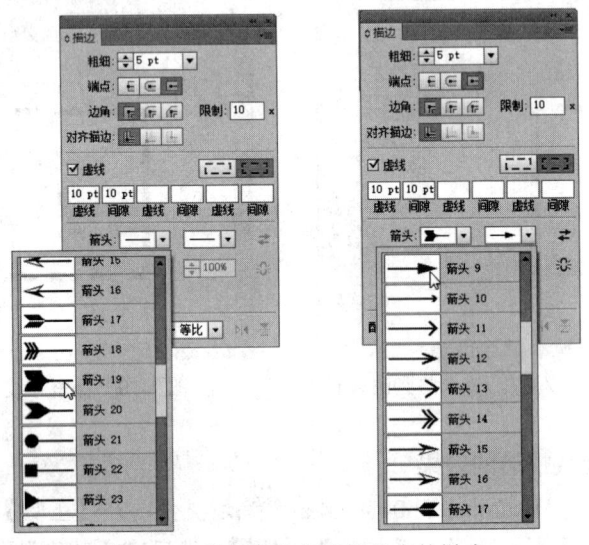

图4-75 设置箭头起点和终点的样式

6 在【描边】面板中分别设置箭头起点的缩放比例和箭头终点的缩放比例，调整箭头的效果，如图4-76所示。

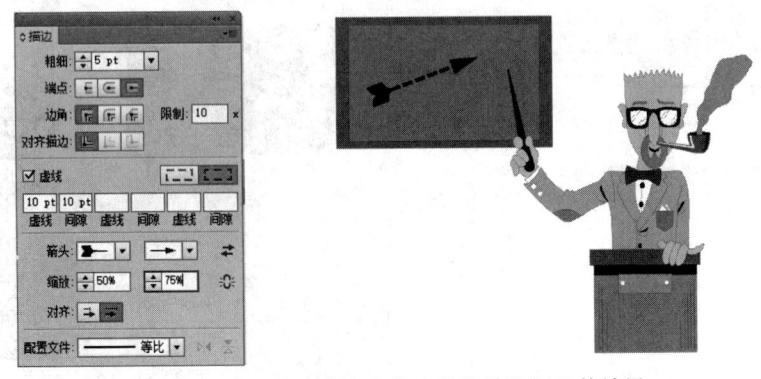

图4-76 设置箭头起点和终点的缩放比例及其结果

4.6 应用实时上色组

通过将图稿转换为实时上色组，可以任意对它们进行着色，就像对画布或纸上的绘画进行着色一样。对于实时上色组，可以使用不同颜色为每个路径段描边，并使用不同的颜色、图案或渐变填充每个路径（并不仅仅是封闭路径）。

4.6.1 关于实时上色

"实时上色"是一种创建彩色图画的直观方法。通过采用这种方法，可以使用 Illustrator 的所有矢量绘画工具，而将绘制的全部路径视为在同一平面上。也就是说，没有任何路径位于其他路径之后或之前。实际上，路径将绘画平面分割成几个区域，可以对其中的任何区域进行着色，而不论该区域的边界是由单条路径还是多条路径段确定的。这样一来，为对象上色就有如在涂色簿上填色，或是用水彩为铅笔素描上色。

一旦建立了"实时上色"组，每条路径都会保持完全可编辑。移动或调整路径形状时，前期已应用的颜色不会像在自然介质作品或图像编辑程序中那样保持在原处，相反，Illustrator 自动将其重新应用于由编辑后的路径所形成的新区域，如图 4-77 所示。

图 4-77 调整"实时上色"的对比

"实时上色"组中可以上色的部分称为边缘和表面。边缘是一条路径与其他路径交叉后，处于交点之间的路径部分。表面是一条边缘或多条边缘所围成的区域。可以为边缘描边、为表面填色。

例如，画一个圆，再画一条线穿过该圆。作为"实时上色"组，分割圆的线条（边缘）在圆上创建了两个表面。可以使用"实时上色"工具，用不同颜色为每个表面填色和为每条边缘描边，如图 4-78 所示。

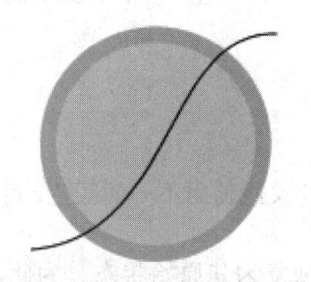

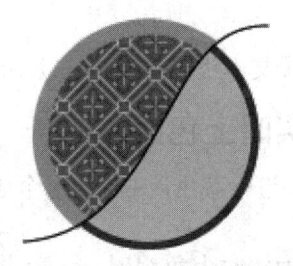

图 4-78 圆和线条与转换为"实时上色"组并进行填色和描边的效果对比

填色和上色属性附属于"实时上色"组的表面和边缘，而不属于定义这些表面和边缘的实际路径，在其他 Illustrator 对象中也是这样。因此，某些功能和命令对"实时上色"组中的路径或者作用方式有所不同，或者是不适用。

（1）适用于整个实时上色组（而不是单个表面和边缘）的功能和命令：

① 透明度。

② 效果。

③【外观】面板中的多种填充和描边。

④【对象】|【封套扭曲】命令。

⑤【对象】|【隐藏】命令。

⑥【对象】|【栅格化】命令。

⑦【对象】|【切片】|【建立】命令。

⑧ 建立不透明蒙版。

⑨ 画笔（如果使用【外观】面板将新描边添加到实时上色组中，则可以将画笔应用于整个组）。

（2）不适用于实时上色组的功能：

① 渐变网格。

② 图表。

③【符号】面板中的符号。

④ 光晕。

⑤【描边】面板中的【对齐描边】选项。

⑥ 魔棒工具。

（3）不适用于实时上色组的命令：

①【轮廓化描边】命令。

②【扩展】命令。

③【混合】命令。

④【切片】命令。

⑤【剪切蒙版】|【建立】命令。

⑥【创建渐变网格】命令。

⑦【路径查找器】命令。

⑧【文件】|【置入】命令。

⑨【视图】|【参考线】|【建立】命令。

⑩【选择】|【相同】|【混合模式、填充和描边、不透明度、样式、符号实例或链接块】系列命令。

⑪【对象】|【文本绕排】|【建立】命令。

4.6.2 创建实时上色组

如果要对对象进行着色，并且为每个边缘或交叉线使用不同的颜色，可以将图稿转换为实时上色组。

将图稿转换为实时上色组时，无法将图稿恢复为其原始状态。为此，可以将组扩展为其各个组件，或者释放组以返回其原始路径，这些路径没有进行填充且具有 0.5 磅宽的黑色描边。

> 某些对象类型，如文字、位图图像和画笔，是无法直接建立到"实时上色"组中的。此时可以先把这些对象转换为路径。例如，如果要转换使用了画笔或效果的对象，则其复杂的视觉外观会在转换为"实时上色"时丢失。不过，可以通过将对象首先转换为常规路径而使诸多外观存储下来，然后再将生成的路径转换为"实时上色"。

1．创建实时上色组

选择一条或多条路径或是复合路径，或者既选择路径又选择复合路径。然后执行下列操作之一即可：

（1）选择【对象】|【实时上色】|【建立】命令，如图 4-79 所示。
（2）选择【实时上色工具】，然后单击选定的对象。

2．将对象转换为实时上色组

对于不能直接转换为"实时上色"组的对象，可以执行下列操作之一：

（1）对于文字对象，可以选择【文字】|【创建轮廓】命令，然后将生成的路径变为实时上色组。
（2）对于位图图像，可以选择【对象】|【实时上色】|【建立并转换为实时上色】命令。
（3）对于其他对象，可以选择【对象】|【扩展】命令，然后将生成的路径变为实时上色组。

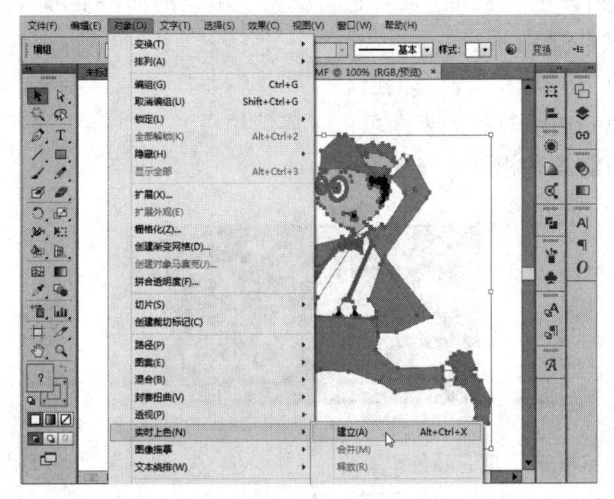

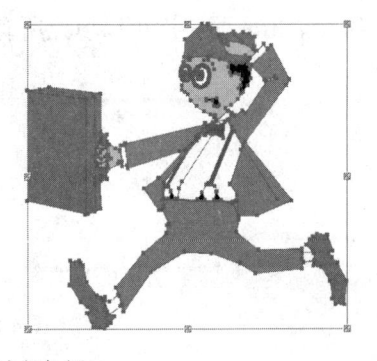

图 4-79　将路径对象并创建为实时上色组

4.6.3　使用实时上色工具

通过使用【实时上色工具】，可以使用当前填充和描边属性为实时上色组的表面和边缘上色。当工具指针显示为一种或三种颜色方块，它们表示选定填充或描边颜色；如果使用色板库中的颜色，则还表示库中所选颜色的两种相邻颜色。

动手操作　使用实时上色工具上色

1 在【工具】面板中，选择【实时上色工具】，如图 4-80 所示。
2 指定所需的填充颜色或描边颜色和大小，如图 4-81 所示。

133

> 如果从【色板】面板中选择一种颜色，指针将变为显示三种颜色。选定颜色位于中间，两个相邻颜色位于两侧。要使用相邻的颜色，可以单击向左或向右方向箭头键。

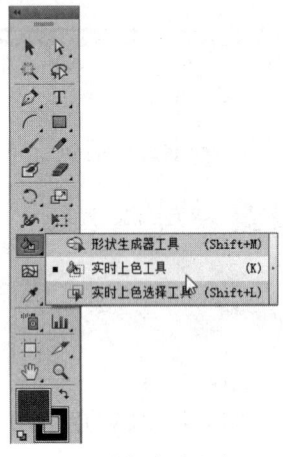

图 4-80　选择实时上色工具　　　　　图 4-81　设置填充和描边

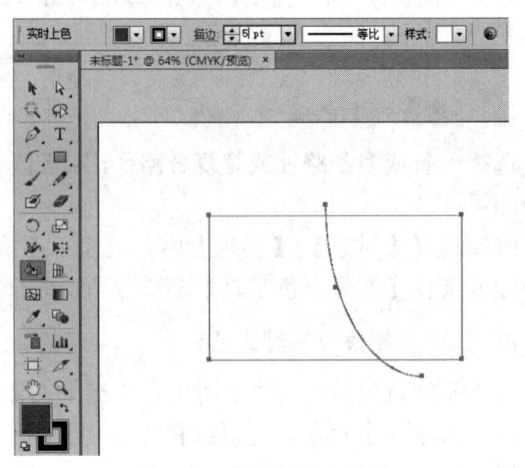

3 要对表面进行上色，可以执行以下操作之一：

（1）单击表面以对其进行填充，当指针位于表面上时，它将变为半填充的油漆桶形状，并且突出显示填充内侧周围的线条，如图 4-82 所示。

（2）拖动鼠标跨过多个表面，以便一次为多个表面上色。

（3）双击一个表面，以跨越未描边的边缘对邻近表面填色（连续填色）。

（4）单击表面三次可以填充所有当前具有相同填充的表面。

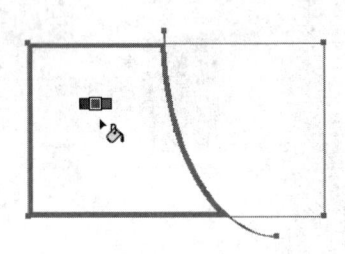

图 4-82　单击表面填充颜色和图案

4 要对边缘进行上色，可以双击实时上色工具，在打开的【实时上色工具选项】中选择【描边上色】复选框，或者按 Shift 键，暂时切换到【描边上色】选项，如图 4-83 所示。

5 执行以下操作之一：

（1）单击一个边缘，可以对其进行描边（当指针位于某个边缘上时，它将变为画笔形状并突出显示该边缘）。

（2）拖动鼠标跨过多条边缘，可一次为多条边缘进行描边，如图 4-84 所示。

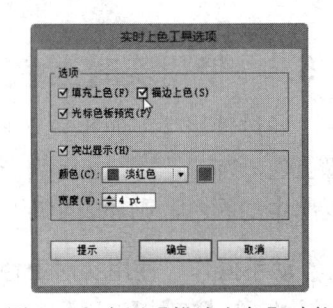

图 4-83　启用【描边上色】功能

(3)双击一条边缘,可对所有与其相连的边缘进行描边(连续描边)。
(4)单击三次一条边缘,可对所有边缘应用相同的描边。

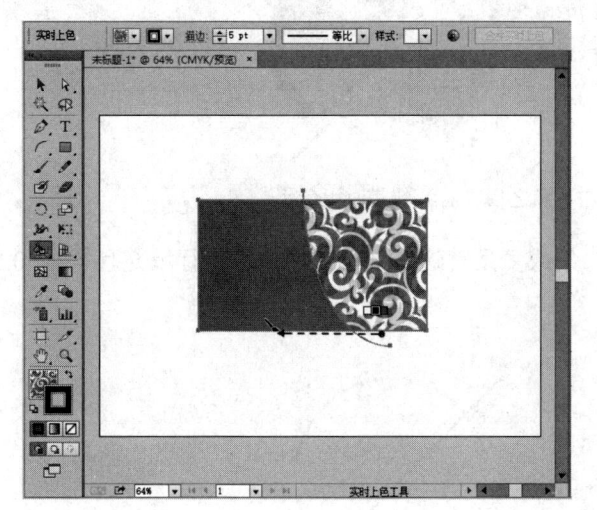

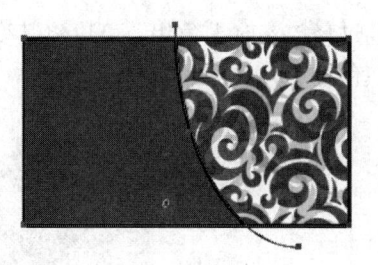

图 4-84　为多条边缘进行描边

> 通过按住 Shift 键,可以快速在仅描边上色和仅填充上色之间进行切换。如果当前同时选择了【填充上色】选项和【描边上色】选项,按 Shift 键时将仅切换到【填充上色】。

【实时上色工具选项】对话框用于指定实时上色工具的工作方式,即选择只对填充进行上色、只对描边进行上色还是同时对二者进行上色,以及当工具移动到表面和边缘上时如何对其进行突出显示。

【实时上色工具选项】对话框的选项说明如下:
- 填充上色:对"实时上色"组的各表面上色。
- 描边上色:对"实时上色"组的各边缘上色。
- 光标色板预览:从【色板】面板中选择颜色时显示。【实时上色工具】指针显示为三种颜色色板,即选定填充或描边颜色以及【色板】面板中紧靠该颜色左侧和右侧的颜色。
- 突出显示:勾画出光标当前所在表面或边缘的轮廓。用粗线突出显示表面,细线突出显示边缘。
  - ➢ 颜色:设置突出显示线的颜色。可以从菜单中选择颜色,也可以单击上色色板以指定自定颜色。
  - ➢ 宽度:指定突出显示轮廓线的粗细。

4.6.4　扩展或释放实时上色组

通过扩展实时上色组,可以将其变为与实时上色组视觉上相似,事实上却是由单独的填充和描边路径所组成的对象,如图 4-85 所示。可以使用编组选择工具分别选择和修改这些路径。

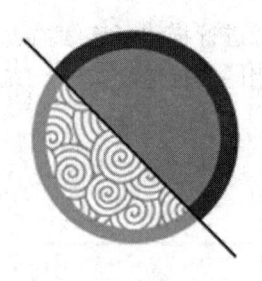

图 4-85　扩展之前（左）和之后（右）的实时上色组

通过释放实时上色组，可以将其变为一条或多条普通路径，它们没有进行填充且具有 0.5 宽的黑色描边，如图 4-86 所示。

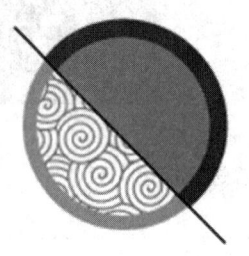

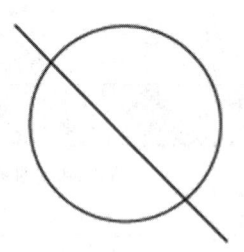

图 4-86　释放之前（左）和之后（右）的实时上色组

扩展或释放实时上色组的方法为：

选择"实时上色"组，然后执行下列操作之一：

（1）选择【对象】|【实时上色】|【扩展】命令。
（2）选择【对象】|【实时上色】|【释放】命令，如图 4-87 所示。

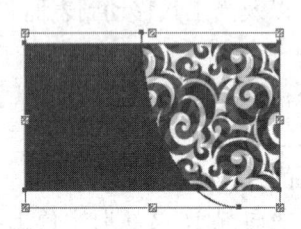

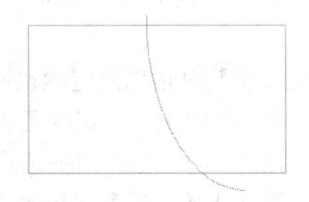

图 4-87　释放实时上色组

4.7　应用其他填充效果

为了丰富图稿的视觉效果，Illustrator 提供了多种功能，可以执行不同方式的填充，以制作出多种多样的填充效果。

4.7.1　应用与编辑渐变

创建渐变填色可以在一个或多个对象间创建颜色平滑过渡。可以将渐变存储为色板，从而便于将渐变应用于多个对象。

1．渐变面板和渐变工具

在 Illustrator 中，可以使用【渐变】面板或【渐变工具】来应用、创建和修改渐变。

(1)【渐变】面板

在【渐变】面板中,【渐变】按钮■显示当前的渐变色和渐变类型。单击【渐变】按钮■时,选定的对象中将填入此渐变。紧靠【渐变】按钮■右侧的是【渐变】菜单,此菜单列出了可供选择的所有默认渐变和预存渐变,如图4-88所示。

默认情况下,【渐变】面板包含开始和结束颜色框,但可以通过单击渐变滑块中的任意位置来添加更多颜色框。双击渐变滑块可打开渐变滑块颜色面板,从而可以从【颜色】面板和【色板】面板中选择一种颜色,如图4-89所示。

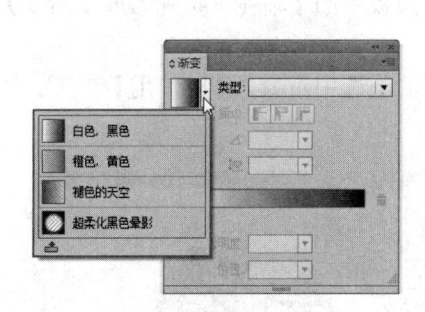

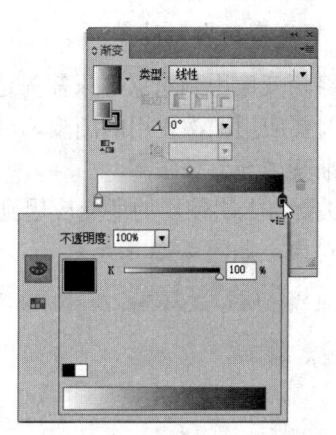

图4-88 【渐变】菜单　　　　　　　图4-89 双击渐变滑块选择颜色

(2)渐变工具

使用【渐变工具】■可以添加或编辑渐变。

在未选中的非渐变填充对象中单击【渐变工具】■时,将使用上次使用的渐变来填充对象。

选择渐变填充对象并选择【渐变工具】■时,该对象中将出现一个"渐变批注者"。可以使用这个"渐变批注者"修改线性渐变的角度、位置和范围,或者修改径向渐变的焦点、原点和范围。如果将该工具直接置于"渐变批注者"上,它将变为具有渐变滑块和位置指示器的滑块(与【渐变】面板中的渐变滑块相同),如图4-90所示。

用户可以单击"渐变批注者"添加新渐变滑块,双击各个渐变滑块可指定新的颜色和不透明度设置,或将渐变滑块拖动到新位置,如图4-91所示。

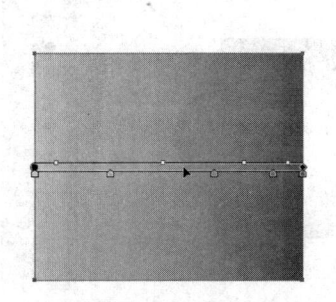

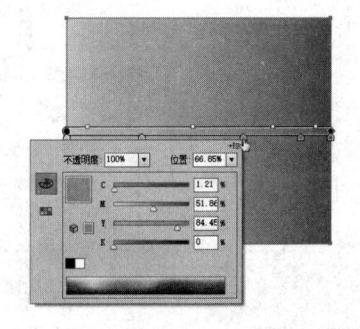

图4-90 显示渐变批注者　　　　　　图4-91 双击渐变滑块打开渐变的颜色选项

将指针置于"渐变批注者"上并出现旋转光标时,可以通过拖动来重新定位渐变的角度,如图4-92所示。拖动渐变滑块的圆形端可重新定位渐变的原点,而拖动箭头端则会增大或减少渐变的范围。

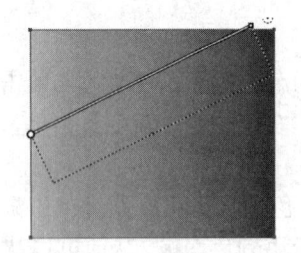

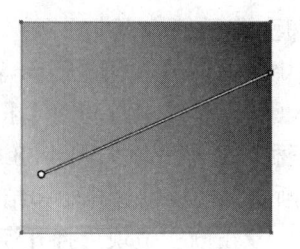

图 4-92 重新定位渐变的角度

2．将渐变应用到对象

要将渐变应用到对象，只需先选择一个对象，然后执行下列操作之一即可：

（1）要应用上次使用的渐变，可以单击【工具】面板中的【渐变】按钮■或【渐变】面板中的【渐变填充】按钮■。

（2）要将上次使用的渐变应用到当前不包含渐变的未选中对象，可以使用【渐变工具】■单击该对象，如图 4-93 所示。

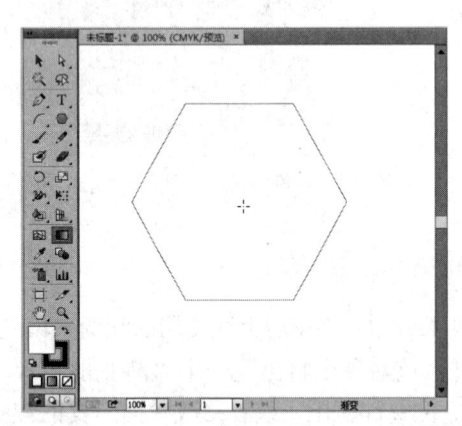

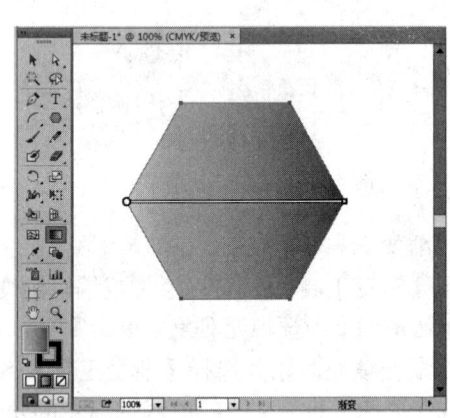

图 4-93 使用【渐变工具】单击对象

（3）要应用预设或以前存储的渐变，可以从【渐变】面板的【渐变】菜单中选择一种渐变，或者在【色板】面板中单击某个渐变色板，如图 4-94 所示。

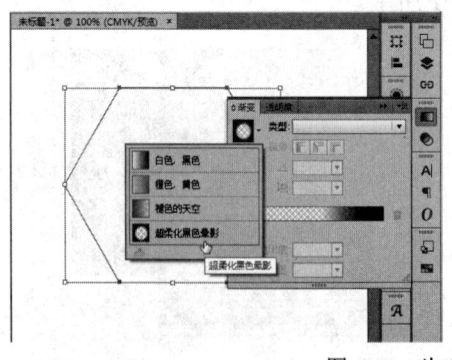

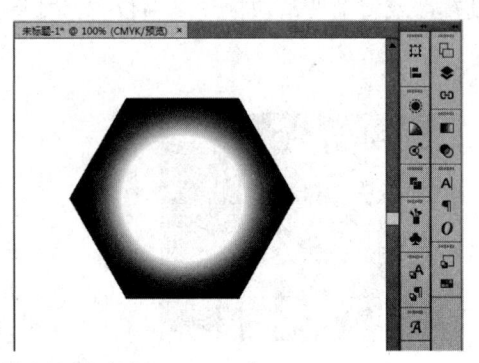

图 4-94 为对象应用预设渐变

动手操作　修改渐变的颜色

1 打开光盘中的"..\Example\Ch04\4.7.1.ai"练习文件，执行下列操作之一：

（1）要修改渐变而不使用该渐变填充对象，可以取消选择所有对象并双击【渐变工具】■，或单击【工具】面板底部的【渐变】按钮。

（2）要修改对象的渐变，可以选择该对象，然后打开【渐变】面板。

（3）要修改预设渐变，可以从【渐变】面板的【渐变】菜单中选择一种渐变。或者单击【色板】面板中的渐变色板，然后打开【渐变】面板。

2 要改变滑块的颜色，可以执行下列任一操作：

（1）双击渐变滑块（在【渐变】面板或选定的对象中），在出现的面板中指定一种新颜色，如图 4-95 所示。可通过单击左侧的【颜色】图标或【色板】图标来更改显示的面板。

（2）将【颜色】面板或【色板】面板的一种颜色拖到渐变滑块上，如图 4-96 所示。

> 问：为什么不能创建专色之间的渐变？
> 答：如果创建专色之间的渐变，必须取消选择【分色设置】对话框中的【转换为印刷色】选项，以便用个别专色分色来印刷渐变。

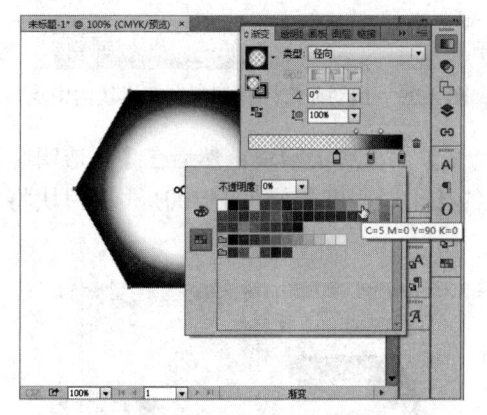

图 4-95　修改渐变滑块的颜色 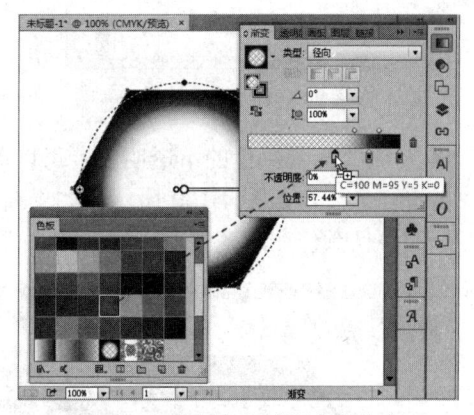　　　　图 4-96　将颜色拖到渐变滑块上

3 要在渐变中添加中间色，可以将颜色从【色板】面板或【颜色】面板拖到【渐变】面板中的渐变滑块上。或者单击渐变滑块下方的任意位置，然后选择一种颜色作为所需的开始或结束颜色，如图 4-97 所示。

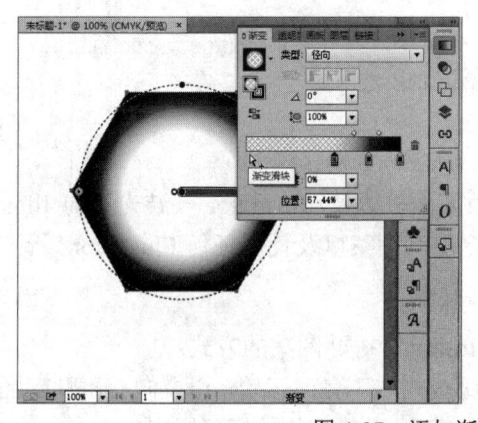

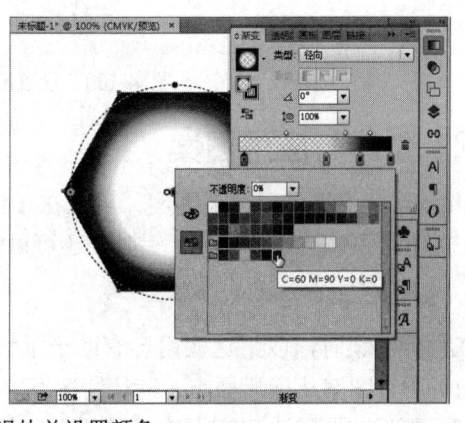

图 4-97　添加渐变滑块并设置颜色

139

4 要删除一种中间色，可以将方块拖离渐变滑块，或者选择滑块，然后单击【渐变】面板中的【删除】按钮，如图4-98所示。

5 要调整颜色在渐变中的位置，可以执行下列任一操作：

（1）要调整渐变滑块的中点（使两种滑块各占50%的点），可以拖动位于滑块上方的菱形图标，如图4-99所示。或者选择图标并在【位置】框中输入介于0～100之间的值。

（2）要调整渐变滑块的终点，可以拖动渐变滑块下方最左边或最右边的渐变滑块。

（3）要反转渐变中的颜色，可以单击【渐变】面板中的【反向渐变】按钮。

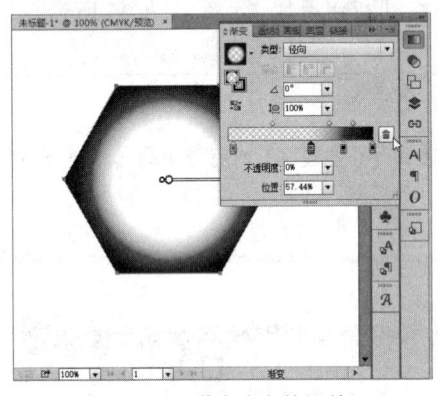

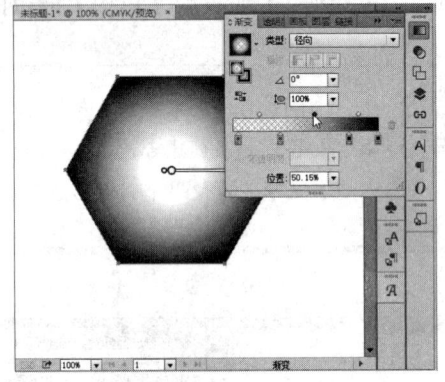

图 4-98　删除选定的滑块　　　　图 4-99　拖动菱形图标调整渐变滑块的中点

6 要更改渐变颜色的不透明度，可以单击【渐变】面板中的滑块，然后在【不透明度】框中指定一个值，如图4-100所示。如果渐变滑块的【不透明度】值小于100%，则滑块将显示一个，并且颜色在渐变滑块中显示为小方格。

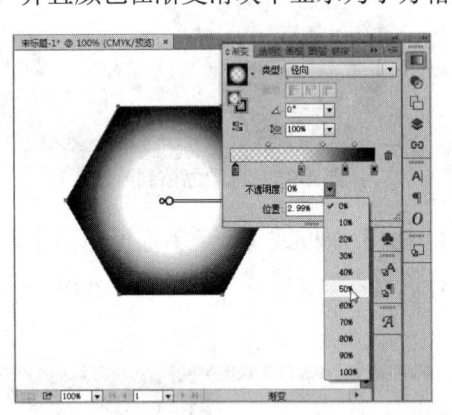

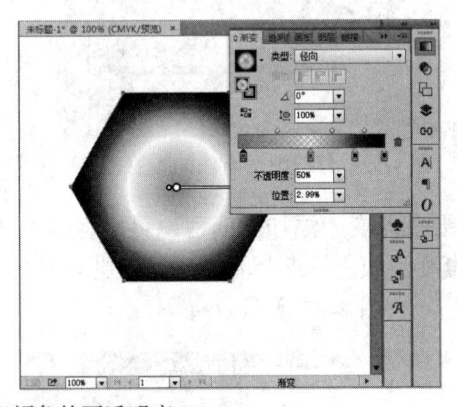

图 4-100　设置渐变颜色的不透明度

4.7.2　创建与应用图案

Illustrator 中提供了很多图案，可以在【色板】面板以及 Illustrator 安装光盘的 Illustrator Extras 文件夹中访问这些图案。另外，还可以自定现有图案以及使用任何 Illustrator 设计图案。

1．拼贴图案的方式

在设计图案时，以下这些内容有助于了解 Illustrator 拼贴图案的方式：

（1）所有图案从标尺原点（默认情况下，在画板的左下角）开始，由左向右拼贴到图稿的另一侧。要调整图稿中所有图案开始拼贴的位置，可以更改文件的标尺原点。

（2）填充图案通常只有一种拼贴。

（3）画笔图案最多可包含 5 个拼贴，分别用于边线、外角、内角以及路径起点和终点。通过使用额外的边角拼贴，可使画笔图案在边角处的排列更加平滑。

（4）填充图案垂直于 x 轴进行拼贴。

（5）画笔图案的拼贴方向垂直于路径（图案拼贴顶部始终朝向外侧）。另外，每次路径改变方向时，边角拼贴都会顺时针旋转 90 度。

（6）填充图案只拼贴图案定界框内的图稿，这是图稿中最后面的一个未填充且无描边（非打印）的矩形。对于填充图案，定界框用作蒙版。

（7）画笔图案拼贴图案定界框内的图稿和定界框本身，或是突出到定界框之外的部分。

2．图案拼贴构建准则

在设计图案时，还需遵循下列构建图案拼贴的准则：

（1）要制作较为简单的图案以便迅速打印，可从图案图稿中删除不必要的细节，然后将使用相同颜色的对象编排成组，使其在堆栈顺序中彼此相邻。

（2）创建图案拼贴时，可放大显示图稿，从而更准确地对齐组成元素，然后再将图稿缩小显示以进行定稿选择。

（3）图案越复杂，用于创建图案的选区就应越小；但选区（与其创建的图案拼贴）越小，创建图案所需的副本数量就越多。因此，1 平方英寸的拼贴比 1/4 平方英寸的拼贴效率更高。如果创建简单图案，可在准备用于图案拼贴的选区中纳入该对象的多个副本。

（4）要创建简单的线条图案，可以绘制几条不同宽度和颜色的描边线条，接着在这些线条后置入一个无填色、无描边的定界框，以创建一个图案拼贴。

（5）要使组织或纹理图案显现不规则的形状，可稍微改变一下拼贴图稿，以生成逼真的效果。

（6）为了确保平滑拼贴，可以在定义图案之前先关闭路径。

（7）放大图稿视图，在定义图案之前检查有无瑕疵。

（8）如果围绕图稿绘制定界框，要确保该框为矩形形状，是拼贴最后方的对象，并且未填色、未描边。若要让 Illustrator 将该定界框用于画笔图案，可以确保此定界框无任何突出部分。

创建画笔图案时，遵循下列附加准则：

（1）尽可能将图稿限制在未上色的定界框内，以便控制图案的拼贴方式。

（2）边角拼贴必须是正方形，且与边线拼贴具有相同的高度，以便能够在路径上正确对齐。如果打算在画笔图案中使用边角拼贴，可以将边角拼贴中的对象水平对齐边线拼贴中的对象，以便图案可以正确拼贴。

（3）为使用边角拼贴的画笔图案创建特殊的边角效果。

3．创建与应用图案色板

动手操作　创建与应用图案色板

1 为图案创建图稿（可以在文档中绘制图稿，或从外部置入矢量图或位图）。

2 要控制图案元素间距或剪切掉部分图案，可以在要用作图案的图稿周围绘制一个图案定界框（未填充的矩形），然后选择【对象】|【排列】|【置为底层】命令，使该矩形成为最后面的对象，接着将其填色和描边设置为【无】（本操作为可选操作）。

3 使用【选择工具】选择组成图案拼贴的图稿和定界框（如果有的话），然后执行下列操作之一：

（1）选择【对象】|【图案】|【建立】命令，在【图案选项】面板中输入一个名称，然后单击【确定】按钮。该图案将显示在【色板】面板中，如图4-101所示。

（2）将图稿拖到【色板】面板上。

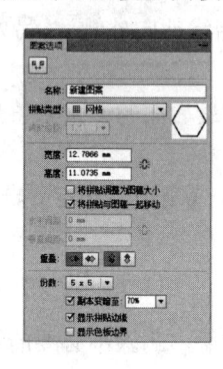

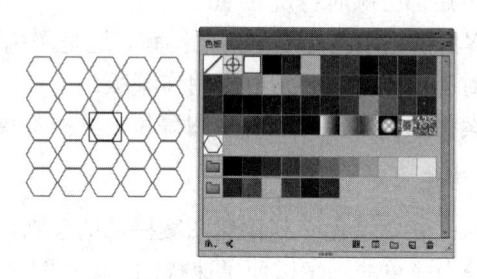

图 4-101　创建图案色板

4 当完成图案编辑后，在文档窗口顶部单击【完成】按钮，如图 4-102 所示。
5 创建图案色板后，选择要填充图案的对象，再选择图案色板即可。

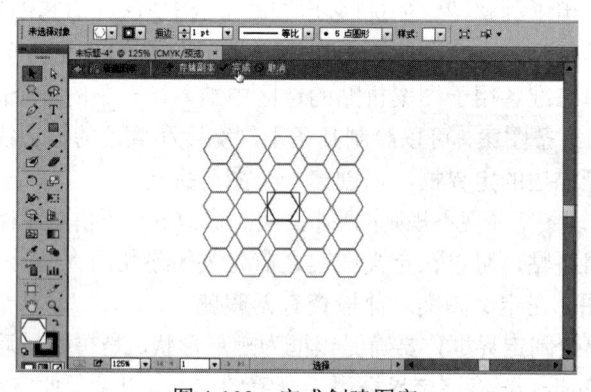

图 4-102　完成创建图案

4．【图案选项】说明

【图案选项】中的选项说明如下：
- 拼贴类型：选择如何布置拼贴的布局，如图 4-103 所示。
    - 网格：每个拼贴的中心与相邻拼贴的中心均为水平和垂直对齐。
    - 砖形（按行）：拼贴呈矩形，按行排列。各行中的拼贴的中心为水平对齐，各替代列中的拼贴的中心为垂直对齐。
    - 砖形（按列）：拼贴呈矩形，按列排列。各列中的拼贴的中心为垂直对齐，各替代行中的拼贴的中心为水平对齐。
    - 十六进制（按列）：拼贴为六角形，按列排列。各列中的拼贴的中心为垂直对齐，各替代列中的拼贴的中心为水平对齐。
    - 十六进制（按行）：拼贴呈六角形，按行排列。各行中的拼贴的中心为水平对齐，各替代行中的拼贴的中心为垂直对齐。
- 【砖形位移】项：包括砖形（按行）和砖形（按列）。

- 砖形（按行）：确定相邻行中的拼贴的中心在垂直对齐时错开多少拼贴宽度。
- 砖形（按列）：确定相邻列中的拼贴的中心在水平对齐时错开多少拼贴高度。
- 高度/宽度：指定拼贴的整体高度和宽度。可以选择小于或大于图稿高度和宽度的不同的值。大于图稿大小的值会使拼贴变得比图稿更大，并会在各拼贴之间插入空白；小于图稿大小的值会使相邻拼贴中的图稿进行重叠。
- 将拼贴调整为图稿大小：选择此选项可将拼贴的大小收缩到当前创建图案所用图稿的大小。
- 将拼贴与图稿一起移动：选择此选项可确保在移动图稿时拼贴也会一并移动。
- 水平间距/垂直间距：在相邻的拼贴之间留出空白。
- 重叠：当相邻拼贴重叠时，确定哪个拼贴显示在前面。
- 份数：确定在修改图案时，有多少行和列的拼贴可见。
- 副本变暗至：确定在修改图案时，预览的图稿拼贴副本的不透明度。
- 显示拼贴边缘：在拼贴周围显示一个框。
- 显示色板边界：显示在创建图案时重复的图案部分。

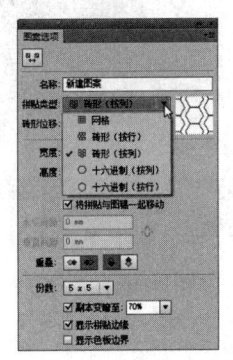

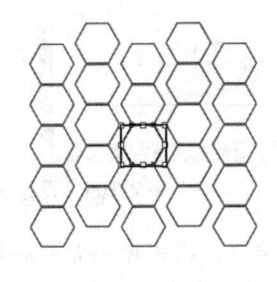

图 4-103　设置拼贴类型

4.7.3　利用网格对象填充

1．关于网格对象

网格对象是一种多色对象，其上的颜色可以沿不同方向顺畅分布且从一点平滑过渡到另一点。创建网格对象时，将会有多条线（称为网格线）交叉穿过对象，这为处理对象上的颜色过渡提供了一种简便方法。通过移动和编辑网格线上的点，可以更改颜色的变化强度，或者更改对象上的着色区域范围。

在两个网格线相交处有一种特殊的锚点，称为网格点。网格点以菱形显示，且具有锚点的所有属性，只是增加了接受颜色的功能。用户可以添加和删除网格点、编辑网格点，或更改与每个网格点相关联的颜色。

另外，网格中也同样会出现锚点（区别在于其形状为正方形而非菱形），这些锚点与 Illustrator 中的任何锚点一样，可以添加、删除、编辑和移动。锚点可以放在任何网格线上，可以单击一个锚点，然后拖动其方向控制手柄，来修改该锚点。

任意 4 个网格点之间的区域称为网格面片，可以用更改网格点颜色的方法来更改网格面片的颜色。如图 4-104 所示。

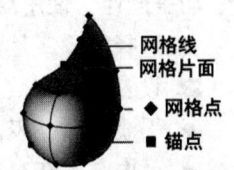

图 4-104　网格对象的示意图

2．创建网格对象

在 Illustrator 可以基于矢量对象（复合路径和文本对象除外）来创建网格对象，但无法通过链接的图像来创建网格对象。

若要提高性能，加快绘制速度，可以将网格对象大小保持为最小。复杂的网格对象会使系统性能大大降低。因此，最好创建若干小而简单的网格对象，而不要创建单个复杂的网格对象。

动手操作　使用不规则的网格点图案创建网格对象

1 选择【网格工具】，然后为网格点选择填充颜色。

2 在对象上单击要将第一个网格点放置到的位置，该对象将被转换为一个具有最低网格线数的网格对象，如图 4-105 所示。

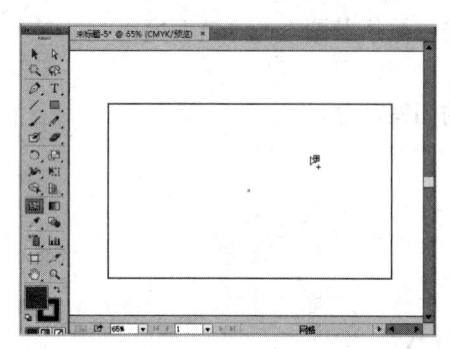

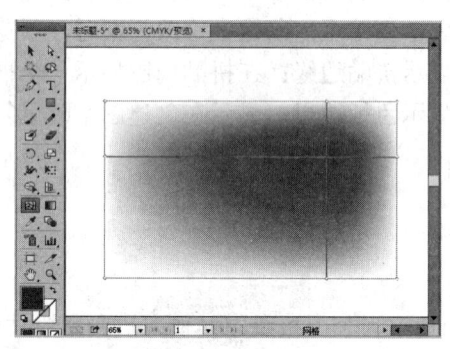

图 4-105　设置网格点填充颜色

3 单击添加其他网格点，再根据需要更改填充颜色，如图 4-106 所示。按住 Shift 键并单击可添加网格点而不改变当前的填充颜色。

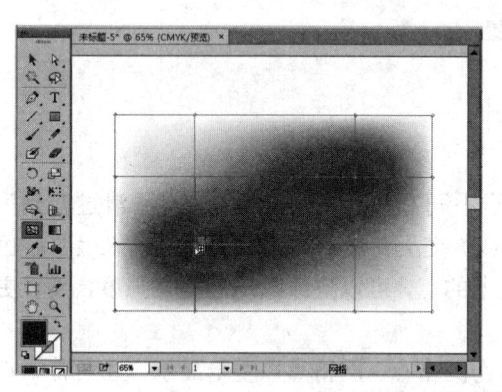

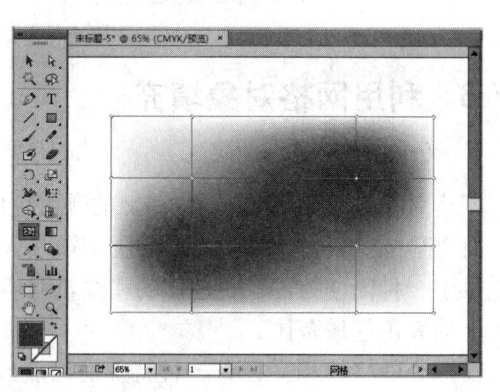

图 4-106　添加其他网格点并更改颜色

动手操作　使用规则的网格点图案创建网格对象

1 选择对象，然后选择【对象】|【创建渐变网格】命令。

2 设置行和列数，然后从【外观】菜单中选择高光的方向。
- 平淡色：在表面上均匀应用对象的原始颜色，从而导致没有高光。
- 至中心：在对象中心创建高光。
- 至边缘：在对象边缘创建高光。

3 输入白色高光的百分比并应用于网格对象，如图 4-107 所示。100%的值可将最大白色高光应用于对象；0%的值不会在对象中应用任何白色高光。

4 创建网格对象后，选择网格点并设置颜色即可，如图 4-108 所示。

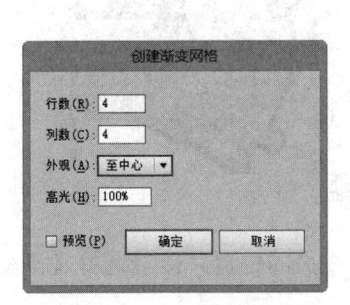

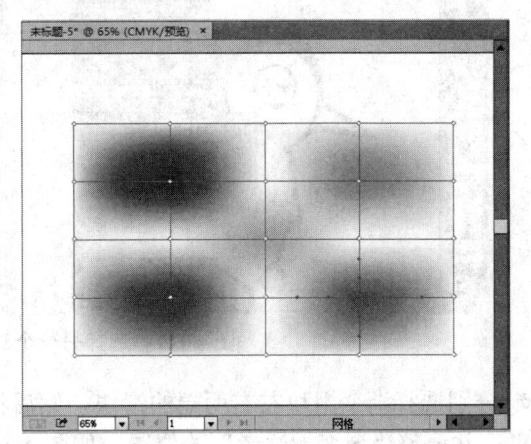

图 4-107　创建渐变网格　　　　　　　　　图 4-108　设置网格点的颜色

4.8　技能训练

下面通过 4 个上机练习实例，巩固所学技能。

4.8.1　上机练习 1：用颜色美化卡通图

本例将先通过【工具】面板为卡通企鹅背图形应用渐变填充，然后通过【渐变】面板设置渐变颜色，接着为企鹅身图形应用和编辑渐变，最后通过【控制】面板的色板为企鹅嘴巴图形应用填色。

操作步骤

1 打开光盘中的 "..\Example\Ch04\4.8.1.ai" 练习文件，选择卡通企鹅背图形对象，然后在【工具】面板中单击【渐变】按钮，为对象应用渐变颜色，如图 4-109 所示。

2 打开【渐变】面板，再分别设置渐变左右两个滑块的颜色为【蓝色】和【白色】，如图 4-110 所示。

图 4-109　为对象应用渐变　　　　　　　　　图 4-110　更改渐变的颜色

3 选择卡通图中企鹅身图形对象，再通过【渐变】面板更改渐变左右两个滑块的颜色为【白色】，然后在渐变滑块中添加三个滑块，再分别设置各个滑块的颜色，如图 4-111 所示。

图 4-111　选择另一个对象并应用渐变

4 分别选择渐变滑块左右两端的滑块，然后将滑块拖到中央的位置，接着选择【渐变工具】，并调整"渐变批注者"的位置，如图 4-112 所示。

图 4-112　编辑渐变颜色并调整位置

5 选择卡通企鹅的嘴巴图形对象，然后在【控制】面板中打开填充色板，再选择一种颜色即可，如图 4-113 所示。

图 4-113　为嘴巴对象设置单色

4.8.2　上机练习 2：用图案美化卡通图

本例先利用【画笔库】中的【边框】图案，为卡通蜗牛的边框应用图案，然后利用【色板库】中的【装饰】库，分别为蜗牛身体和外壳对象应用图案填充，最后将全部对象进行编组。

操作步骤

1 打开光盘中的"..\Example\Ch04\4.8.2.ai"练习文件，选择卡通图的边框对象，然后选择【窗口】|【画笔库】|【边框】|【边框_新奇】命令，打开【边框_新奇】面板，接着选择【手】图案，如图 4-114 所示。

图 4-114　为对象应用边框图案

2 打开【色板】面板，然后单击【色板库菜单】按钮，选择【图案】|【装饰】|【装饰旧版】命令，打开【装饰旧版】面板，接着选择蜗牛身体图形对象，单击【光滑波形颜色】图案，如图 4-115 所示。

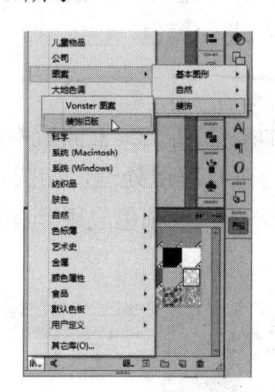

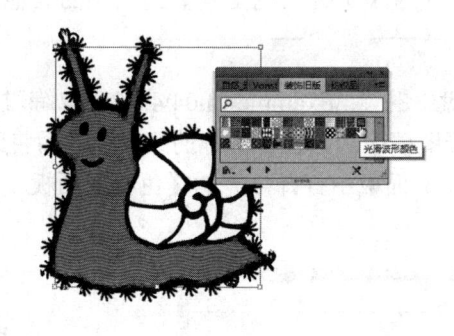

图 4-115　为蜗牛身体对象应用图案

3 在【色板】面板中单击【色板库菜单】按钮，选择【图案】|【装饰】|【Vonster 图案】命令，打开【Vonster 图案】面板，接着选择蜗牛外壳所有对象，单击【运动休闲西装】图案，如图 4-116 所示。

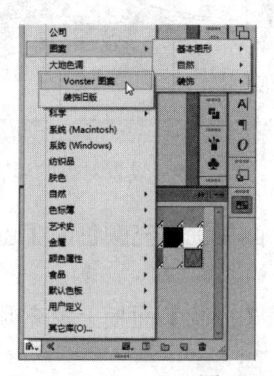

图 4-116　为蜗牛外壳对象应用图案

147

4 选择画板中所有的对象，再单击右键并选择【编组】命令，将所有对象编组，如图 4-117 所示。

图 4-117 编组所有对象

4.8.3 上机练习 3：为线条画的图稿填色

本例先选择图稿下方围栏路径并进行编组，再通过【色板】填充纯色，然后分别选择两个山丘路径和公鸡脚部的路径并分别填充不同的颜色，接着设置实时上色工具选项并建立实时上色组，最后使用【实时上色工具】为图稿的其他部分进行填色。

操作步骤

1 打开光盘中的"..\Example\Ch04\4.8.3.ai"练习文件，在【工具】面板中选择【选择工具】，再选择图稿中的围栏各部分的路径，然后将路径进行编组处理，如图 4-118 所示。

2 在【控制】面板中打开填充的【色板】面板，再选择一种颜色应用到编组对象上，如图 4-119 所示。

图 4-118 选择路径并进行编组 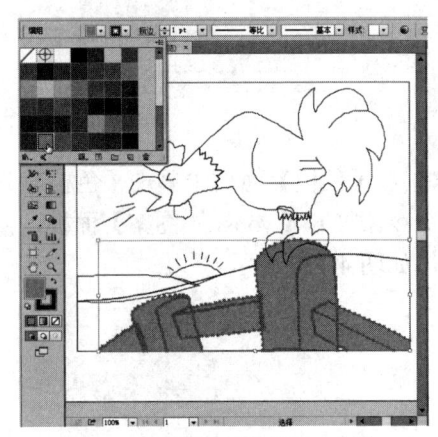　　　　　图 4-119 设置对象的填充颜色

3 选择图稿下方的山丘闭合路径，再通过【控制】面板上填充颜色的【色板】面板选择一种填充颜色，如图 4-120 所示。

4 选择图稿左侧的另一个山丘闭合路径，然后通过【控制】面板上填充颜色的【色板】面板选择一种填充颜色，如图 4-121 所示。

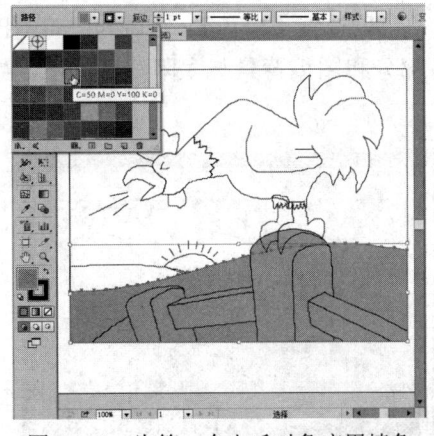

图 4-120 为第一个山丘对象应用填色 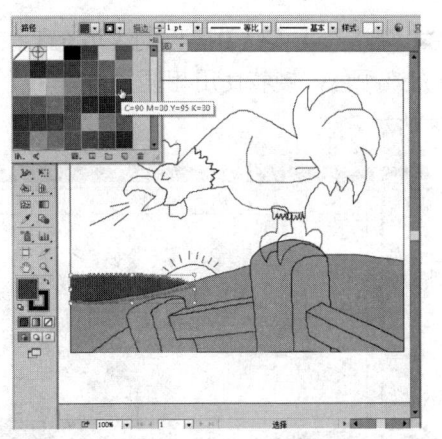　　　　图 4-121 为第二个山丘对象应用填色

5 选择公鸡双脚的路径对象，再通过【控制】面板上填充颜色的【色板】面板选择一种填充颜色，如图 4-122 所示。

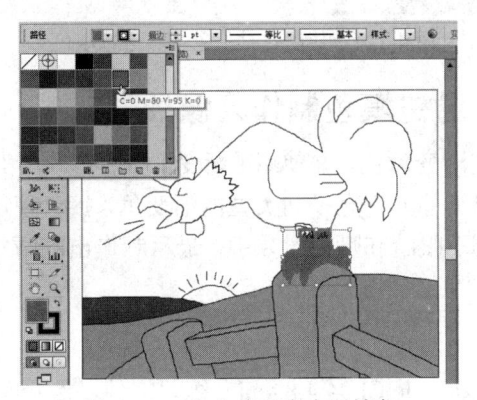

图 4-122 为公鸡双脚应用填色

6 在【工具】面板上选择【实时上色工具】，双击【实时上色工具】按钮，打开【实时上色工具选项】对话框后，取消选择【描边上色】复选框，接着单击【确定】按钮，选择所有对象，再选择【对象】|【实时上色】|【建立】命令，如图 4-123 所示。

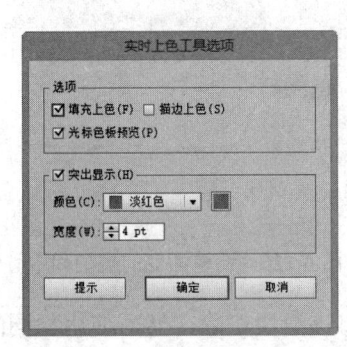

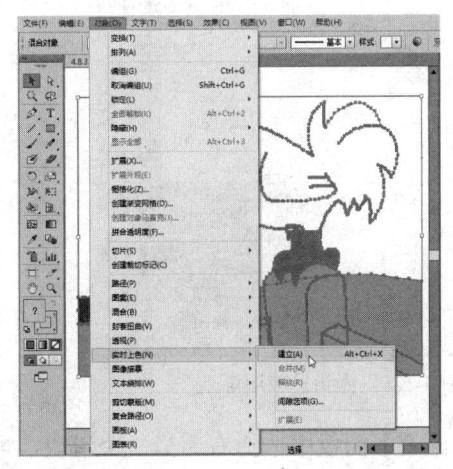

图 4-123 设置实时上色工具选项并建立实时上色组

149

7 双击在【工具】面板的【填充】按钮，再通过拾色器选择【橙色】，然后为公鸡嘴巴部分填充该颜色，接着使用相同的方法，分别为公鸡各部分和图稿背景与太阳填充颜色，如图4-124所示。

图 4-124　使用实时上色工具进行填色

4.8.4　上机练习 4：通过填色制作人像插画

本例先为头发部分填充渐变颜色，并使用【渐变】面板修改渐变颜色效果，然后分别为脸部和耳朵填充纯色，再为腮红部分填充径向类型的渐变色，接着使用【吸管工具】对头发颜色进行采样并分别应用到眼眉、眼睛和嘴巴对象中，最后制作出眼睛的亮光效果并设置【无】描边效果。

操作步骤

1 打开光盘中的"..\Example\Ch04\4.8.4.ai"练习文件，选择头发路径对象，再打开【色板】面板并选择【橙色，黄色】渐变，如图 4-125 所示。

2 打开【渐变】面板并设置类型为【径向】，然后选择【渐变工具】■，再单击头发对象，接着按住"渐变批注者"左端并向左上方移动，调整渐变中心的位置，如图 4-126 所示。

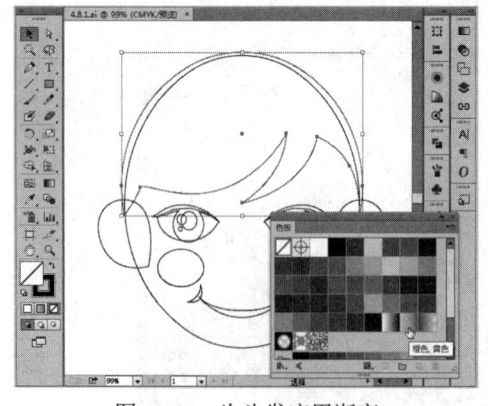

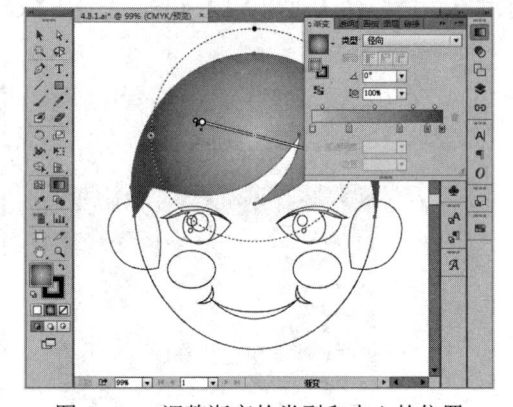

图 4-125　为头发应用渐变　　　　　　　　图 4-126　调整渐变的类型和中心的位置

3 在【渐变】面板中选择右侧第二个滑块，再将该滑块删除，然后使用相同的方法删除中间的滑块（只保留两端的滑块），如图 4-127 所示。

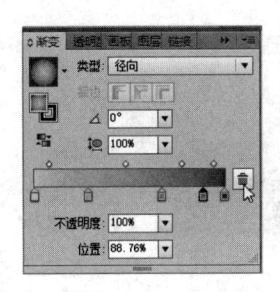

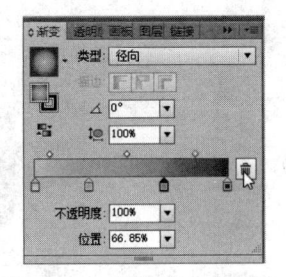

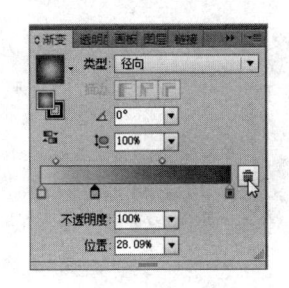

图 4-127 删除多余的滑块

4 双击左端的滑块,在【色板】面板中选择一种颜色,然后双击右端的滑块并切换到【颜色】面板,修改颜色的参数,如图 4-128 所示。

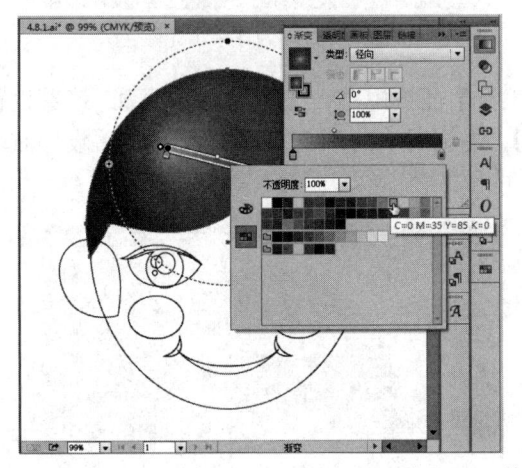

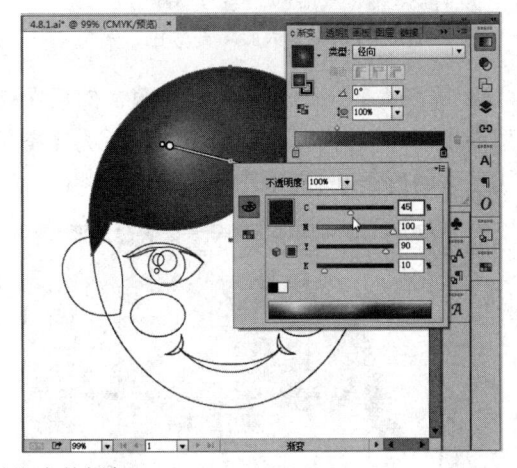

图 4-128 修改渐变的颜色

5 按住渐变滑块上方的菱形图标并向右移动,调整渐变滑块的中点,如图 4-129 所示。

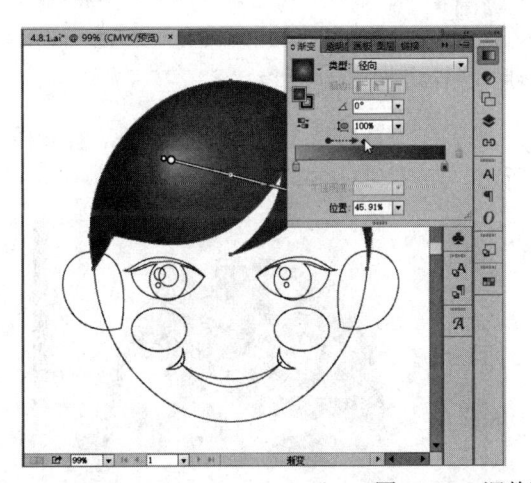

图 4-129 调整渐变滑块的中点

6 选择人脸路径对象,然后双击【工具】面板的【填色】按钮,再通过【拾色器】对话框选择一种颜色,如图 4-130 所示。

7 同时选择耳朵路径对象,然后通过【拾色器】对话框选择一种颜色,如图 4-131 所示。

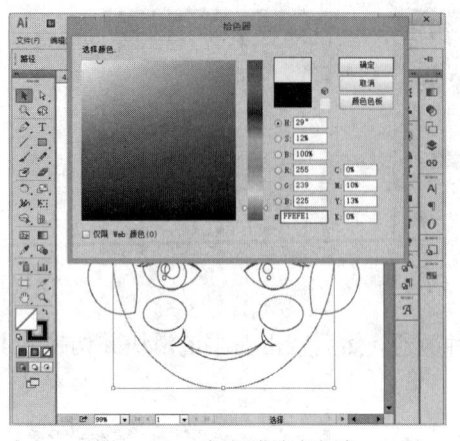

图 4-130 为人脸填充颜色　　　　　　　图 4-131 为耳朵填充颜色

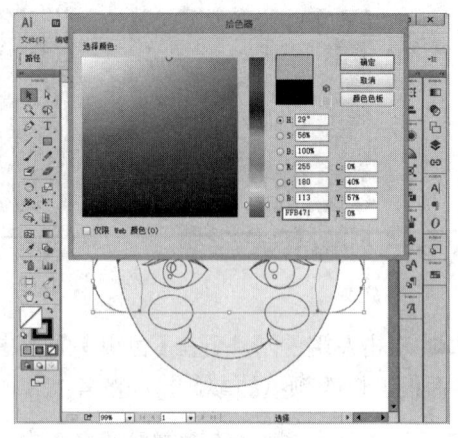

8 选择人脸上的腮红路径对象，然后在【工具】面板中单击【渐变】按钮，接着设置类型为【径向】，再设置左端滑块颜色为【橙色】、右端滑块的颜色为【红色】，最后设置右端滑块不透明度为 0%，如图 4-132 所示。

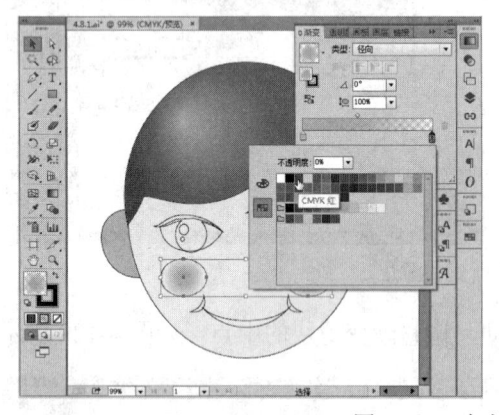

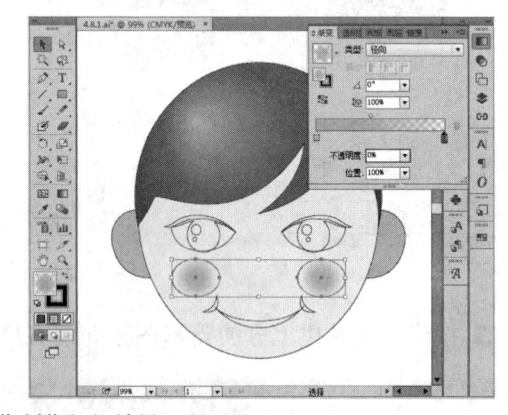

图 4-132 为人像制作腮红效果

9 在【工具】面板中选择【吸管工具】，然后在头发对象上单击进行采样，接着按住 Alt 键并在眼眉对象单击应用填色，如图 4-133 所示。

图 4-133 使用吸管工具采样并应用填色

10 使用步骤 9 的方法，为另一个眼睛和嘴巴对象应用采样到的渐变颜色，如图 4-134 所示。

11 按住 Shift 键选择眼睛上的小圆形队形，然后打开【颜色】面板，并设置颜色为【白色】，制作眼睛亮点的效果，如图 4-135 所示。

图 4-134　使用吸管工具为其他对象应用填色 　　　　图 4-135　制作眼睛的亮点效果

12 选择所有对象，然后在【控制】面板中打开描边的【色板】面板，再选择【无】颜色，取消对象的描边，如图 4-136 所示。

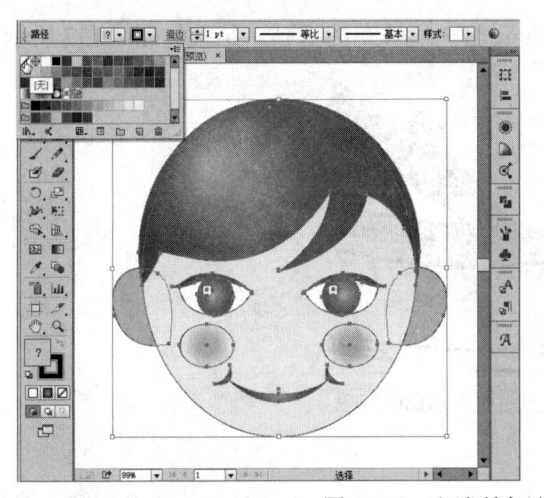

图 4-136　取消所有对象的描边

4.9　评测习题

一、填充题

（1）_____颜色模型基于纸张上打印的油墨的光吸收特性。当白色光线照射到半透明的油墨上时，将吸收一部分光谱，没有吸收的颜色反射回眼睛。

（2）使用_____可以对图稿中颜色进行采样，以指定新的填充色和描边色。

（3）_____是指对象中的颜色、图案或渐变，它可以应用于开放和封闭的对象，以及

153

"实时上色"组的表面。

(4)　　　　　　是对象、路径或实时上色组边缘的可视轮廓。

二、选择题

(1) 在 Illustrator 中，可以使用哪个为相同对象创建多种填充和描边？　　　　(　　)
　　A.【色板】面板　　B.【外观】面板　　C.【颜色】面板　　D.【渐变】面板

(2) 实时上色组中可以上色的部分称为什么？　　　　　　　　　　　　　　(　　)
　　A. 网格和表面　　B. 边框和实体　　C. 边缘和表面　　D. 表面和内部

(3) 通过按住哪个键，在使用【实时上色工具】时可以快速在仅描边上色和仅填充上色之间进行切换？　　　　　　　　　　　　　　　　　　　　　　　　　　　　(　　)
　　A. Shift　　　　B. Ctrl　　　　C. Tab　　　　D. Alt

(4) 网格对象没有以下哪个组件？　　　　　　　　　　　　　　　　　　(　　)
　　A. 网格点　　　B. 锚点　　　C. 网格间隙点　　D. 网格线

三、判断题

(1) 网格对象是一种多色对象，其上的颜色可以沿不同方向顺畅分布且从一点平滑过渡到另一点。　　　　　　　　　　　　　　　　　　　　　　　　　　　　　(　　)

(2) 在 Illustrator 中，任何对象都可以创建成实时上色组。　　　　　　　(　　)

四、操作题

为练习文件中的对象进行填色处理，制作出一幅美观的插画，结果如图 4-137 所示。

图 4-137　为对象填色的结果

操作提示

(1) 打开光盘中的 "..\Example\Ch04\4.9.ai" 练习文件，选择对象并单击右键，然后选择【取消编组】命令。

(2) 选择船杖对象并填充为【红色】。

(3) 选择船头和船身顶面的对象，并设置填色为【褐色】。

(4) 选择船身侧面围边对象并填充为【橙色】。

(5) 选择船身侧面对象，再应用渐变填充，旋转"渐变批注者"为垂直方向，然后缩小高度。

第 5 章　改变与构建对象的形状

学习目标

在 Illustrator 中绘图后，常常需要对常规的图形对象进行编辑，改变形状以符合设计要求。Illustrator 在这方面提供了强大的功能，可以任意变换、变形对象，或者通过组合和一些工具创建不同的形状，甚至将 2D 对象创建成 3D 对象。本章将详细介绍在 Illustrator 中改变和构建对象形状的各种方法和技巧。

学习重点

- ☑ 缩放、倾斜与扭曲对象
- ☑ 使用液化工具和封套变形对象
- ☑ 使用多种方法组合对象创建形状
- ☑ 使用形状生成器工具和混合工具
- ☑ 将 2D 对象创建成 3D 对象
- ☑ 为 3D 对象应用渲染和贴图

5.1　变换对象

变换包括对对象进行移动、旋转、镜像、缩放和倾斜等操作。在 Illustrator 中，可以使用【变换】面板、【变换】命令以及专用工具来变换对象，还可通过拖动选区的定界框来完成多种变换类型。

5.1.1　认识【变换】面板

【变换】面板可以显示一个或多个选定对象的位置、大小和方向的信息。通过键入新值，可以修改选定对象和其图案填充。另外，通过【变换】面板还可以更改变换参考点，以及锁定对象比例。除 X 和 Y 值以外，【变换】面板中的所有值都是指对象的定界框，而 X 和 Y 值指的是选定的参考点。

> 仅当通过更改【变换】面板中的值来变换对象时，该面板中的参考点定位器才会指定该对象的参考点。其他变换方法（如使用【缩放工具】）使用对象的中心点或指针位置作为参考点。

打开【变换】面板的方法如下：
方法 1　选择【窗口】|【变换】命令，可以打开【变换】面板，如图 5-1 所示。
方法 2　按 Shift+F8 键打开【变换】面板。
方法 3　选择对象，然后在【控制】面板中单击【X】、【Y】、【宽】、【高】或者【变换】等蓝色文字，即可打开【变换】面板，如图 5-2 所示。

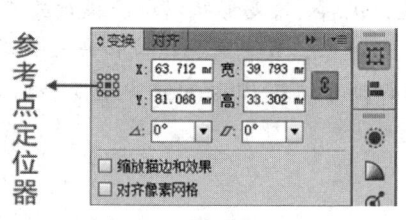

图 5-1　【变换】面板

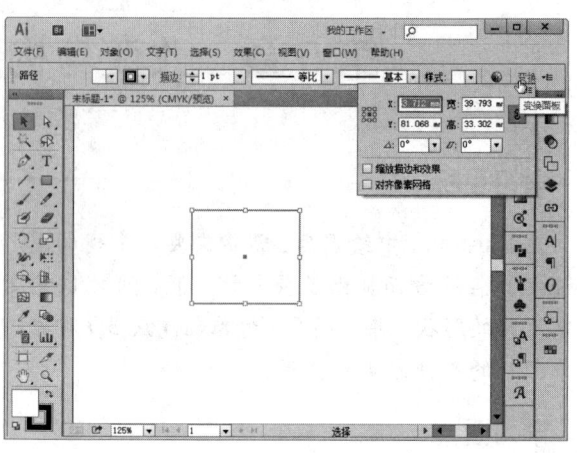

图 5-2　通过【控制】面板打开【变换】面板

5.1.2　变换对象的基础

1．指定变换对象图案

在对已填充图案的对象进行移动、旋转、镜像（翻转）、缩放或倾斜时，可以仅变换对象、仅变换图案，或同时变换对象和图案。一旦变换了对象的填充图案，随后应用于该对象的所有图案都会以相同的方式进行变换。

（1）要指定在使用【变换】面板时如何变换图案，可以从面板菜单中选择以下任意一个选项：【仅变换对象】、【仅变换图案】或【变换两者】命令，如图 5-3 所示。

（2）要指定在使用【变换】命令时应用的图案变换方式，可以在相应的对话框中设置【对象】和【图案】选项，如图 5-4 所示。

（3）要在使用变换工具时只变换图案而不变换对象，可以在拖动鼠标的同时按住波浪字符键（~）。对象的定界框显示为变换的形状，但释放鼠标按钮时，定界框又恢复为原样，只留下变换的图案。

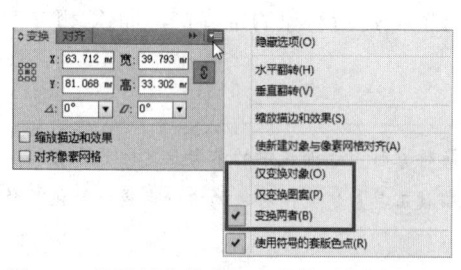

图 5-3　从面板菜单中指定变换对象图案选项

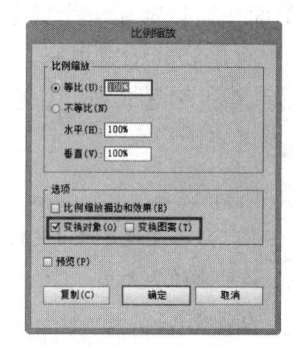

图 5-4　在对话框中指定变换对象图案选项

（4）要防止在使用变换工具时变换图案，可以选择【编辑】|【首选项】|【常规】命令，然后取消选择【变换图案拼贴】复选项，如图 5-5 所示。

（5）要将对象的填充图案恢复为原始状态，可以使用实色填充对象，然后重新选择所需的图案。

2. 使用定界框变换

只要使用【选择工具】选择一个或多个对象，被选对象的周围便会出现一个定界框。通过使用定界框，拖动对象或手柄（沿定界框排列的中空小方框），即可移动、旋转、复制以及缩放对象，如图 5-6 所示。

（1）要隐藏定界框，可选择【视图】|【隐藏定界框】命令。

（2）要显示定界框，可选择【视图】|【显示定界框】命令。

（3）要在旋转定界框后调整方向，可选择【对象】|【变换】|【重置定界框】命令。

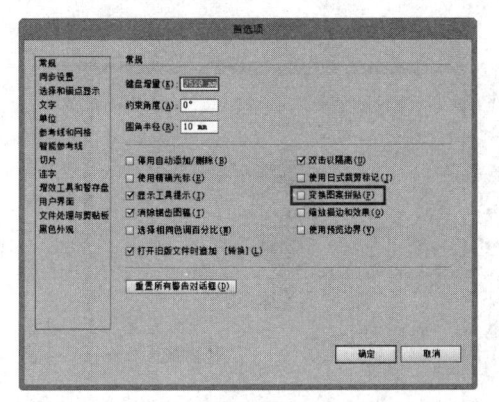

图 5-5　设置防止使用变换工具时变换图案　　　　图 5-6　使用定界框缩放对象

5.1.3 缩放、倾斜与扭曲对象

1. 关于缩放、倾斜与扭曲对象

（1）缩放对象：缩放操作会使对象沿水平方向（沿 X 轴）或垂直方向（沿 Y 轴）放大或缩小。对象相对于参考点缩放，而参考点因所选的缩放方法而不同。可以更改适合于大多数缩放方法的默认参考点，也可以锁定对象的比例。

> 默认情况下，描边和效果不能随对象一起缩放。要缩放描边和效果，可以选择【编辑】|【首选项】|【常规】命令，然后选择【缩放描边和效果】复选框，如图 5-7 所示。

（2）倾斜对象：倾斜操作可沿水平或垂直轴，或相对于特定轴的特定角度，来倾斜或偏移对象。对象相对于参考点倾斜，而参考点又会因所选的倾斜方法而不同，而且大多数倾斜方法中都可以改变参考点。可以在倾斜对象时，锁定对象的一个维度，还可以同时倾斜一个或多个对象。

（3）扭曲对象：可通过使用【自由变换工具】或【液化工具】来扭曲对象。如果要任意进行扭曲，可以使用【自由变换工具】；如果要利用特定的预设扭曲（如旋转扭曲、收缩或皱褶），可以使用【液化工具】。

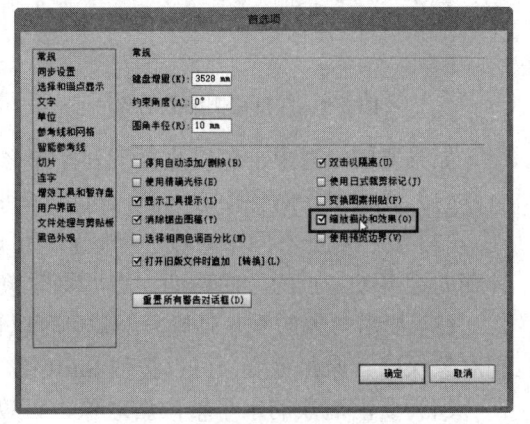

图 5-7　设置缩放描边和效果

2．使用工具缩放或倾斜对象

先选择一个或多个对象。然后选择【比例缩放工具】或【倾斜工具】。如果要缩放对象，可以执行下列任一操作：

（1）要相对于对象中心点缩放，可以在文档窗口中的任一位置拖动鼠标，直至对象达到所需大小为止。

（2）要相对于不同参考点进行缩放，可以单击文档窗口中要作为参考点的位置，将指针朝向远离参考点的方向移动，然后将对象拖移至所需大小，如图 5-8 所示。要更精确地控制缩放，可以在距离参考点较远的位置开始拖动。

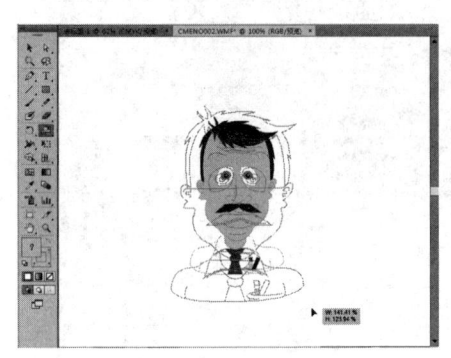

图 5-8　指定参考点并拖动缩放对象

（3）要在对象进行缩放时保持对象的比例，可以在对角拖动时按住 Shift 键，如图 5-9 所示。用 Shift 键使用【比例缩放工具】时，可以以 45 度角横向拖动鼠标，或者以某个角度纵向拖动鼠标。

（4）要沿单一轴缩放对象，可以在垂直或水平拖动时按住 Shift 键，如图 5-10 所示。

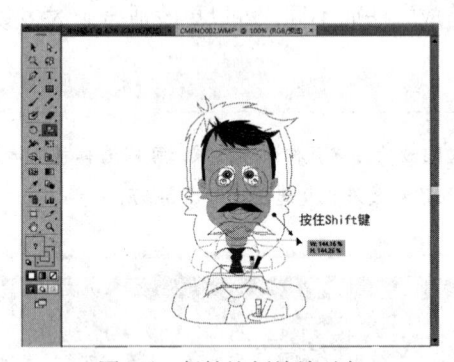

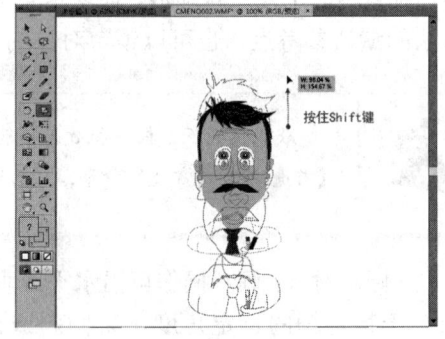

图 5-9　保持比例缩放对象　　　　图 5-10　垂直方向缩放对象

如果要倾斜对象，可以执行下列操作之一：

（1）要相对于对象中心倾斜，可以拖动文档窗口中的任意位置，如图 5-11 所示。

（2）要相对于不同参考点进行倾斜，可以单击文档窗口中的任意位置以移动参考点，将指针朝向远离参考点的方向移动，然后将对象拖移至所需倾斜度。

（3）要沿对象的垂直轴倾斜对象，可以在文档窗口中的任意位置向上或向下拖动。若要限制对象保持其原始宽度，可以按住 Shift 键。

（4）要沿对象的水平轴倾斜对象，可以在文档窗口中的任意位置向左或向右拖动，如图 5-12 所示。若要限制对象保持其原始高度，可以按住 Shift 键。

图 5-11　相对于中心任意倾斜对象 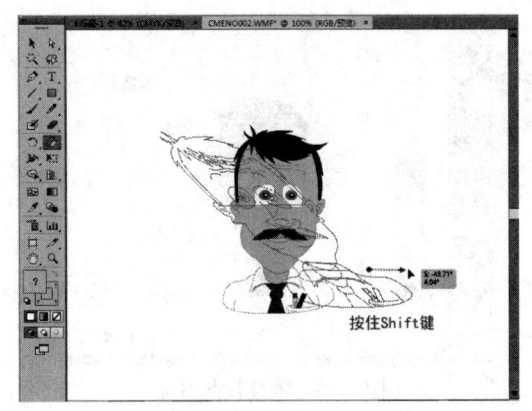　　　　　图 5-12　沿水平轴倾斜对象

3．使用自由变换工具处理对象

选择一个或多个对象，然后选择【自由变换工具】。如果要缩放对象，可以执行下列操作之一：

（1）拖动定界框手柄，直至对象达到所需大小，如图 5-13 所示。在缩放对象时，对象会相对于定界框的反向手柄缩放。

（2）要保持对象的比例，可以在拖移时按住 Shift 键。

（3）要相对于对象中心点进行缩放，可以在拖移时按住 Alt 键。

如果要倾斜对象，可以执行下列操作之一：

（1）要沿对象的垂直轴进行倾斜，可先拖动左中部或右中部的定界框手柄，然后在向上或向下拖移时按住 Ctrl +Alt 键，也可以按住 Shift 键将对象限制为其原始宽度。

（2）要沿对象的水平轴进行倾斜，可先拖动中上部或中下部的定界框手柄，然后在向右或向左拖移时按住 Ctrl + Alt 键，也可以按住 Shift 键将对象限制为其原始高度，如图 5-14 所示。

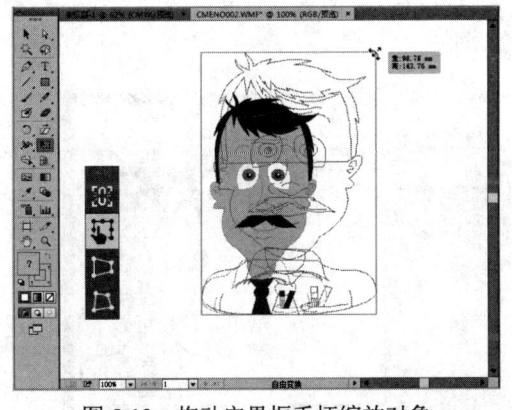

图 5-13　拖动定界框手柄缩放对象 　　　　　图 5-14　拖动定界框手柄倾斜对象

如果要扭曲对象，可以执行下列操作之一：

（1）在【自由变换工具】面板中按下【透视扭曲】按钮，然后拖动定界框手柄，直至所选对象达到所需的扭曲程度，如图 5-15 所示。

（2）在【自由变换工具】面板中按下【自由扭曲】按钮，然后拖动定界框手柄，直至所选对象达到所需的扭曲程度，如图 5-16 所示。

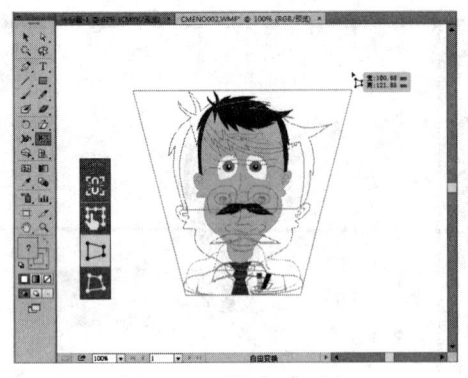

图 5-15　透视扭曲对象　　　　　　　　　　图 5-16　自由扭曲对象

4．按特定百分比缩放对象

选择一个或多个对象，然后执行下列操作之一：

（1）要从中心位置进行缩放，可以选择【对象】|【变换】|【缩放】命令，或者双击【比例缩放工具】。

（2）要相对于不同参考点进行缩放，可以选择【比例缩放工具】，按住 Alt 键并单击文档窗口中要作为参考点的位置。

在【比例缩放】对话框中，可以执行下列操作之一：

（1）要在对象缩放时保持对象比例，可以选择【等比】单选按钮，并在【缩放】文本框中输入百分比，如图 5-17 所示。

（2）要分别缩放高度和宽度，可以选择【不等比】单选按钮，并在【水平】和【垂直】文本对话框中输入百分比。缩放因子相对于参考点，可以为负数，也可以为正数。

如果要随对象一起对描边路径以及任何与大小相关的效果缩放进行缩放，可以选择【缩放描边和效果】复选框。

如果对象包含图案填充，可选择【变换图案】复选框以缩放图案。如果只就图案进行缩放，而不就对象进行缩放，可取消选择【变换对象】复选框。

图 5-17　等比例缩放对象

5.2　变形对象

Illustrator 为对象进行扭曲处理提供了多种液化工具和变形功能，如变形工具、旋转扭曲工具、缩拢工具、膨胀工具、【封套】功能等。

5.2.1 液化工具组

液化工具是一组改变形状工具的统称，它包括了【宽度工具】、【变形工具】、【旋转扭曲工具】、【缩拢工具】、【膨胀工具】、【扇贝工具】、【晶格化工具】、【皱褶工具】。

1．宽度工具

【宽度工具】可以创建可变宽度笔触并将宽度变量保存为可应用到其他笔触的配置文件。当鼠标使用【宽度工具】滑过一个笔触时，带句柄的中空钻石形图案将出现在路径上。通过此工具可以调整笔触宽度、移动宽度点数、复制宽度点数和删除宽度点数。

（1）要使用【宽度点数编辑】对话框创建或修改宽度点数，可以使用【宽度工具】双击该笔触，然后编辑宽度点数的值，如图 5-18 所示。

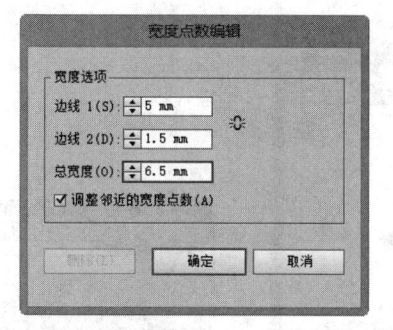

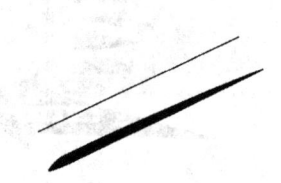

图 5-18　修改宽度点数及其效果对比

（2）要手动调整笔触宽度，可以在笔触对象上单击，然后拖动鼠标增加或缩小笔触宽度，如图 5-19 所示。

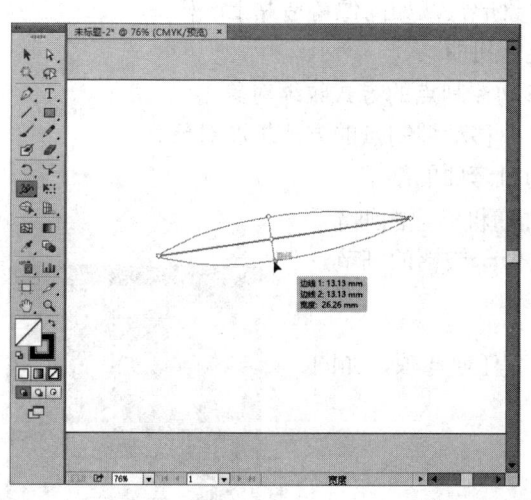

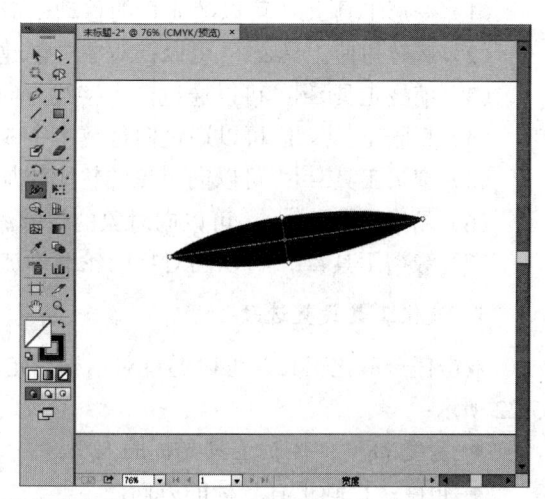

图 5-19　改变笔触的宽度

（3）要创建非连续宽度点，可以使用不同笔触宽度在一个笔触上创建两个宽度点数，然后将一个宽度点数拖动到另一个宽度点数上，为该笔触创建一个非连续宽度点数，如图 5-20 所示。

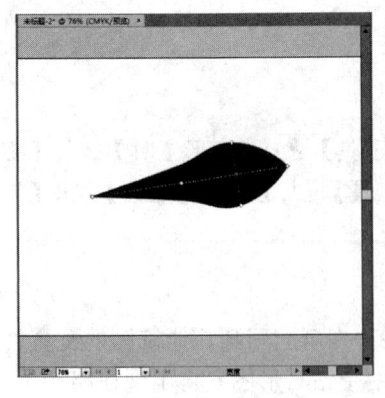

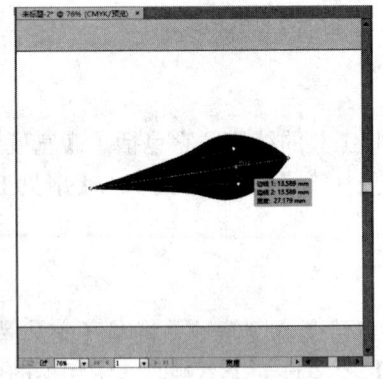

图 5-20　创建非连续宽度点

（4）要保存宽度配置文件，可以定义笔触宽度后，从【笔触】面板或【控制】面板保存带有变量的配置，如图 5-21 所示。

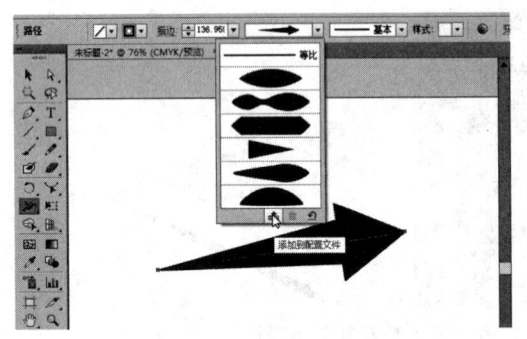

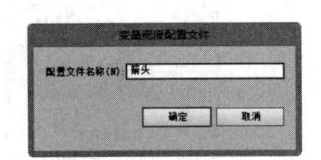

图 5-21　保存宽度配置文件

2．其他液化工具的作用

（1）变形工具：可以随光标的移动塑造对象形状，如同像铸造黏土一样。

（2）旋转扭曲工具：可以在对象中创建旋转扭曲。

（3）缩拢工具：可以通过向十字线方向移动控制点的方式收缩对象。

（4）膨胀工具：可以通过向远离十字线方向移动控制点的方式扩展对象。

（5）扇贝工具：可以向对象的轮廓添加随机弯曲的细节。

（6）晶格化工具：可以向对象的轮廓添加随机锥化的细节。

（7）皱褶工具：可以向对象的轮廓添加类似于皱褶的细节。

3．液化工具设置选项

双击任一液化工具，可以通过对话框指定以下任何选项，如图 5-22 所示：

- 宽度/高度：控制工具光标的大小。
- 角度：控制工具光标的方向。
- 强度：指定扭曲的改变速度。值越高，改变速度越快。
- 使用压感笔：不使用【强度】值，而是使用来自写字板或书写笔的输入值。如果没有附带的压感写字板，此选项将为灰色。

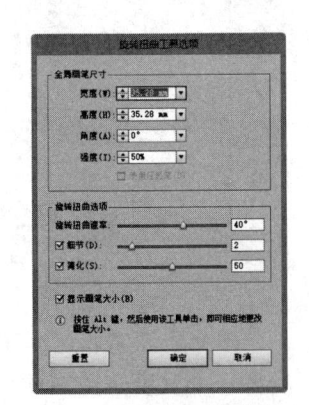

图 5-22　设置工具选项

- 复杂性（扇贝工具、晶格化工具和皱褶工具）：指定对象轮廓上特殊画笔结果之间的间距。该值与【细节】值有密切的关系。
- 细节：指定引入对象轮廓的各点间的间距（值越高，间距越小）。
- 简化（变形工具、旋转扭曲工具、收缩工具和膨胀工具）：指定减少多余点的数量，而不致影响形状的整体外观。
- 旋转扭曲速率（仅适用于旋转扭曲工具）：指定应用于旋转扭曲的速率。可以输入一个介于–180度～180度之间的值。负值会顺时针旋转扭曲对象，而正值则逆时针旋转扭曲对象。输入的值越接近–180度或180度时，对象旋转扭曲的速度越快。若要慢慢旋转扭曲，可以将速率指定为接近于0度的值。
- 水平/垂直（仅适用于皱褶工具）：指定到所放置控制点之间的距离。
- 画笔影响锚点/画笔影响内切线手柄/画笔影响外切线手柄（扇贝工具、晶格化工具、皱褶工具）：启用工具画笔可以更改这些属性。

4．液化工具的操作说明

（1）变形工具：选择工具，然后在对象上按住鼠标拖动进行变形，如图5-23所示。

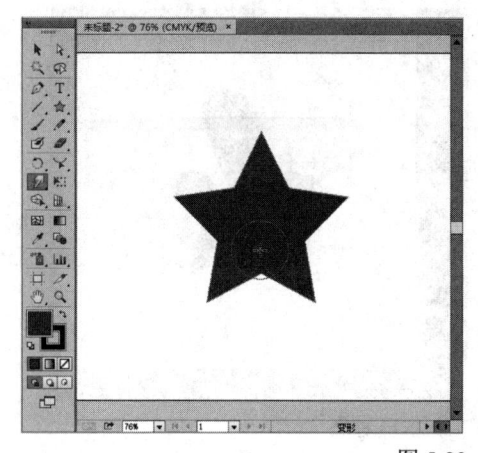

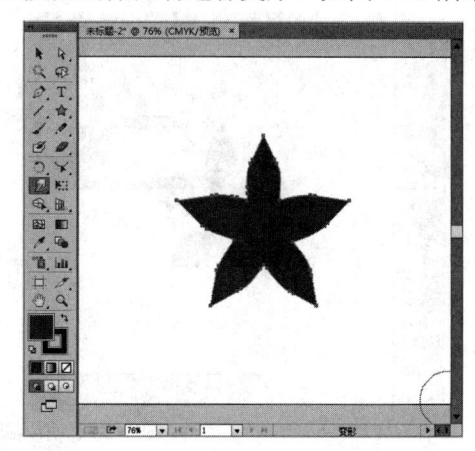

图5-23 变形对象

（2）旋转扭曲工具：选择工具，然后在对象上按住鼠标拖动，或按住对象即可进行旋转扭曲的操作，如图5-24所示。

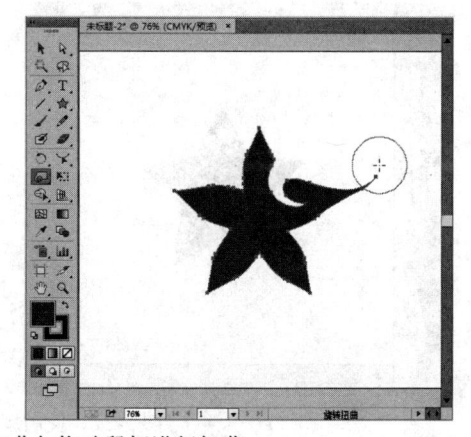

图5-24 按住对象进行扭曲与拖动鼠标进行扭曲

(3)缩拢工具🞂和膨胀工具🞂：选择工具，然后按住对象或者鼠标，即可通过向十字线方向移动控制点的方式收缩对象，或通过向远离十字线方向移动控制点的方式扩展对象，如图 5-25 和图 5-26 所示。

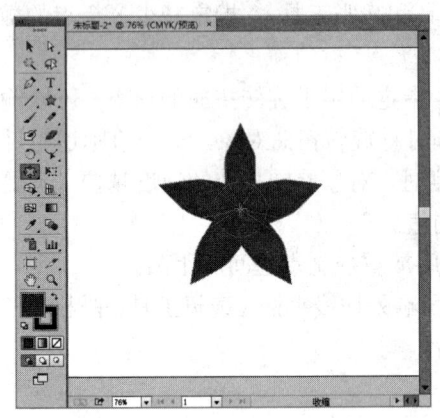

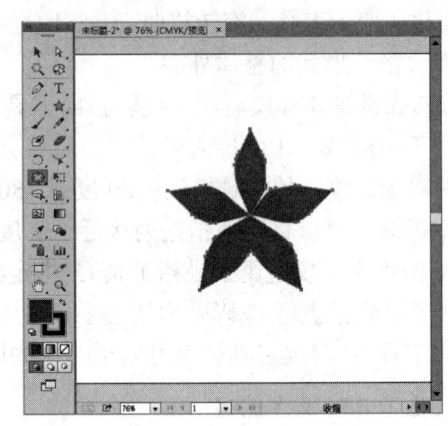

图 5-25　使用缩拢工具收缩对象

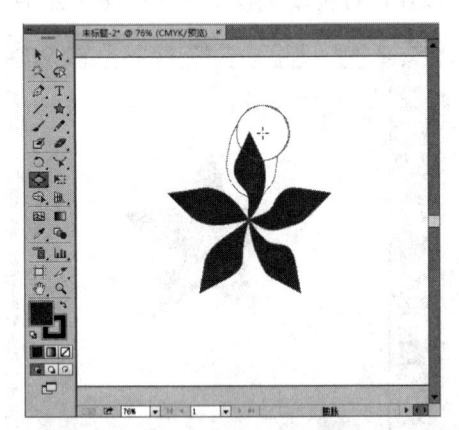

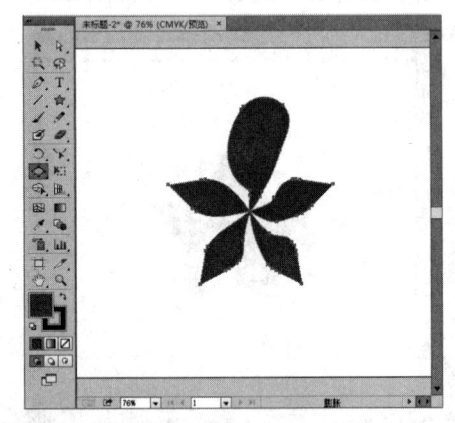

图 5-26　使用膨胀工具扩展对象

(4)扇贝工具🞂和晶格化工具🞂：选择工具，然后在对象上按住鼠标拖动或按住对象，即可向对象的轮廓添加随机弯曲的细节，或者添加随机锥化的细节，如图 5-27 和图 5-28 所示。

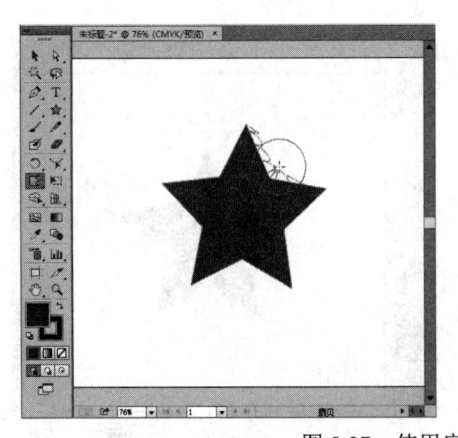

图 5-27　使用扇贝工具变形对象

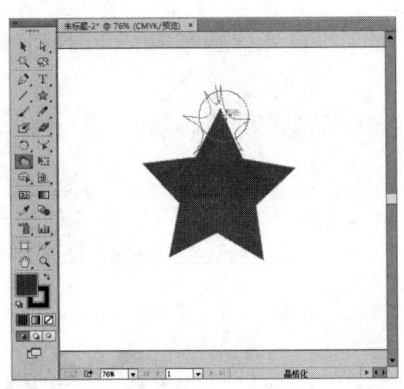

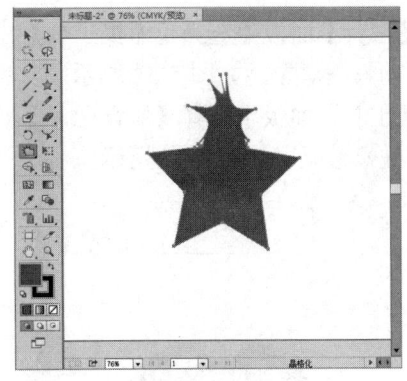

图 5-28 使用晶格化工具变形对象

（5）皱褶工具：选择工具，然后在对象上按住鼠标拖动或按住对象，即可向对象的轮廓添加类似于皱褶的细节，如图 5-29 所示。

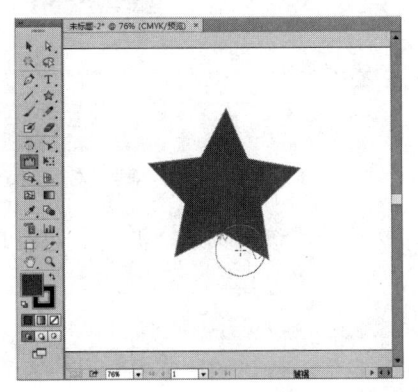

图 5-29 使用皱褶工具变形对象

动手操作　制作 T 恤的创意图案

1 打开光盘中的"..\Example\Ch05\5.2.1.ai"练习文件，在【工具】面板中选择【椭圆工具】，再设置填充颜色为【黄色】、描边为【无】，然后在 T 恤对象上绘制一个椭圆形对象，如图 5-30 所示。

2 在【工具】面板中选择【旋转扭曲工具】，然后在椭圆形对象顶端的锚点上按住鼠标，进行旋转扭曲处理，旋转扭曲到一定程度后放开鼠标，如图 5-31 所示。

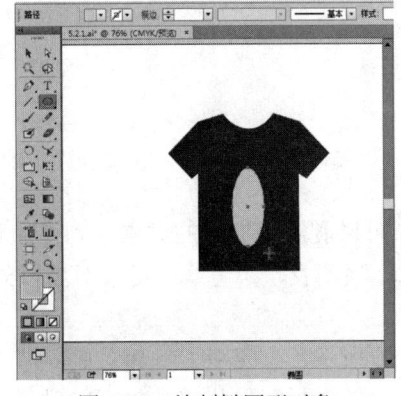

图 5-30 绘制椭圆形对象　　　　　　　图 5-31 对椭圆进行旋转扭曲处理

3 在【工具】面板中选择【缩拢工具】，然后将鼠标移到原来的椭圆形底端，并按住鼠标向上拖动收缩对象，如图 5-32 所示。

4 在【工具】面板中选择【皱褶工具】，然后在被收缩的对象下方轻轻移动，使对象产生较好的皱褶效果，如图 5-33 所示。

图 5-32 使用缩拢工具收缩对象底部 　　　图 5-33 使用皱褶工具制作对象的皱褶效果

5 在【工具】面板中选择【选择工具】，然后使用该工具选择被变形处理的对象，并适当向下移动，调整其位置，如图 5-34 所示。

图 5-34 调整对象的位置

5.2.2 使用封套变形对象

1. 关于封套

封套是指对选定对象进行扭曲和改变形状的对象。可以利用画板上的对象来制作封套，或使用预设的变形形状或网格作为封套，如图 5-35 所示。除图表、参考线或链接对象以外，可以在任何对象上使用封套。

【图层】面板以【封套】形式列出了封套，如图 5-36 所示。在应用了封套之后，仍可继续编辑原始对象，还可以随时编辑、删除或扩展封套。可以编辑封套形状或被封套的对象，但不可以同时编辑这两项。

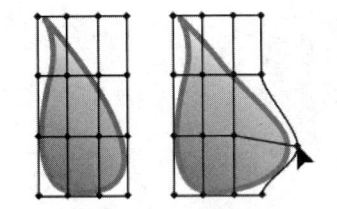

图 5-35 使用网格封套变形对象

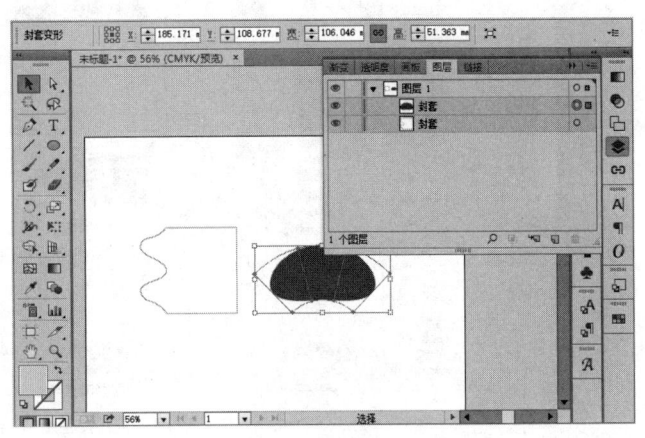

图 5-36 【图层】面板列出应用封套的对象

2．使用封套扭曲对象

选择一个或多个对象，然后使用下列方法之一创建封套：

（1）要使用封套的预设变形形状，可选择【对象】|【封套扭曲】|【用变形建立】命令，然后在【变形选项】对话框中选择一种变形样式并设置选项，如图 5-37 所示。

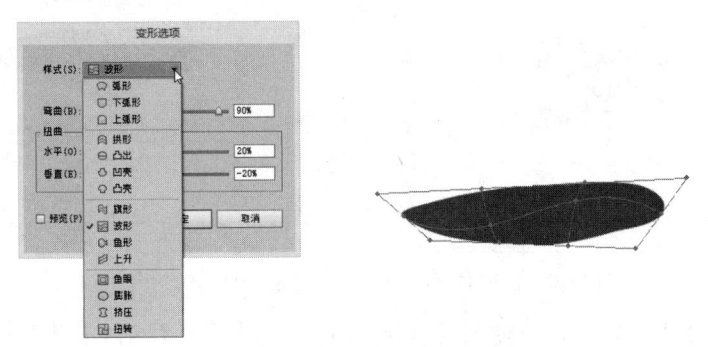

图 5-37 用预设变形建立封套

（2）要设置封套的矩形网格，可选择【对象】|【封套扭曲】|【用网格建立】命令，然后在【封套网格】对话框中，设置行数和列数，如图 5-38 所示。

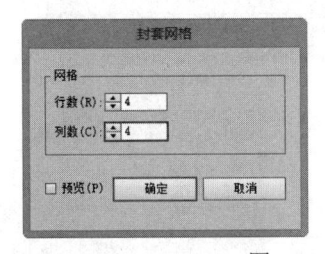

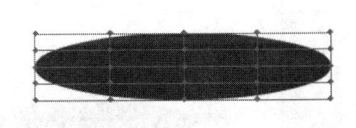

图 5-38 用网格建立封套

（3）要使用一个对象作为封套的形状，需要确保对象的堆栈顺序在所选对象之上。如果不是这样，则使用【图层】面板或【排列】命令将该对象向上移动，然后重新选择所有对象，再选择【对象】|【封套扭曲】|【用顶层对象建立】命令，如图 5-39 所示。

167

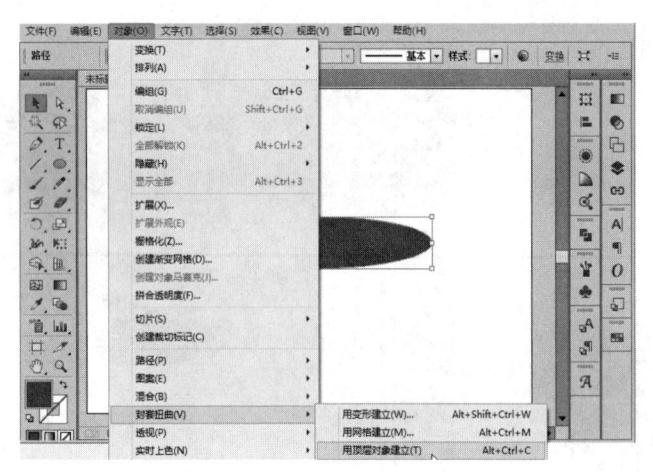

图 5-39 用顶层对象建立封套

执行下列任一操作可以改变封套形状：
（1）使用【直接选择工具】或【网格工具】拖动封套上的任意锚点，如图 5-40 所示。

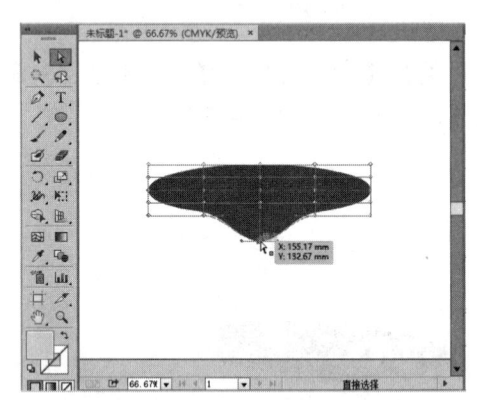

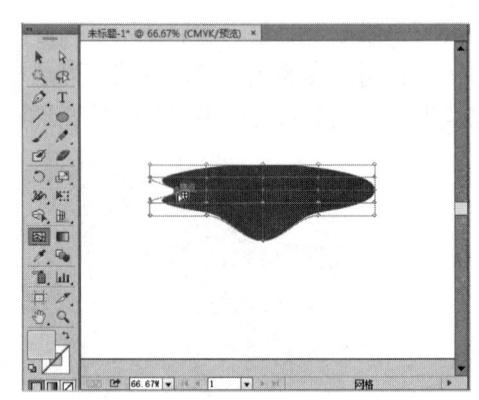

图 5-40 使用直接选择工具或网格工具编辑封套

（2）要删除网格上的锚点，可使用【直接选择工具】或【网格工具】选择该锚点，然后再按 Delete 键。
（3）要向网格添加锚点，可使用【网格工具】在网格上单击。
（4）要将描边或填充应用于封套，可使用【外观】面板，如图 5-41 所示。

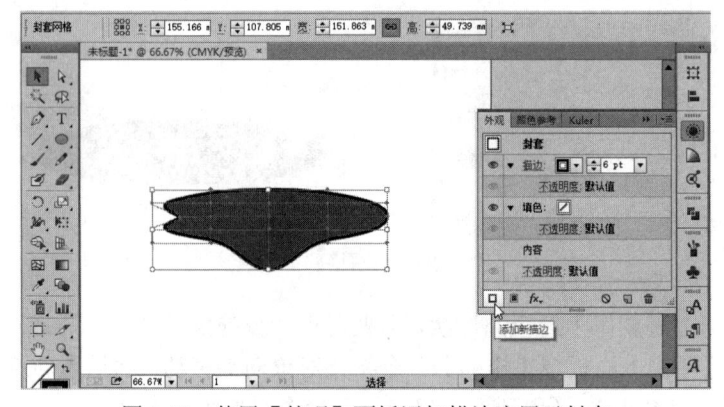

图 5-41 使用【外观】面板添加描边应用于封套

3．编辑封套内容

选择封套，然后执行下列操作之一：

（1）单击【控制】面板中的【编辑内容】按钮 ，如图 5-42 所示。

（2）选择【对象】|【封套扭曲】|【编辑内容】命令。

> 问：如果封套是由编组路径组成的，该怎么办？
> 答：如果封套是由编组路径组成的，可单击【图层】面板中<封套>项左侧的三角形以查看和定位要编辑的路径。

再根据需要，对封套内容进行编辑，如图 5-43 所示。在修改封套内容时，封套会自动偏移，使结果和原始内容的中心点对齐。

要将对象恢复为其封套状态，可以执行下列操作之一：

（1）单击【控制】面板中的【编辑封套】按钮 。

（2）选择【对象】|【封套扭曲】|【编辑封套】命令。

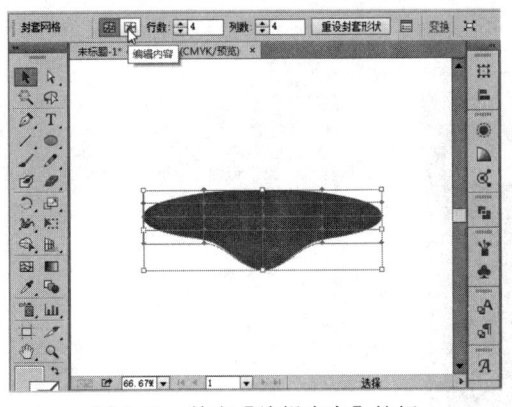

图 5-42　单击【编辑内容】按钮　　　　　图 5-43　编辑封套的内容

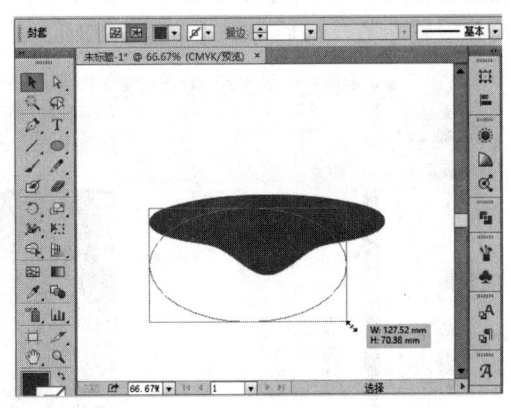

> 可以通过释放封套或扩展封套的方式来删除封套。释放封套对象可创建两个单独的对象：保持原始状态的对象和保持封套形状的对象。扩展封套对象的方式可以删除封套，但对象仍保持扭曲的形状。
> 要释放封套，可选择封套，再选择【对象】|【封套扭曲】|【释放】命令。
> 要扩展封套，可选择封套，再选择【对象】|【封套扭曲】|【扩展】命令。

4．设置封套选项

封套选项可以决定以何种形式扭曲图稿以适合封套。要设置封套选项,可先选择封套对象，然后单击【控制】面板中的【封套选项】按钮 ，或者选择【对象】|【封套扭曲】|【封套选项】命令，打开【封套选项】对话框，如图 5-44 所示。

【封套选项】中选项的说明如下：

- 消除锯齿：在用封套扭曲对象时，可使用此选项来平滑栅格。取消选择【消除锯齿】复选框可降低扭曲栅格所需的时间。
- 保留形状，使用：当用非矩形封套扭曲对象时，可使用此选项指定栅格应以何种形式保留其形状。选择【剪切蒙版】单选按钮，可以在栅格上使用剪切蒙版；选择【透明度】单选按钮，可以对栅格应用 Alpha 通道。
- 保真度：指定使对象适合封套模型的精确程度。增加【保真度】百分比会向扭曲路径添加更多的点，而扭曲对象所花费的时间也会随之增加。
- 扭曲外观：将对象的形状与其外观属性一起扭曲（如已应用的效果或对象样式）。
- 扭曲线性渐变填充：将对象的形状与其线性渐变一起扭曲。
- 扭曲图案填充：将对象的形状与其图案属性一起扭曲。

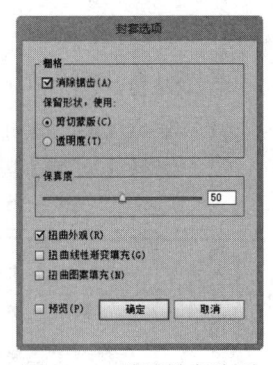

图 5-44　设置封套选项

动手操作　制作变形的标题效果

1 打开光盘中的 "..\Example\Ch05\5.2.2.ai" 练习文件，选择文档中的大标题文字对象，然后选择【对象】|【封套扭曲】|【用变形建立】命令，在【变形选项】对话框中选择变形样式并设置参数，最后单击【确定】按钮，如图 5-45 所示。

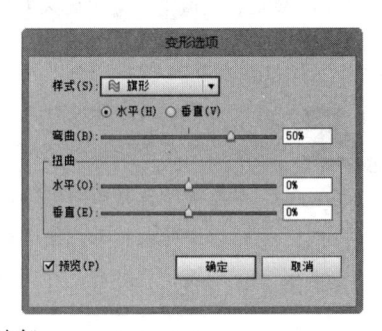

图 5-45　用变形建立标题文字封套

2 在【工具】面板中选择【直接选择工具】，然后按住封套左上端的锚点并向左上方移动，调整锚点的位置，如图 5-46 所示。

3 使用步骤 2 的方法，使用选择【直接选择工具】向右下方移动封套右下端的锚点，修改封套以改变文字的变形效果，如图 5-47 所示。

图 5-46　调整封套左上方锚点的位置 　　　　　图 5-47　调整封套右下方锚点的位置

4 选择文档中的文字段落对象，再选择【对象】|【封套扭曲】|【用变形建立】命令，然后在【变形选项】对话框中选择【上升】变形样式并设置各选项的参数，单击【确定】按钮，再适当调整文字段落的位置即可，如图 5-48 所示。

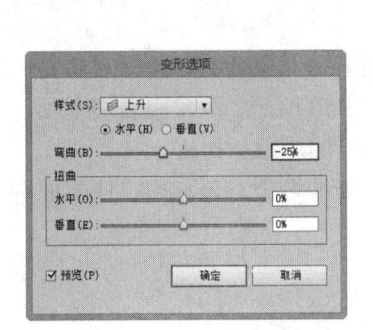

图 5-48　用变形建立文字段落的封套并调整位置

5.3　组合对象创建形状

在 Illustrator 中，可以将多个对象进行组合或分离，从而生成新的复合对象，还可建立复合形状、释放复合形状、扩展复合形状等。

5.3.1　组合对象方法

Illustrator 提供了多种方法组合矢量对象以创建形状，组合对象所产生的路径或形状会依组合路径的方法而不同。

1．路径查找器效果

路径查找器效果可以用 10 种交互模式中的一种来组合多个对象。与复合形状不同，在使用路径查找器效果时，不能编辑对象之间的交互模式。

171

2．复合形状

复合形状可以组合多个对象，并可指定每个对象与其他对象的交互方式。复合形状比复合路径更为有用，因为它提供了 4 种类型的交互：相加、相减、交集和差集。此外，不会更改底层对象，因此，可以选择复合形状中的每个对象，以对其进行编辑或更改其交互模式。

3．复合路径

复合路径可以用一个对象在另一个对象中开出一个孔洞。例如，可以通过两个嵌套的圆形来创建一个圆环形状。在创建复合路径后，路径将用作编组对象。用户可以使用直接选择工具或编组选择工具分别选择并处理各个对象，也可以选择和编辑复合路径。

5.3.2 使用路径查找器

在 Illustrator 中，可以使用【路径查找器】面板将对象组合为新形状。

1．打开路径查找器

选择【窗口】|【路径查找器】命令或按 Shift+Ctrl+F9 键，可打开如图 5-49 所示的【路径查找器】面板。

2．形状模式按钮的作用

【路径查找器】面板首行按钮在默认情况下可生成路径或复合路径，并且仅在按住 Alt 键或 Option 键时生成复合形状。形状模式按钮的作用说明如下：

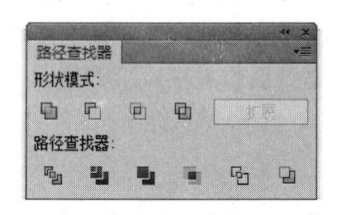

图 5-49 【路径查找器】面板

- 【联集】按钮：单击该按钮可将页面中选择的多个对象合并，使原对象之间的重叠部分融合为一体，从而生成一个新的对象，如图 5-50 所示。联集组合对象后，生成新对象的填充色和描边色，由位于所选对象中最上层的对象所决定。
- 【减去顶层】按钮：单击该按钮可将页面中选择的多个对象相减，使下面的对象减去上面的对象，如图 5-51 所示。

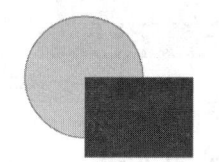

图 5-50 联集组合对象　　　　　图 5-51 减去顶层组合对象

- 【交集】按钮：单击该按钮可将页面中选择的多个对象相交，使生成的新对象只保留所选对象的重叠部分，如图 5-52 所示。
- 【差集】按钮：单击该按钮可将页面中选择的多个对象重叠，只保留选择对象的未重叠区域，且对象重叠区域变为透明状态，如图 5-53 所示。

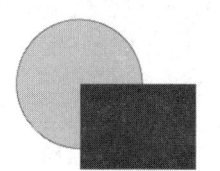

图 5-52 交集组合对象　　　　　图 5-53 差集组合对象

- 【扩展】按钮：执行上述任何操作后，再次使用【选择工具】选中对象，会发现实际上另外的对象依然存在，只是暂时被隐藏起来。此时单击该按钮，可将另外的对象完全删除，如图 5-54 所示。

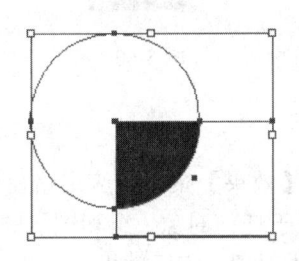

图 5-54　扩展后选择对象

3．路径查找器按钮的作用

【路径查找器】面板的底下一排提供了 6 个路径查找器命令按钮，使用这些按钮可将选择的多个对象分离。路径查找器按钮的作用说明如下：

- 【分割】按钮：单击该按钮可将页面中选择的多个对象分割成多个不同的闭合对象，且分割时以所选对象重叠部分的轮廓为分界线进行分割，如图 5-55 所示。
- 【修边】按钮：单击该按钮可将页面中选择的多个对象修剪，且修剪时将用所选对象中最上层的对象将下层对象被覆盖的部分进行剪切，同时删除所选对象中的所有轮廓线，如图 5-56 所示。

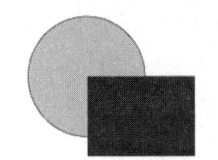

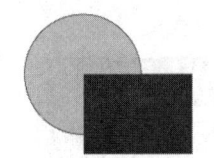

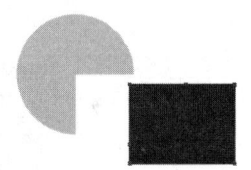

图 5-55　分割对象　　　　　　图 5-56　修边对象

- 【合并】按钮：单击该按钮可将页面中选择的多个对象轮廓线删除，且将所选对象中相同颜色的对象合并为一个整体，将不同颜色的对象分割，如图 5-57 所示。
- 【裁剪】按钮：单击该按钮可将页面中选择的多个对象裁剪，且裁剪时将用所选对象的下层对象对最上层对象进行裁剪，保留下层对象与上层对象的重叠部分，同时将所有选择对象的外轮廓线删除，如图 5-58 所示。

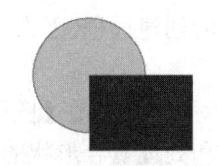

图 5-57　合并对象　　　　　　图 5-58　裁剪对象

- 【轮廓】按钮：单击该按钮可将选择的对象转换为轮廓线，且轮廓线的颜色与原对象填充的颜色相同，如图 5-59 所示。
- 【减去后方对象】按钮：单击该按钮可将页面中选择的多个对象相减，使上面的对象减去下面的对象，如图 5-60 所示。

173

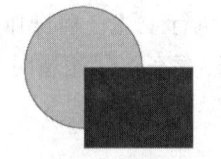

图 5-59　将对象转换为轮廓　　　　　　　图 5-60　减去下方对象

4．应用路径查找器效果

除了使用【路径查找器】面板外，还可以使用【效果】菜单来应用路径查找器效果。

【路径查找器】面板中的路径查找器效果可应用于任何对象、组和图层的组合，而【效果】菜单中的路径查找器效果仅可应用于组、图层和文本对象。应用效果后，仍可选择和编辑原始对象，也可以使用【外观】面板来修改或删除效果。

要使用【效果】菜单应用路径查找器效果，需要将对象编组在一起，或选择编组、文本对象，然后选择【效果】|【路径查找器】命令，并从子菜单中选择一个路径查找器效果命令即可，如图 5-61 所示。

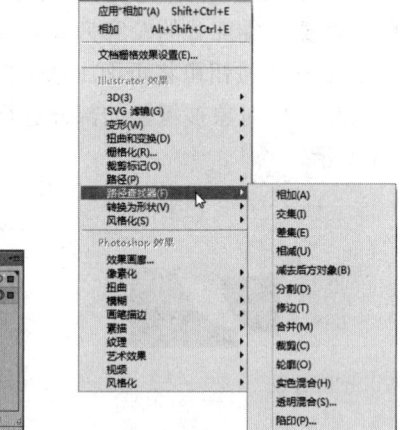

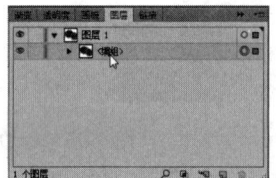

图 5-61　选择组、图层和文本对象再应用路径查找器效果

5.3.3　通过复合形状造形

1．关于复合形状

复合形状是可编辑的图稿，由两个或多个对象组成，每个对象都分配有一种形状模式。复合形状简化了复杂形状的创建过程，因为可以精确地操作每个所含路径的形状模式、堆栈顺序、形状、位置和外观。

复合形状用作编组对象时，它在【图层】面板中显示为【复合形状】项。用户可以使用【图层】面板来显示、选择和处理复合形状的内容，如更改其组件的堆叠顺序。

当创建一个复合形状时，此形状会采用"相加"、"交集"或"差集"模式中最上层组件的上色和透明度属性，如图 5-62 和图 5-63 所示。

可以更改复合形状的上色、样式或透明度属性。当选择整个复合形状的任意部分时，除非在【图层】面板中明确定位某一组件，否则 Illustrator 将自动定位整个复合形状以简化这一过程。

改变与构建对象的形状 5

图 5-62　原来椭圆形在图稿上方 　　　　图 5-63　创建复合形状后，使用最上层椭圆形的属性

2．创建复合形状

创建复合形状是一个由两部分组成的过程。首先建立复合形状，其中所有的组件都具有相同的形状模式，然后将形状模式分配给组件，直至得到所需的形状区域组合为止。

在创建复合形状时，需要先选择要作为复合形状的对象。复合形状中可包括路径、复合路径、组、其他复合形状、混合、文本、封套和变形对象。然后执行下列操作之一：

（1）在【路径查找器】面板中，按住 Alt 键单击【形状模式】按钮。复合形状的每个组件都会被指定为所选择的形状。

（2）从【路径查找器】面板菜单中选择【建立复合形状】命令，如图 5-64 所示。复合形状的每个组件都会被默认指定为【相加】模式。

> 为了保持最高运行性能，可以使用嵌套其他复合形状的方式（每个形状最多可包含约 10 个组件）来创建复杂的复合形状，而不要使用大量单独的组件。

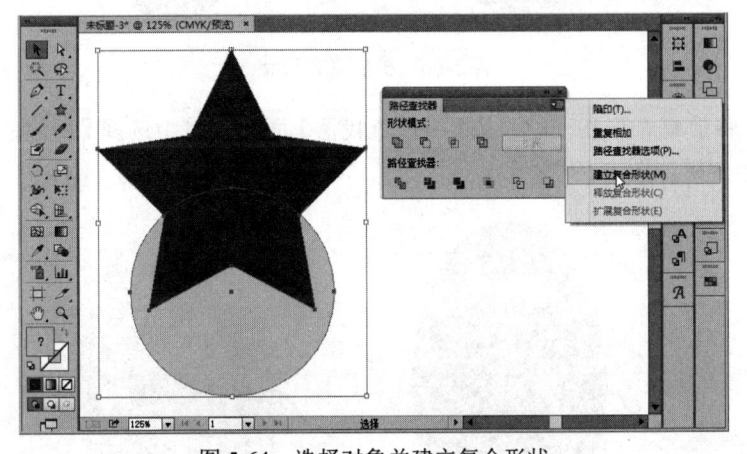

图 5-64　选择对象并建立复合形状

如果需更改任何组件的形状模式，可以使用【直接选择工具】或【图层】面板选择该组件，然后按住 Alt 键单击【形状模式】按钮，如图 5-65 所示。不必更改最底层组件的形状模式，因为其模式与组合形状无关。

175

图 5-65　更改组件的形状模式

3．释放和扩展复合形状

释放复合形状可将其拆分回单独的对象。扩展复合形状会保持复合对象的形状，但不能再选择其中的单个组件。

释放和扩展复合形状的方法为：先使用【选择工具】或【图层】面板选择复合形状，然后执行下列操作：

（1）如果要扩展复合形状，可以单击【路径查找器】面板的【扩展】按钮，或者从【路径查找器】面板菜单中选择【扩展复合形状】命令。扩展复合形状的效果如图 5-66 所示。

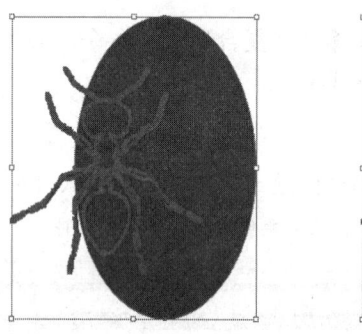

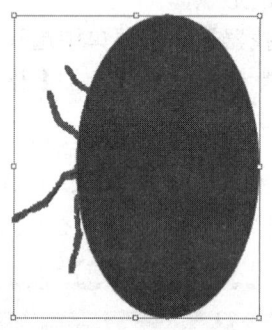

图 5-66　扩展复合形状

（2）如果要释放复合形状，可以从【路径查找器】面板菜单中选择【释放复合形状】命令。释放复合形状的效果如图 5-67 所示。

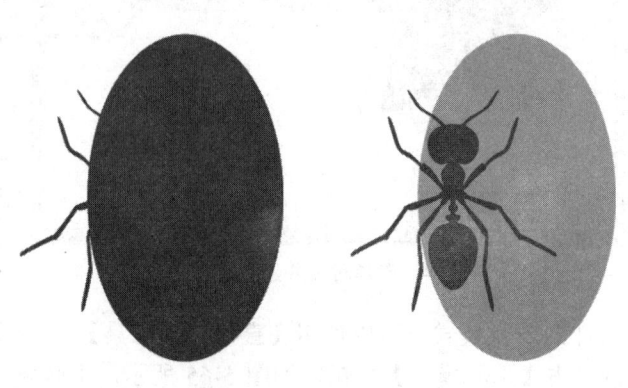

图 5-67　释放复合形状

5.3.4 通过复合路径造形

复合路径包含两个或多个已上色的路径，因此在路径重叠处将呈现孔洞。将对象定义为复合路径后，复合路径中的所有对象都将应用堆栈顺序中最后方对象的上色和样式属性。

复合路径用作编组对象时，在【图层】面板中显示为【复合路径】项。可以使用【直接选择工具】或【编组选择工具】选择复合路径的一部分，可以处理复合路径的各个组件的形状，但无法更改各个组件的外观属性、图形样式或效果，并且无法在【图层】面板中单独处理这些组件。

1. 建立复合路径

建立复合路径的方法如下：

（1）选择要用作孔洞的对象，然后将其放置在与要剪切的对象相重叠的位置，如图 5-68 所示。对任何要用作孔洞的其他对象重复此步骤。

（2）选择要包含在复合路径中的所有对象，然后选择【对象】|【复合路径】|【建立】命令，结果如图 5-69 所示。

图 5-68　放置作为孔洞对象的位置　　　　图 5-69　建立复合路径的结果

2. 将填充规则应用于复合路径

建立复合路径后，可以指定复合路径是非零缠绕路径还是奇偶路径。

- 非零缠绕填充规则：使用数学方程来确定点是在形状外部还是内部。Illustrator 将非零缠绕规则用作默认规则。
- 奇偶填充规则：使用数学方程来确定点是在形状外部还是内部。此规则的可预测性更高，因为无论路径是什么方向，奇偶复合路径内每隔一个区域就有一个孔洞。某些应用程序（如 Photoshop）默认使用奇偶规则。因此，从这些应用程序导入的复合路径将使用奇偶规则。

对于自交叠路径（与自身相交叠的路径），可以根据所需的外观，选择将这些路径做成非零缠绕路径或奇偶路径，如图 5-70 所示。

更改复合路径填充规则的方法：先使用【选择工具】或【图层】面板选择复合路径，然后在【属性】面板中单击【使用非零缠绕填充规则】按钮或【使用奇偶填充规则】按钮。

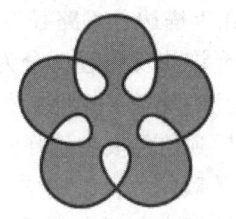

图 5-70　"非零缠绕填充规则"的自交叠路径与"奇偶填充规则"的自交叠路径的效果对比

177

5.4 使用工具创建形状

下面将介绍使用形状生成器工具和混合工具进行造形，从而创建新对象的方法。

5.4.1 使用形状生成器工具

【形状生成器工具】是一个用于通过合并或擦除简单形状创建复杂形状的交互式工具。使用【形状生成器工具】时，可以直观地高亮显示所选艺术对象中可合并为新形状的边缘和选区。

默认情况下，该工具处于合并模式，允许合并路径或选区。另外，也可以按住 Alt 键切换至抹除模式，删除任何不想要的边缘或选区。

- 边缘：是指一个路径中的一部分，该部分与所选对象的其他任何路径都没有交集。
- 选区：是一个边缘闭合的有界区域。

在【工具】面板中双击【形状生成器工具】，即可打开【形状生成器工具选项】对话框，在其中可以设置相关选项，如图 5-71 所示。

- 间隙检测：使用【间隙长度】下拉列表设置间隙长度。可用值为小（3 点）、中（6 点）和大（12 点）。如果想要提供精确间隙长度，则可以选择【自定】选项。选择间隙长度后，Illustrator 将查找仅接近指定间隙长度值的间隙，如图 5-72 所示。需要确保间隙长度值与艺术对象的实际间隙长度大概接近，否则可能就无法检测到间隙。

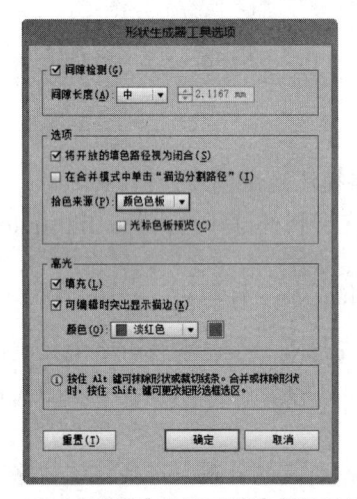

图 5-71 【形状生成器工具选项】对话框

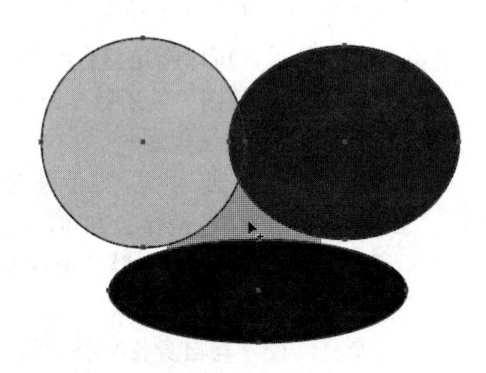

图 5-72 检测到间隙并将其视为一个选区

- 将开放的填色路径视为闭合：如果选择此选项，则会为开放路径创建一段不可见的边缘以生成一个选区。单击选区内部时，会创建一个形状。
- 在合并模式中单击"描边分割路径"：选择此复选框后，在合并模式中单击描边即可分割路径。此选项允许将父路径拆分为两个路径。第一个路径将从单击的边缘创建，第二个路径是父路径中除第一个路径外剩余的部分。
- 拾色来源：可以从颜色色板中选择颜色，或从现有图稿所用的颜色中选择，来给对象上色。如果选择【颜色色板】选项，则可使用【光标色板预览】选项。通过选中【光标色板预览】复选框来预览和选择颜色。选择此选项时，会提供实时上色风格光标色板，它允许使用方向键循环选择色板面板中的颜色；如果选择【图稿】选项，Illustrator 将对合并对象使用与其他艺术风格相同的规则。

- 填充：【填充】复选框默认为选中。如果选择此选项，当光标滑过所选路径时，可以合并的路径或选区将以灰色突出显示。如果没有选择此选项，所选选区或路径的的外观将是正常状态。
- 可编辑时突出显示描边：如果选择此选项，Illustrator 将突出显示可编辑的笔触。可编辑的笔触将以从【颜色】下拉列表中选择的颜色显示。

动手操作　使用形状生成器工具处理形状

1 创建要应用【形状生成器工具】的形状，如图 5-73 所示。

2 使用【选择工具】，选择需要通过合并来创建形状的路径。

3 从【工具】面板中（或按 Shift+M 键）选择【形状生成器工具】。默认情况下，该工具处于合并模式；在此模式下，可以合并不同的路径，指针显示为 。

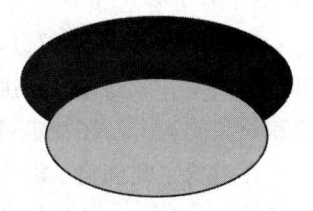

图 5-73　创建初始形状

4 识别要选取或合并的选区。要从形状的剩余部分打断或选取选区，可以移动指针并单击所选选区，如图 5-74 所示。

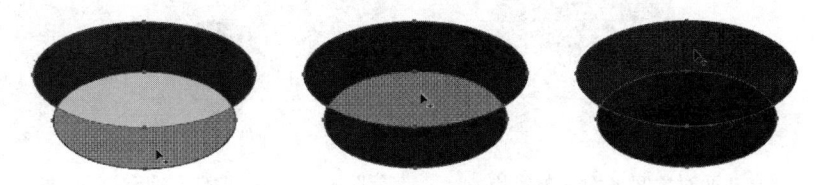

图 5-74　单击选择要打断的选区

5 要合并路径，可以沿选区拖动并释放光标，两个选区将合并为一个新形状，如图 5-75 所示。

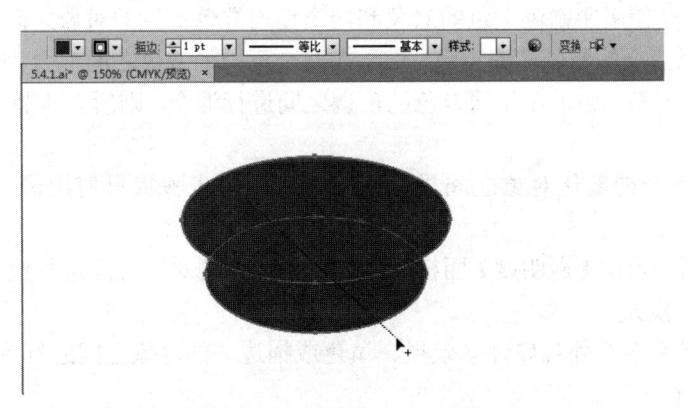

图 5-75　拖动选择要合并的选区

6 要使用【形状生成器工具】的抹除模式，可以按住 Alt 键并单击想要删除的闭合选区，如图 5-76 所示。按 Alt 键时，指针会变为 。在抹除模式下，可以在所选形状中删除选区。如果要删除的某个选区由多个对象共享，则分离形状的方式是将选框所选中的那些选区从各形状中删除。

179

图 5-76　删除闭合的选区

5.4.2　使用混合工具创建形状

1. 关于混合对象

在 Illustrator 中，可以混合对象以创建形状，并在两个对象之间平均分布形状。另外，也可以在两个开放路径之间进行混合，在对象之间创建平滑的过渡，如图 5-77 所示；或组合颜色和对象的混合，在特定对象形状中创建颜色过渡，如图 5-78 所示。

在对象之间创建了混合之后，就会将混合对象作为一个对象看待。如果移动了其中一个原始对象，或编辑了原始对象的锚点，混合将会随之变化。此外，原始对象之间混合的新对象不会具有其自身的锚点。

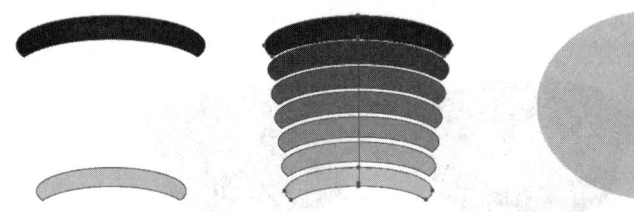

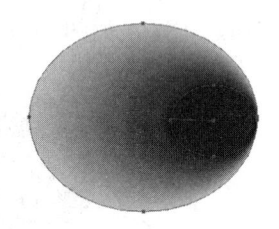

图 5-77　使用混合在两对象间平均分布形状　　　图 5-78　使用混合在两对象间创建颜色过渡

以下规则适用于混合对象以及与之相关联的颜色：

（1）不能在网格对象之间执行混合。

（2）如果在一个使用印刷色上色的对象和一个使用专色上色的对象之间执行混合，则混合所生成的形状会以混合的印刷色来上色。如果在两个不同的专色之间混合，则会使用印刷色来为中间步骤上色。但是，如果在相同专色的色调之间进行混合，则所有步骤都按该专色的百分比进行上色。

（3）如果在两个图案化对象之间进行混合，则混合步骤将只使用最上方图层中对象的填色。

（4）如果在两个使用【透明度】面板指定了混合模式的对象之间进行混合，混合步骤仅使用上面对象的混合模式。

（5）如果在具有多个外观属性（效果、填色或描边）的对象之间进行混合，则 Illustrator 会试图混合其选项。

（6）如果在两个相同符号的实例之间进行混合，混合步骤将为符号实例。但是，如果在两个不同符号的实例之间进行混合，则混合步骤不会是符号实例。

（7）默认情况下，混合会作为挖空透明组创建，因此如果有任何步骤是由叠印的透明对象组成的，这些对象将不会透过其他对象显示出来。可通过选择混合并取消选择【透明度】面板中的【挖空组】来更改此设置。

2．使用混合工具创建混合

使用混合工具创建混合的方法为：

先选择【混合工具】，然后执行下列操作之一：

（1）要不带旋转地按顺序混合，可以单击对象的任意位置，但要避开锚点，如图 5-79 所示。

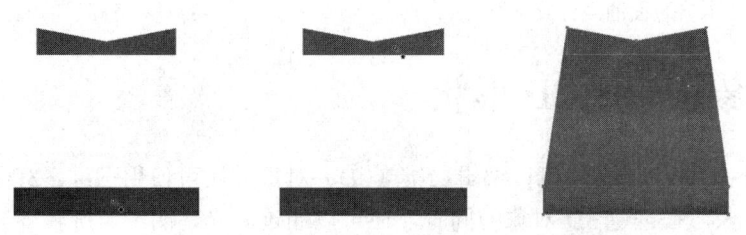

图 5-79　创建不带旋转的按顺序的混合

（2）要混合对象上的特定锚点，可以使用【混合工具】单击锚点，如图 5-80 所示。当指针移近锚点时，指针形状会从白色的方块变为透明，且中心处有一个黑点。

（3）要混合开放路径，可在每条路径上选择一个端点。

图 5-80　创建对象特定锚点的混合

将要混合的对象均添加完毕后，可以双击【混合工具】，通过【混合选项】对话框设置选项。默认情况下，Illustrator 会计算创建一个平滑颜色过渡所需的最适宜的步骤数。若要控制步骤数或步骤之间的距离，则需要设置混合选项，如图 5-81 所示。

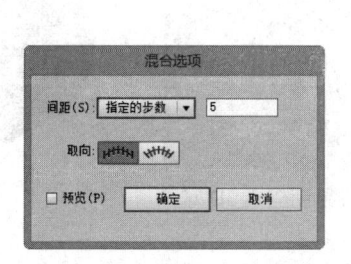

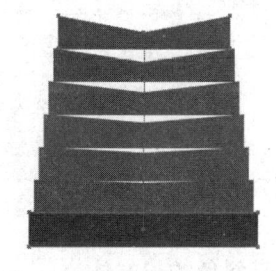

图 5-81　设置制定步骤数的混合选项

在【混合选项】对话框中，可以设置混合对象的方向。
- （对齐页面）：使混合垂直于页面的 X 轴，如图 5-82 所示。
- （对齐路径）：使混合垂直于路径，如图 5-83 所示。

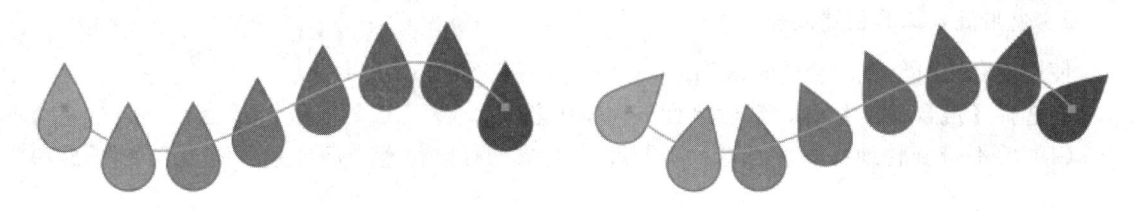

图 5-82　对齐页面的混合效果　　　　　　图 5-83　对齐路径的混合效果

5.5　将对象创建成 3D 形状

在 Illustrator CC 中，不仅可以编辑二维（2D）对象，还可使用三维（3D）效果将 2D 图稿创建为 3D 对象。在创建 3D 对象的同时，还可以通过高光、阴影、旋转及其他属性来控制 3D 对象的外观，甚至能将 2D 图稿贴到 3D 对象中的任意一个表面上。

5.5.1　通过凸出创建 3D 对象

通过沿对象的 z 轴凸出拉伸一个 2D 对象，可以增加对象的深度，从而创建出 3D 对象。例如，如果凸出一个 2D 椭圆，它就会变成一个圆柱。

使用【选择工具】单击选中 2D 对象，然后在菜单栏中选择【效果】|【3D】|【凸出和斜角】命令，并在打开的【3D 凸出和斜角选项】对话框中的【凸出厚度】微调框中设置对象深度，再设置其他选项并单击【确定】按钮即可通过凸出创建 3D 对象，如图 5-84 所示。

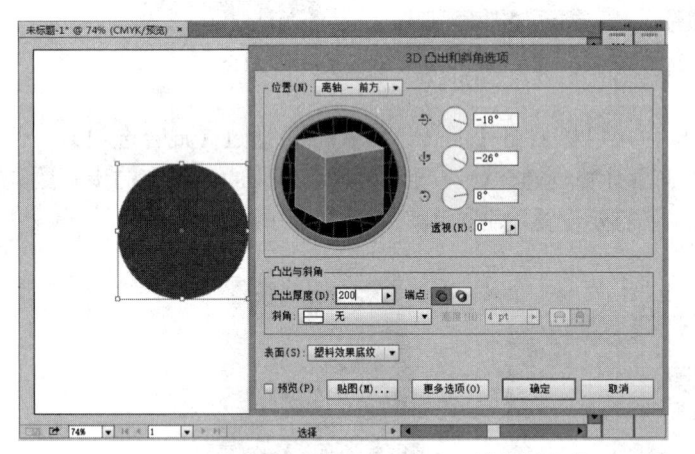

图 5-84　将 2D 对象创建成 3D 对象

动手操作　创建带斜角的长方体

1 打开光盘中的"..\Example\Ch05\5.5.1.ai"练习文件，然后使用【矩形工具】在画板中绘制一个矩形，并设置无描边、填充颜色为【红色】，如图 5-85 所示。

2 选择矩形对象，再选择【效果】|【3D】|【凸出和斜角】命令，然后在【3D 凸出和斜角选项】对话框中选择位置选项，如图 5-86 所示。

3 在【3D 凸出和斜角选项】对话框的【凸出与斜角】框中设置凸出厚度为 150pt，再打开【斜角】列表框，选择一种斜角样式，如图 5-87 所示。

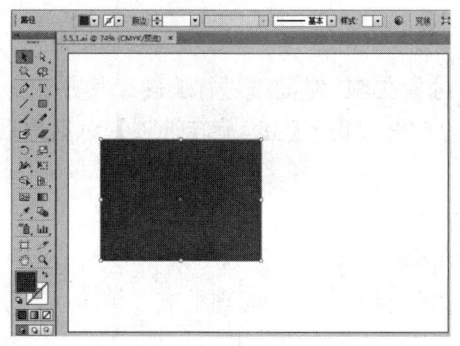

图 5-85　绘制一个矩形对象 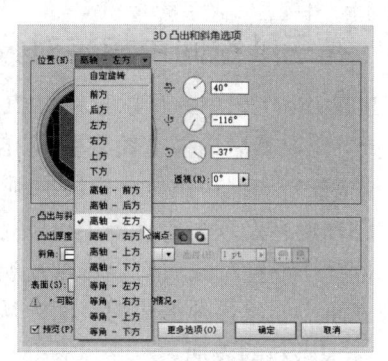　　　　　图 5-86　应用 3D 效果并设置位置

4 选择斜角样式后，设置斜角的高度为 25pt，再单击【斜角外扩】按钮，然后单击【确定】按钮，如图 5-88 所示。

5 返回文档窗口中，查看矩形对象被创建成带斜角的长方体对象的效果，如图 5-89 所示。

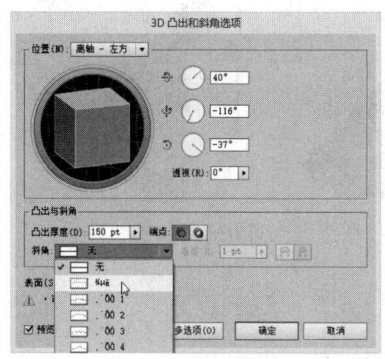

图 5-87　设置凸出厚度并选择斜角样式 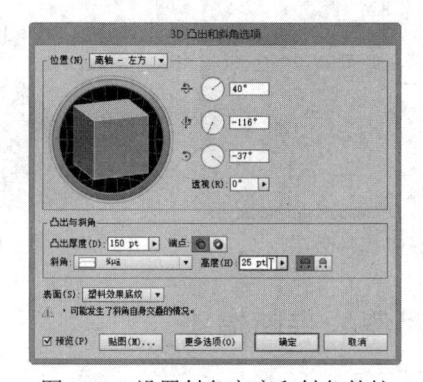　　图 5-88　设置斜角高度和斜角外扩　　图 5-89　查看创建 3D 对象的结果

5.5.2　通过绕转创建 3D 对象

可以通过围绕全局 y 轴（绕转轴）绕转一条路径或剖面，使 2D 对象作圆周运动的方法创建 3D 对象。由于绕转轴是垂直固定的，因此用于绕转的开放或闭合路径应为所需 3D 对象面向正前方时垂直剖面的一半。

使用【选择工具】单击选中 2D 对象，然后在菜单栏中选择【效果】|【3D】|【绕转】命令，在打开的【3D 绕转选项】对话框中设置各项参数，接着单击【确定】按钮即可，如图 5-90 所示。

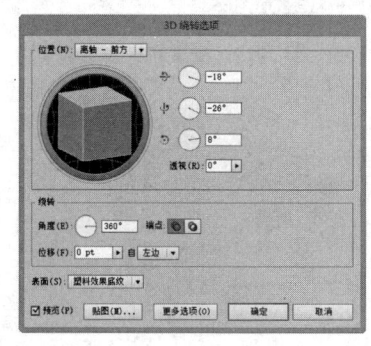

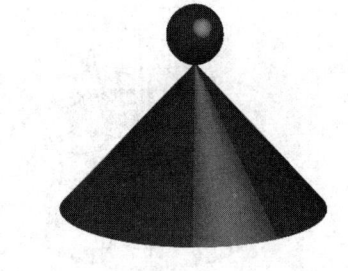

图 5-90　通过绕转创建 3D 对象

5.5.3 在三维空间中旋转对象

在 Illustrator CC 中，可以直接将 2D 对象或 3D 对象在 3D 空间中进行旋转。其方法为：选择对象，然后选择【效果】|【3D】|【旋转】命令。打开【3D 旋转选项】对话框后，选择【预览】复选框，在文档窗口中预览效果。

在【3D 旋转选项】对话框中可以指定选项：

- 位置：设置对象如何旋转以及观看对象的透视角度。
- 表面：创建各种形式的表面，从黯淡、不加底纹的不光滑表面到平滑、光亮，看起来类似塑料的表面。

然后在 3D 空间效果区中拖动鼠标，可以任意设置旋转效果，完成后单击【确定】按钮，如图 5-91 所示。返回文档窗口中查看对象在三维空间中旋转的效果，如图 5-92 所示。

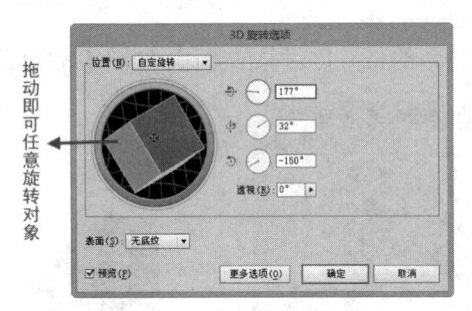

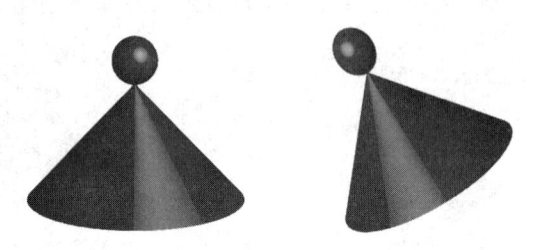

图 5-91　手动设置旋转效果　　　　图 5-92　在三维空间旋转对象的结果

5.5.4 设置 3D 对象的表面渲染

1．设置表面渲染样式

无论使用【凸出和斜角】命令还是【绕转】命令创建 3D 对象，都可在创建 3D 对象时打开的选项对话框中设置更改对象的表面样式。例如，在【3D 凸出和斜角选项】对话框的【表面】下拉列表框中可以选择系统提供的表面渲染样式，如图 5-93 所示。

各种表面渲染样式的说明如下：

- 线框：选择该选项，可绘制对象几何形状的轮廓，并使每个表面透明，如图 5-94 所示。
- 无底纹：选择该选项，将不向对象添加任何新的表面属性，如图 5-95 所示。

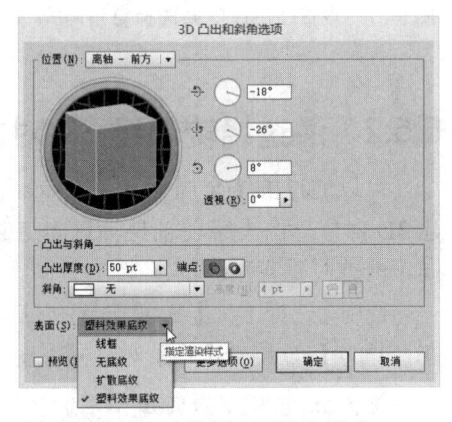

图 5-93　设置表面渲染样式

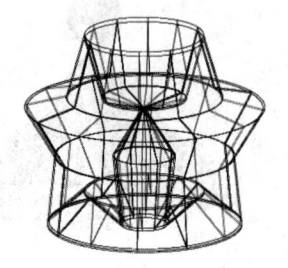

图 5-94　线框表面样式　　　　图 5-95　无底纹表面样式

- 扩散底纹：选择该选项，可使对象以一种柔和、扩散的方式反射光，如图 5-96 所示。
- 塑料效果底纹：选择该选项，可使对象以一种闪烁、光亮的材质模式反射光，如图 5-97 所示。

图 5-96　扩散底纹表面样式　　　　图 5-97　塑料效果底纹表面样式

2．设置表面的渲染光源

设置渲染样式后，可以在选项对话框中单击【更多选项】按钮，通过展开的选项列表设置渲染光源位置和光源选项，如图 5-98 所示。

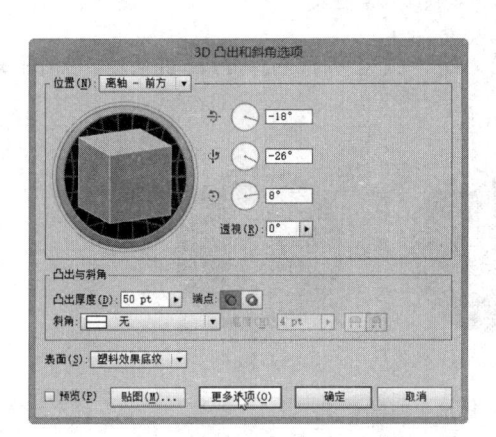

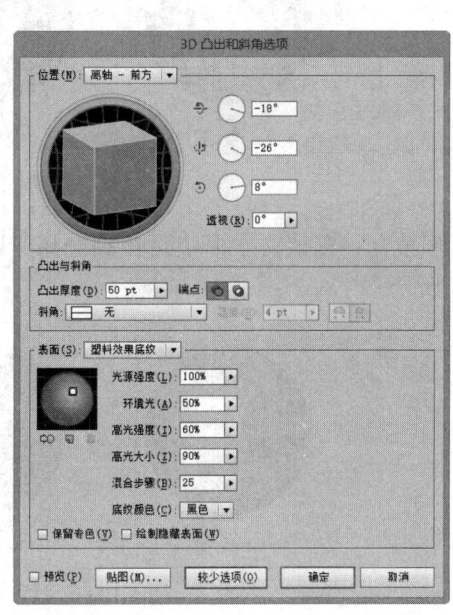

图 5-98　显示更多选项

（1）光源位置设置说明如下：

【光源】控制点：在球体上拖动该控制点可调整光源位置，如图 5-99 所示。

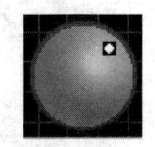

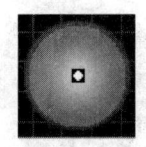

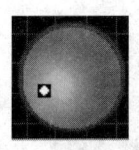

图 5-99　光源处于不同位置时的效果

- 【后移光源】按钮：单击该按钮可将选定的光源移到对象后面，如图 5-100 所示。
- 【前移光源】按钮：单击该按钮可将选定的光源移到对象前面，默认情况下使用该模式，如图 5-101 所示。

图 5-100　后移光源时的效果 　　　　　　图 5-101　前移光源时的效果

- 【新建光源】按钮：单击该按钮可添加一个光源。默认情况下，新建的光源将出现在球体正前方的中心位置。
- 【删除光源】按钮：单击该按钮可删除所选光源。

（2）光源选项设置的说明如下：

- 光源强度：在该文本框中可控制光源的强度，如图 5-102 所示。

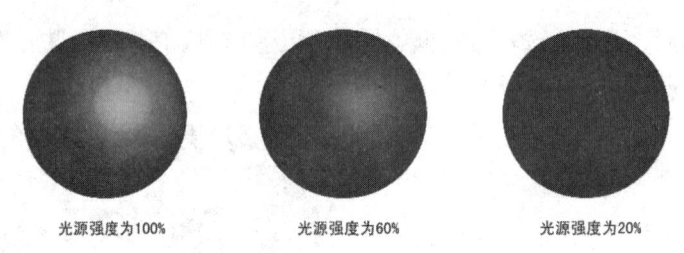

光源强度为100%　　　光源强度为60%　　　光源强度为20%

图 5-102　设置不同光源强度时的效果

- 环境光：在该文本框中可控制全局光照，统一改变所有对象的表面亮度，如图 5-103 所示。

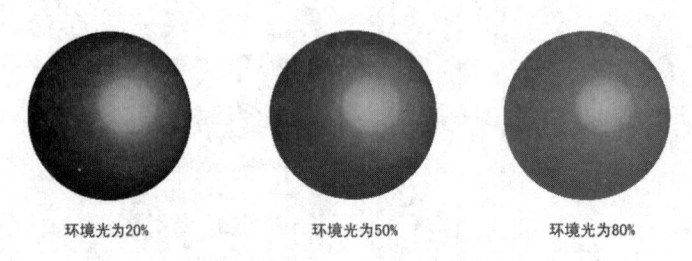

环境光为20%　　　环境光为50%　　　环境光为80%

图 5-103　设置不同环境光时的效果

- 高光强度：在该文本框中可控制对象反射光的程度。输入较低数值可产生暗淡的表面，输入较高数值则产生较为光亮的表面，如图 5-104 所示。

高光强度为20%　　　高光强度为60%　　　高光强度为90%

图 5-104　设置不同高光强度时的效果

- 高光大小：在该文本框中可控制高光的范围大小，如图 5-105 所示。

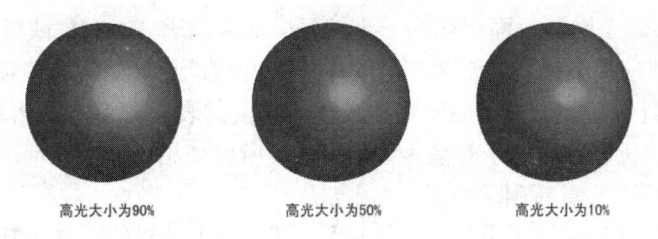

高光大小为90%　　　高光大小为50%　　　高光大小为10%

图 5-105　设置不同高光大小时的效果

- 混合步骤：在该文本框中可控制对象表面所表现出来的底纹的平滑程度，输入的步骤数越高，所产生的底纹越平滑，路径也越多，如图 5-106 所示。

混合步骤为10%　　　混合步骤为25%　　　混合步骤为50%

图 5-106　设置不同混合步骤时的效果

- 底纹颜色：在该下拉列表框中可控制对象的底纹颜色。选择【无】选项，将不为底纹添加任何颜色；选择【黑色】选项，将为底纹添加黑色叠印效果；选择【自定】选项，则可单击其右侧色块，在弹出的【拾色器】对话框中选择所需底纹颜色，如图 5-107 所示。

无底纹颜色　　　黑色底纹颜色　　　自定绿色底纹颜色

图 5-107　设置不同底纹颜色时的效果

5.5.5　将图稿映射到 3D 对象上

每个 3D 对象都由多个表面组成。如一个正方形拉伸变成的立方体有六个表面：正面、背面以及四个侧面。可以将 2D 图稿贴到 3D 对象的每个表面上。例如，将一个标签或一段文字贴到一个瓶形的对象上，或者只是将不同的纹理添加到对象的每个侧面上。

在 Illustrator 中，只能将【符号】面板中存储的 2D 图稿映射到 3D 对象上。符号可以是任何 Illustrator 图稿对象，其中包括路径、复合路径、文本、栅格图像、网络对象以及对象组。

向 3D 对象贴图时，需要考虑以下注意事项：

（1）由于【贴图】功能是用符号来执行贴图操作，因此可以编辑一个符号实例，然后自动更新所有贴了此符号的表面。

（2）可以在【贴图】对话框中与符号互动，使用常规的定界框控件移动、缩放或旋转对象。

（3）3D 效果将每个贴图表面记忆为一个编号。如果编辑 3D 对象或对一个新对象应用相同的效果，则编辑或应用效果后的对象所具有的表面数可能比原始对象多或少。如果编辑或应用效果后的对象所具有的表面数比原始贴图操作所定义的表面数少，则会忽略额外的图稿。

（4）由于符号的位置是相对于对象表面的中心，所以如果表面的几何形状发生变化，符号也会相对于对象的新中心重新用于贴图。

（5）可以将图稿贴到采用了【凸出与斜角】和【绕转】效果的对象，但不能将图稿贴到只应用了【旋转】效果的对象。

动手操作　将图稿映射到 3D 对象上

1 选择 3D 对象。

2 在【外观】面板中，双击【3D 凸出和斜角】或【3D 绕转】效果。在打开的对话框中单击【贴图】按钮。

3 打开【贴图】对话框后，从【符号】弹出菜单中选择准备贴到所选表面的图稿，如图 5-108 所示。

4 要选择所映射的对象表面，可以单击第一个表面、上一个表面、下一个表面或最后一个表面箭头按钮，或者在文本框中输入一个表面编号，如图 5-109 所示。当前可见的表面上会显示一个浅灰色标记。被对象当前位置遮住的表面上则会显示一个深灰色标记。当在对话框中选中了一个表面后，被选表面在文档中会以红色轮廓标出。

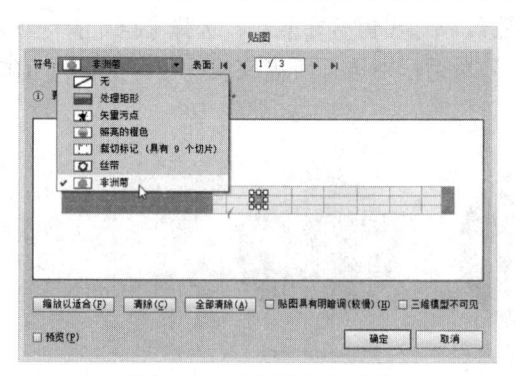

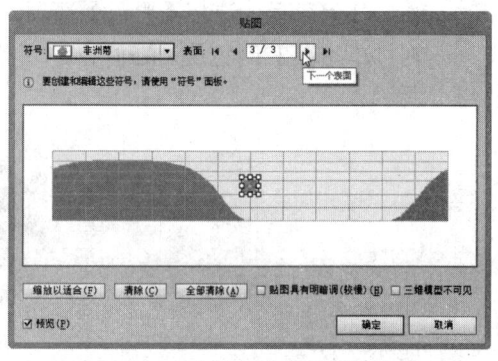

图 5-108　选择贴图的图稿　　　　　　图 5-109　选择要映射的对象表面

5 执行下列任一操作：

（1）要移动符号，可将鼠标指针定位于定界框内部并拖动；若要缩放，可拖动一个边手柄或角手柄，如图 5-110 所示；若要旋转，可在外部接近一个定界框手柄处拖动。

（2）要使所贴的图稿适合所选表面的边界，可以单击【缩放以适合】按钮，如图 5-111 所示。

（3）要从单一表面删除图稿，可以选择使用【表面】选项的表面，然后从【符号】菜单中选择【无】选项或单击【清除】按钮。

（4）要从 3D 对象的所有表面中删除所有映射，可以单击【全部清除】按钮。

（5）要对所贴图稿添加底纹或应用对象的光照，可以选择【贴图具有明暗调（较慢）】复选框。

（6）要仅显示所贴图稿而不显示 3D 对象的几何形状，可以选择【三维模型不可见】复选框。当想将 3D 贴图功能用作一种三维变形工具时，这一功能可大显身手。例如，可以使用此选项将文本贴到一条凸出的波浪线的侧面，以使文字变形如一面旗。

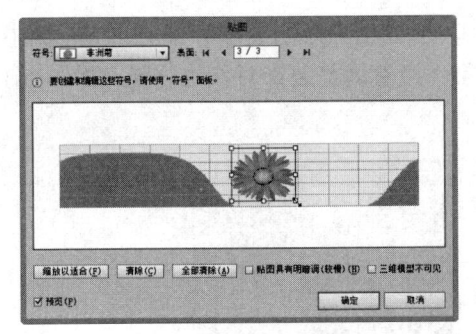

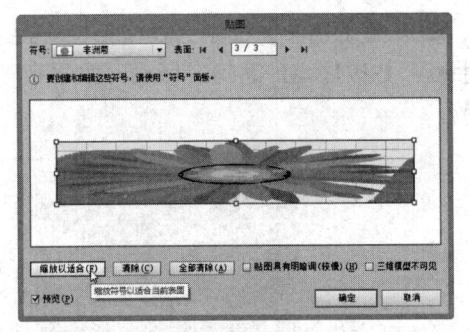

图 5-110　缩放与移动符号　　　　　　　　图 5-111　使所贴的图稿适合所选表面的边界

6 完成设置后，单击【确定】按钮，即可查看贴图的效果，如图 5-112 所示。

图 5-112　3D 对象应用贴图的效果

5.6　技能训练

下面通过 5 个上机练习实例，巩固所学技能。

5.6.1　上机练习 1：通过编辑完善人物插画

下面将以一个未完整设计的人物插画图稿为例，介绍编辑对象的方法。在制作本例时，先使用【自由变换工具】编辑装饰形状，然后调整人物对象的位置和大小，并复制出另一个人物对象，接着通过建立复合形状的方法，使另一个人物对象变成白色人物剪影，最后将剪影放置在人物对象下方并适当扩大。

操作步骤

1 打开光盘中的"..\Example\Ch05\5.6.1.ai"练习文件，打开【图层】面板并定位到【装饰】对象，然后分别按 Ctrl+C 键和 Ctrl+V 键，复制并粘贴对象，如图 5-113 所示。

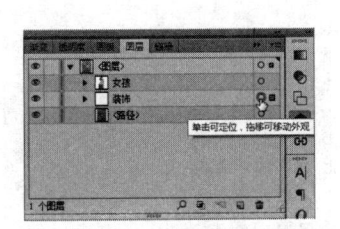

图 5-113　复制并粘贴装饰对象

2 在【工具】面板中选择【自由变换工具】，选择粘贴后的装饰对象定界框左侧中央的手柄，并按住 Alt 键向右移动，水平翻转装饰对象，接着调整装饰对象的位置，如图 5-114 所示。

图 5-114 水平翻转对象并调整位置

3 选择水平翻转后的装饰对象，然后单击右键并选择【排列】|【后移一层】命令，如图 5-115 所示。

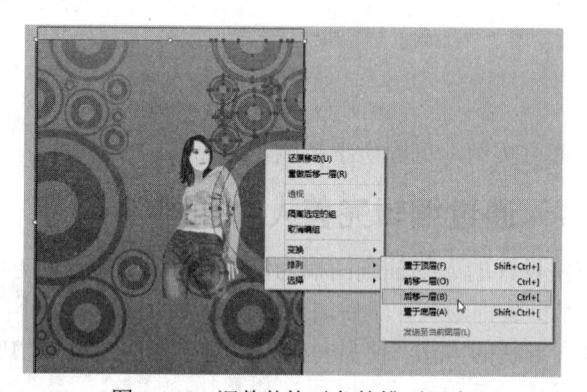

图 5-115 调整装饰对象的排列顺序

4 使用【选择工具】选择人物对象并将其移动到画板下方，然后打开【变换】面板，指定参考点并设置宽、高的数值，以向上扩大对象，如图 5-116 所示。

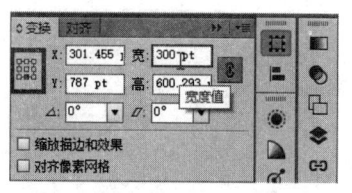

图 5-116 调整人物对象位置和大小

190

5 选择人物对象，通过复制和粘贴的方法创建另一个人物对象副本，然后使用【矩形工具】在人物对象副本上绘制一个白色无描边的矩形，如图 5-117 所示。

图 5-117　创建人物对象副本并绘制矩形

6 选择白色矩形和人物对象副本，打开【路径查找器】面板并打开面板菜单，然后选择【建立复合形状】命令，创建出人物剪影对象，如图 5-118 所示。

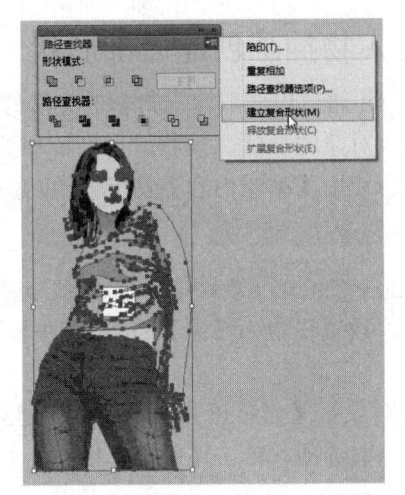

图 5-118　将人物对象和矩形对象建立成复合形状

7 选择人物剪影对象并将它移到画板中的人物对象的相同位置上，接着单击右键并选择【排列】|【后移一层】命令，如图 5-119 所示。

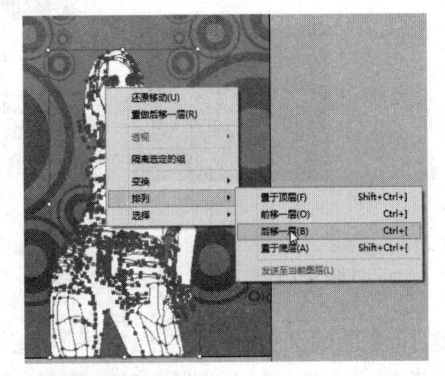

图 5-119　调整人物剪影的位置和排列顺序

191

8 选择人物剪影对象，打开【变换】面板，设置变换的参考点，然后取消设置约束宽高比例，并分别设置宽高的数值，如图 5-120 所示。

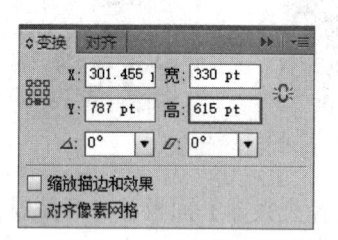

图 5-120 调整人物剪影对象的大小

5.6.2 上机练习 2：为人物插画创建装饰形状

本例先绘制一个矩形对象，并通过用变形建立封套的方法修改矩形形状，然后使用【直接选择工具】和【变形工具】修改对象的形状，接着适当旋转和扩大对象，将对象放置在底层，以用作人物插画的装饰图，最后使用【编辑内容】功能修改对象的填充颜色。

操作步骤

1 打开光盘中的"..\Example\Ch05\5.6.2.ai"练习文件，选择【矩形工具】 ，通过【控制】面板选择一种填充颜色，再设置描边为【无】，然后在画板上绘制一个矩形，如图 5-121 所示。

2 选择矩形对象，选择【对象】|【封套扭曲】|【用变形建立】命令，然后在【变形选项】对话框中选择一种变形样式并设置选项，单击【确定】按钮，如图 5-122 所示。

图 5-121 绘制一个矩形对象　　　　图 5-122 用变形建立封套

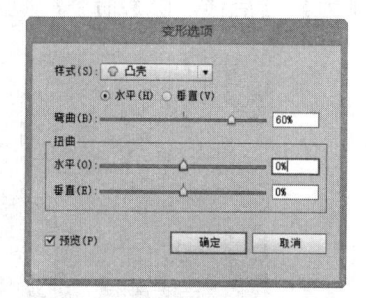

3 选择【直接选择工具】 ，然后使用该工具分别调整对象下方两侧两个锚点的位置，以修改对象的形状，如图 5-123 所示。

图 5-123 修改对象两个锚点的位置

4 选择【变形工具】，然后在对象两侧边缘凸出的位置上拖动，修改对象两侧边缘的形状，使之更加平滑，如图 5-124 所示。

图 5-124 使用变形工具修改对象形状

5 选择【自由变换工具】，然后适当旋转对象并扩大对象，如图 5-125 所示。

图 5-125 旋转和扩大对象

6 在对象上单击右键并选择【排列】|【置于底层】命令，接着适当调整对象的位置，使之变成人物插画的装饰图，如图 5-126 所示。

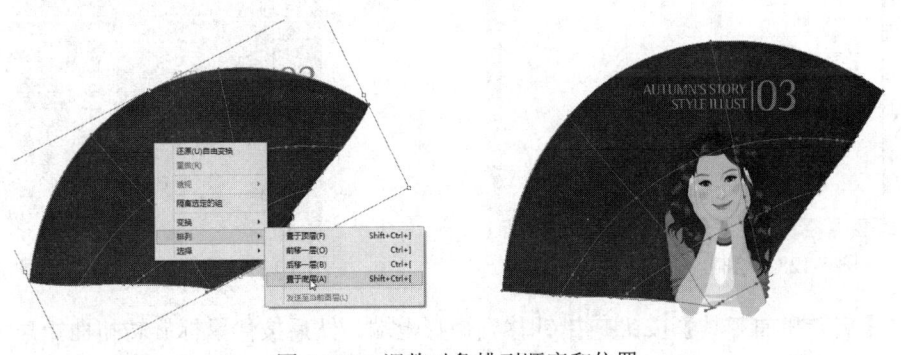

图 5-126 调整对象排列顺序和位置

193

7 选择对象，然后在【控制】面板中单击【编辑内容】按钮，接着为对象设置另外一种填充颜色，以改善插画的颜色搭配效果，如图 5-127 所示。

图 5-127 通过【编辑内容】功能修改对象填充颜色

5.6.3 上机练习 3：制作具有独特创意的心形

本例先绘制一个宽度较小的矩形对象，使用【旋转扭曲工具】扭曲矩形的上部分，然后分别使用【缩拢工具】和【变形工具】变形旋转形状下方的对象，使用【在所选锚点处剪切路径】功能将被变形的对象和未被变形的对象进行剪切处理，再将被变形的对象适当旋转和放大，最后镜像复制出另一个变形对象，将所有对象构建成一个独特形状的心形。

操作步骤

1 新建一个文件，选择【矩形工具】，通过【控制】面板选择填充颜色为【红色】，设置描边为【无】，然后在画板上绘制一个矩形，如图 5-128 所示。

2 双击【工具】面板中的【旋转扭曲工具】按钮，然后在【旋转扭曲工具】对话框中设置工具选项，单击【确定】按钮，如图 5-129 所示。

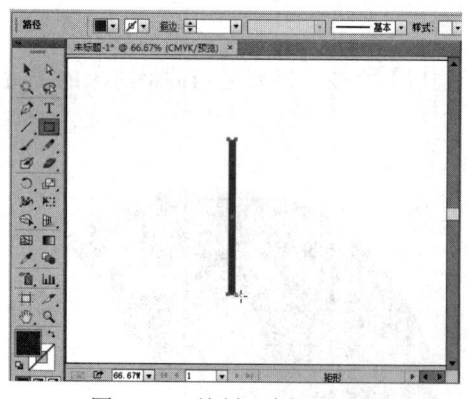

图 5-128 绘制一个矩形对象 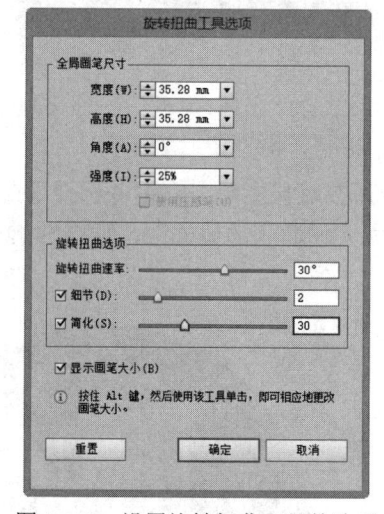　　　　　　图 5-129 设置旋转扭曲工具的选项

3 将【旋转扭曲工具】按钮指针移到矩形上端，然后按住鼠标旋转扭曲矩形上部，接着选择【缩拢工具】，在被变形的形状下方单击，收缩形状，如图 5-130 所示。

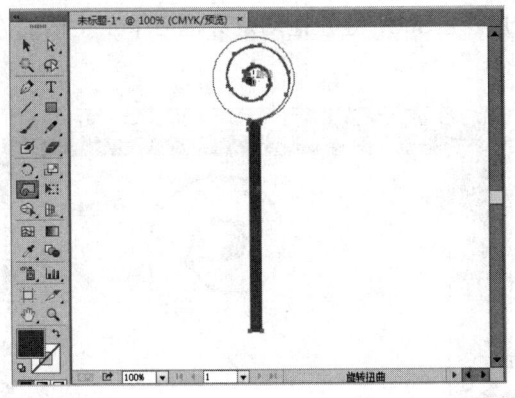

图 5-130　旋转扭曲对象并收缩形状

4 选择【变形工具】，然后在变形后的形状下方向左拖动，修改变形的形状，如图 5-131 所示。

5 使用【直接选择工具】选择对象，再选择对象的变形形状下方的一个锚点，然后在【控制】面板中单击【在所选锚点处剪切路径】按钮，如图 5-132 所示。

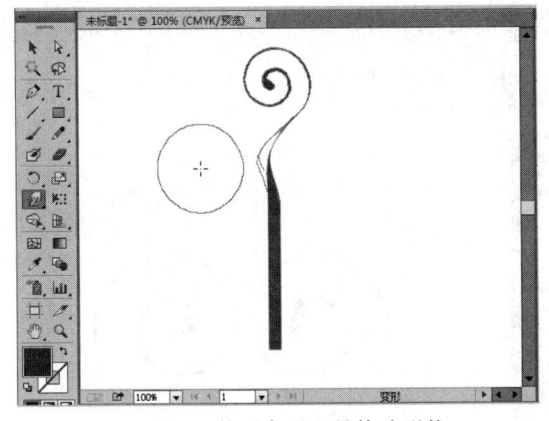

图 5-131　使用变形工具修改形状 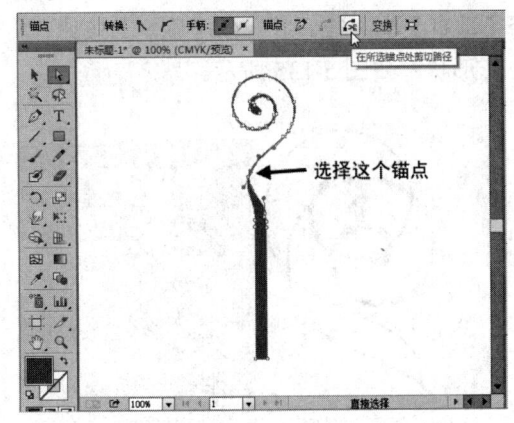　　　　图 5-132　选择对象的锚点并剪切路径

6 剪切路径后，选择下方的形状对象，并按 Delete 键将对象删除，只剩下被变形处理过的形状对象，如图 5-133 所示。

图 5-133　删除多余的对象

195

7 使用【选择工具】选择对象，然后通过按住 Shift 键并拖动定界框右下角手柄的方法放大对象，接着适当旋转对象，如图 5-134 所示。

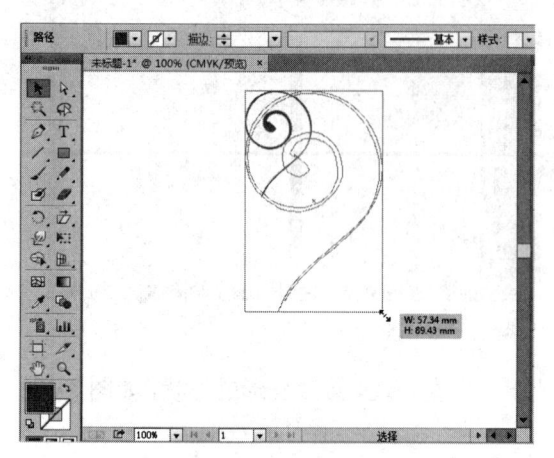

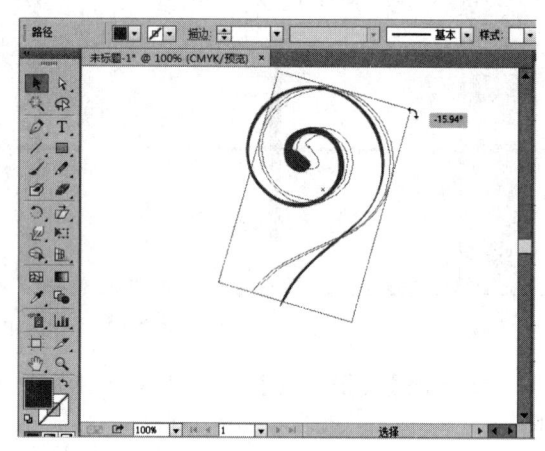

图 5-134 放大并旋转对象

8 复制并粘贴对象，然后选择【对象】|【变换】|【对称】命令，在【镜像】对话框中选择【垂直】单选按钮并单击【确定】按钮，将镜像后的对象放置在原来对象的左侧，构成一个心形形状，如图 5-135 所示。

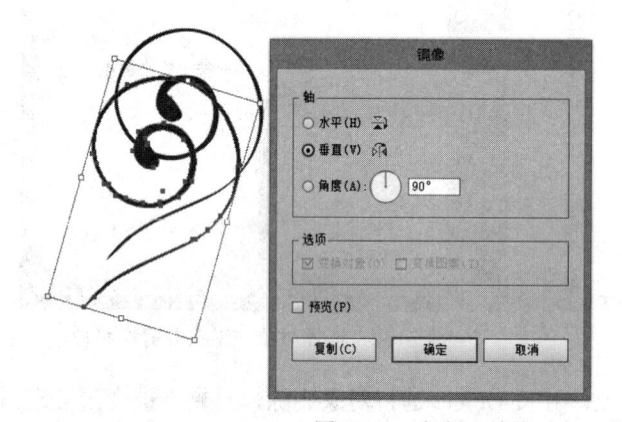

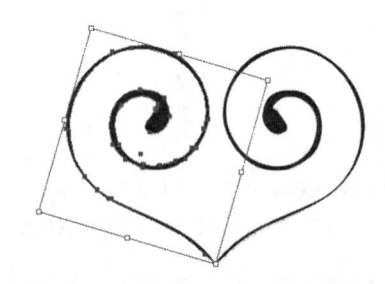

图 5-135 复制和镜像对象，并调整对象位置

5.6.4 上机练习 4：为人像插画绘制博士帽

本例先绘制一个矩形，再进行倾斜处理，然后通过镜像复制出另一个对象，构成博士帽的帽边，接着绘制另一个矩形并创建成 3D 对象，将该对象放置在帽边对象上，制作出一个漂亮的博士帽图形。

操作步骤

1 打开光盘中的 "..\Example\Ch05\5.6.4.ai" 练习文件，选择【矩形工具】，通过【控制】面板选择填充颜色为【渐变 1】，再设置描边为【无】，然后在画板上绘制一个矩形，如图 5-136 所示。

2 选择绘制的矩形对象，选择【倾斜工具】，然后按住鼠标向下拖动倾斜矩形，如图 5-137 所示。

改变与构建对象的形状 ⑤

图 5-136 绘制一个矩形对象

图 5-137 倾斜矩形对象

3 选择倾斜的对象,再选择【对象】|【变换】|【对称】命令,在【镜像】对话框中选择【垂直】单选按钮并单击【复制】按钮,将创建的镜像对象副本与原来倾斜的矩形放置在一起,并移到人像插画上方,如图 5-138 所示。

图 5-138 镜像复制对象并调整对象位置

4 选择【矩形工具】 ▭ ,通过【控制】面板选择填充颜色为【渐变 2】,再设置描边为【无】,然后在画板上绘制一个矩形,如图 5-139 所示。

图 5-139 绘制另一个矩形对象

197

5 选择矩形对象，再选择【效果】|【3D】|【凸出和斜角】命令，然后在【3D 凸出和斜角选项】对话框中设置凸出厚度为 5pt，拖动正方体旋转 3D 对象并单击【确定】按钮，最后将 3D 对象放置在帽边对象上即可，如图 5-140 所示。

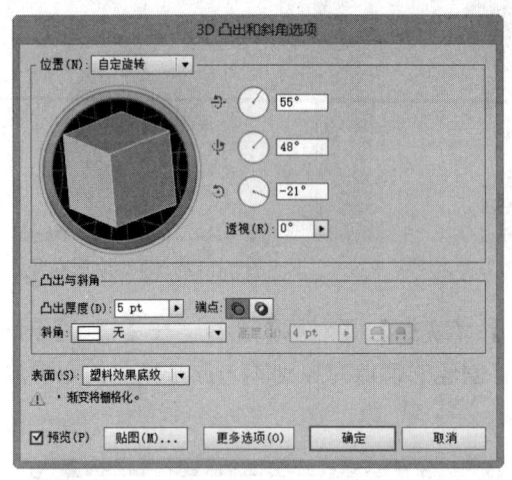

图 5-140　创建 3D 效果并调整 3D 对象的位置

5.6.5　上机练习 5：为 3D 花瓶对象制作贴图

本例先通过【3D 绕转选项】对话框打开【贴图】对话框，然后为 3D 花瓶对象应用【玫瑰花形】符号贴图，接着在【3D 绕转选项】对话框中调整光源位置和光源效果，使 3D 花瓶的三维显示效果更佳。

操作步骤

1 打开光盘中的"..\Example\Ch05\5.6.5.ai"练习文件，选择 3D 对象，再打开【外观】面板，然后单击【3D 绕转（映射）】文字，打开【3D 绕转选项】对话框后，单击【贴图】按钮，如图 5-141 所示。

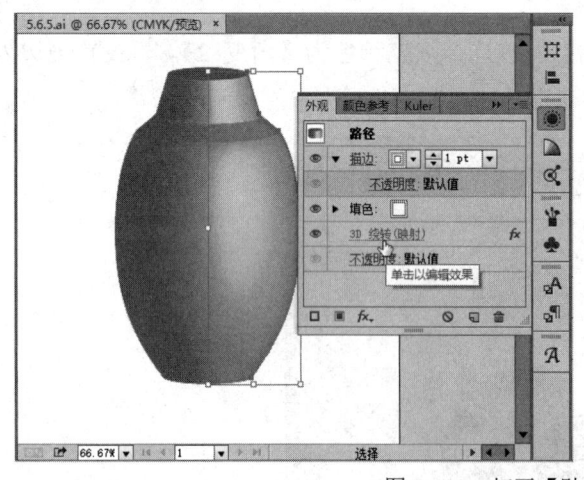

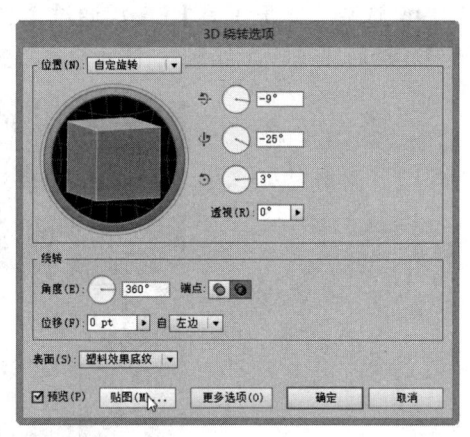

图 5-141　打开【贴图】对话框

2 在【贴图】对话框中单击【下一个表面】按钮选择第 13 个界面，然后打开【符号】列表框并选择【玫瑰花形】符号，如图 5-142 所示。

198

3 选择【玫瑰花形】符号对象并调整位置，然后通过拖动定界框放大符号，单击【确定】按钮，如图 5-143 所示。

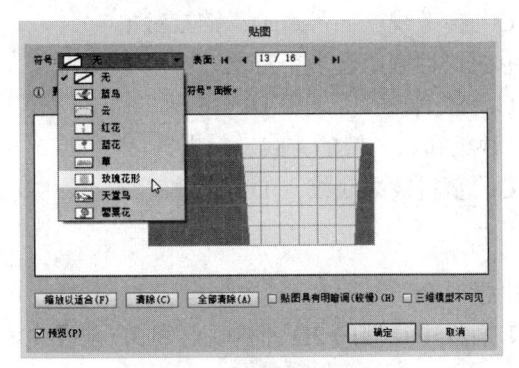

图 5-142　选择贴图的符号　　　　　　　图 5-143　编辑贴图的符号

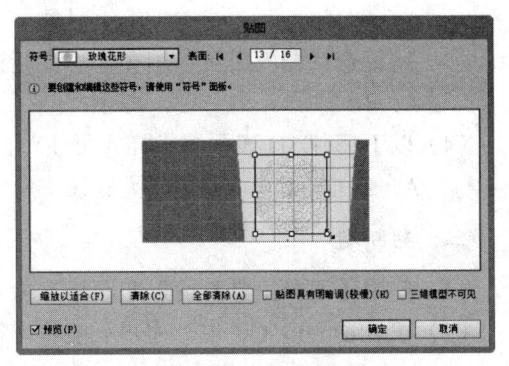

4 在打开的【3D 绕转选项】对话框中单击【更多选项】按钮，然后移动【光源】控制点，调整光源的位置，接着设置其他光源选项，单击【确定】按钮，如图 5-144 所示。

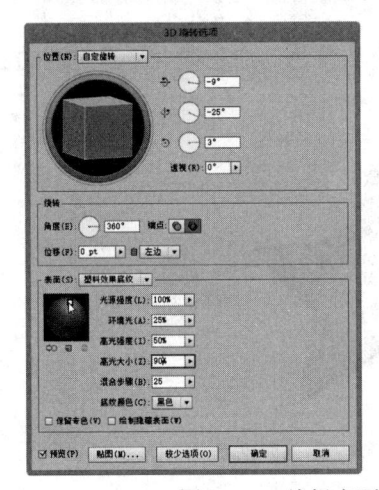

图 5-144　编辑表面渲染光源并查看结果

5.7　评测习题

一、填空题

（1）只要使用【选择工具】选择一个或多个对象，被选对象的周围便会出现一个_____。

（2）_____可以创建可变宽度笔触并将宽度变量保存为可应用到其他笔触的配置文件。

（3）_____是一个用于通过合并或擦除简单形状创建复杂形状的交互式工具。

二、选择题

（1）以下哪个工具可以通过向十字线方向移动控制点的方式收缩对象？　　　（　　）
　　A．膨胀工具　　　B．扇贝工具　　　C．缩拢工具　　　D．变形工具

(2) 封套是对选定对象进行扭曲和改变形状的对象。在 Illustrator 中，用户可以对以下哪种对象应用封套？ （   ）
  A．图表   B．编组对象   C．参考线   D．链接对象
(3) 路径查找器效果可以用多少种交互模式中的一种来组合多个对象？ （   ）
  A．10 种   B．12 种   C．15 种   D．16 种
(4) 以下哪种 3D 表面渲染样式可使对象以一种柔和、扩散的方式反射光？ （   ）
  A．线框   B．无底纹   C．塑料效果底纹   D．扩散底纹

三、判断题

(1) 使用【混合工具】可以在网格对象之间执行混合。 （   ）
(2) 在 Illustrator CC 中，用户只能将【符号】面板中存储的 2D 图稿映射到 3D 对象上。
                           （   ）
(3) 复合形状是可编辑的图稿，由两个或多个对象组成，每个对象都分配有一种形状模式。
                           （   ）

四、操作题

使用练习文件中的五角星形对象，制作一个从黄色到红色混合平滑过渡的五角星图形，结果如图 5-145 所示。

图 5-145　制作五角星图形的结果

操作提示

(1) 打开光盘中的 "..\Example\Ch05\5.7.ai" 练习文件，选择画板上的五角星形对象，然后执行复制和粘贴操作。

(2) 将粘贴生成的五角星形对象选中，再使用【自由变换工具】按住 Shift 键等比例缩小对象，并将该对象放置在大五角星形对象的中心处。

(3) 选择缩小后的五角星形对象，并修改填充颜色为【黄色】。

(4) 选择所有对象，再选择【混合工具】，然后分别单击黄色五角星形对象和红色五角星形对象即可。

第 6 章 创建与应用文字和图表

学习目标

使用 Illustrator CC 提供的多个文字编辑工具,可以在文件中创建水平文字、垂直文字、区域文字和路径文字等内容,还可使用各种面板对文字进行字符和段落设置。另外,通过创建和应用图表,可以以图形的方式呈现各种统计信息。本章将详细介绍在 Illustrator CC 中创建、编辑文字和引用图表的方法。

学习重点

- ☑ 创建各种类型的文字
- ☑ 设置字符格式与段落格式
- ☑ 多种应用文字的技巧
- ☑ 创建和应用图表
- ☑ 设置图表的外观效果

6.1 创建文字

在 Illustrator CC 中提供了【文字工具】、【区域文字工具】、【路径文字工具】、【直排文字工具】、【直排区域文字工具】及【直排路径文字工具】6 种文字创建工具。

其中,【文字工具】和【直排文字工具】用于创建点文字;【区域文字工具】与【直排区域文字工具】用于创建区域文字;【路径文字工具】与【直排路径文字工具】用于创建路径文字。

6.1.1 创建点文字

点文字是指从单击位置开始并随着字符输入而扩展的一行或一列横排或直排文字。每行文字都是独立的。对其进行编辑时,该行将扩展或缩短,但不会换行。这种方式非常适用于在图稿中输入少量文字。

在【工具】面板中选择【文字工具】T或【直排文字工具】IT,当鼠标指针变为一个四周围绕着虚线框的文字插入指针时,即可单击文本行所需的起始位置输入文字,如图 6-1 所示。输入完毕后,可以单击【工具】面板中的【选择工具】,或者按住 Ctrl 键并单击文字。

6.1.2 创建区域文字

区域文字(也称为段落文字)是指利用对象边界来控制字符排列(既可横排也可直排)。当文字触及边界时会自动换行,以落在所定义区域的外框内。当要创建包含一个或多个段落的文字(如用于宣传册之类的印刷品)时,这种输入文字的方式相当有用。

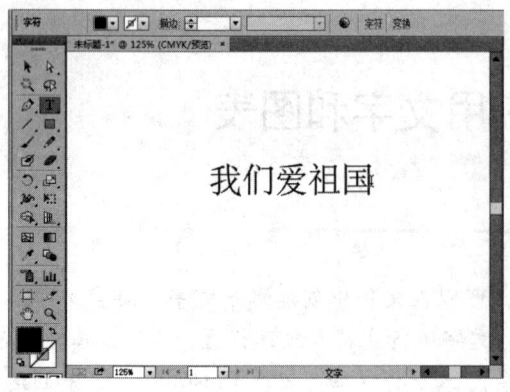

图 6-1　创建点文字

创建区域文字的方法如下：

方法 1　先绘制一个要用作边框区域的对象，然后在【工具】中选择【区域文字工具】▦或【直排区域文字工具】▦。单击对象路径上的任意位置，将现有形状转换为文字区域，如图 6-2 所示。输入文字（按 Enter 键输入新的段落）。输入完毕后，单击【工具】中的【选择工具】▸即可，如图 6-3 所示。

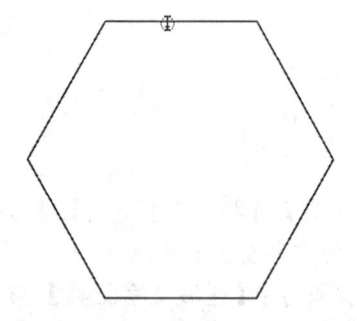

图 6-2　将现有形状转换为文字区域　　　图 6-3　输入区域文本的结果

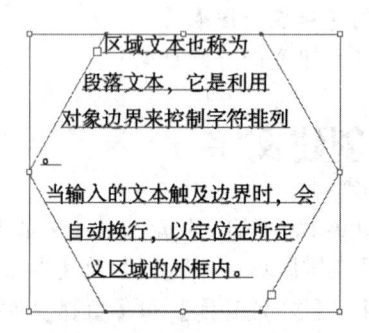

方法 2　直接使用【文字工具】▦或【直排文字工具】▦在文档窗口中沿对角拖动，绘制矩形定界区域，然后以与方法 1 同样的方法输入文本并结束输入即可，如图 6-4 所示。

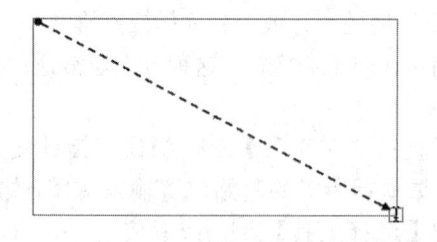

图 6-4　拖动绘制矩形定界区域并输入的区域文本

6.1.3　创建路径文字

路径文字是指沿着开放或封闭的路径排列的文字。当水平输入文字时，字符的排列会与基线平行，当垂直输入文字时，字符的排列会与基线垂直。无论是哪种情况，文字都会沿路径点添加到路径上的方向来排列。

创建路径文字的方法为：在【工具】中选择【路径文字工具】▦或【直排路径文字工具】

◁。单击对象路径上的任意位置，然后输入文字，如图6-5所示。输入完毕后，单击【工具】中的【选择工具】▶即可，如图6-6所示。

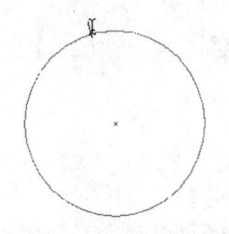

图6-5 在路径上单击制定输入点

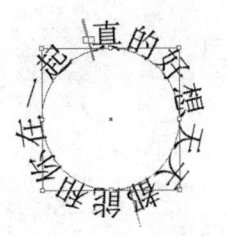

图6-6 在路径上输入文字的结果

如果输入的文字长度超过路径的容许量，则文字溢出的位置会出现一个内含加号（+）的小方块，如图6-7所示。

此时只需单击该加号，在页面的空白区域单击扩展路径，即可显示溢出的文本，如图6-8所示。

图6-7 文本溢出时的效果

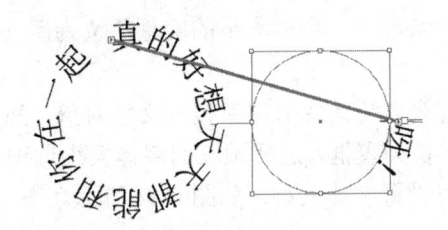

图6-8 显示溢出的文本

6.2 设置字符与段落格式

在 Illustrator 中，可以使用【字符】面板和【段落】面板设置字符和段落文字的格式，或者直接通过【控制】面板设置字符和段落格式。

6.2.1 字体和字体样式

- 字体：是指由一组具有相同粗细、宽度和样式的字符（包括字母、数字和符号）构成的完整集合。
- 字体样式：是指由具有相同整体外观的字体构成的集合。

如果要设置字体，可以在【字符】面板或者【控制】面板中打开【字体】下拉列表框，接着选择合适的字体即可，如图6-9所示。

如果要设置字体样式，可以打开【字体样式】下拉列表框，再选择合适的字体样式，如图6-10所示。

> 如果在未选择任何文本时更改设置文本字体及字体样式，则字体会应用于即将创建的新文本。另外，在为文本选择不同字体时，【字体样式】下拉列表框中会显示不同的选项。部分的中文字体不支持字体样式，即【字体样式】下拉列表框中无任何选项。

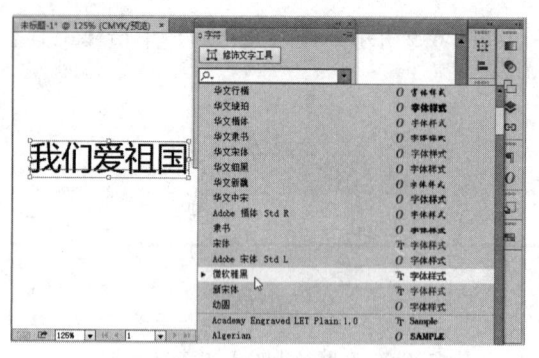

图 6-9　设置文字的字体　　　　　　　　　　图 6-10　设置字体样式

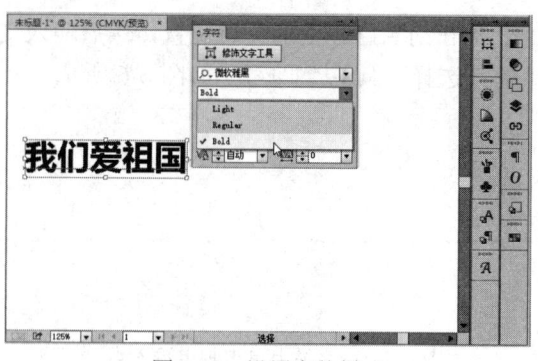

6.2.2　大小和颜色

1．设置文字大小

默认情况下，字体大小的度量单位为磅（pt），可指定介于 0.1～1296 磅之间的任意字体大小。

选择需要更改字号的字符或文字对象，然后在【字符】面板或【控制】面板中打开【字体大小】下拉列表框，选择预设的字体大小选项，或者直接在【字体大小】文字区域中直接输入数值即可设置字体大小，如图 6-11 所示。

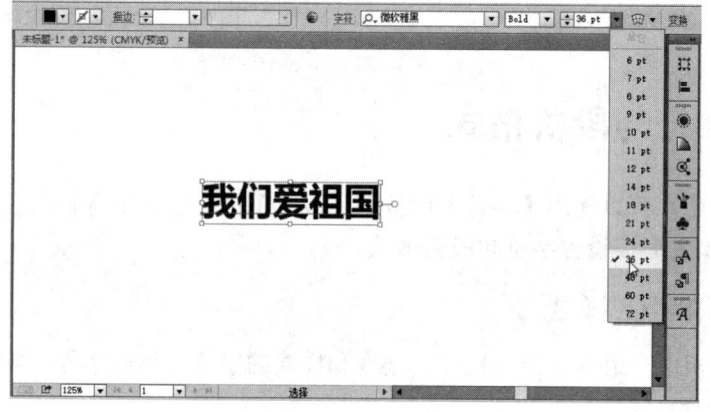

图 6-11　设置字体大小

> 按 Shift+Ctrl+>键可增大所选文本的字号。按 Shift+Ctrl+<键可减小所选文本的字号。

2．设置文字颜色

默认情况下，文字以黑色填充，无描边色。

如果要设置文字的颜色，可以选择需要更改颜色的字符或文字对象，然后在【控制】面板中打开【填色】面板，选择所需的填充颜色，如图 6-12 所示。

如果要为文字添加描边，可以在【控制】面板中设置描边的粗细，然后打开【描边】面板，再选择所需描边颜色，如图 6-13 所示。

图 6-12　设置文字的填充颜色 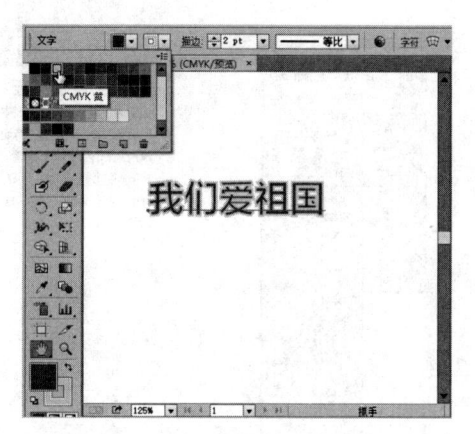　　　　　　图 6-13　设置文字的描边粗细和颜色

6.2.3　行距和字距

行距是指各文字行间的垂直间距，字距是指各字符间的水平间距。

1．设置行距

选择要更改的字符或文字对象，然后在【控制】面板中单击【字符】文字，打开【字符】面板后，在【设置行距】微调框中输入新的行距数值，或者打开列表框选择预设的行距选项，如图 6-14 所示。

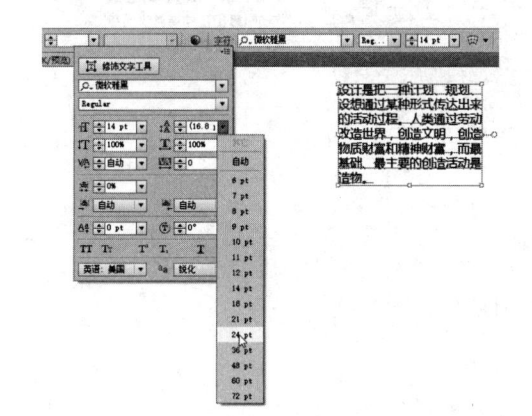

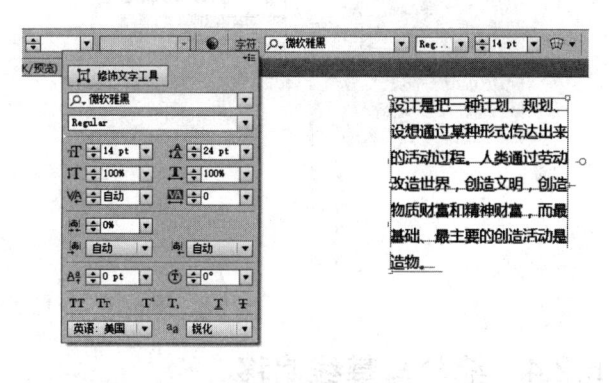

图 6-14　设置文字的行距

> 按 Alt+↓ 键，可增大所选文本的行距。按 Alt+↑ 键，可减小所选文本的行距。

2．设置字距

字距的设置包括字距微调与字距调整。字距微调是指增加或减少特定字符对之间的间距的过程，而字距调整是指放宽或收紧所选文本或整个文字区域中字符之间间距的过程。

（1）设置字距微调：在【工具】面板中选择【文字工具】或【直排文字工具】，然后选择字符或在需要更改字距的两个字符之间单击放置一个插入点，接着在【字符】面板中的【字距微调】微调框中输入数值或选择预设选项即可，如图 6-15 所示。

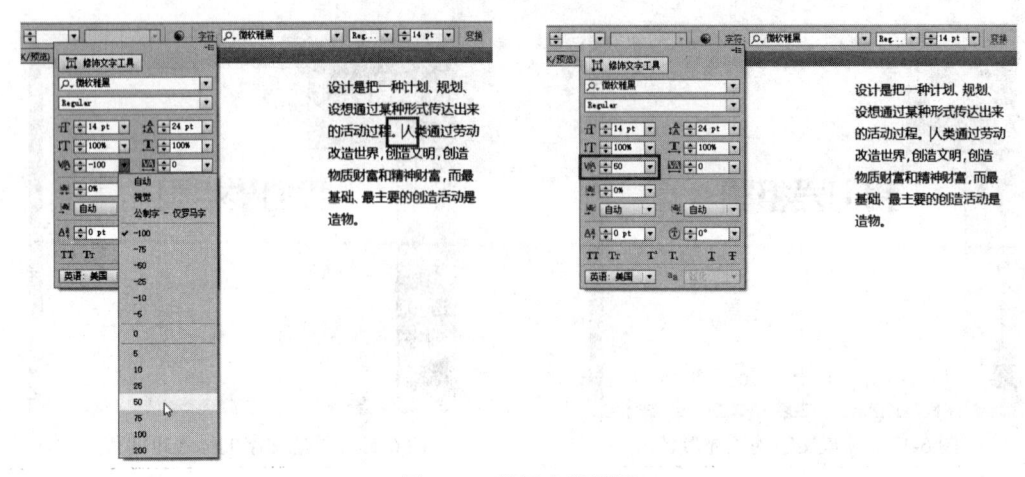

图 6-15　设置字距微调

（2）字距调整：选择要调整的字符范围或文字对象，然后在【字符】面板中的【字距调整】微调框中输入数值或选择预设选项即可，如图 6-16 所示。

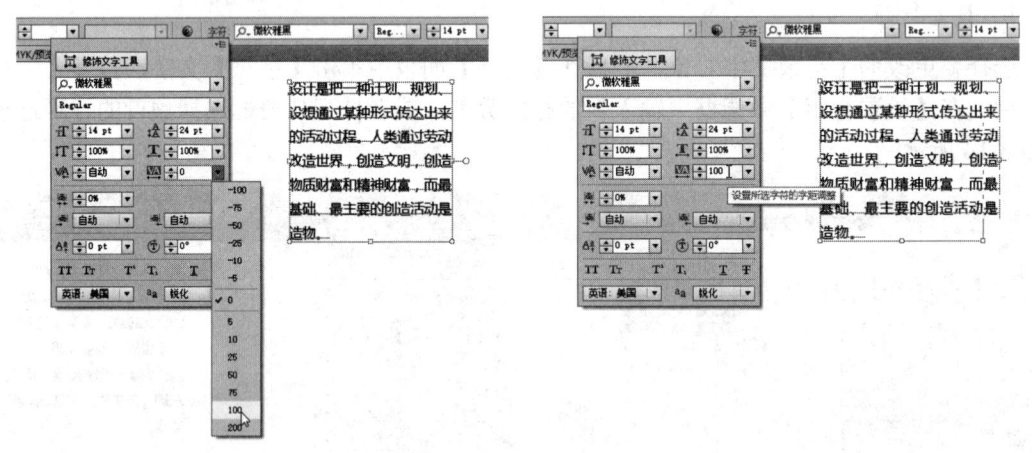

图 6-16　设置字距调整

6.2.4　缩放与基线偏移

1. 水平缩放和垂直缩放

在【字符】面板中可以相对字符的原始宽度和高度，指定文字宽度和高度的比例。

在【水平缩放】微调框中输入百分比数值可水平缩放字符，当数值为 100%时表示未对其进行缩放；数值小于 100%时表示在该方向上对字符进行缩小变形；数值大于 100%时表示在该方向上对字符进行放大变形。

在【垂直缩放】微调框中输入百分比数值可垂直缩放字符，其缩放方式与水平缩放相似。如图 6-17 所示即为水平缩放与垂直缩放字符的效果。

图 6-17　水平和垂直缩放字符的效果

2．设置基线偏移

在【字符】面板中，使用【基线偏移】功能可相对于周围文本的基线上下移动所选字符。

选择要更改的字符或文字对象，在【字符】面板中的【基线偏移】微调框中输入数值（输入正值表示将字符上移，输入负值表示将字符下移），最后按 Enter 键完成设置即可设置基线偏移，如图 6-18 所示。

图 6-18 设置基线偏移制作上标和下标效果

6.2.5 对齐段落文字

1．打开【段落】面板

当选择段落文字对象后，在【控制】面板中单击带下划线的蓝色文字【段落】，即可打开【段落】面板，如图 6-19 所示。

2．设置对齐方式

在【段落】面板中提供了多种对齐文本的方式，如左对齐、居中对齐、右对齐、两端对齐等。

- 【左对齐】按钮：单击该按钮，可使选择的段落文字中各行文字以靠左方式对齐。默认情况下，段落文字使用这种对齐方式。
- 【居中对齐】按钮：单击该按钮，可使选择的段落文字中各行文字以居中对齐，如图 6-20 所示。
- 【右对齐】按钮：单击该按钮，可使选择的段落文字中各行文字以右边缘对齐，如图 6-21 所示。

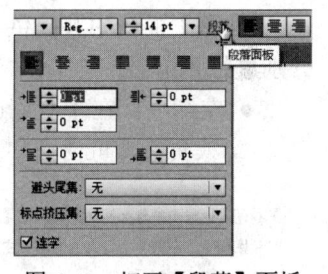

图 6-19 打开【段落】面板

图 6-20 居中对齐文本

图 6-21 右对齐文本

- 【两端对齐，末行左对齐】按钮：单击该按钮，可使选择的段落文字除最后一行左对齐外，其他各行的左右边缘对齐，如图 6-22 所示。
- 【两端对齐，末行居中对齐】按钮：单击该按钮，可使选择的段落文字除最后一行居中对齐外，其他各行的左右边缘对齐，如图 6-23 所示。

图 6-22 两端对齐，末行左对齐文本

图 6-23 两端对齐，末行居中对齐文本

- 【两端对齐，末行右对齐】按钮：单击该按钮，可使选择的段落文字除最后一行右对齐外，其他各行的左右边缘对齐，如图6-24所示。
- 【全部两端对齐】按钮：单击该按钮，可使选择的文本中各行文字的左右边缘对齐，如图6-25所示。

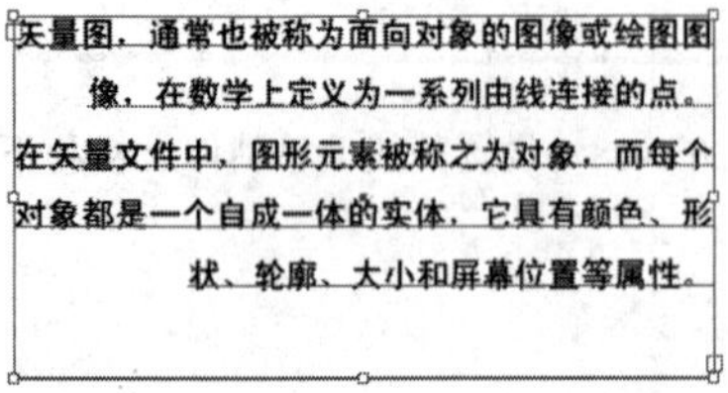

图 6-24　两端对齐，末行右对齐文本 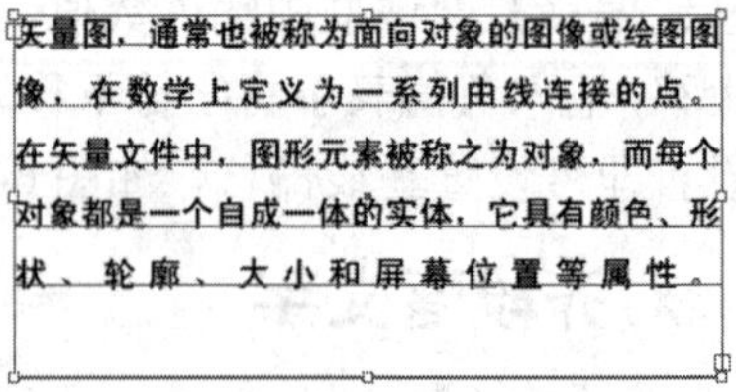　　　　图 6-25　全部两端对齐文本

6.2.6　段落缩进

缩进是指文本和文字对象边界间的间距量。

【段落】面板中共提供了3种段落缩进方式，包括左缩进、右缩进以及首行左缩进。下面分别进行介绍。

- 左缩进：在【左缩进】微调框中输入正值，可使文字左边界与文字区域距离增大；输入负值，可使文字左边界与文字区域距离缩小，如图6-26所示。

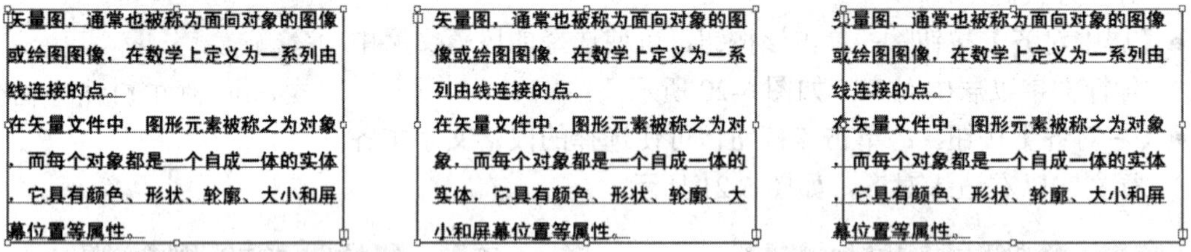

无缩进　　　　左缩进量为30pt时的效果　　　　左缩进量为-20pt时的效果

图 6-26　左缩进段落文字

- 右缩进：在【右缩进】微调框中输入正值，可使文字右边界与文字区域距离增大；输入负值，可使文字右边界与文字区域距离缩小，如图6-27所示。

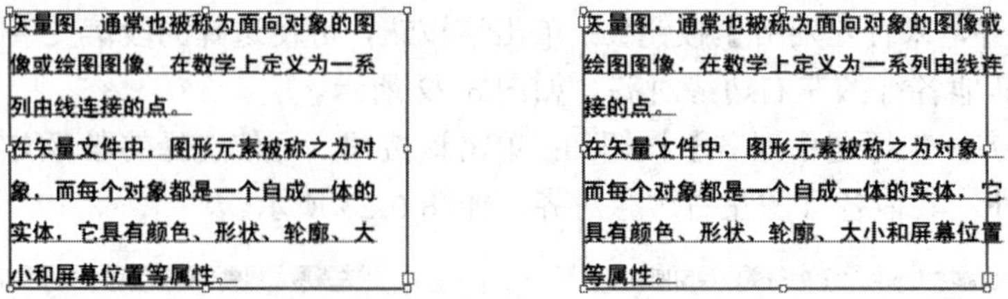

右缩进量为20pt时的效果　　　　右缩进量为-30pt时的效果

图 6-27　右缩进段落文字

- 首行左缩进：在【首行左缩进】微调框中输入正值，可使首行文字左边界与文字区域距离增大；输入负值，可使首行文字左边界与文字区域距离缩小，如图6-28所示。

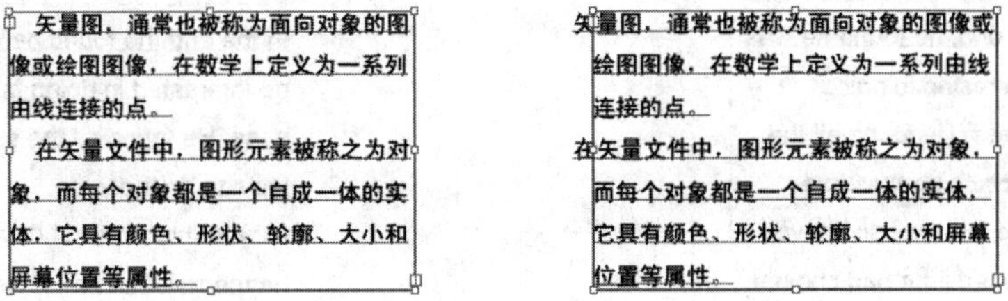

首行缩进量为40pt时的效果　　　　　首行缩进量为-30pt时的效果

图 6-28　首行左缩进段落文字

6.2.7　段落格式其他选项

在【段落】面板中除了可以设置段落对齐方式及缩进效果外，还提供了其他若干选项，如设置段前及段后间距、使用避头尾及标点积压及设置自动连字等。

- 段前间距：在需要更改的段落中插入光标，接着在该微调框中输入正值或负值，可增加或减小该段落与上一段落之间的间距，如图 6-29 所示。

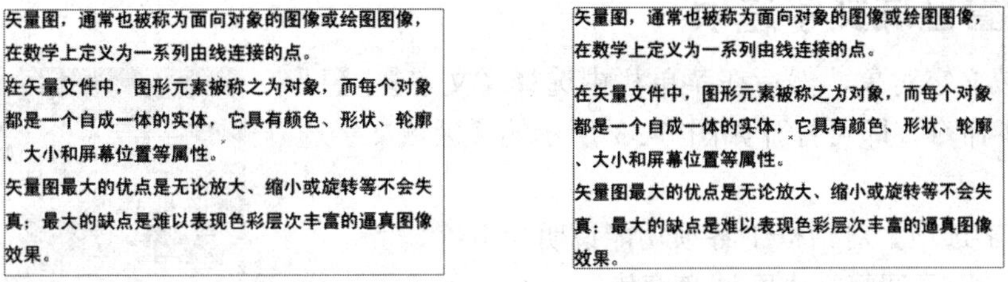

图 6-29　增加该段落与上一段落之间的间距

- 段后间距：在需要更改的段落中插入光标，接着在该微调框中输入正值或负值，可增加或减小该段落与下一段落之间的间距，如图 6-30 所示。

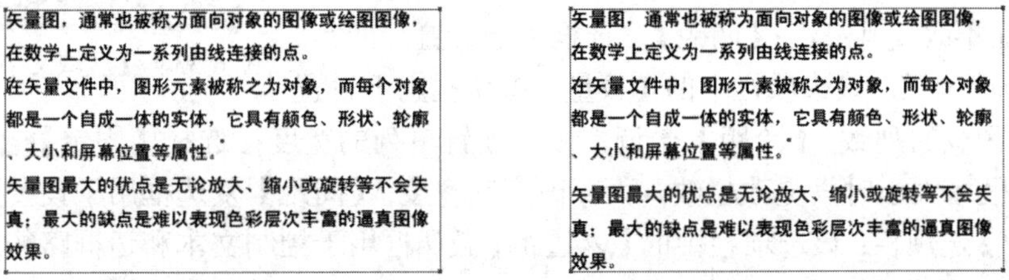

图 6-30　增加该段落与下一段落之间的间距

- 避头尾集：在该下拉列表框中可指定中文或日文文本的换行方式及对避头尾进行相关设置。
- 标点积压：在该下拉列表框中可指定亚洲字符、罗马字符、标点符号、特殊字符、行首、行尾和数字之间的间距，确定中文或日文排版方式，以及对标点积压进行相关设置。
- 【连字】复选框：该复选框是针对英文单词进行设置的。选择该复选框，表示允许使用连字符连接单词。例如，当单词在一行中不能完全显示时，会将无法显示的部分字母转移到下一行，并且单词分隔处会自动添加一连字符，如图 6-31 与图 6-32 所示。

209

图 6-31　未使用连字时的效果　　　　　　　　图 6-32　使用连字时的效果

6.3　文字的高级应用

在 Illustrator CC 中，可以对区域文字进行设置，包括为区域文字进行分栏设置、串接文字、设置制表符以及制作文绕图效果等。

6.3.1　设置区域文字选项

选择区域文字对象，然后在菜单栏中选择【文字】|【区域文字选项】命令，即可打开如图 6-33 所示的【区域文字选项】对话框。

【区域文字选项】对话框中各项功能说明如下：

- 宽度：用于调整文本区域宽度值。
- 高度：用于调整文本区域高度值。
- 【行】选项栏：该选项栏中的【数量】微调框用于设置文本区域的行数；【跨距】微调框用于设置单行的高度；选择【固定】复选框，可在调整区域大小时只更改行数，而不改变其高度；【间距】复选框用于设置行间距。

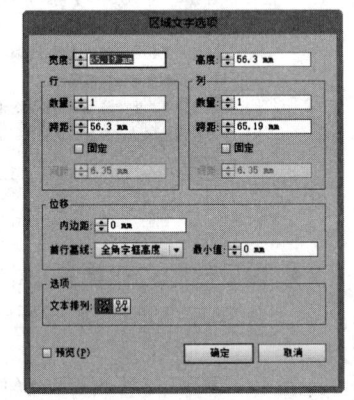

图 6-33　【区域文字选项】对话框

- 【列】选项栏：该选项栏中的【数量】微调框用于设置文本区域的列数；【跨距】微调框用于设置单列的宽度；选择【固定】复选框，可在调整区域大小时只更改栏数，而不改变其宽度；【间距】复选框用于设置列间距。
- 【位移】选项栏：该选项栏中的【内边距】微调框用于控制文本和边框路径之间的边距；【首行基线】下拉列表框用于选择第一行文本与对象顶部的对齐方式；【最小值】微调框用于指定基线位移的最小值。
- 【选项】选项栏：在该选项栏中提供了两种文本排列方式。单击【按行】按钮，可使文本按行从左至右进行排列；单击【按列】按钮，可使文本按列从左至右进行排列。

动手操作　制作区域文字的分栏效果

1　打开光盘中的"..\Example\Ch06\6.3.1.ai"练习文件，选择画板上的区域文字对象，再选择【文字】|【区域文字选项】命令，如图 6-34 所示。

2　在【区域文字选项】对话框中设置列的数量为 3，再设置内边距为 5mm，然后单击【确定】按钮，如图 6-35 所示。

图 6-34 打开【区域文字选项】对话框　　　　图 6-35 设置区域文字选项

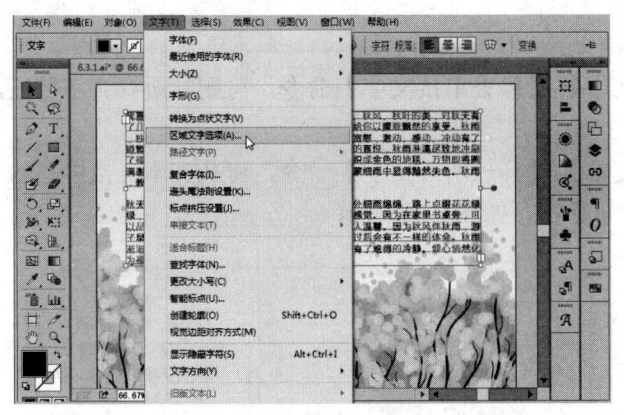

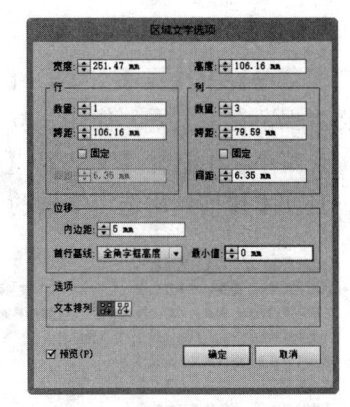

3 设置区域文字选项后，原来的区域框不足以显示全部文字，因此需要通过向下拖动区域下边框手柄来扩大文字区域，如图 6-36 所示。

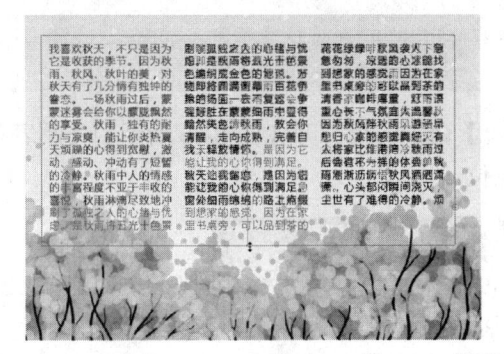

图 6-36 调整文字区域的大小

6.3.2 区域文字的串接

在 Illustrator CC 中，除了可以将路径文字中隐藏的文字链接至扩展路径以外，还可使用【选择工具】 对区域文字框进行调整，以及将隐藏的文字串接到其他自定文字区域中。

1. 创建串接

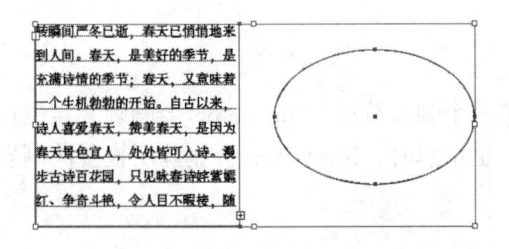

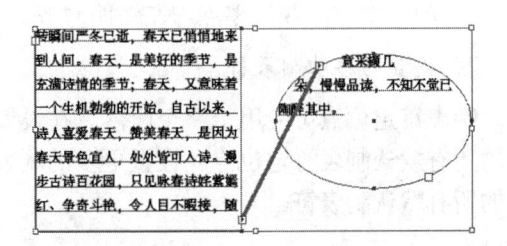

要将隐藏的区域文字串接到其他自定文字区域中，可先使用【选择工具】 单击区域文字对象，然后在按住 Shift 键的同时选择要串接到的一个或多个对象，接着在菜单栏中选择【文字】|【串接文本】|【创建】命令，即可将隐藏的文字内容转移至自定文字区域中，如图 6-37 所示。

图 6-37 将隐藏的区域文字串接到新文字区域中

211

2. 移去与释放串接文字

在菜单栏中选择【文字】|【串接文本】|【移去串接文字】命令，可删除所有文字链接，且文本保留在原位置，如图 6-38 所示。

在菜单栏中选择【文字】|【串接文本】|【释放所选文字】命令，可从文本链接中释放对象，且文本排列到所选文本框的下一个对象中，如图 6-39 所示。

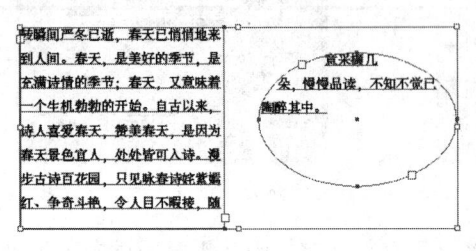

图 6-38　移去串接文字后的效果 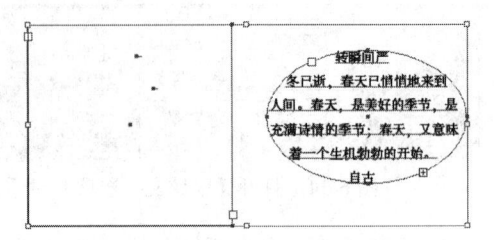　　　　　　图 6-39　释放所选文字后的效果

6.3.3　为文字设置制表符

1.【制表符】面板

在菜单栏中选择【窗口】|【文字】|【制表符】命令，可打开如图 6-40 所示的【制表符】面板，在该面板中可设置段落或文字对象的制表位。

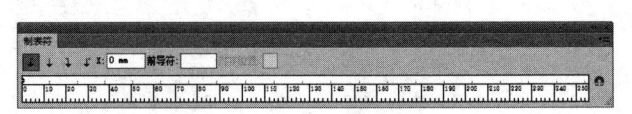

图 6-40　【制表符】面板

【制表符】面板中各项功能参数的说明如下：

- 制表符对齐按钮组：其中提供了【左对齐制表符】按钮、【居中对齐制表符】按钮、【右对齐制表符】按钮及【小数点对齐制表符】按钮，单击相应的制表符对齐按钮，可以指定相对于制表符位置来对齐文本的方式。
- X/Y：在该文本框中可输入数值，以确定制表符定位点的位置。
- 前导符：在该文本框中可输入一种最多含 8 个字符的模式，用于设定制表符和后续文字之间的一种重复性字符模式。
- 对齐位置：若使用小数点对齐制表符，可在该文本框中输入任何字符，并以指定字符对齐制表符。
- 【将面板置于文本上方】按钮：单击该按钮，则【制表符】面板将移到选定文字对象的正上方，并且零点与左边距对齐。

2. 设置与移动制表符

制表符定位点可应用于整个段落。在设置第一个制表符时，Illustrator 会删除其定位点左侧的所有默认制表符定位点。设置更多的制表符定位点时，Illustrator 会删除所设置的制表符间的所有默认制表符。

动手操作　设置与移动制表符

1 在段落中插入光标，或选择要为对象中所有段落设置制表符定位点的文字对象。

2 在【制表符】面板中，单击一个制表符对齐按钮，指定相对于制表符位置来对齐文本的方式：

- 左对齐制表符：靠左对齐横排文本，右边距可因长度不同而参差不齐。
- 居中对齐制表符：按制表符标记居中对齐文本。
- 右对齐制表符：靠右对齐横排文本，左边距可因长度不同而参差不齐。
- 底对齐制表符：靠下边缘对齐直排文本，上边距可参差不齐。
- 顶对齐制表符：靠上边缘对齐直排文本，下边距可参差不齐。
- 小数点对齐制表符：将文本与指定字符（如句号或货币符号）对齐放置。在创建数字列时，此选择尤为有用。

3 执行下列操作之一可以设置制表符：

- 单击定位标尺上的某个位置以放置新的制表位，如图 6-41 所示。
- 在 X 框（适用于横排文本）或 Y 框（适用于直排文本）中键入一个位置数值。如果选定了 X 或 Y 值，则按上、下箭头键，分别增加或减少制表符的值（增量为 1 点）。

4 重复步骤 2 和步骤 3，添加其他制表符定位点，如图 6-42 所示。

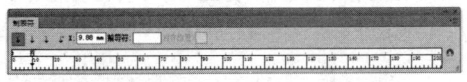

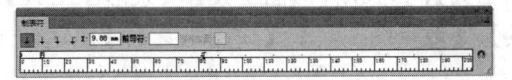

图 6-41　设置制表符　　　　　　　图 6-42　设置其他制表符

5 执行下列操作之一可以移动制表符：

（1）在 X 框中（适用于横排文本）或 Y 框中（适用于直排文本）键入一个新位置，并按 Enter 键。

（2）将制表符拖动到新位置，如图 6-43 所示。

（3）要同时移动所有制表位，可按住 Ctrl 键并拖动制表符。

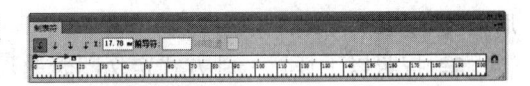

图 6-43　移动制表符

6.3.4　制作文绕图排列效果

1．建立文本绕排

使用【选择工具】将需要制作绕排效果的文字和图形对象同时选中，然后在菜单栏中选择【对象】|【文本绕排】|【建立】命令即可，如图 6-44 所示。

图 6-44　制作文绕图的效果

2．释放文本绕排

在菜单栏中选择【对象】|【文本绕排】|【释放】命令，可使文字不再绕排在图形对象周围。

3．设置文本绕排选项

在菜单栏中选择【对象】|【文本绕排】|【文本绕排选项】命令，打开【文本绕排选项】对话框，在该对话框中的【位移】微调框中可指定文本和绕排对象之间的间距大小；选择【反向绕排】复选框可围绕图形对象反向绕排文本，如图 6-45 所示。

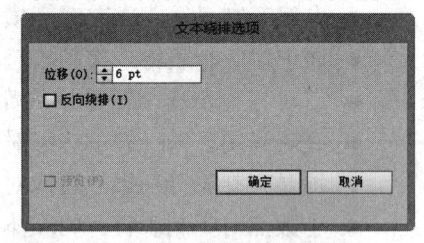

图 6-45　设置文本绕排选项

6.4　创建和应用图表

在 Illustrator 中，可以创建 9 种不同类型的图表并自定这些图表以满足需要。在【工具】面板中长按【柱形图工具】按钮，即可打开如图 6-46 所示的工具组面板，其中包括【柱形图工具】、【堆积柱形图工具】、【条形图工具】、【堆积条形图工具】、【折线图工具】、【面积图工具】、【散点图工具】、【饼图工具】、【雷达图工具】等。

6.4.1　创建和编辑图表

1．创建图表

动手操作　创建图表

1 选择一个图表工具。最初使用的工具确定了 Illustrator 生成的图表类型，但是可以于日后方便地更改图表的类型。

2 按照以下任意一种方式定义图表的尺寸：

（1）从图表开始的角沿对角线向另一个角拖动，如图 6-46 所示。按住 Alt 键拖移可从中心绘制；按住 Shift 键可将图表限制为一个正方形。

（2）单击要创建图表的位置，再输入图表的宽度和高度，然后单击【确定】按钮。定义的尺寸是图表的主要部分，并不包括图表的标签和图例。

3 在【图表数据】窗口中输入图表的数据（输入数据的更多介绍请看下文），如图 6-47 所示。图表数据必须按特定的顺序排列，该顺序根据图表类型的不同而变化。

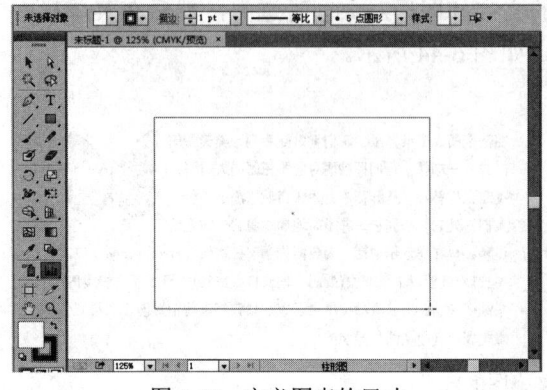

图 6-46　定义图表的尺寸　　　　图 6-47　输入图表的数据

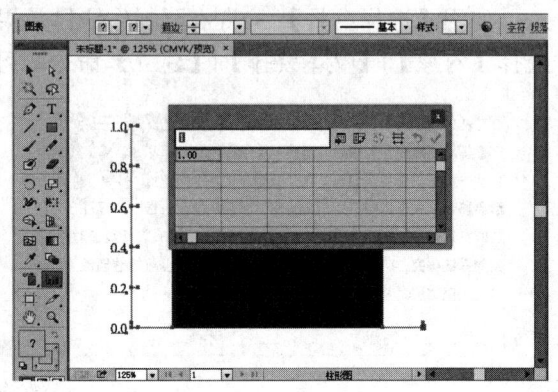

4 单击【图表数据】窗口中的【应用】按钮☑，或者按数字键盘上的 Enter 键，即可创建图表，如图 6-48 所示。

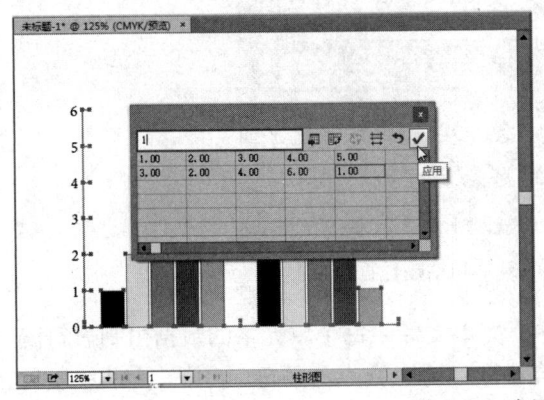

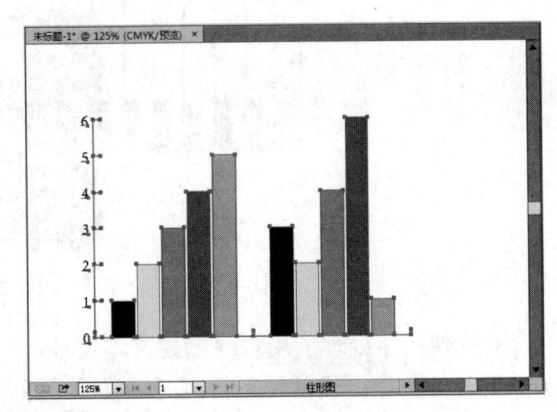

图 6-48 应用数据创建出图表

2．输入图表数据

在创建图表时，可以使用【图表数据】窗口来输入图表的数据，如图 6-49 所示。

动手操作 输入图表数据

1 要为现有图表显示【图表数据】窗口，可以使用【选择工具】选择整个图表，然后选择【对象】|【图表】|【数据】命令。

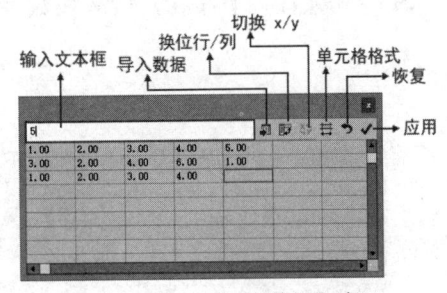

图 6-49 【图表数据】窗口

2 按下列任一方式输入数据：

（1）选择工作表中的单元格，在窗口顶部的文本框中输入数据。按 Tab 键可以输入数据并选择同一行中的下一单元格；按 Enter 键可以输入数据并选择同一列中的下一单元格；使用箭头键可以从一个单元格移动到另一个单元格；或者只需单击另一个单元格即可将其选定。

（2）从电子表格应用程序（如 Microsoft Excel）中复制数据，然后在【图表数据】窗口中单击将要粘贴数据的左上单元格的单元格，再选择【编辑】|【粘贴】命令，如图 6-50 所示。

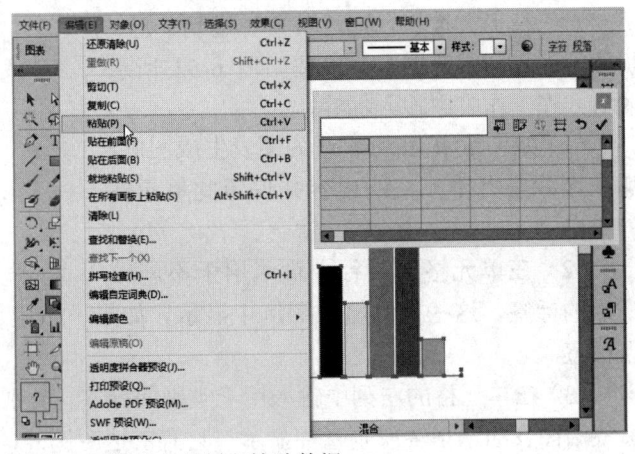

图 6-50 从电子表格应用程序中复制和粘贴数据

215

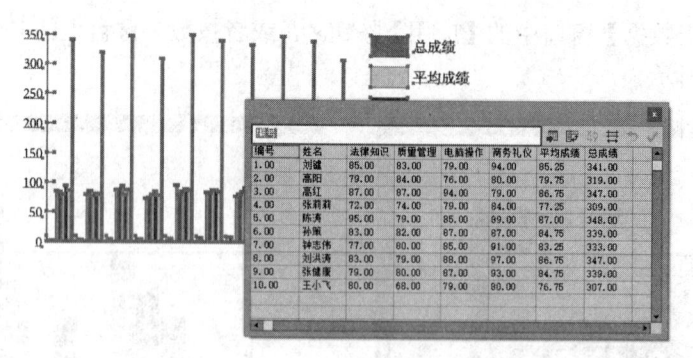

图 6-50　从电子表格应用程序中复制和粘贴数据（续）

（3）使用字处理应用程序创建文本文件，在这个文本文件中每个单元格的数据由制表符隔开，每行的数据由段落回车符隔开（数据只能包含小数点或小数点分隔符，否则，无法绘制此数据对应的图表），然后在【图表数据】窗口中，单击将导入数据的左上单元格的单元格，再单击【导入数据】按钮 并选择文本文件即可，如图 6-51 所示。

3 单击【应用】按钮，或者按数字键盘上的 Enter 键，可以重新生成图表。

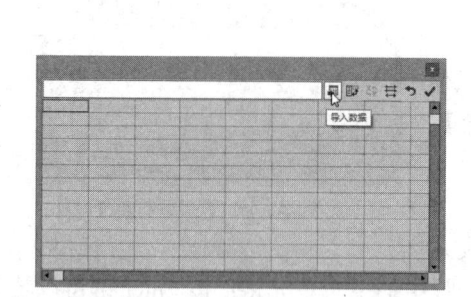

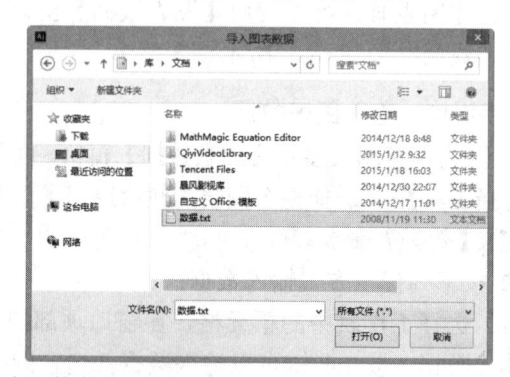

图 6-51　从文本文件中导入数据

3．使用图表标签和数据组

标签是说明下面两方面的文字或数字：要比较的数据组和要比较的它们的种类。

对于柱形、堆积柱形、条形、堆积条形、折线、面积和雷达图，可以按如图 6-52 所示的方式在工作表中输入标签。

（1）如果希望 Illustrator 为图表生成图例，那么删除左上单元格的内容并保留此单元格为空白。

（2）在单元格的顶行中输入用于不同数据组的标签，这些标签将在图例中显示。如果不希望 Illustrator 生成图例，则不要输入数据组标签。

图 6-52　在工作表中输入标签

（3）在单元格的左列中输入用于类别的标签。类别通常为时间单位，如日、月或年。这些标签沿图表的水平轴或垂直轴显示，只有雷达图例外，它的每个标签都产生单独的轴。

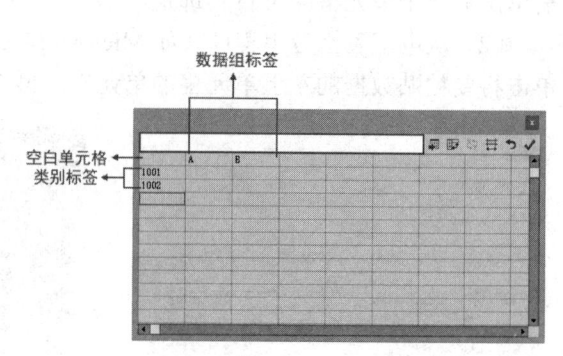

（4）要创建只包含数字的标签，可用直式双引号将数字引起来。例如，输入"1996"即表示将年份 1996 用作标签。

（5）要在标签中创建换行，可使用竖线键将每一行分隔开。例如，输入【总分|科目|年份】可以创建如图 6-53 所示的图表标签。

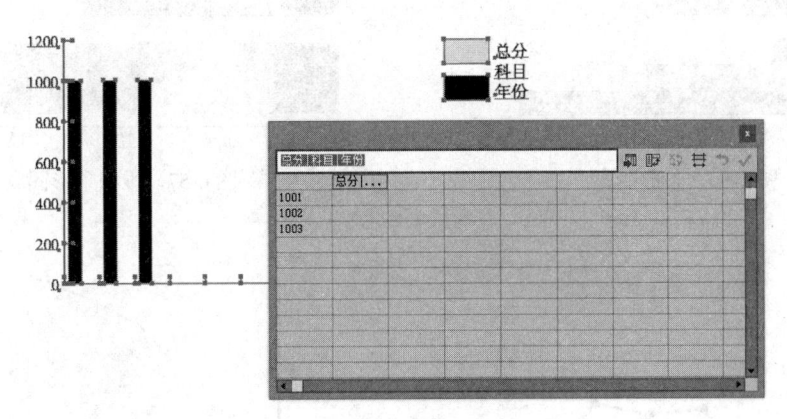

图 6-53　在标签中创建换行

4．图表工具作用与效果概述

（1）柱形图工具：可创建使用垂直柱形来比较数值的图表，如图 6-54 所示。

（2）堆积柱形图工具：可创建与柱形图类似的图表，它将柱形堆积起来，而不是互相并列，如图 6-55 所示。这种图表类型可用于表示部分和总体的关系。

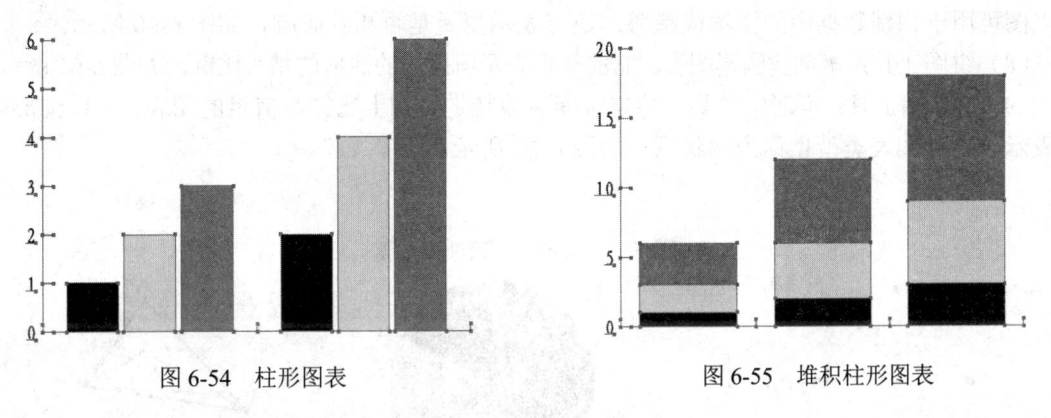

图 6-54　柱形图表　　　　　图 6-55　堆积柱形图表

（3）条形图工具：可创建与柱形图类似的图表，水平放置条形而不是垂直放置柱形，如图 6-56 所示。

（4）堆积条形图工具：可创建与堆积柱形图类似的图表，条形是水平堆积而不是垂直堆积，如图 6-57 所示。

（5）折线图工具：可创建使用点来表示一组或多组数值的图表，并且每组中的点都采用不同的线段连接。这种图表类型通常用于表示在一段时间内一个或多个主题的趋势，如图 6-58 所示。

（6）面积图工具：可创建与折线图类似的图表，它强调的是数值的整体变化情况，如图 6-59 所示。

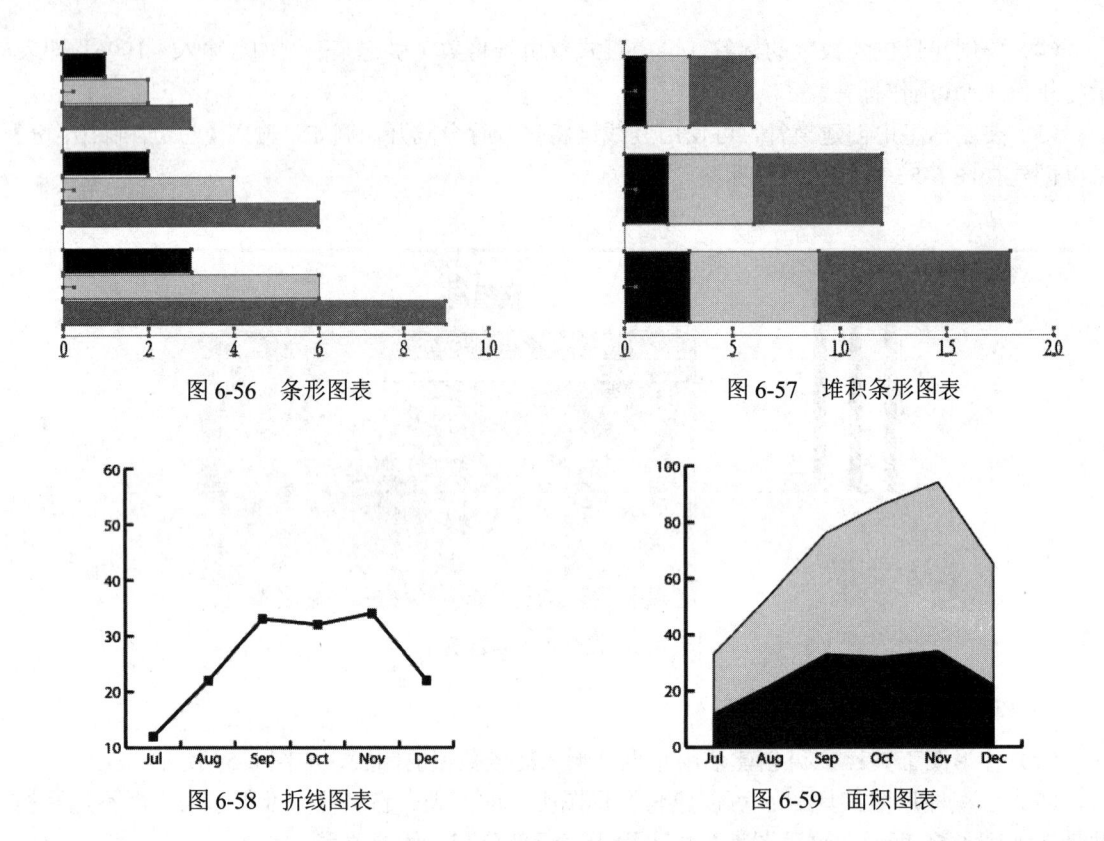

图 6-56　条形图表　　　　　　　　　　　图 6-57　堆积条形图表

图 6-58　折线图表　　　　　　　　　　　图 6-59　面积图表

（7）散点图工具：可创建沿 X 轴和 Y 轴将数据点作为成对的坐标组进行绘制的图表。散点图可用于识别数据中的图案或趋势，还可表示变量是否相互影响，如图 6-60 所示。

（8）饼图工具：可创建圆形图表，它的楔形表示所比较的数值的相对比例，如图 6-61 所示。

（9）雷达图工具：可创建在某一特定时间点或特定类别上比较数值组的图表，并以圆形格式表示，这种图表类型也称为网状图，如图 6-62 所示。

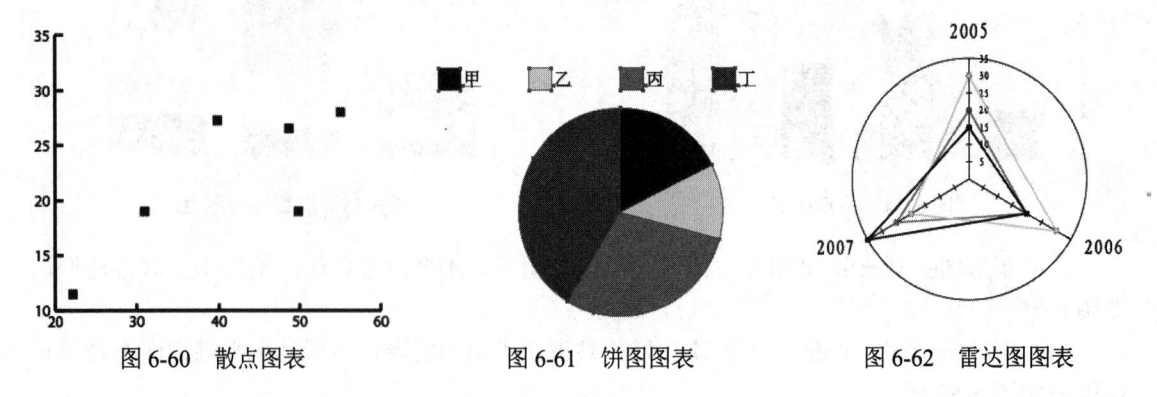

图 6-60　散点图表　　　　图 6-61　饼图图表　　　　图 6-62　雷达图图表

6.4.2　设置图表的选项

创建图表后，可以根据设计需要设置图表选项。

选择【对象】|【图表】|【类型】命令，或直接双击【工具】面板中的图表工具按钮，即可打开【图表类型】对话框，在该对话框中可设置常规图表选项，如图 6-63 所示。

下面以柱形图表为例，说明【图表类型】对话框的各选项。

- 类型：在该选项组中可以单击选择所需转换的图表类型，以改变图表类型，如图 6-64 所示。

图 6-63　【图表类型】对话框 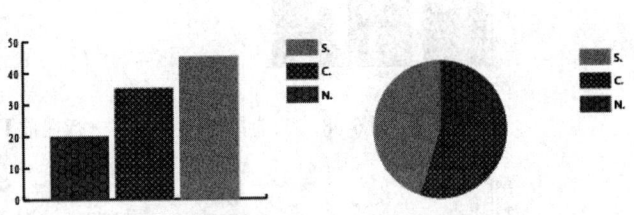　　　　图 6-64　将柱形图表转换为饼图图表后的效果

- 数值轴：在该下拉列表框中可选择数值轴（此轴表示测量单位）出现的位置，如图 6-65 所示。

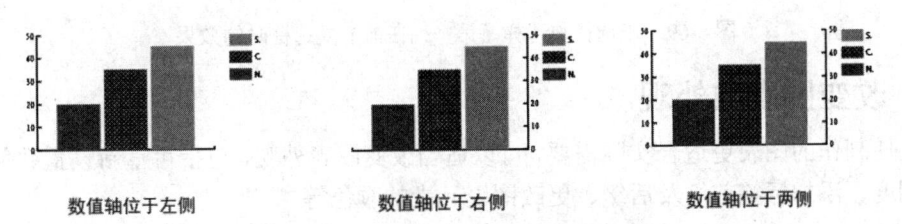

数值轴位于左侧　　　　数值轴位于右侧　　　　数值轴位于两侧

图 6-65　数值轴出现在不同位置时的效果

- 添加投影：选择该复选框，可在图表中的柱形、条形或线段后面和对整个饼图应用投影，如图 6-66 所示。
- 在顶部添加图例：选择该复选框，可在图表顶部而不是图表右侧水平显示图例，如图 6-67 所示。

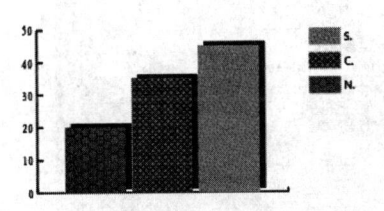

图 6-66　添加投影效果后的柱形图表 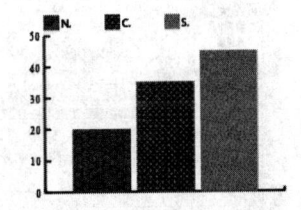　　　　图 6-67　在图表顶部显示图例

- 第一行在前：选择该复选框，可将【图表数据】窗口中输入的第一行数据所代表的图表元素排列在最前面。对于柱形图表、条形图表和堆积图表，只有当【列宽】或【群集宽度】大于 100%时才会得到明显的效果，如图 6-68 所示。
- 第一列在前：选择该复选框，可将【图表数据】窗口中输入的第一列数据所代表的图表元素排列在最前面。对于柱形图表、条形图表和堆积图表，只有当【列宽】或【群集宽度】大于 100%时才会得到明显的效果，如图 6-69 所示。
- 列宽：在该文本框中可设置图表中矩形条宽度。

219

- 簇宽度：在该文本框中可设置一组中所有矩形条的总宽度。所谓"簇"，是指与【图表数据】窗口中一行数据相对应的一组矩形条。

图 6-68　未选择与选择【第一行在前】复选框时的效果

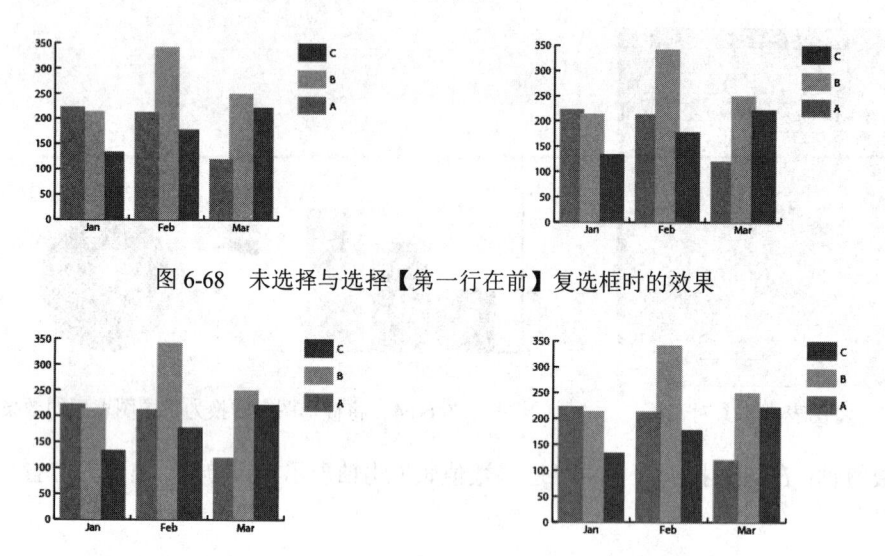

图 6-69　未选择与选择【第一列在前】复选框时的效果

6.4.3　改变图表的外观

为了使制作的图表更适合实际需要，可以适当改变图表外观，包括可重新设置数值轴及类别轴的刻度、添加标签前缀及后缀、更改图表元素的颜色等。

1. 重设数值轴选项

要重新设置数值轴的刻度及标签，可在菜单栏中选择【对象】|【图表】|【类型】命令，在打开的【图表类型】对话框最上方的下拉列表中选择【数值轴】选项，此时该对话框将变为如图 6-70 所示的样式。

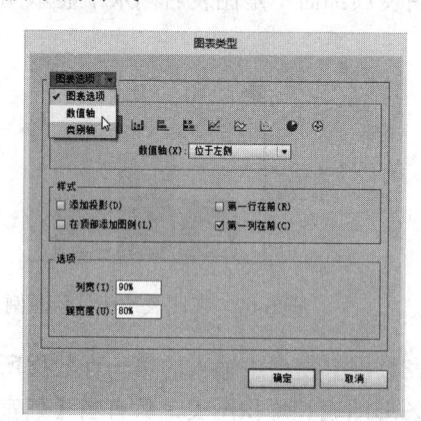

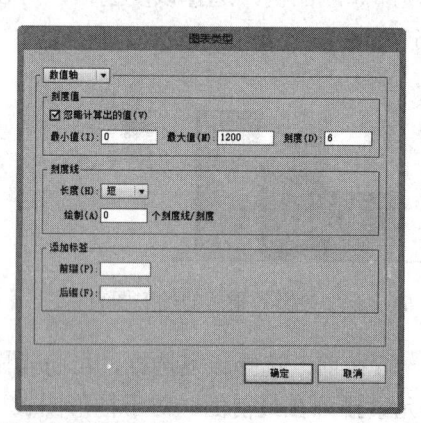

图 6-70　切换到【数值轴】选项卡

【数值轴】选项卡中各项选项说明如下：
- 忽略计算出的值：选择该复选框，可对数值轴的刻度进行重新设置。在【最小值】文本框中可设置原点的数值；在【最大值】文本框中可设置数值轴的最大刻度值；在【刻度】文本框中可设置最大值与最小值之间分成几部分，如图 6-71 所示。

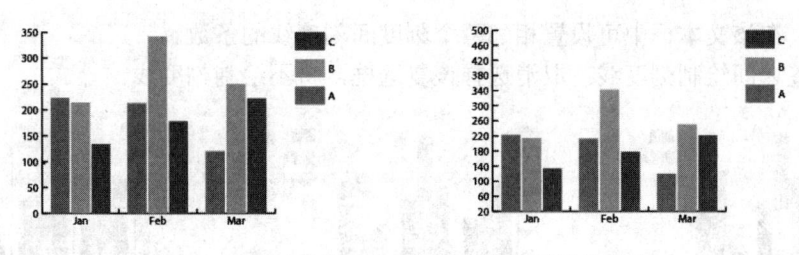

图 6-71 默认数值轴与重设数值轴刻度后的效果

- 长度：在该下拉列表框中分别提供了【无】、【短】以及【全宽】3 个选项，用于指定刻度线的长度。选择【无】选项，将不使用刻度线；选择【短】选项，将使用短刻度线；选择【全宽】选项，将使刻度线贯穿整个图表，如图 6-72 所示。

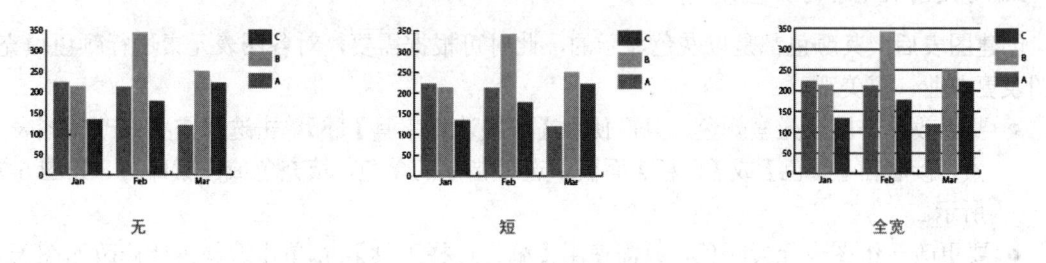

无　　　　　　　　　　短　　　　　　　　　　全宽

图 6-72 选择不同刻度线长度时的效果

- 绘制：在该文本框中可设置相邻两个刻度间刻度线的条数。
- 前缀：在该文本框中可输入添加标签的前缀内容，如图 6-73 所示。
- 后缀：在该文本框中可输入添加标签的后缀内容，如图 6-74 所示。

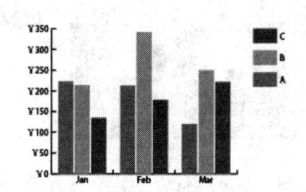

图 6-73 添加前缀后的效果　　　　图 6-74 添加后缀后的效果

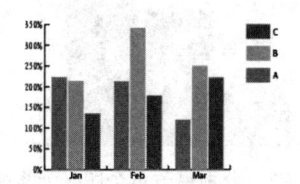

2．重设类别轴选项

要重新设置类别轴的刻度，可在菜单栏中选择【对象】|【图表】|【类型】命令，接着在打开的【图表类型】对话框最上方的下拉列表中选择【类别轴】选项，此时该对话框将变为如图 6-75 所示的样式。

【类别轴】选项卡各项设置的说明如下：

- 长度：在该下拉列表框中分别提供了【无】、【短】以及【全宽】3 个选项，用于指定刻度线的长度。选择【无】选项，将不使用刻度线；选择【短】选项，将使用短刻度线；选择【全宽】选项，将使刻度线贯穿整个图表，如图 6-76 所示。

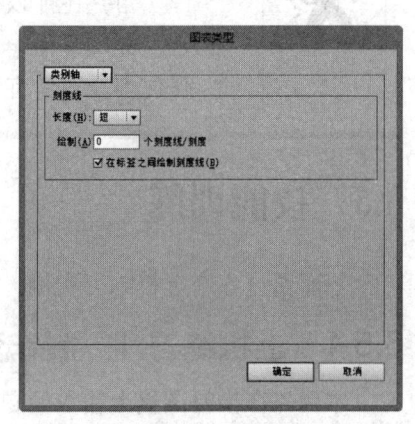

图 6-75 切换到【类别轴】选项卡

- 绘制：在该文本框中可设置相邻两个刻度间刻度线的条数。
- 在标签之间绘制刻度线：取消选择该复选框，将不绘制刻度线。

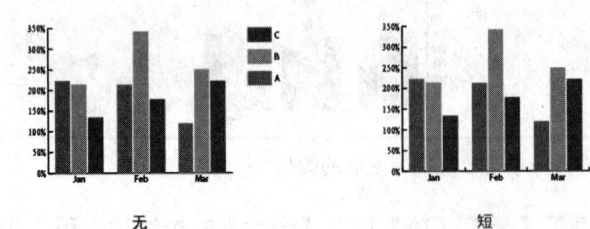

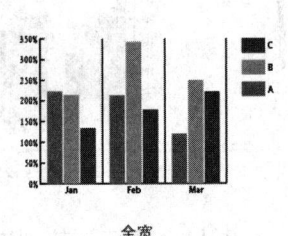

图 6-76 选择不同刻度线长度时的效果

3．更改图表元素的颜色

创建图表后，其颜色都是以灰色显示的，此时可根据需要，对各图表元素进行颜色填充，使图表更专业、更美观。

- 要更改单个图表元素颜色，只需使用【直接选择工具】单击选择需要修改的图表元素，接着在【颜色】或【色板】面板中选择指定的单色、填充色或图案即可，如图 6-77 所示。
- 要更改一组图表元素颜色，只需使用【编组选择工具】单击选择需要修改的图表元素，然后在不移动【编组选择工具】指针的情况下，再次单击鼠标，选择该组图表元素，接着在【颜色】或【色板】面板中选择指定的单色、填充色或图案即可，如图 6-78 所示。

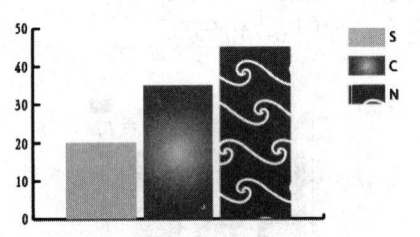

图 6-77 分别更改单个图表元素颜色 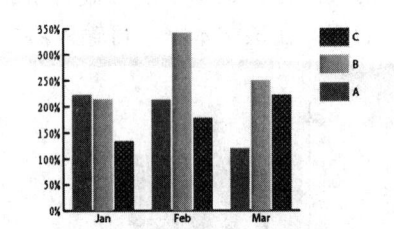　　　图 6-78 同时更改一组图表元素颜色

> 用户还可以使用多种方式手动自定图表外观，如更改坐标轴颜色、更改字体和文字样式以及移动、对称、切变、旋转或缩放图表的任何部分或所有部分，其操作方法与更改图表元素颜色类似。

6.5 技能训练

下面通过 6 个上机练习实例，巩固所学技能。

6.5.1 上机练习 1：制作贺卡的标题效果

本例先在横幅图稿上输入标题文字，然后通过【字符】面板设置文字格式，再分别为文字设置填充颜色和描边，制作出美观的标题效果。

操作步骤

1 打开光盘中的 "..\Example\Ch06\6.5.1.ai" 练习文件，在【工具】面板中选择【文字工具】 T，然后在图稿左侧输入文字【情人节快乐】，如图 6-79 所示。

2 选择文字对象，在【控制】面板中打开【字符】面板，然后设置文字字体和文字大小，如图 6-80 所示。

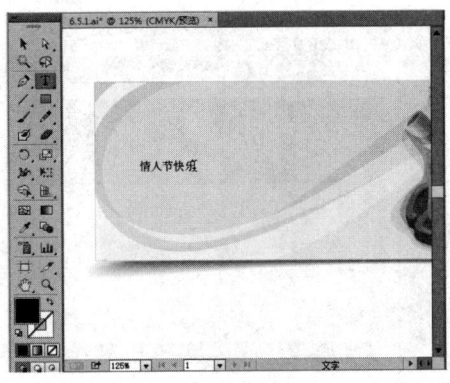

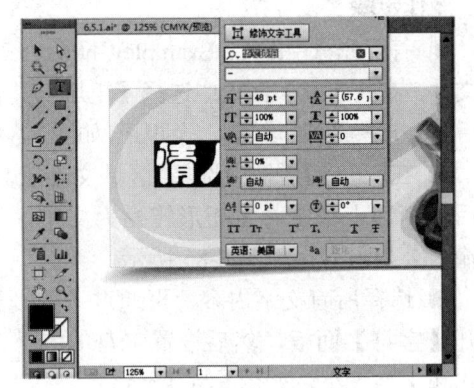

图 6-79　输入文字　　　　　　　　　　图 6-80　设置文字字符格式

3 选择文字对象，从【控制】面板中打开【填色】的色板，然后选择一种颜色作为文字颜色，如图 6-81 所示。

4 在【控制】面板中设置描边粗细为 2pt，然后从【控制】面板中打开【描边】的色板，选择一种颜色作为描边颜色，如图 6-82 所示。

图 6-81　更改文字的颜色　　　　　　　图 6-82　为文字设置描边

5 返回文档窗口中，可以查看贺卡中的标题效果，如图 6-83 所示。

图 6-83　查看标题的效果

6.5.2 上机练习 2：制作网店公告栏图稿

本例先在预设的公告栏图稿中央绘制一个矩形对象，然后使用【区域文字工具】 在矩形上创建区域文字并输入公告内容，接着通过【字符】面板设置字符格式，通过【段落】面板设置段落格式，最后适当调整文字区域的大小并设置文字的字体样式。

操作步骤

1 打开光盘中的"..\Example\Ch06\6.5.2.ai"练习文件，在【工具】面板中选择【矩形工具】 ，然后在公告栏图稿上绘制一个矩形，如图 6-84 所示。

2 在【工具】面板中选择【区域文字工具】 ，然后在矩形上单击，将矩形转换为文字区域，接着输入公告内容，如图 6-85 所示。

3 选择所有文字内容，再通过【控制】面板打开【字符】面板，然后设置字符的字体、字体样式和文字大小，如图 6-86 所示。

4 选择所有文字内容，打开【段落】面板，然后设置段落格式，如图 6-87 所示。

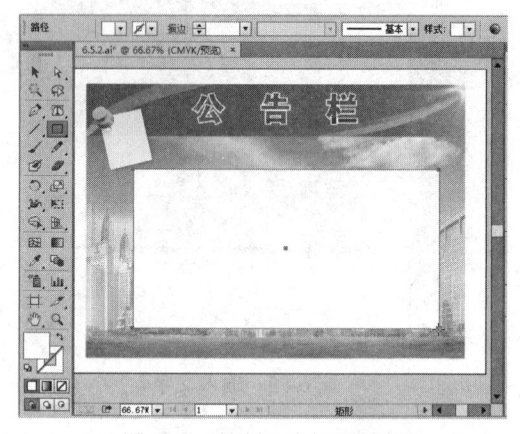

图 6-84 绘制一个矩形对象

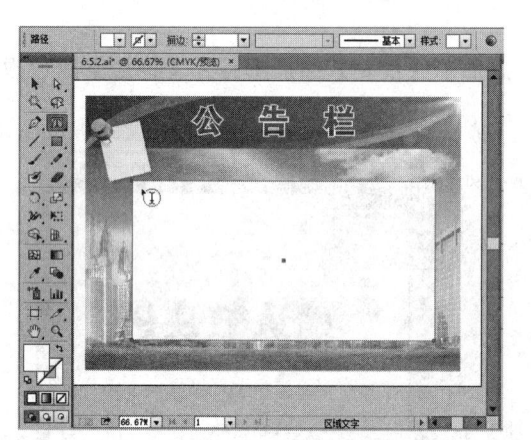

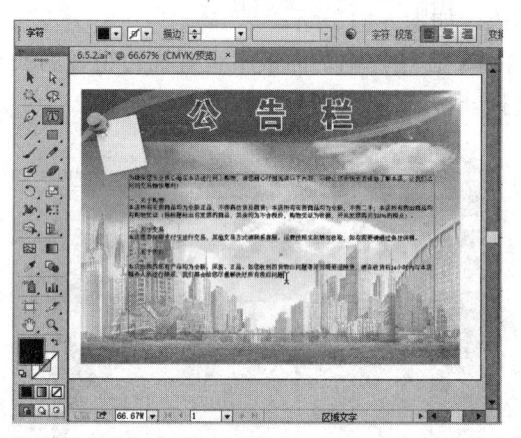

图 6-85 将矩形转为文字区域并输入文字

图 6-86 设置字符格式

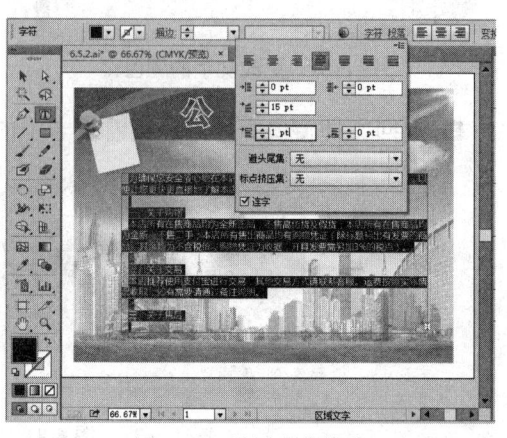

图 6-87 设置段落格式

5 选择区域文字对象，然后分别按住区域各边缘的手柄向外拖动，扩大文字区域，接着打开【字符】面板并修改文字样式，如图 6-88 所示。

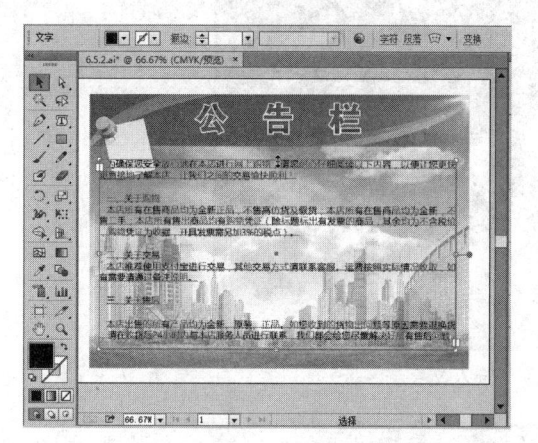

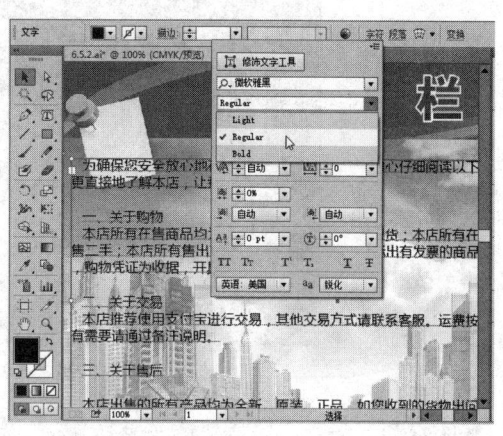

图 6-88　调整文字区域大小并修改文字样式

6.5.3　上机练习 3：制作玩具广告的特殊标题

本例先使用【铅笔工具】根据图稿中彩虹的形状绘制一条弯曲的路径，然后使用【路径文字工具】在路径上输入广告的标题文字，再分别设置段落格式和字符格式，接着修改文字的填充效果，并设置路径文字选项，调整路径上文字的效果。

操作步骤

1 打开光盘中的 "..\Example\Ch06\6.5.3.ai" 练习文件，在【工具】面板中选择【铅笔工具】，然后在图稿的彩虹上绘制一条曲线路径，如图 6-89 所示。

图 6-89　绘制曲线路径

2 在【工具】面板中选择【路径文字工具】，然后在路径的上端单击，并输入标题文字，如图 6-90 所示。

3 选择路径文字，通过【控制】面板中打开【段落】面板，然后单击【右对齐】按钮，接着打开【字符】面板并设置字符格式，如图 6-91 所示。

225

图 6-90　在路径上输入文字

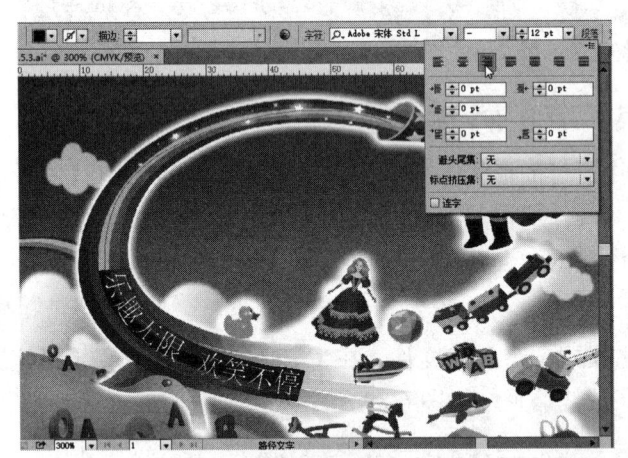

图 6-91　设置文字的段落和字符格式

4 选择路径文字对象，通过【控制】面板打开填色的【色板】面板，然后选择一种图案作为填充，接着设置描边粗细为 1pt、描边颜色为【白色】，如图 6-92 所示。

图 6-92　设置文字的填充效果

5 选择路径文字对象，选择【文字】|【路径文字】|【路径文字选项】命令，打开对话框

后，设置效果、对齐路径和间距等选项，单击【确定】按钮，如图 6-93 所示。

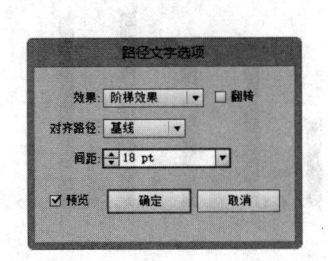

图 6-93　设置路径文字选项

6.5.4　上机练习 4：创建半年度水果产量图表

本例先通过设置图表尺寸的方法在文件中创建一个柱形图表，然后导入并应用文本文件的数据，制作出 1 月份到 6 月份期间葡萄、苹果和香蕉产量的图表，接着为图表添加【投影】样式并为数值轴添加标签。

操作步骤

1 打开光盘中的"..\Example\Ch06\6.5.4.ai"练习文件，在【工具】面板中选择【柱形图工具】，然后在画板上单击，并在【图表】对话框中设置宽高，创建出柱形图表，如图 6-94 所示。

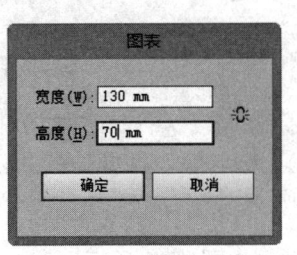

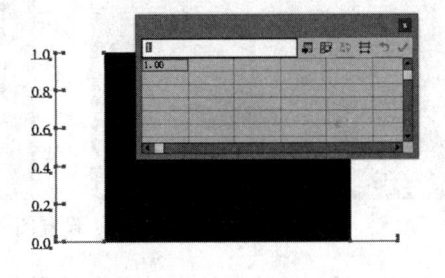

图 6-94　创建柱形图表

2 在【图表数据】窗口中单击【导入数据】按钮，打开【导入图表数据】对话框后，选择光盘中的"..\Example\Ch06\数据.txt"素材文件，单击【打开】按钮，如图 6-95 所示。

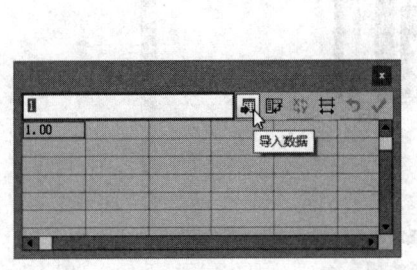

图 6-95　导入文本文件的数据

3 单击【图表数据】窗口中的【应用】按钮☑，确定图表应用当前数据，如图6-96所示。

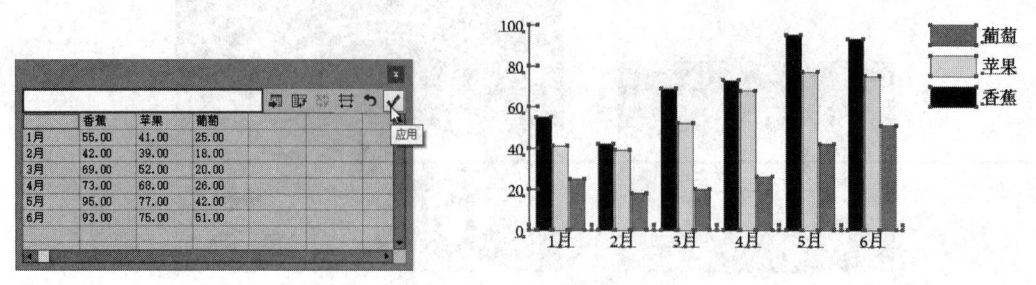

图6-96 确认应用数据

4 选择图表对象，然后在【工具】面板中双击【柱形图工具】，打开【图表类型】对话框后，选择【添加投影】复选框，接着切换到【数值轴】选项卡，设置后缀为【KG】，单击【确定】按钮，如图6-97所示。

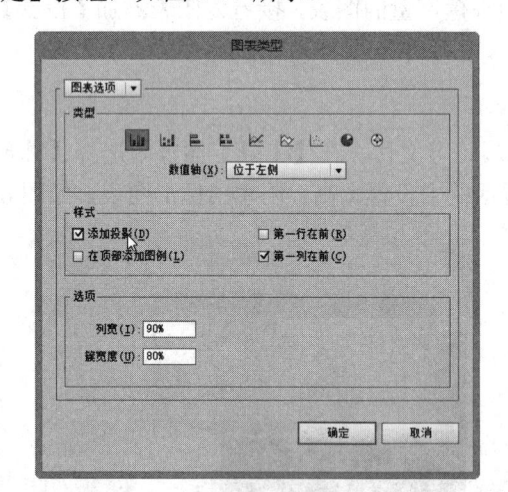

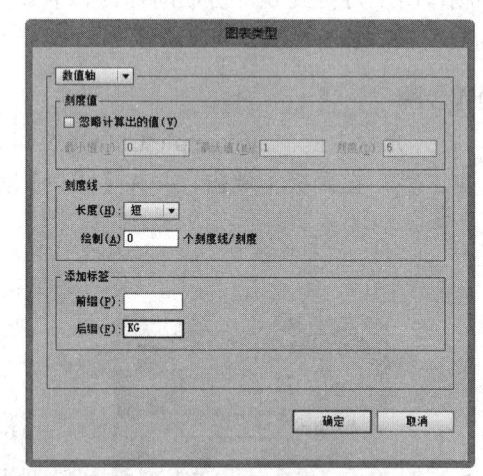

图6-97 设置图表选项

5 设置图表选项后，返回文档窗口中查看图表效果，如图6-98所示。

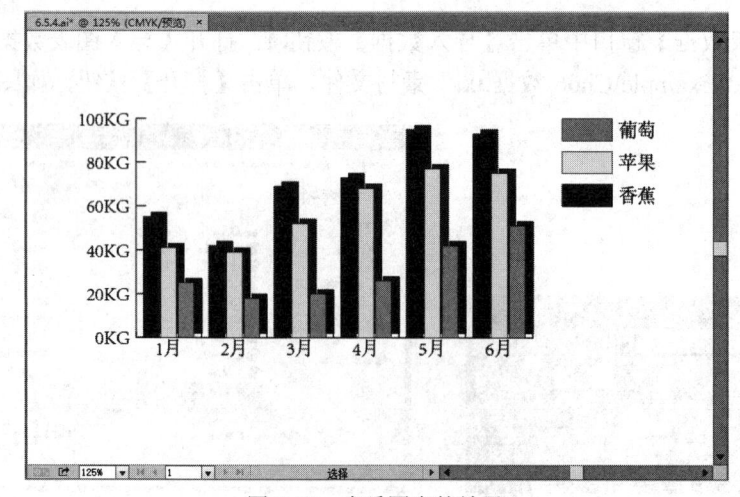

图6-98 查看图表的效果

6.5.5 上机练习5：美化半年度水果产量图表

本例以上机练习4的图表为例，介绍美化图表的方法。在本例中，首先修改图表柱形图投影的颜色，再将预设的渐变色板应用到【香蕉】数据柱形图上，然后分别设置两种渐变颜色并添加到【色板】面板，接着分别应用到另外两种水果的数据柱形图上，最后绘制一个矩形对象并置于底层，以作为图表的背景。

操作步骤

1 打开光盘中的 "..\Example\Ch06\6.5.5.ai" 练习文件，在【工具】面板选择【编组选择工具】，使用该工具单击两次图表投影对象，选择所有柱形图的投影对象，然后修改对象的填充颜色，接着设置描边粗细为0，如图6-99所示。

2 【编组选择工具】，单击两次图表最左侧的柱形图，选择【香蕉】项所有数据柱形图对象，然后修改对象的填充颜色为【橙色，黄色】，如图6-100所示。

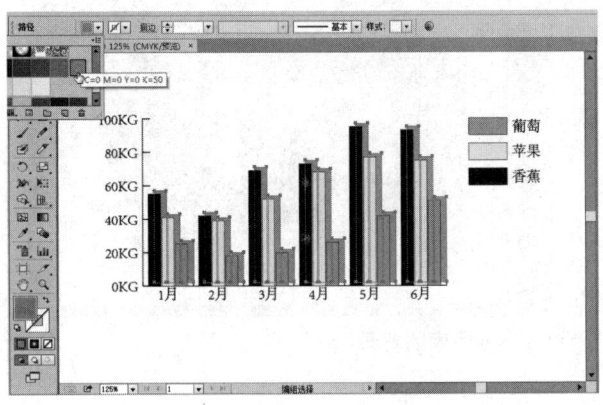

图6-99　修改图表投影的颜色 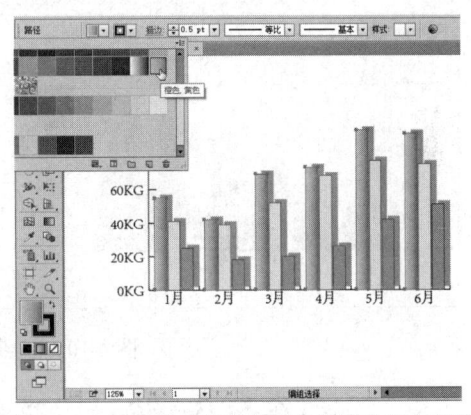　　　　图6-100　修改【香蕉】数据柱形图的填充颜色

3 【渐变】面板，再设置【黄色】到【洋红】的渐变颜色，然后打开【色板】面板，将【工具】面板中的渐变颜色拖到【色板】面板，创建新的渐变颜色色板，接着使用相同的方法，在【色板】面板中创建【绿色】到【青色】的渐变颜色色板，如图6-101所示。

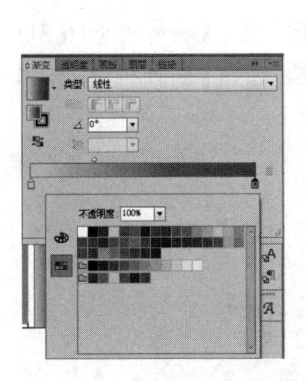

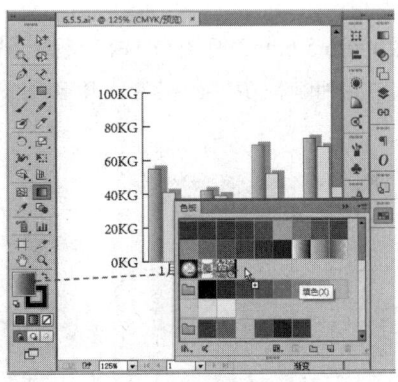

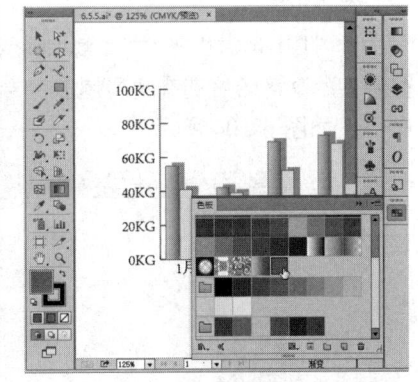

图6-101　创建两种渐变颜色色板

4 渐变色板后，使用步骤2的方法，分别为【葡萄】和【苹果】两种水果的数据柱形图应用渐变填充颜色，如图6-102所示。

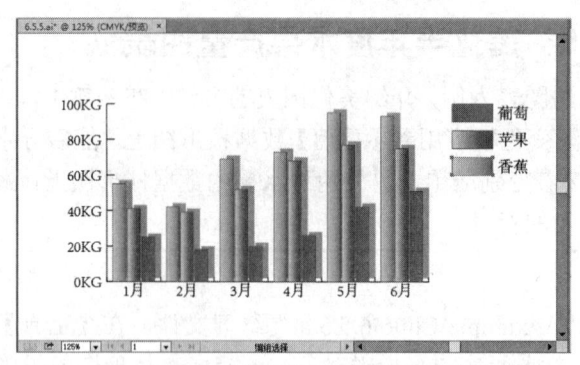

图 6-102 设置其他数据柱形图对象填充渐变颜色

5【矩形工具】■，然后在图表上绘制一个矩形并将矩形置于底层，接着设置矩形的填充颜色为【黄色】，如图 6-103 所示。

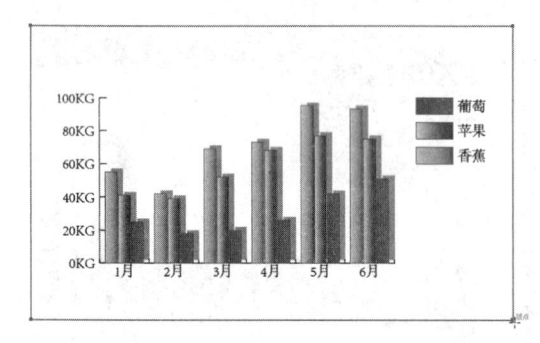

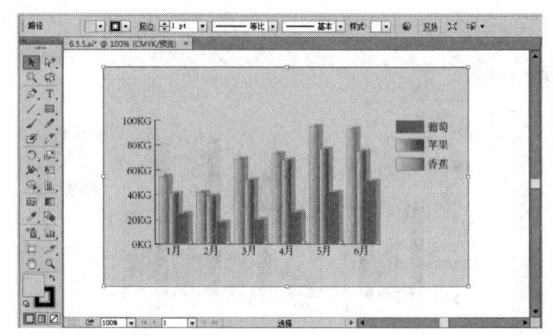

图 6-103 绘制一个矩形作为图表的背景

6.5.6 上机练习 6：设计以符号为图例的图表

本例先从【3D 符号】面板中获取一个【房屋】符号素材，再将该符号创建为图表设计对象，然后在画板上创建一个柱形图表并输入数据，接着使用【房屋】符号作为图表列设计元素并设置列设计的选项，以使用符号作为图表的图例。

操作步骤

1 打开光盘中的"..\Example\Ch06\6.5.6.ai"练习文件，选择【窗口】|【符号库】|【3D 符号】命令，然后选择【房屋】符号并拖到画板中，在符号上单击右键，选择【断开符号链接】命令，如图 6-104 所示。

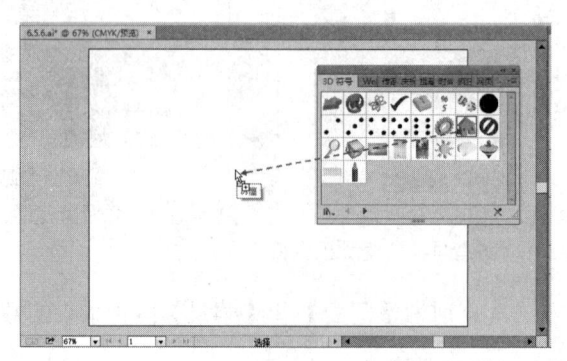

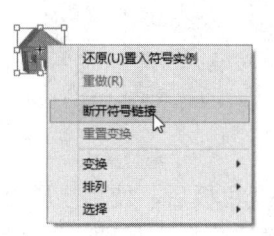

图 6-104 加入符号并断开符号链接

2 选择符号对象，再选择【对象】|【图表】|【设计】命令，打开【图表设计】对话框后，单击【新建设计】按钮，将符号创建为图表设计对象，如图 6-105 所示。

3 选择符号对象并将该对象删除，然后选择【柱形图工具】并在画板上拖动鼠标，创建柱形图表，如图 6-106 所示。

图 6-105　将符号创建为图表设计对象　　　　图 6-106　创建柱形图表

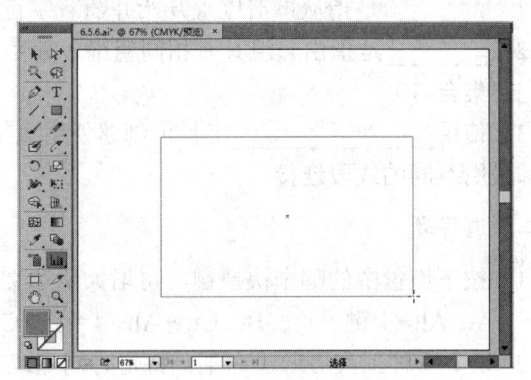

4 在【图表数据】窗口中输入各项数据，然后单击【应用】按钮，再选择图表对象并双击【柱形图工具】，打开【图表类型】对话框后，设置样式和选项的内容，单击【确定】按钮，如图 6-107 所示。

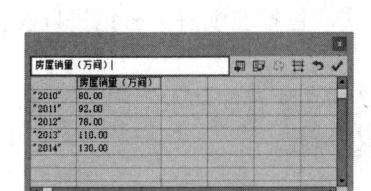

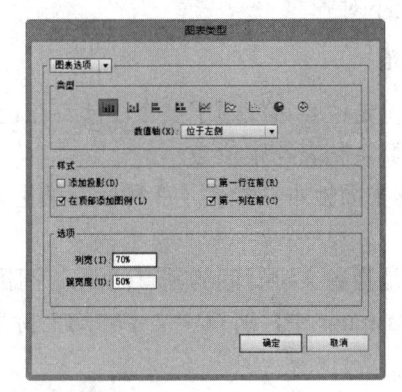

图 6-107　输入数据并设置图表选项

5 选择柱形图表，再选择【对象】|【图表】|【柱形图】命令，打开【图表列】对话框，然后选择【新建设计】列设计项，接着设置列设计的各个选项，单击【确定】按钮，如图 6-108 所示。

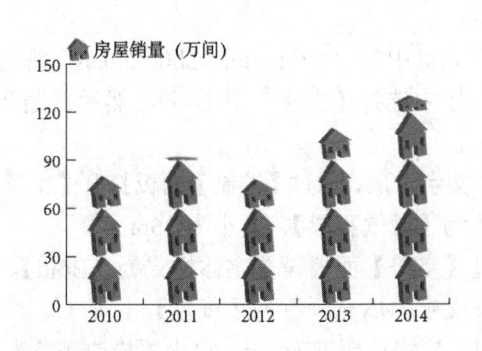

图 6-108　设置列设计选项并查看结果

6.6 评测习题

一、填充题

（1）_____是指从单击位置开始并随着字符输入而扩展的一行或一列横排或直排文字。

（2）_____是指由一组具有相同粗细、宽度和样式的字符（包括字母、数字和符号）构成的完整集合。

（3）使用_____工具可创建使用点来表示一组或多组数值的图表，并且每组中的点都采用不同的线段连接。

二、选择题

（1）按下键盘中的哪个快捷键，可增大所选文本的行距？（　　）
    A．Alt+↓键   B．Ctrl+Alt+↓键   C．Ctrl+Alt+>键   D．Shift+Alt+↓键

（2）以下哪种工具可创建在某一特定时间点或特定类别上比较数值组的图表，并以圆形格式表示？（　　）
    A．面积图工具   B．散点图工具   C．饼图工具   D．雷达图工具

（3）在【段落】面板中不能对文本进行下列哪项操作？（　　）
    A．左对齐   B．居中对齐
    C．上下对齐   D．两端对齐，末行居中对齐

三、判断题

（1）制表符定位点可应用于整个段落。在设置第一个制表符时，Illustrator 会删除其定位点左侧的所有默认制表符定位点。（　　）

（2）【段落】面板中共提供了 3 种段落缩进方式，包括左缩进、右缩进以及首行左缩进。（　　）

（3）行距是指各文字行间的垂直间距；字距是指各字符间的水平间距。（　　）

（4）在 Illustrator 中，所有中文字体均支持字体样式。（　　）

四、操作题

在练习文件中输入点文字【活泼的女孩】，然后通过【字符】面板设置字体和字体样式，再分别设置文字的填充颜色和描线，效果如图 6-109 所示。

操作提示

（1）打开光盘中的"..\Example\Ch06\6.6.ai"练习文件，在【工具】面板中选择【文字工具】，然后在适当的位置输入文字。

（2）选择文字对象，通过【控制】面板打开【字符】面板，然后设置字体为【微软雅黑】，大小为 36pt。

（3）通过【字符】面板设置字体样式为【Bold】。

（4）设置文字的填充颜色为【黄色】。

（5）设置文字描边粗细为 2pt，再设置描边颜色为深红色。

图 6-109　制作文字的效果

第 7 章 应用效果和图形样式

学习目标

Illustrator CC 提供了强大的效果功能，使用这些效果命令可为矢量对象和位图图稿添加各种特殊效果，如风格化效果、画笔描边效果、模糊效果、素描效果及扭曲效果等。本章将详细介绍在 Illustrator 中应用效果和图形样式制作各种效果的方法。

学习重点

- ☑ 应用效果的方法
- ☑ 修改和删除效果的方法
- ☑ 典型矢量效果的应用
- ☑ 典型栅格效果的应用
- ☑ 应用和创建图形样式

7.1 应用效果

Illustrator 包含各种效果，可以对某个对象、组或图层应用这些效果，以更改其特征。

7.1.1 关于效果

在 Illustrator CS3 及早期的版本中包含了效果和滤镜，但之后的 Illustrator 版本只包括效果（除 SVG 滤镜以外）。滤镜和效果之间的主要区别是：滤镜可永久修改对象或图层，而效果及其属性可随时被更改或删除。

当向对象应用一个效果后，该效果会显示在【外观】面板中，如图 7-1 所示。在【外观】面板中，可以编辑、移动、复制、删除该效果或将它存储为图形样式的一部分。

当需要应用效果时，可以通过打开【效果】菜单并选择相关效果命令来实现，如图 7-2 所示。

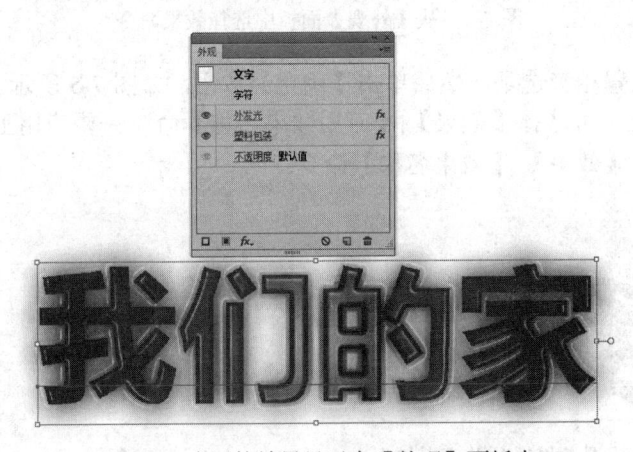

图 7-1　应用的效果显示在【外观】面板中　　　　　图 7-2　【效果】菜单

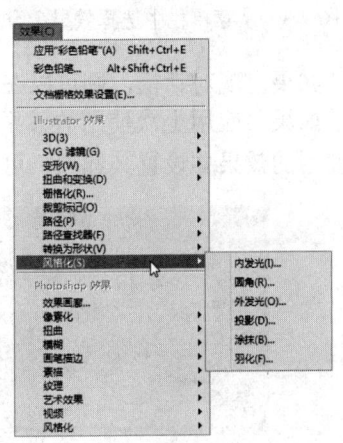

1. 矢量效果

在 Illustrator CC 中,【效果】菜单上半部分的效果是矢量效果。在【外观】面板中,只能将这些效果应用于矢量对象,或者某个位图对象的填色或描边。对于这一规则,下列效果以及【效果】菜单中下半部分的效果类别例外(这些效果可以同时应用于矢量和位图对象):3D 效果、SVG 滤镜、变形效果、变换效果、投影、羽化、内发光以及外发光。

2. 栅格效果

【效果】菜单下半部分的效果是栅格效果,可以将它们应用于矢量对象或位图对象。

栅格效果是用来生成像素(非矢量数据)的效果。栅格效果包括【SVG 滤镜】、【效果】菜单下部区域的所有效果,以及【效果】|【风格化】子菜单中的【投影】、【内发光】、【外发光】和【羽化】命令。

7.1.2 应用效果

先选择对象或组(或在【图层】面板中定位一个图层),如果想对一个对象的特定属性(例如,填充或描边)应用效果,可以选择该对象,然后在【外观】面板中选择该属性。在应用效果时可执行下列操作之一:

(1)从【效果】菜单中选择一个命令,如图 7-3 所示。
(2)单击【外观】面板中的【添加新效果】按钮 fx.,并选择一种效果,如图 7-4 所示。

图 7-3 从菜单栏中选择效果命令 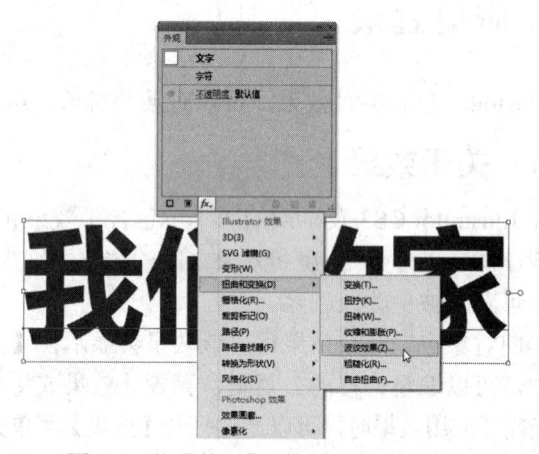　　图 7-4 从【外观】面板中选择效果命令

如果出现对话框,则可以在其中设置相应选项,然后单击【确定】按钮,如图 7-5 所示。

如果要应用上次使用的效果和设置,可选择【效果】|【应用效果名称】命令。要应用上次使用的效果并设置其选项,可以选择【效果】|【效果名称】命令。

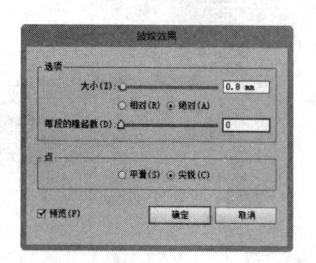

图 7-5 设置效果选项并查看结果

动手操作　制作插画标题的效果

1 打开光盘中的"..\Example\Ch07\7.1.2.ai"练习文件，选择文件上的文字编组对象，然后选择【效果】|【栅格化】命令，如图 7-6 所示。

2 打开【栅格化】对话框后，设置颜色模型和分辨率选项，再选择【透明】单选项，然后设置消除锯齿选项，单击【确定】按钮，如图 7-7 所示。

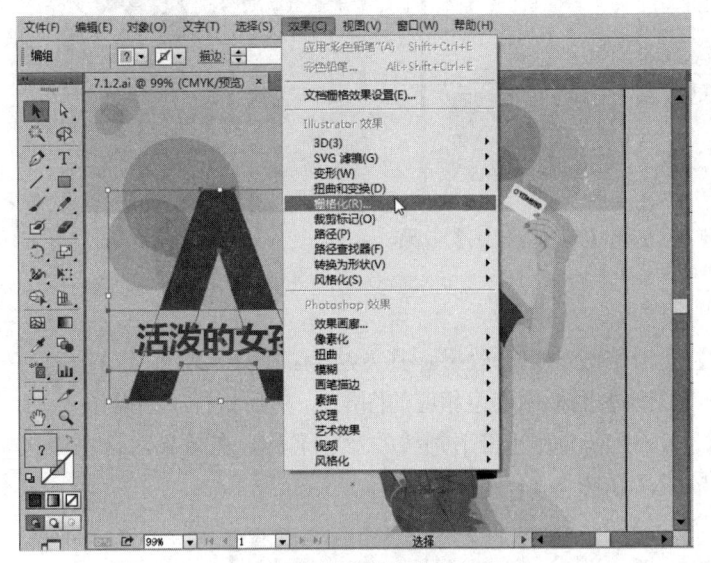

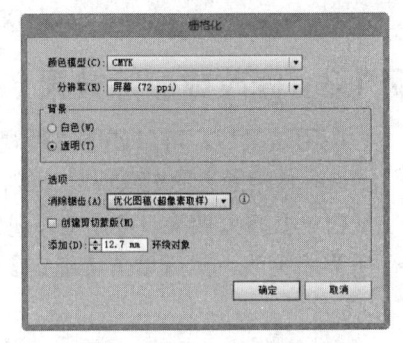

图 7-6　应用【栅格化】效果　　　　图 7-7　设置栅格化效果选项

3 选择【效果】|【风格化】|【圆角】命令，打开【圆角】对话框后，设置圆角半径数值并单击【确定】按钮，如图 7-8 所示。

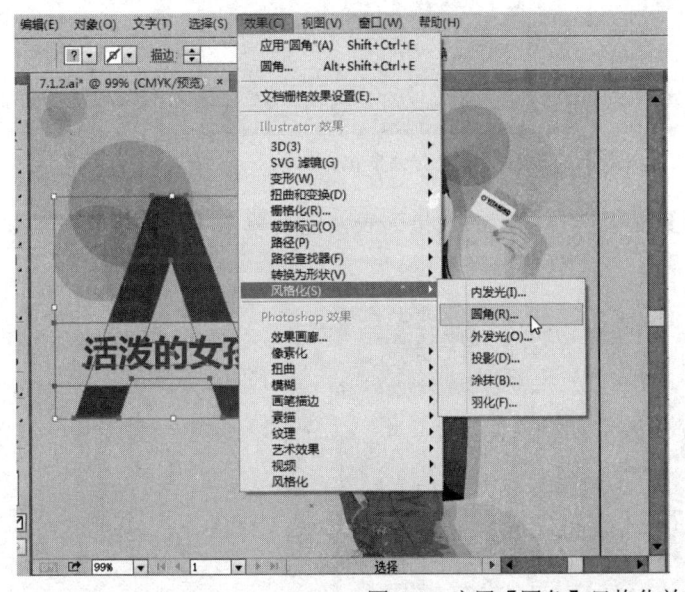

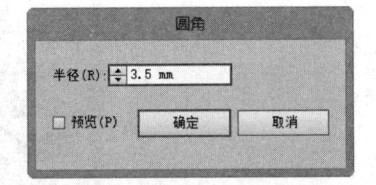

图 7-8　应用【圆角】风格化效果

4 选择【效果】|【效果画廊】命令，打开对话框后，选择【马赛克拼贴】效果，再设置该效果的相关选项参数，接着单击【确定】按钮，如图 7-9 所示。

235

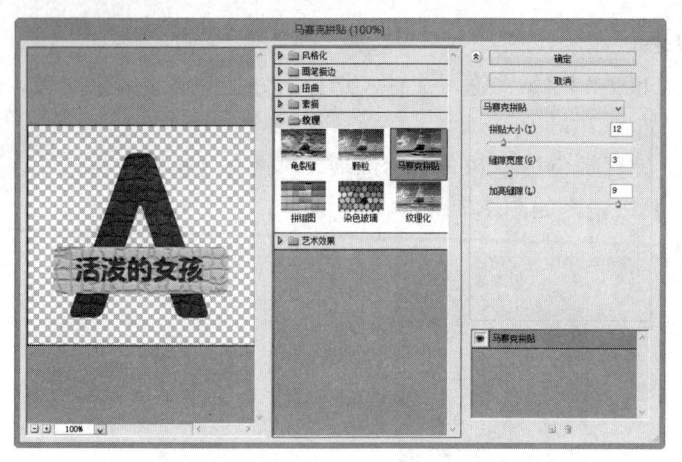

图 7-9 应用【马赛克拼贴】效果

7.1.3 修改或删除效果

应用效果后,可以使用【外观】面板修改或删除效果。其方法为:

选择使用效果的对象或组(或在【图层】面板中定位相应的图层)。然后执行下列操作之一:

(1)要修改效果,可在【外观】面板中单击它的带下划线的蓝色名称。在效果对话框中执行所需的更改,然后单击【确定】按钮,如图 7-10 所示。

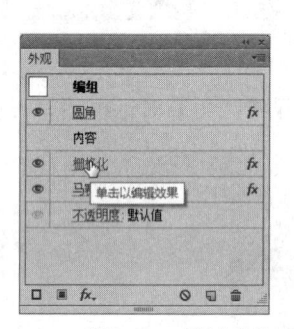

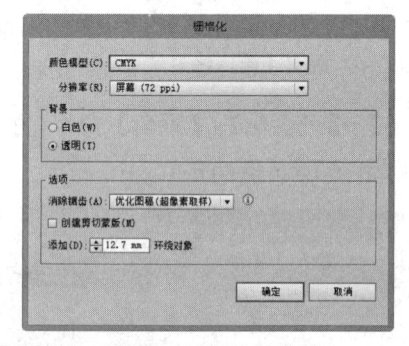

图 7-10 通过【外观】面板打开效果对话框执行修改

(2)要删除效果,可在【外观】面板选择相应的效果列表,然后单击【删除】按钮 ,如图 7-11 所示。

图 7-11 删除选定的效果

7.2 典型矢量效果的应用

Illustrator CC 提供了多种应用于对象的效果，这些效果在【效果】菜单中分为了【Illustrator 效果】和【Photoshop 效果】两部分，其中【Illustrator 效果】为矢量效果，而【Photoshop 效果】则为栅格化效果，且为 Photoshop 兼容的位图滤镜。

7.2.1 SVG 滤镜效果组

【SVG 滤镜】效果是一种综合效果命令，它可以为对象填充各种纹理并进行模糊及设置阴影效果。

选择需要应用 SVG 滤镜效果的对象，然后在菜单栏中选择【效果】|【SVG 滤镜】|【应用 SVG 滤镜】命令，在打开的【应用 SVG 滤镜】对话框中选择一种滤镜效果，最后单击【确定】按钮即可，如图 7-12 所示。

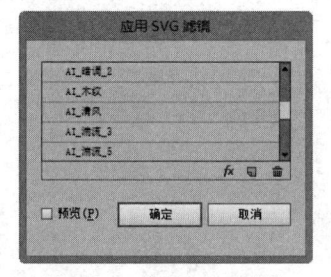

图 7-12　应用 SVG 滤镜

7.2.2 扭曲和变换效果组

使用【扭曲和变换】效果组中的效果可以改变矢量对象的形状，还可以使用【外观】面板将【扭曲和变换】效果应用于位图对象上的填充或描边。

【扭曲和变换】效果组中的【变换】效果最为常用。它可以通过重设大小、移动、旋转、镜像和复制的方法来改变对象的形状。

选择需要变换的图形对象，然后在菜单栏中选择【效果】|【扭曲和变换】|【变换】命令，在打开的【变换效果】对话框中设置各项参数，最后单击【确定】按钮即可，如图 7-13 所示。

【变换效果】对话框中的各个选项说明如下：

- 缩放：该选项组用于控制所选对象水平和垂直方向的缩放比例。
- 移动：该选项组用于控制所选对象在插图窗口中的水平和垂直方向上的移动位置。
- 旋转：该选项用于控制所选对象的旋转角度。
- 副本：该文本框可设置复制所选对象的数目。
- 对称 X：选择该复选框，可将所选对象在水平方向上镜像，如图 7-14 所示。
- 对称 Y：选择该复选框，可将所选对象在垂直方向上镜像，如图 7-15 所示。
- 【参考点坐标】按钮：用于设置变换参考点的位置。
- 随机：选择该复选框，系统将按默认设置对所选对象进行变换操作。
- 缩放描边和效果：选择该复选框，可同时作用于描边和效果。
- 变换对象：选择该复选框，可以将变换作用于对象。

- 变换图案：选择该复选框，可以将变换作用于填充的图案。

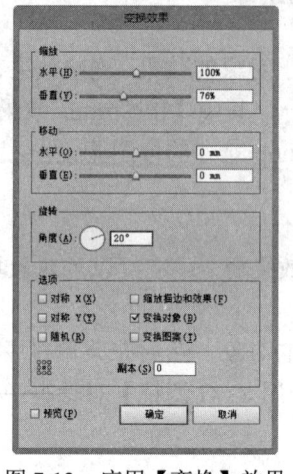

图 7-13 应用【变换】效果

图 7-14 水平镜像对象效果　　　图 7-15 垂直镜像对象效果

7.2.3 路径效果组

【路径】效果组分别提供了【位移路径】效果、【轮廓化对象】效果及【轮廓化描边】效果，该组效果不仅可应用于矢量图形，还可应用于添加到位图对象上的填充或描边。

1．位移路径

使用【位移路径】效果可将对象路径相对于对象的原始位置进行偏移。该效果对于创建同心圆图形或制作相互之间具有固定间距的多个对象副本非常有用。

其设置方法为：选择需要位移的对象，然后在菜单栏中选择【效果】|【路径】|【位移路径】命令，并在打开的【位移路径】对话框中设置位移参数，接着单击【确定】按钮即可，如图 7-16 所示。

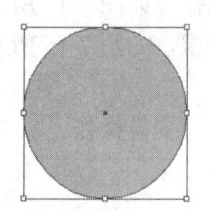

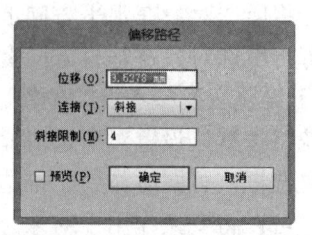

图 7-16 应用位移路径效果

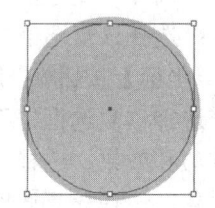

2．轮廓化对象

使用【轮廓化对象】命令可将文字转化为可进行编辑和操作的一组复合路径。该效果对于更改大型显示文字的外观非常有用。

其设置方法为：选择需要轮廓化的对象，然后在菜单栏中选择【效果】|【路径】|【轮廓化对象】命令，即可对该文字对象进行各种编辑操作，如图 7-17 所示。

3．轮廓化描边

使用【轮廓化描边】命令可将描边转换为复合路径，以便修改描边的轮廓，其操作方法与轮廓化对象一样，如图 7-18 所示。

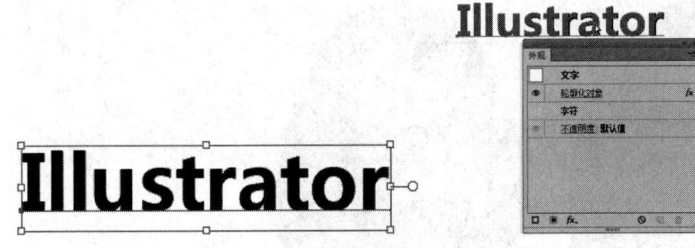

图 7-17　应用轮廓化对象效果 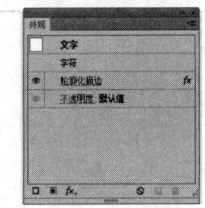　　　　　图 7-18　应用轮廓化描边效果

7.2.4　路径查找器效果组

路径查找器效果能够从重叠对象中创建新的形状。用户可通过使用【效果】菜单或【路径查找器】面板来应用路径查找器效果。

【效果】菜单中的路径查找器效果仅可应用于组、图层和文本对象。应用效果后，仍可选择和编辑原始对象，也可以使用【外观】面板来修改或删除效果。

【效果】菜单中的路径查找器效果说明如下：

- 相加：描摹所有对象的轮廓，就像它们是单独的、已合并的对象一样。此命令产生的结果形状会采用顶层对象的上色属性。
- 交集：描摹被所有对象重叠的区域轮廓。
- 差集：描摹对象所有未被重叠的区域，并使重叠区域透明。若有偶数个对象重叠，则重叠处会变成透明；而有奇数个对象重叠时，重叠的地方则会填充颜色。
- 相减：从最后面的对象中减去最前面的对象。应用此命令，可以通过调整堆栈顺序来删除插图中的某些区域。
- 减去后方对象：从最前面的对象中减去后面的对象。应用此命令，可以通过调整堆栈顺序来删除插图中的某些区域。
- 分割：将一份图稿分割为作为其构成成分的填充表面（表面是未被线段分割的区域）。
- 修边：删除已填充对象被隐藏的部分。它会删除所有描边，且不会合并相同颜色的对象。
- 合并：删除已填充对象被隐藏的部分。它会删除所有描边，且会合并具有相同颜色的相邻或重叠的对象。
- 裁剪：将图稿分割为作为其构成成分的填充表面，然后删除图稿中所有落在最上方对象边界之外的部分。这还会删除所有描边。

- 轮廓：将对象分割为其组件线段或边缘。准备需要对叠印对象进行陷印的图稿时，此命令非常有用。
- 实色混合：通过选择每个颜色组件的最高值来组合颜色。例如，如果颜色 1 为 20%青色、66%洋红色、40%黄色和 0%黑色；而颜色 2 为 40%青色、20%洋红色、30%黄色和 10%黑色，则产生的实色混合色为 40%青色、66%洋红色、40%黄色和 10%黑色。
- 透明混合：使底层颜色透过重叠的图稿可见，然后将图像划分为其构成部分的表面。可以指定在重叠颜色中的可视性百分比。
- 陷印：通过在两个相邻颜色之间创建一个小重叠区域（称为陷印）来补偿图稿中各颜色之间的潜在间隙，如图 7-19 所示。

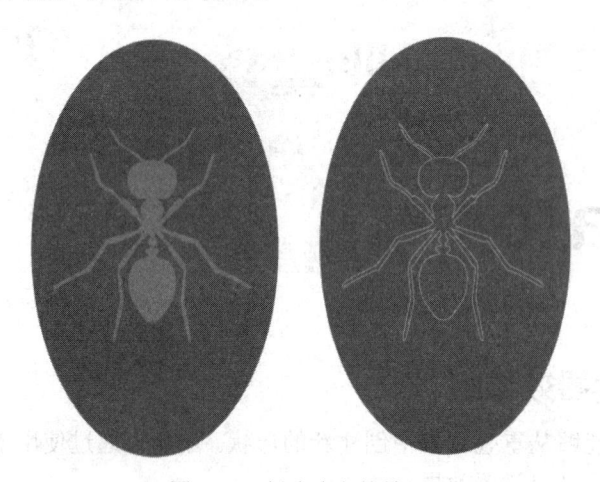

图 7-19 创建陷印的效果

7.2.5 转换为形状效果组

【转换为形状】效果组分别提供了【矩形】效果、【圆角矩形】效果及【椭圆】效果，使用该组命令可分别将矢量对象的形状转换为矩形、圆角矩形或椭圆。

其设置方法为：选择对象、组或定位一个图层，然后在菜单栏中选择该组任意一个命令，即可打开如图 7-20 所示的【形状选项】对话框，在该对话框中可选择使用绝对尺寸或相对尺寸设置形状的尺寸。而对于圆角矩形，可指定一个圆角半径以确定圆角边缘的曲率。

图 7-20 【形状选项】对话框

7.2.6 风格化效果组

【风格化】效果组中的效果可以向对象添加投影、圆角、羽化边缘、发光以及涂抹风格的外观。

1．内发光

使用【内发光】效果可在选择对象边缘的内部产生发光效果。

其设置方法为：选择需要添加内发光效果的对象，然后在菜单栏中选择【效果】|【风格化】|【内发光】命令，并在打开的【内发光】对话框中设置各项参数，最后单击【确定】按钮即可，如图 7-21 所示。

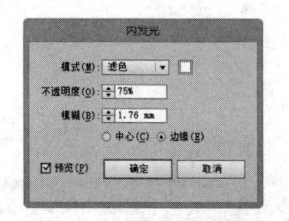

图 7-21　应用内发光效果

2．外发光

使用【外发光】效果可在选择对象边缘的外部产生发光效果，其使用方法与选择【内发光】命令相同，如图 7-22 所示。

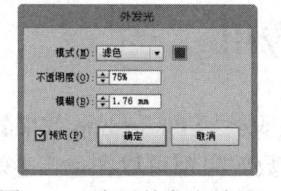

图 7-22　应用外发光效果

3．涂抹

使用【涂抹】命令可为图形对象创建素描效果。

其设置方法为：选择需要添加涂抹效果的对象，然后在菜单栏中选择【效果】|【风格化】|【涂抹】命令，并在打开的【涂抹选项】对话框中设置各项参数，最后单击【确定】按钮即可，如图 7-23 所示。

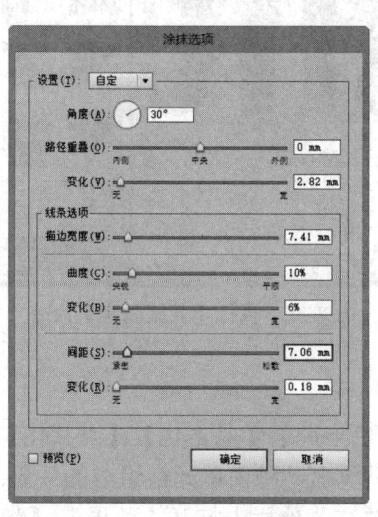

图 7-23　应用涂抹效果

4．羽化

使用【羽化】命令可在选择的对象上制作边缘柔化的效果。

其设置方法为：选择需要添加羽化效果的对象，然后在菜单栏中选择【效果】|【风格化】|【羽化】命令，并在打开的【羽化】对话框中设置羽化半径，最后单击【确定】按钮，如图 7-24 所示。

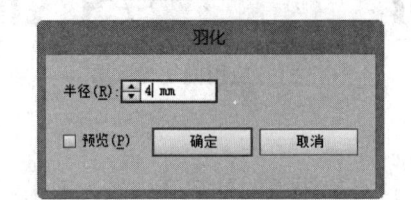

图 7-24　应用羽化效果

7.3　典型栅格效果的应用

Illustrator CC 的【效果】菜单下部分为【Photoshop 效果】，即可栅格化效果，也是与 Photoshop 兼容的位图滤镜。该部分中的大多数效果都可以在单击【效果画廊】命令后打开的对话框中进行应用，如图 7-25 所示。

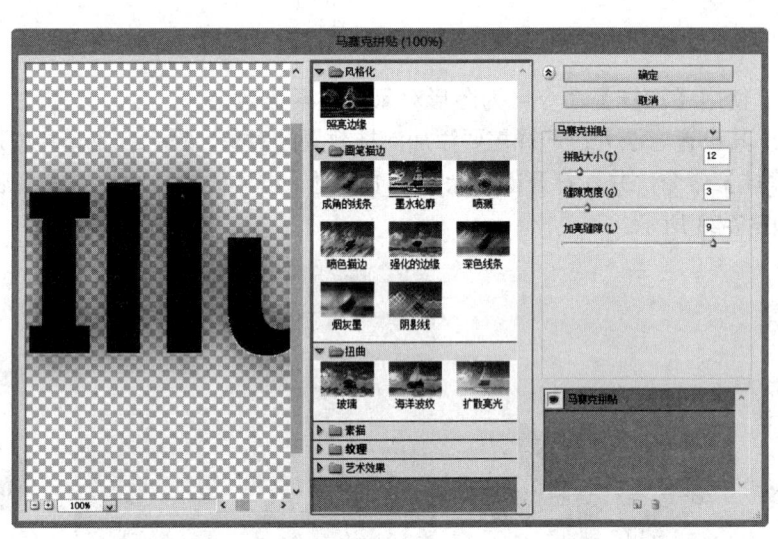

图 7-25　执行【效果画廊】命令

7.3.1　像素化效果组

【像素化】效果组包括【彩色半调】、【晶格化】、【点状化】及【铜版雕刻】效果，该组效果可使图像的画面分块显示，呈现出一种由单元格组成的效果。

其设置方法为：选择对象并在菜单栏中打开【效果】|【像素化】子菜单，再选择需要应用的像素化效果命令，然后根据打开的对话框设置合适的参数即可。

1．彩色半调

【彩色半调】效果用于将每个通道中的图像划分为许多矩形，然后用圆形替换每个矩形，且圆形的大小与矩形的亮度成比例，从而模拟出在图像的每个通道上使用放大的半调网屏的效果，如图 7-26 所示。

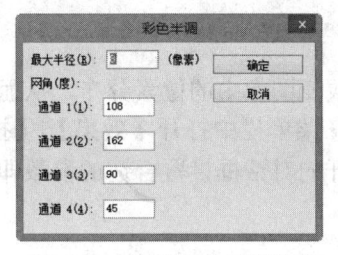

图 7-26　应用彩色半调效果

2．晶格化

【晶格化】效果用于将图像中的颜色集结成块，形成多边形，再拼合成整体，如图 7-27 所示。

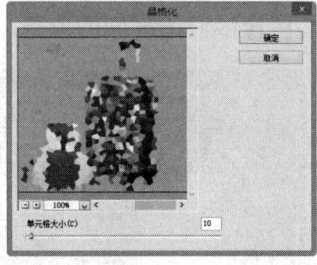

图 7-27　应用晶格化效果

3．点状化

【点状化】效果用于将图像中的颜色分解为随机分布的网点，从而产生点画作品的效果，并使用背景色作为网点之间的画布区域，如图 7-28 所示。

图 7-28　应用点状化效果

4．铜版雕刻

【铜版雕刻】效果用于将图像转换为黑白区域的随机图案或彩色图像中完全饱和颜色的随机图案，如图 7-29 所示。

图 7-29　应用铜版雕刻效果

7.3.2 扭曲效果组

【扭曲】效果组中的效果可改变图像中的像素分布，从而使图像产生各种变形。

其设置方法为：选择对象并在菜单栏中打开【效果】|【扭曲】子菜单，再选择需要应用的像素化效果命令，然后根据打开的对话框设置合适的参数即可。

1．扩散亮光

【扩散亮光】效果用于对图像进行渲染，扩散图像中的白色区域，从而产生一种朦胧感，如图 7-30 所示。其效果选项设置说明如下：

- 粒度：用于控制图像中添加颗粒的数量。
- 发光量：用于控制图像的发光强度。
- 清除数量：用于控制扩散后图像中白色区域的范围。

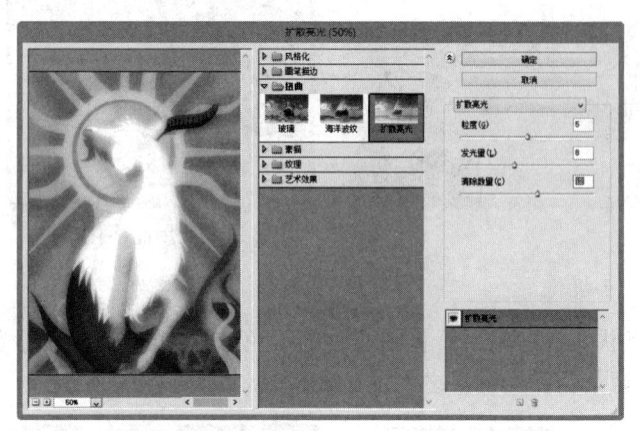

图 7-30　应用扩散亮光效果

2．海洋波纹

【海洋波纹】效果用于将随机分隔的波纹添加到图像中，使图像产生在水中的效果，如图 7-31 所示。其效果选项设置说明如下：

- 波纹大小：用于控制生成波纹的大小。
- 波纹幅度：用于控制生成波纹的密度。

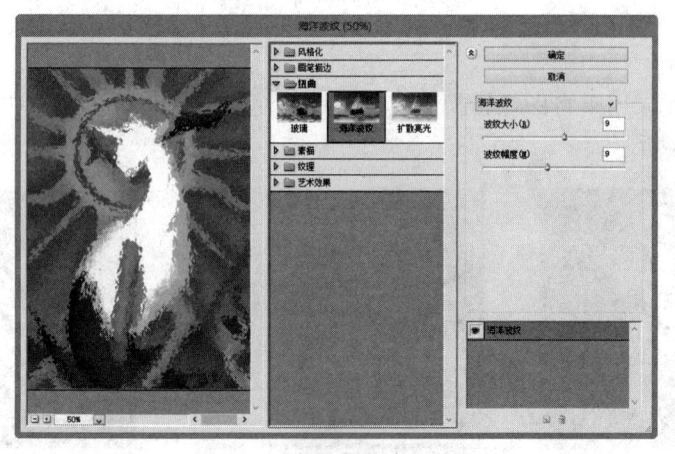

图 7-31　应用海洋波纹效果

3．玻璃

【玻璃】效果用于产生类似透过玻璃看到的图像效果，如图 7-32 所示。其效果选项设置说明如下：

- 扭曲度：用于控制图像的扭曲程度。
- 平滑度：用于控制图像的光滑程度。
- 纹理：在该下拉列表框中可选择所需的纹理，单击右侧的小三角按钮，可在弹出的菜单中选择【载入纹理】命令，载入自定纹理。
- 缩放：用于控制生成纹理的大小。
- 反相：选择该复选框，可将生成的纹理凸凹反转。

图 7-32　应用玻璃效果

7.3.3　模糊效果组

【模糊】效果组的效果可对图像进行模糊处理，去除图像中的杂色，使图像变柔和、平滑。

其设置方法为：选择对象并在菜单栏中打开【效果】|【模糊】子菜单，再选择需要应用的像素化效果命令，然后根据打开的对话框设置合适的参数即可。

1．径向模糊

【径向模糊】效果用于模拟对相机进行缩放或旋转而产生的柔和模糊效果，如图 7-33 所示。其效果选项设置说明如下：

- 数量：该选项用于控制图像的模糊程度，数值越大，模糊程度越强烈。
- 模糊方法：该选项组提供了两种模糊方式供用户选用。选择【旋转】选项，可沿同心圆环线模糊图像。选择【缩放】选项，可沿径向线模糊图像，就像对图像进行放大或缩小。
- 品质：该选项组用于选择模糊后的图像品质，包括【草图】、【好】和【最好】3 个选项。
- 中心模糊：在该预览框中单击鼠标，可改变图像模糊的中心位置。

245

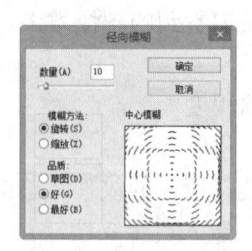

图 7-33　应用径向模糊效果

2．特殊模糊

【特殊模糊】效果用于精确地模糊图像，如图 7-34 所示。其效果选项设置说明如下：
- 半径：用于控制在图像中搜索不同像素的区域大小。
- 阈值：用于控制像素具有多大差异后才会受到影响。
- 品质：在该下拉列表框中可选择模糊后的图像品质，包括【低】、【中】和【高】3 个选项。
- 模式：在该下拉列表框中可选择模糊模式，在对比度显著的地方，【仅限边缘】选项应用黑白混合的边缘，如图 7-35 所示；而【叠加边缘】选项应用白色的边缘，如图 7-36 所示。

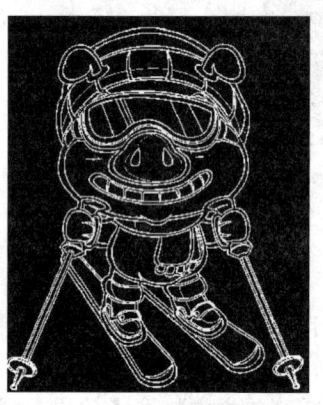

图 7-34　应用特殊模糊效果　　　图 7-35　【仅限边缘】模糊效果　　　图 7-36　【叠加边缘】模糊效果

3．高斯模糊

【高斯模糊】效果使用可调整的量快速模糊选区并添加低频细节，从而产生一种朦胧效果，如图 7-37 所示。

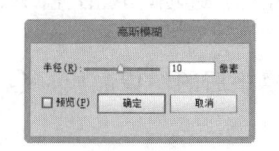

图 7-37　应用高斯模糊效果

7.3.4 画笔描边效果组

【画笔描边】效果组使用不同的画笔和油墨描边效果创造出绘画效果的外观。下面使用如图 7-38 所示的原始图像对【画笔描边】效果组的各种效果进行简单介绍。

- 喷溅：模拟喷溅喷枪的效果，如图 7-39 所示。
- 【喷色半径】：用于确定喷笔笔头的大小。
- 【平滑度】：用于控制图像的平滑程度。
- 喷色描边：使用图像的主导色，用成角的、喷溅的颜色线条重新绘画图像，其效果如图 7-40 所示。
- 【描边长度】：用于控制图像中喷溅笔触的长度。
- 【喷色半径】：用于控制在图像中喷射颜色时，图像颜色的溅开程度。
- 【描边方向】：可选择画面中颜料喷射的方向。

图 7-38 原图像

图 7-39 喷溅滤镜效果

图 7-40 喷色描边滤镜效果

- 墨水轮廓：以钢笔画的风格，用纤细的线条在原细节上重绘图像，其效果如图 7-41 所示。
- 【描边长度】：用于控制图像中线条的长度。
- 【深色强度】：用于控制图像中阴影部分的强度，数值越大，画面越暗。
- 【光照强度】：用于控制图像中光照部分的强度，数值越大，画面越亮。
- 强化的边缘：可强化图像边缘，其效果如图 7-42 所示。
- 【边缘宽度】：用于控制需要加强处理的颜色边缘宽度。
- 【边缘亮度】：用于控制颜色边缘的亮度，数值越大，强化效果越类似白色粉笔；数值越小，强化效果越类似黑色油墨。
- 【平滑度】：用于控制边缘的平滑程度。

图 7-41 墨水轮廓滤镜效果

图 7-42 强化的边缘滤镜效果

- 成角的线条：使用对角描边重新绘制图像，用相反方向的线条来绘制亮区和暗区，其效果如图 7-43 所示。
- 【方向平衡】：用于控制生成线条的倾斜角度。
- 【描边长度】：用于控制生成线条的长度。
- 【锐化程度】：用于控制生成线条的清晰程度。
- 深色线条：使用短的、绷紧的深色线条绘制暗区，用长的白色线条绘制亮区，其效果如图 7-44 所示。
- 【平衡】：用于控制线条的方向。
- 【黑色强度】：用于控制图像中黑线的显示强度，数值越大，线条越明显。
- 【白色程度】：用于控制图像中白线的显示强度。

图 7-43 成角的线条滤镜效果　　　　　图 7-44 深色线条滤镜效果

- 烟灰墨：以日本画的风格绘画图像，类似用蘸满油墨的画笔在宣纸上绘画，其效果如图 7-45 所示。
- 【描边宽度】：用于控制笔头的宽度。
- 【描边压力】：用于控制笔触的压力。
- 【对比度】：用于控制图像中亮光区域与暗调区域的对比度。
- 阴影线：保留原始图像的细节和特征，同时使用模拟的铅笔阴影线添加纹理，并使彩色区域的边缘变粗糙，其效果如图 7-46 所示。
- 【描边长度】：用于控制生成线条的长度。
- 【锐化程度】：用于控制生成线条的清晰程度。
- 【强度】：用于控制生成交叉线的数量和清晰度。

图 7-45 烟灰墨滤镜效果　　　　　图 7-46 阴影线滤镜效果

7.3.5 其他栅格化效果

除了上述典型的栅格化效果外,Illustrator 还提供了大量不同的栅格化效果。下面将简述这些栅格化效果的用途。

1. 素描效果

- 基底凸:变换图像,使之呈现浮雕的雕刻状和突出光照下变化各异的表面。图像的暗区呈现前景色,而浅色使用背景色。
- 粉笔和炭笔:重绘高光和中间调,并使用粗糙粉笔绘制纯中间调的灰色背景。阴影区域用黑色对角炭笔线条替换。炭笔用前景色绘制,粉笔用背景色绘制。
- 炭笔:产生色调分离的涂抹效果。主要边缘以粗线条绘制,而中间色调用对角描边进行素描。炭笔是前景色,背景是纸张颜色。
- 铬黄:渲染图像,就好像它具有擦亮的铬黄表面。高光在反射表面上是高点,阴影是低点。
- 炭精笔:在图像上模拟浓黑和纯白的炭精笔纹理。【炭精笔】滤镜在暗区使用前景色,在亮区使用背景色。
- 绘图笔:使用细的、线状的油墨描边以捕捉原图像中的细节。对于扫描图像,效果尤其明显。此滤镜使用前景色作为油墨,并使用背景色作为纸张,以替换原图像中的颜色。
- 半调图案:在保持连续的色调范围的同时,模拟半调网屏的效果。
- 便条纸:创建像是用手工制作的纸张构建的图像。
- 影印:模拟影印图像的效果。大的暗区趋向于只拷贝边缘四周,而中间色调要么纯黑色,要么纯白色。
- 石膏效果:按 3D 石膏效果塑造图像,然后使用前景色与背景色为结果图像着色。暗区凸起,亮区凹陷。
- 网状:模拟胶片乳胶的可控收缩和扭曲来创建图像,使之在阴影呈结块状,在高光呈轻微颗粒化。
- 图章:简化了图像,使之看起来就像是用橡皮或木制图章创建的一样。此滤镜用于黑白图像时效果最佳。
- 撕边:将图像重新组织为粗糙的撕碎纸片的效果,然后使用黑色和白色为图像上色。此命令对于由文本或对比度高的对象所组成的图像很有用。
- 水彩画纸:利用有污渍的、像画在湿润而有纹的纸上的涂抹方式,使颜色渗出并混合。

2. 纹理效果

- 龟裂缝:将图像绘制在一个高处凸现的模型表面上,以循着图像等高线生成精细的网状裂缝。使用此效果可以对包含多种颜色值或灰度值的图像创建浮雕效果。
- 颗粒:通过模拟不同种类的颗粒(常规、柔和、喷洒、结块、强反差、扩大、点刻、水平、垂直或斑点),对图像添加纹理。
- 马赛克:拼贴绘制图像,使它看起来像是由小的碎片或拼贴组成,然后在拼贴之间添加缝隙。
- 拼缀图:将图像分解为由若干方形图块组成的效果,图块的颜色由该区域的主色决定。

此效果随机减小或增大拼贴的深度，以复现高光和暗调。
- 染色玻璃：将图像重新绘制成许多相邻的单色单元格效果，边框由前景色填充。
- 纹理化：将所选择或创建的纹理应用于图像。

3. 艺术效果

- 彩色铅笔：使用彩色铅笔在纯色背景上绘制图像。保留边缘，外观呈粗糙阴影线；纯色背景色透过比较平滑的区域显示出来。
- 木刻：使图像看上去好像是由从彩纸上剪下的边缘粗糙的剪纸片组成的。高对比度的图像看起来呈剪影状，而彩色图像看上去是由几层彩纸组成的。
- 干画笔：使用干画笔技术（介于油彩和水彩之间）绘制图像边缘。此滤镜通过将图像的颜色范围降到普通颜色范围来简化图像。
- 胶片颗粒：将平滑图案应用于阴影和中间色调。将一种更平滑、饱和度更高的图案添加到亮区。在消除混合的条纹和将各种来源的图素在视觉上进行统一时，此滤镜非常有用。
- 壁画：使用短而圆的、粗略涂抹的小块颜料，以一种粗糙的风格绘制图像。
- 霓虹灯光：将各种类型的灯光添加到图像中的对象上。此滤镜用于在柔化图像外观时给图像着色。
- 绘画涂抹：可以选择各种大小（从 1～50）和类型的画笔来创建绘画效果。画笔类型包括简单、未处理光照、暗光、宽锐化、宽模糊和火花。
- 调色刀：减少图像中的细节以生成描绘得很淡的画布效果，可以显示出下面的纹理。
- 塑料包装：给图像涂上一层光亮的塑料，以强调表面细节。
- 海报边缘：根据设置的海报化选项减少图像中的颜色数量（对其进行色调分离），并查找图像的边缘，在边缘上绘制黑色线条。大而宽的区域有简单的阴影，而细小的深色细节遍布图像。
- 粗糙蜡笔：在带纹理的背景上应用粉笔描边。在亮色区域，粉笔看上去很厚，几乎看不见纹理；在深色区域，粉笔似乎被擦去了，使纹理显露出来。
- 涂抹棒：使用短的对角描边涂抹暗区以柔化图像。亮区变得更亮，以致失去细节。
- 海绵：使用颜色对比强烈、纹理较重的区域创建图像，以模拟海绵绘画的效果。
- 底纹效果：在带纹理的背景上绘制图像，然后将最终图像绘制在该图像上。
- 水彩：以水彩的风格绘制图像，使用蘸了水和颜料的中号画笔绘制以简化细节。当边缘有显著的色调变化时，此滤镜会使颜色更饱满。

7.4 应用图形样式

图形样式是一组可反复使用的外观属性。图形样式可以快速更改对象的外观。例如，可以更改对象的填色和描边颜色、更改其透明度，还可以在一个步骤中应用多种效果。

7.4.1 【图形样式】面板

在 Illustrator 中，可以使用【图形样式】面板来创建、命名和应用外观属性集。创建文档时，此面板会列出一组默认的图形样式，如图 7-47 所示。当现用文档打开并处于现用状态时，随同该文档一起存储的图形样式显示在此面板中。

如果样式没有填色和描边（如仅适用于效果的样式），则缩览图会显示为带黑色轮廓和白色填色的对象。此外，会显示一条细小的红色斜线，指示没有填色或描边。

要更改在【图形样式】面板中列出样式的形式，可执行下列任一操作：

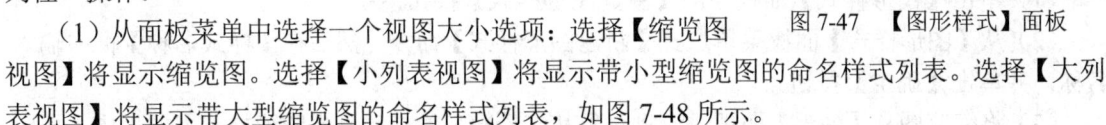

（1）从面板菜单中选择一个视图大小选项：选择【缩览图视图】将显示缩览图。选择【小列表视图】将显示带小型缩览图的命名样式列表。选择【大列表视图】将显示带大型缩览图的命名样式列表，如图7-48所示。

图7-47 【图形样式】面板

（2）从面板菜单中选择【使用方格进行预览】，可在正方形或创建此样式的对象形状上查看样式。

（3）从面板菜单中选择【使用文本进行预览】，可在字母【T】上查看样式，如图7-49所示。此视图为应用于文本的样式提供更准确的直观描述。

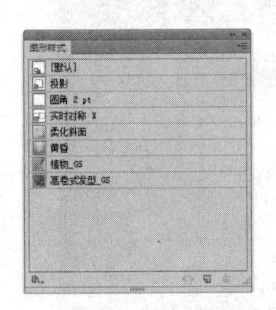

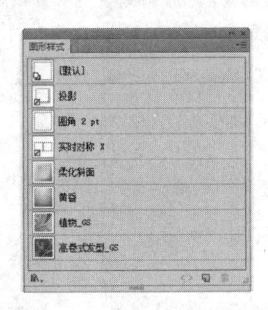

图7-48 设置视图显示方式

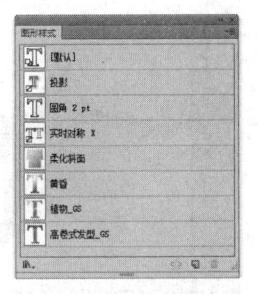

图7-49 设置预览样式的方式

7.4.2 应用和创建图形样式

1．应用图形样式

要向某个对象应用单个样式，可以从【控制】面板的【样式】菜单、【图形样式】面板或图形样式库中选择一种样式，如图7-50所示，或将图形样式拖移到文档窗口中的对象上，如图7-51所示。

要将某个样式与对象的现有样式属性合并，或者要向某个对象应用多个样式，可执行下面的某一项操作：按住Alt键并将样式从【图形样式】面板中拖移到对象上，或选择此对象，然后在【图形样式】面板中按住Alt键单击样式即可。

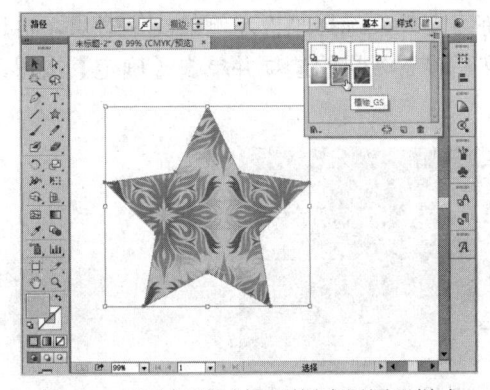

图7-50 通过【控制】面板应用图形样式

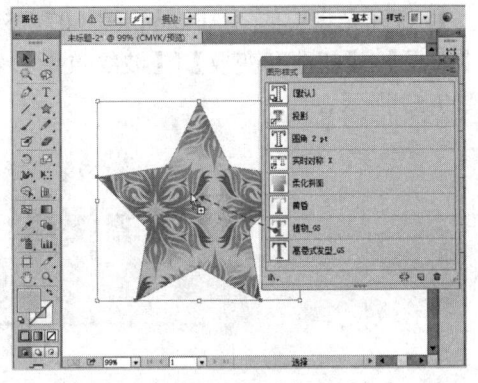

图7-51 将图形样式拖到对象上

251

2. 创建图形样式

可以选择一个对象并对其应用任意外观属性组合，包括填色和描边、效果和透明度设置。还可以使用【外观】面板来调整和排列外观属性，并创建多种填充和描边。只需执行下列任一操作即可：

（1）单击【图形样式】面板中的【新建图形样式】按钮 。

（2）从【图形样式】面板菜单选择【新建图形样式】命令，然后在【样式名称】框中输入名称，并单击【确定】按钮。

（3）将缩览图从【外观】面板（或将对象从文档窗口）拖动到【图形样式】面板中，如图7-52 所示。

（4）按住 Alt 键单击【新建图形样式】按钮 ，再输入图形样式的名称，然后单击【确定】按钮。

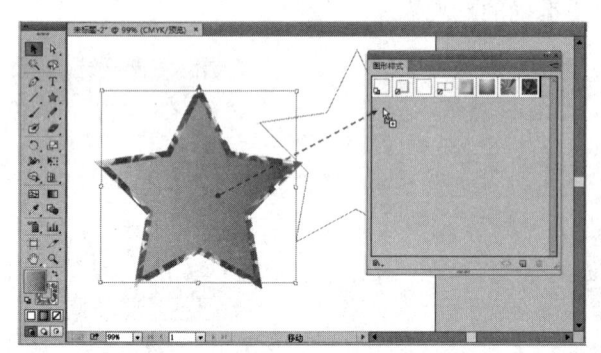

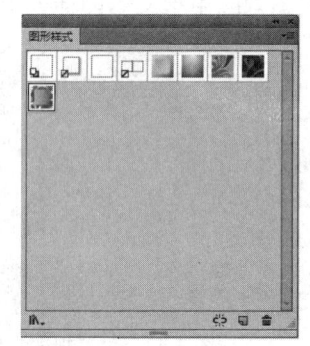

图 7-52　将对象外观新建成图形样式

7.5　技能训练

下面通过 5 个上机练习实例，巩固所学技能。

7.5.1　上机练习 1：为贺卡标题制作特殊效果

本例将为贺卡的标题对象分别应用【波纹效果】、【投影】、【扩散亮光】和【塑料包装】效果，制作出特殊的文字效果。

操作步骤

1 打开光盘中的 "..\Example\Ch07\7.5.1.ai" 练习文件，选择画板左侧的文字对象，再选择【效果】|【扭曲和变换】|【波纹效果】命令，然后设置效果的选项并单击【确定】按钮，如图 7-53 所示。

图 7-53　应用波纹效果

2 选择文字对象，再选择【效果】|【风格化】|【投影】命令，打开【投影】对话框后，设置各项参数，再设置颜色为【黄色】，单击【确定】按钮，如图 7-54 所示。

3 选择【效果】|【扭曲】|【扩散亮光】命令，打开【扩散亮光】对话框后，分别设置粒度、发光量、清除数量等参数，然后单击【确定】按钮，如图 7-55 所示。

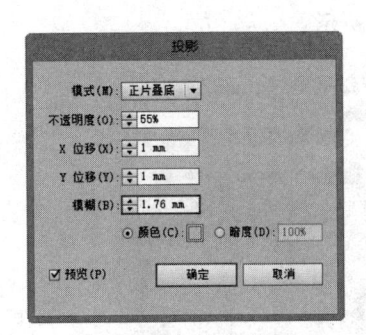

图 7-54　应用投影效果

图 7-55　应用扩散亮光效果

4 选择【效果】|【艺术效果】|【塑料包装】命令，然后设置高光亮度、细节、平滑度的参数，再单击【确定】按钮，如图 7-56 所示。

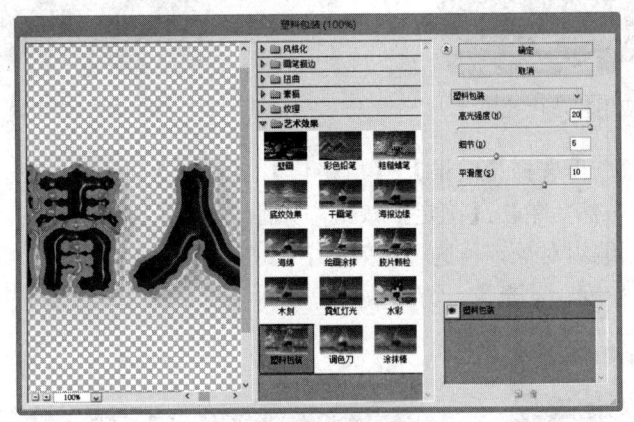

图 7-56　应用塑料包装效果

5 完成上述步骤后，可通过文档窗口查看标题文字的效果，如图 7-57 所示。

图 7-57　查看文字的效果

7.5.2　上机练习 2：制作人物插画的画框效果

本例先为作为画框的矩形对象应用【粗糙化】、【内发光】、【投影】效果，然后为人物插画对象应用【扩散亮光】、【阴影线】以及【圆角】效果，制作出带有创意画框的插画作品。

操作步骤

1 打开光盘中的"..\Example\Ch07\7.5.2.ai"练习文件，选择文档中的矩形对象，然后选择【效果】|【扭曲和变换】|【粗造化】命令，接着设置各个效果选项并单击【确定】按钮，如图7-58所示。

2 选择矩形对象，再选择【效果】|【风格化】|【内发光】命令，打开【内发光】对话框后，设置效果的各个选项，接着单击【确定】按钮，如图7-59所示。

图7-58 应用粗造化效果　　　　　　　　图7-59 应用内发光效果

3 选择矩形对象，再选择【效果】|【风格化】|【投影】命令，打开【投影】对话框后，设置效果的各项参数，然后单击【确定】按钮，如图7-60所示。

4 选择人物插画编组对象，再选择【效果】|【扭曲】|【扩散亮光】命令，打开【扩散亮光】对话框后，设置粒度、发光量、清除数量等参数，再单击【确定】按钮，如图7-61所示。

图7-60 应用投影效果　　　　　　　　图7-61 应用扩散亮光效果

应用效果和图形样式 ⑦

5 选择人物插画编组对象，然后选择【效果】|【画笔描边】|【阴影线】命令，打开【阴影线】对话框后，设置各个选项的参数，再单击【确定】按钮，如图7-62所示。

图7-62　应用阴影线效果

6 选择人物插画编组对象，再选择【效果】|【风格化】|【圆角】命令，然后设置半径为8mm，接着单击【确定】按钮，如图7-63所示。

图7-63　应用圆角效果并查看结果

7.5.3　上机练习3：制作广告的浮雕标题效果

本例将分别为玩具广告中的标题文字对象应用【凹壳】、【收缩和膨胀】、【外发光】、【SVG滤镜】以及【塑料包装】效果，制作出类似浮雕效果的标题文字。

操作步骤

1 打开光盘中的"..\Example\Ch07\7.5.3.ai"练习文件，选择标题文字对象，再选择【效果】|【变形】|【凹壳】命令，打开【变形选项】对话框后，设置【凹壳】样式的各项参数，接着单击【确定】按钮，如图7-64所示。

255

2 选择【效果】|【扭曲和变换】|【收缩和膨胀】命令，打开【收缩和膨胀】对话框后，设置膨胀参数为5%，然后单击【确定】按钮，如图7-65所示。

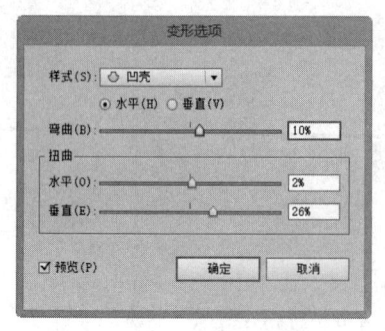

图7-64　应用凹壳效果

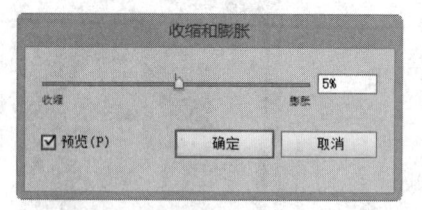

图7-65　应用收缩和膨胀效果

3 选择【效果】|【风格化】|【外发光】命令，打开【外发光】对话框后，设置模式和其他选项，再单击【确定】按钮，如图7-66所示。

4 选择【效果】|【SVG 滤镜】|【应用 SVG 滤镜】命令，打开【应用 SVG 滤镜】对话框后，选择【AI_斜角阴影_1】项目，再单击【确定】按钮，如图7-67所示。

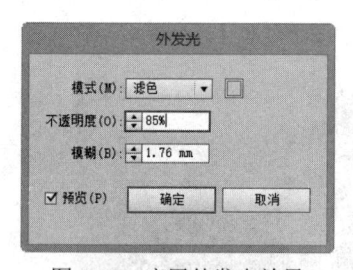

图7-66　应用外发光效果

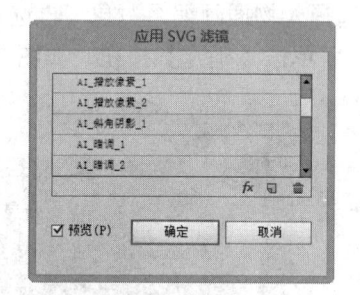

图7-67　应用 SVG 滤镜

5 选择【效果】|【艺术效果】|【塑料包装】命令，打开【塑料包装】对话框后，设置高光强度、细节和平滑度的参数，然后单击【确定】按钮，如图7-68所示。

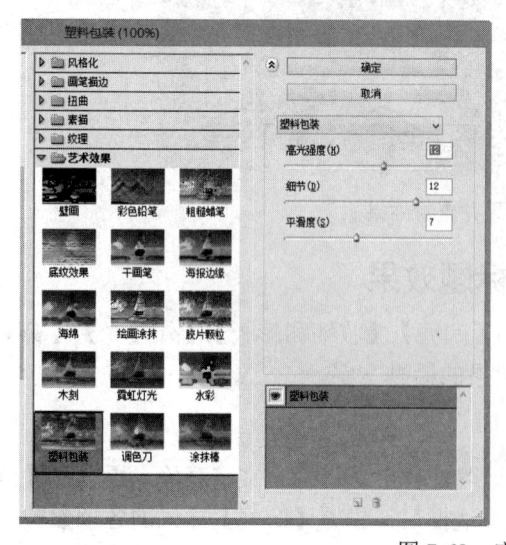

图7-68　应用塑料包装效果

7.5.4 上机练习4：快速制作图稿艺术画效果

本例先将准备好的图像作为图稿置入到文档并将图稿嵌入到文档，然后分别为图稿应用【墨水轮廓】、【粗糙蜡笔】效果，接着复制一个图稿到新图层，并应用【扩散亮光】效果，最后为新图层上的图稿设置混合透明度，制作出艺术画的效果。

操作步骤

1 打开光盘中的"..\Example\Ch07\7.5.4.ai"练习文件，选择【文件】|【置入】命令，打开【置入】对话框后，选择"..\Example\Ch07\7.5.4.jpg"素材文件，然后单击【置入】按钮，如图7-69所示。

2 返回练习文件后，在画板上拖动鼠标，将图像置入画板作为图稿，如图7-70所示。

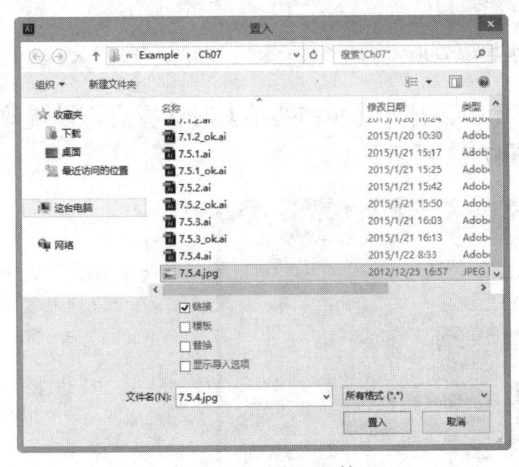

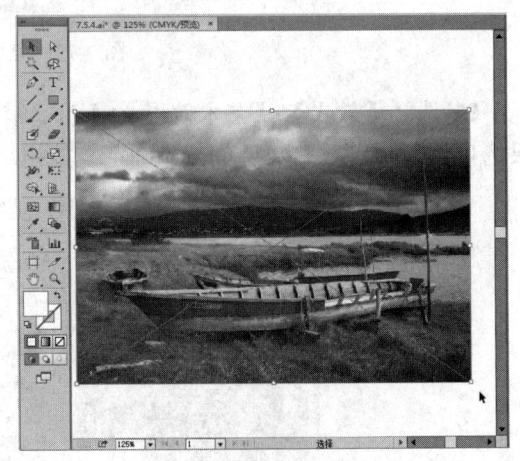

图7-69 置入文件　　　　　　　　　图7-70 将图像置入到画板

3 选择置入的图稿，然后在【控制】面板中单击【嵌入】按钮，将链接的图稿嵌入到当前文件中，如图7-71所示。

图7-71 嵌入图稿

4 选择图稿，再选择【效果】|【画笔描边】|【墨水轮廓】命令，打开【墨水轮廓】对话框后，设置各项参数，然后单击【确定】按钮，如图7-72所示。

图 7-72 应用墨水轮廓效果

5 选择【效果】|【艺术效果】|【粗糙蜡笔】命令，打开【粗糙蜡笔】对话框后，设置效果选项的各项参数，然后单击【确定】按钮，如图 7-73 所示。

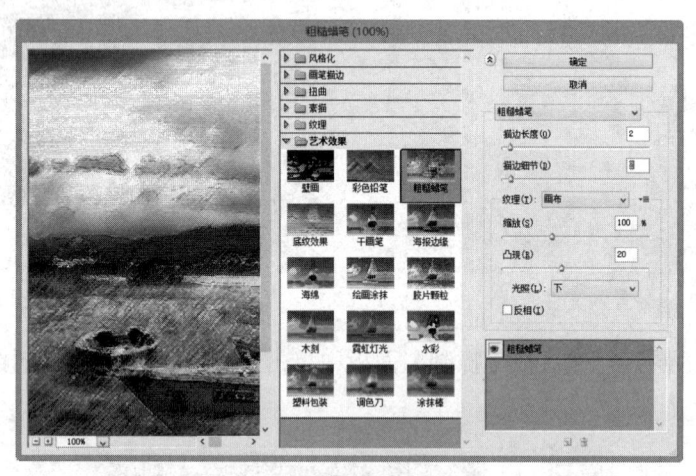

图 7-73 应用粗糙蜡笔效果

6 选择图稿并复制该图稿，然后打开【图层】面板并新增图层 2，再按 Ctrl+V 键将图稿粘贴到图层 2，接着为图层 2 的图稿应用【扩散亮光】效果，如图 7-74 所示。

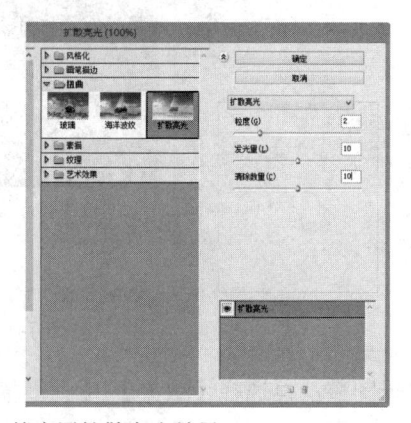

图 7-74 复制图稿到图层 2 并应用扩散亮光效果

7 选择图层 2，打开【透明度】面板，设置混合模式为【明度】，接着设置透明度为 70%，使图层 2 的图稿产生混合透明的效果，如图 7-75 所示。

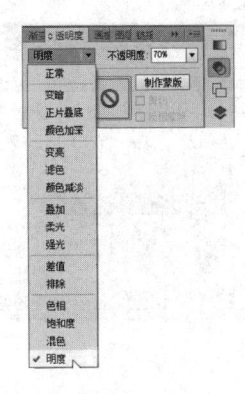

图 7-75　设置图层混合透明效果

7.5.5　上机练习 5：制作展板横幅的标题效果

本例先在展板横幅图稿上输入标题文字，然后通过【图形样式】面板打开【文字效果】面板，并为标题文字应用一种图形样式，接着修改样式的填色和投影效果，为标题应用【变换效果】扩大文字。

操作步骤

1 打开光盘中的"..\Example\Ch07\7.5.5.ai"练习文件，选择【文字工具】，然后在文档上输入标题文字，再通过【控制】面板设置文字的字符格式，如图 7-76 所示。

图 7-76　输入标题文字并设置字符格式

2 打开【图形样式】面板，再单击【图形样式库菜单】按钮，然后选择【文字效果】命令，接着在【文字效果】面板中为文字应用【边缘效果 2】图形样式，如图 7-77 所示。

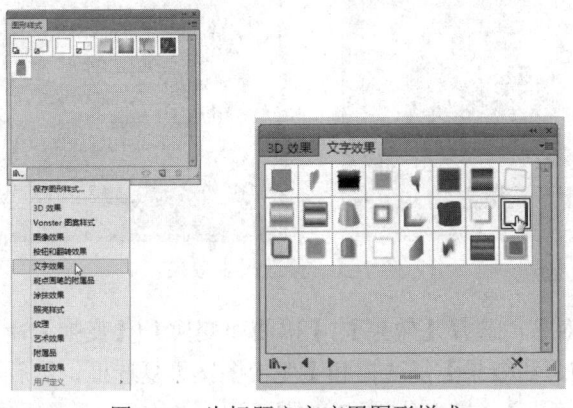

图 7-77　为标题文字应用图形样式

3 选择标题文字对象，再打开【外观】面板，然后修改图形样式的填充颜色，接着打开【渐变】面板，设置渐变倾斜角度为 90 度，如图 7-78 所示。

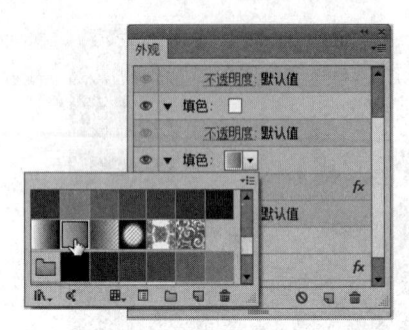

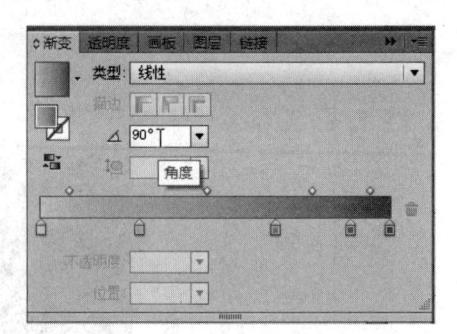

图 7-78　修改图形样式的填充颜色

4 选择渐变色左端的色标，再双击该色标打开【色板】面板，修改颜色为【深红色】，然后选择渐变色左侧第二个色标，双击该色标打开【色板】面板，再选择颜色为【洋红】，如图 7-79 所示。

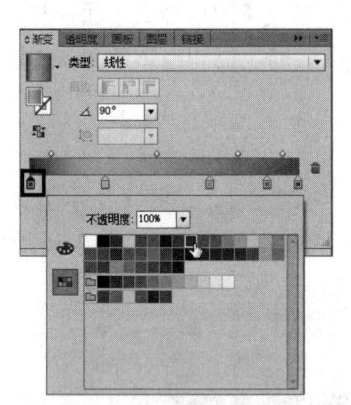

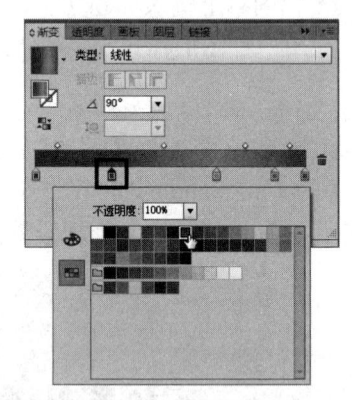

图 7-79　修改渐变中色标的颜色

5 返回【外观】面板中，单击【投影】蓝色文字，打开【投影】对话框后，修改投影效果的参数，再单击【确定】按钮，如图 7-80 所示。

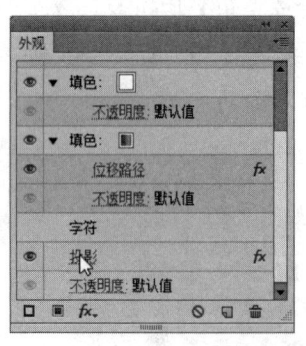

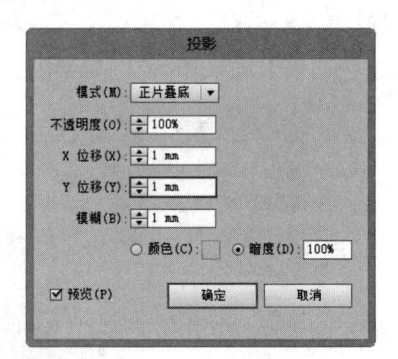

图 7-80　修改投影效果

6 选择标题文字对象，选择【效果】|【扭曲和变换】|【变换】命令，打开【变换】对话框后，先选择【缩放描边和效果】复选框和【变换图案】复选框，然后设置水平和垂直的缩放为 120%，接着单击【确定】按钮，如图 7-81 所示。

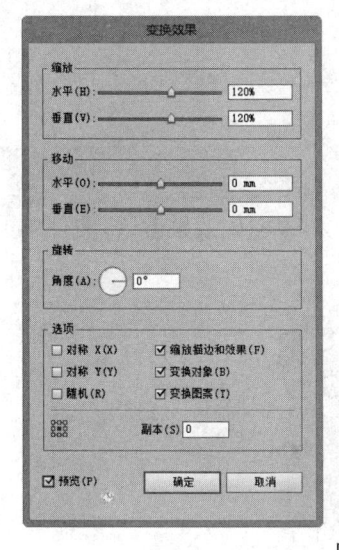

图 7-81　应用变换效果并查看结果

7.6　评测习题

一、填充题

（1）当需要应用效果时，可以通过打开_____菜单，并选择相关效果命令来实现。

（2）Illustrator CC 提供了多种效果应用于对象，这些效果在【效果】菜单中分为了_____和 Photoshop 效果两部分。

（3）_____效果是一种综合效果命令，它可以为对象填充各种纹理，并进行模糊及设置阴影效果。

（4）_____效果组中的效果可以向对象添加投影、圆角、羽化边缘、发光以及涂抹风格的外观。

二、选择题

（1）下列哪个效果可将文字转化为可进行编辑和操作的一组复合路径？　　　　（　　）

　　A.【位移路径】效果　　　　　　　B.【路径查找器】效果

　　C.【轮廓化描边】效果　　　　　　D.【轮廓化对象】效果

（2）下列哪个效果组使用不同画笔和油墨描边效果创造出绘画效果的外观？　　（　　）

　　A.【像素画】效果组　　　　　　　B.【素描】效果组

　　C.【纹理】效果组　　　　　　　　D.【画笔描边】效果组

（3）下列哪个效果组中的效果可以向对象添加投影、圆角、羽化边缘、发光以及涂抹风格的外观？　　　　　　　　　　　　　　　　　　　　　　　　　　　　　　　（　　）

　　A.【画笔描边】效果组　　　　　　B.【风格化】效果组

　　C.【扭曲和变换】效果组　　　　　D.【素描】效果组

三、判断题

（1）创建文档时，【图形样式】面板会列出一组默认的图形样式。　　　　　（　　）

（2）【晶格化】效果用于将图像中的颜色分解为随机分布的网点，从而产生点画作品的效

果，并使用背景色作为网点之间的画布区域。 （　　）

（3）【SVG 滤镜】效果是一种综合效果命令，它可以为对象填充各种纹理，并进行模糊及设置阴影效果。 （　　）

四、操作题

为练习文件分别应用【烟灰墨效果】、【马赛克拼贴效果】和【羽化效果】，将文件中的图稿制作出彩墨墙画效果，如图 7-82 所示。

图 7-82　图像应用效果的结果

操作提示：

（1）打开光盘中的"..\Example\Ch07\7.6.ai"练习文件，选择对象，再选择【效果】|【画笔描边】|【烟灰墨】命令。

（2）在【烟灰墨】对话框中设置描边宽度为 11、描边压力为 6、对比度为 19，然后单击【确定】按钮。

（3）选择【效果】|【纹理】|【马赛克拼贴】命令，再设置拼贴大小为 12、缝隙宽度为 3、加亮缝隙为 9，接着单击【确定】按钮。

（4）选择【效果】|【风格化】|【羽化】命令，在打开的【羽化】对话框中设置羽化半径为 6，然后单击【确定】按钮。

第 8 章 平面设计上机特训

学习目标

本章通过 9 个上机练习实例,从各方面介绍了 Illustrator CC 在矢量图绘制、特效制作、文字编辑等方面的应用。通过这些上机练习的训练,可以有效地复习使用 Illustrator 的各种方法和技巧。

学习重点

☑ 绘制矢量图
☑ 设置对象填色和描边
☑ 创建与编辑文字
☑ 应用画笔库、符号库和图形样式库
☑ 应用和编辑各种效果

8.1 上机练习 1:利用常规图形设计徽标

绘制常规图形是 Illustrator 的基本功能,利用这些基本功能可以设计出出色的徽标。本例将分别绘制矩形、圆形和五角形,并组合这些常规图形,设计出数码公司的徽标图。

本例设计的效果如图 8-1 所示。

操作步骤

1 打开 Illustrator CC 应用程序,选择【文件】|【新建】命令,在打开【新建文档】对话框后,设置文档的尺寸和其他选项,再单击【确定】按钮新建文档,如图 8-2 所示。

图 8-1 数码公司徽标图设计效果

2 使用【缩放工具】缩小画板显示,再使用【抓手工具】将画板移到文档窗口的中央,如图 8-3 所示。

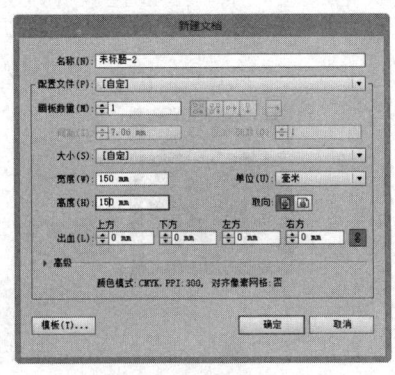

图 8-2 新建文档

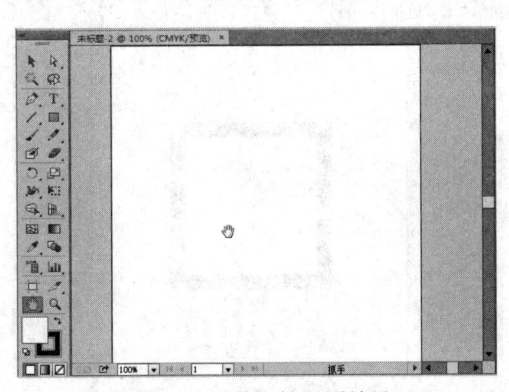

图 8-3 调整文档视图效果

3 在【工具】面板中选择【矩形工具】■，然后移动鼠标到画板中心点处并单击，在打开的【矩形】对话框中设置宽度和高度均为70mm，接着单击【确定】按钮，如图8-4所示。

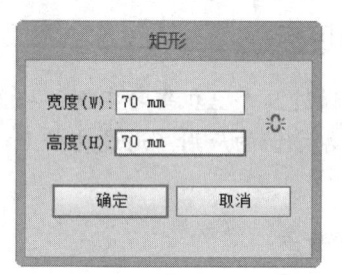

图 8-4　创建一个正方形对象

4 选择【选择工具】▶，再使用该工具按住正方形中心，然后将正方形中心移到画板中心处，以调整对象的位置，接着设置正方形的描边粗细为20pt、描边颜色为【黑色】，如图8-5所示。

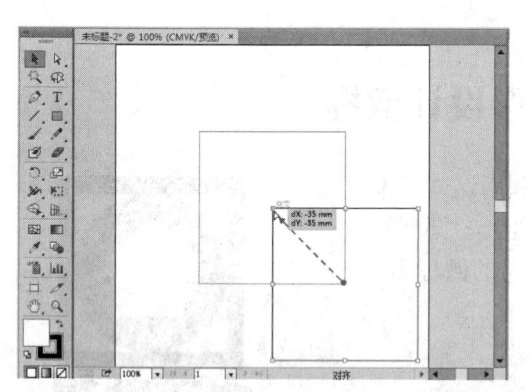

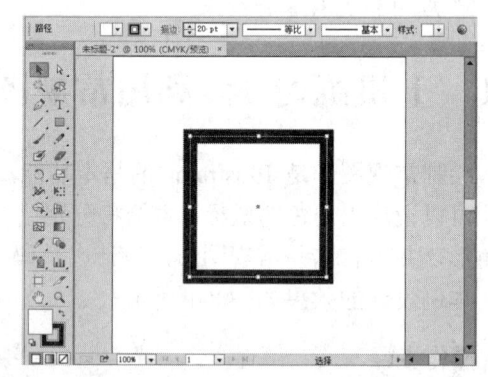

图 8-5　调整正方形位置并设置描边

5 在【工具】面板中选择【椭圆工具】◯，在【控制】面板中设置填充颜色为【黑色】、描边为【无】，然后将鼠标移到正方形的中心点处，并按住Shift+Alt键拖动鼠标，绘制出一个内切于正方形的圆形对象，如图8-6所示。

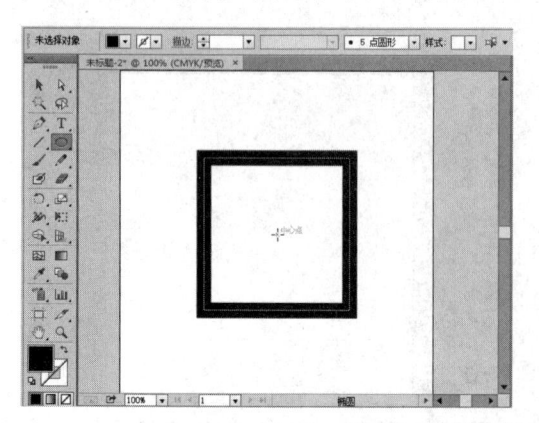

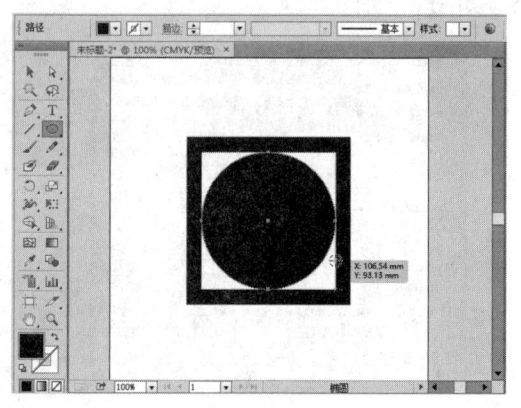

图 8-6　绘制内切于正方形的圆形对象

6 选择【多边形工具】，在【控制】面板中设置填充颜色为【白色】、描边为【无】，然后将鼠标移到圆形的中心点处，并按住 Shift 键拖动鼠标，绘制出一个尺寸小于圆形的五角形对象，如图 8-7 所示。

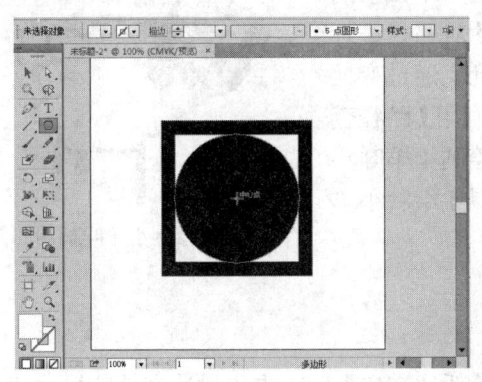

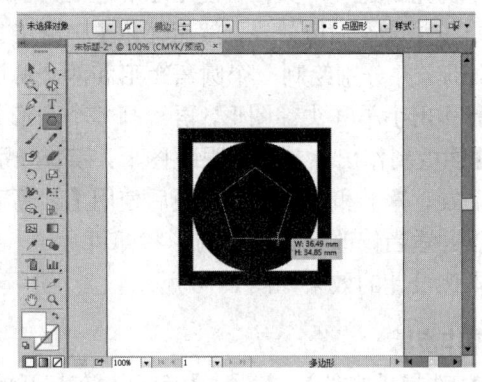

图 8-7 绘制五角形对象

7 选择【文字工具】，在【控制】面板中设置字符属性和颜色，然后在徽标图形下方输入公司简称文字，如图 8-8 所示。

图 8-8 输入公司简称文字

8 选择【选择工具】并按 Ctrl+A 键选择所有对象，适当调整对象的位置，再选择文字对象，并将它移到徽标图形正下方，如图 8-9 所示。

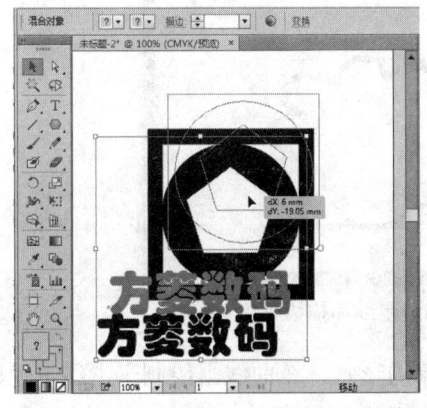

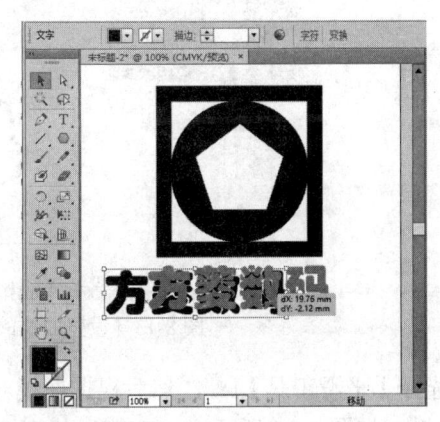

图 8-9 调整对象位置和文字位置

8.2 上机练习2：绘制简单的小羊咩插图

本例先新建一个文档，使用【铅笔工具】绘制一个云状的闭合曲线并设置描边效果，然后使用【平滑工具】对路径进行平滑处理，并分别绘制一个圆角矩形和两个椭圆形，通过变换处理制作出小羊咩头部图形，再绘制多个圆形并利用【路径查找器】面板制作出小羊咩的眼眶图形，接着分别绘制小羊咩头上的毛发、鼻子和四肢图形，最后使用【画笔工具】绘制小羊咩尾巴并适当修改云状路径的形状即可。

图 8-10 绘制小羊咩插图的效果

本例设计的效果如图 8-10 所示。

操作步骤

1 选择【文件】|【新建】命令，在打开的【新建文档】对话框中设置文档的尺寸和其他选项，再单击【确定】按钮新建文档，如图 8-11 所示。

2 选择【铅笔工具】，然后在画板上绘制出一个云状的闭合曲线，如图 8-12 所示。

图 8-11 新建文档　　　　图 8-12 绘制云状的闭合曲线

3 选择曲线对象，再通过【控制】面板设置描边粗细为 5pt，然后更改描边的颜色，如图 8-13 所示。

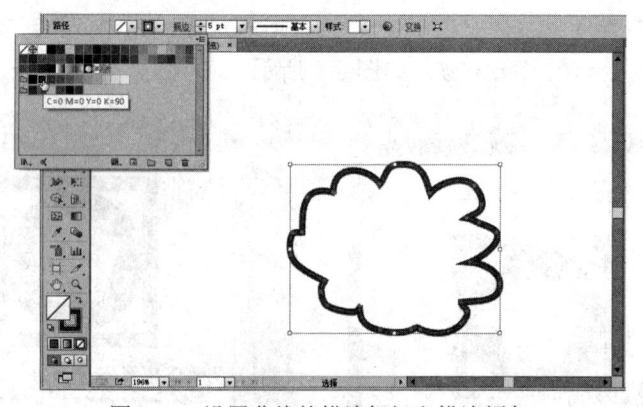

图 8-13 设置曲线的描边粗细和描边颜色

4 选择【平滑工具】，然后根据曲线对象的形状，在曲线上绘制平滑线，使曲线产生平滑的效果，如图 8-14 所示。

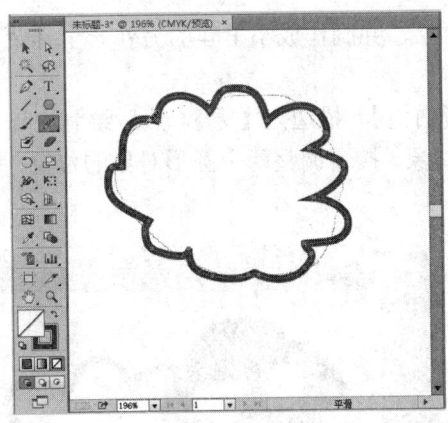

图 8-14 对曲线进行平滑化处理

5 选择【圆角矩形工具】，在画板上单击，在【圆角矩形】对话框中设置宽高和圆角半径，接着单击【确定】按钮，再将圆角矩形移到曲线对象左上方，并适当旋转圆角矩形，最后设置圆角矩形填充颜色和描边颜色与曲线对象的颜色一样，如图 8-15 所示。

图 8-15　创建圆角矩形并制成小羊咩头部图形

6 选择【椭圆工具】，绘制一个椭圆形对象，将该对象移到圆角矩形左上方并适当旋转椭圆形对象，制作成小羊咩其中一个耳朵图形，如图 8-16 所示。

图 8-16　绘制小羊咩其中一个耳朵图形

7 使用步骤 6 的方法，绘制另一个椭圆形对象，并制作成小羊咩的另外一个耳朵图形，如图 8-17 所示。

8 选择【椭圆工具】，更改填充颜色为【白色】、描边为【无】，然后绘制出一个圆形对象，并通过复制和粘贴的方法创建另一个圆形对象，接着调整两个圆形对象的位置，制作成小羊咩的眼眶图形，如图 8-18 所示。

图 8-17　绘制小羊咩另一个耳朵图形 　　　　图 8-18　绘制小羊咩眼眶图形

9 使用【椭圆工具】绘制一个无描边、填充颜色与圆角矩形一样的圆形对象，然后绘制另外一个白色的椭圆形对象，如图 8-19 所示。

图 8-19　绘制一个圆形和一个椭圆形

10 将白色椭圆形对象移到圆形对象上，选择这两个对象，再打开【路径查找器】面板，然后单击【减去顶层】按钮，制作出圆弧图形，如图 8-20 所示。

11 将圆弧对象移到小羊咩眼眶图形上并适当旋转，接着通过复制和粘贴的方法，创建另一个圆弧图形对象并放置在另一个圆形图形上，制作出小羊咩的眼睛图形，如图 8-21 所示。

图 8-20 通过路径查找器制作出圆弧图形

图 8-21 制作小羊咩的眼睛图形

12 选择【钢笔工具】 ，然后在画板上绘制出闭合的曲线对象，修改对象的填充颜色为【白色】、描边为【无】，接着将对象移到圆角矩形上方并适当旋转，制作成小羊咩头顶上的毛发图形，如图 8-22 所示。

图 8-22 绘制出小羊咩的毛发图形

13 选择【铅笔工具】 ，然后设置描边粗细为 2pt、填充颜色为【无】，接着在圆角矩

269

形下方绘制两个很短的线段，作为小羊咩的鼻子图形，如图 8-23 所示。

14 选择【直线工具】，再设置描边粗细为 2pt、填充颜色为【无】，然后在云状曲线对象下分别绘制 4 条直线，接着选择这些直线并修改画笔定义样式为【5 点圆形】，如图 8-24 所示。

15 选择 4 条直线对象，再单击右键并选择【排列】|【置于底层】命令，将 4 条直线对象置于底层，作为小羊咩的四肢图形，接着选择云状曲线对象并设置填充颜色为白色，如图 8-25 所示。

16 选择【画笔工具】，然后在【控制】面板中设置描边粗细、颜色和画笔样式，在曲线对象右侧绘制另一个曲线，作为小羊咩的尾巴图形，如图 8-26 所示。

图 8-23 绘制小羊咩的鼻子图形

图 8-24 绘制直线并修改属性

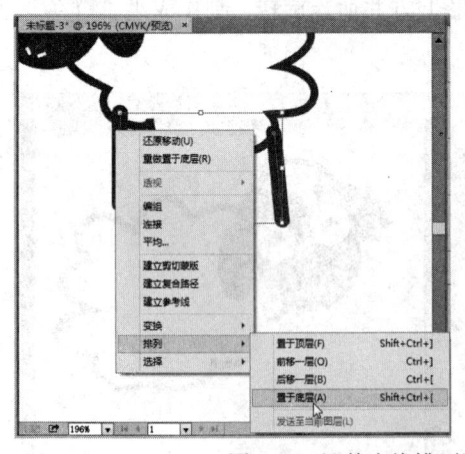

图 8-25 调整直线排列顺序并设置曲线对象的填充颜色

17 选择【直接选择工具】，然后选择云状曲线对象左下方的锚点并修改曲线的形状，以此曲线对象作为小羊咩的身体图形，如图 8-27 所示。

图 8-26　绘制小羊咩的尾巴图形 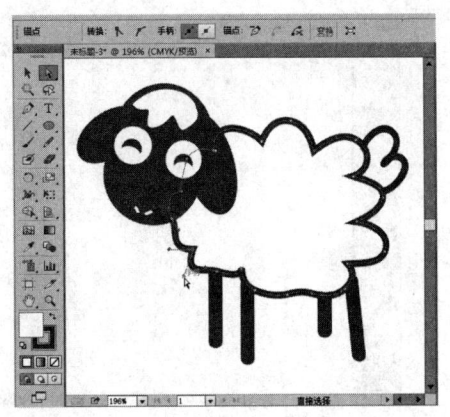　　　　　　图 8-27　修改小羊咩身体图形的形状

8.3　上机练习 3：绘制卡通的小猫咪插图

本例先使用【钢笔工具】绘制出小猫咪的基本路径形状，使用【直接选择工具】和【删除锚点工具】适当修改路径的形状，然后绘制椭圆形并制成猫咪的眼眶图形，并绘制一个三边形作为猫咪的眼睛图形，通过【镜像】的方法复制出另外一个眼睛图形，接着使用【铅笔工具】绘制猫咪的嘴巴图形，最后为猫咪图形填充颜色并取消描边即可。本例设计的效果如图 8-28 所示。

操作步骤

1 打开光盘中的"..\Example\Ch08\8.3.ai"练习文件，在【工具】面板中选择【钢笔工具】，然后在画板上绘制出小猫咪形状的基本路径，如图 8-29 所示。

图 8-28　绘制小猫咪插图的效果

2 选择【直接选择工具】，再选择相关锚点，通过调整锚点位置和锚点方向线手柄的方法，修改路径对象，使之与猫咪形状更相似，如图 8-30 所示。

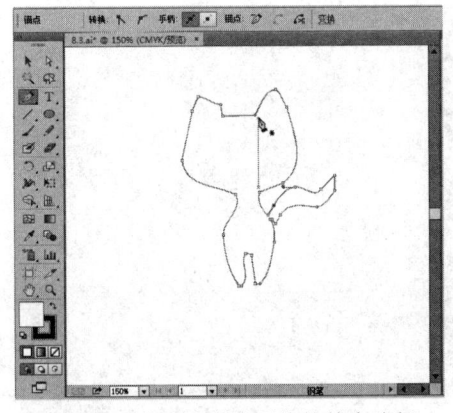

图 8-29　绘制小猫咪形状的基本路径 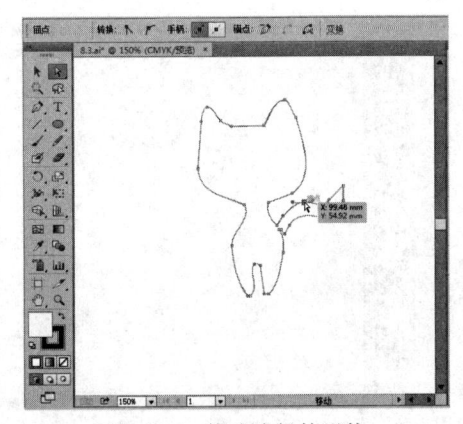　　　　　图 8-30　修改路径的形状

3 选择【删除锚点工具】，然后使用该工具删除猫咪形状路径上多余的锚点，确定好猫咪整体形状，如图 8-31 所示。

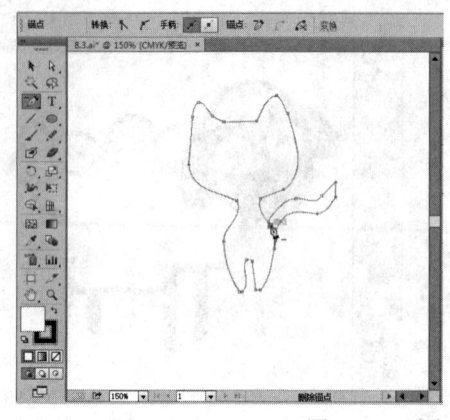

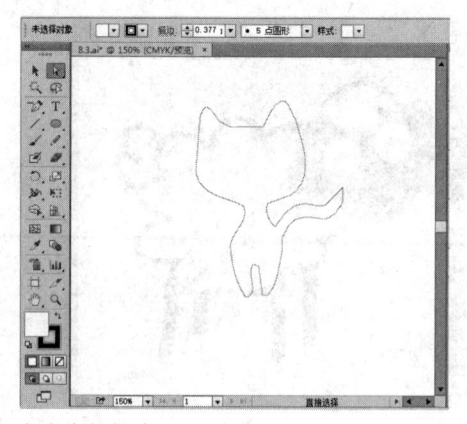

图 8-31 删除路径上多余的锚点

4 选择【椭圆工具】◎，通过【控制】面板设置基本属性，然后在猫咪形状头部位置上绘制一个椭圆形并适当旋转椭圆形，如图 8-32 所示。

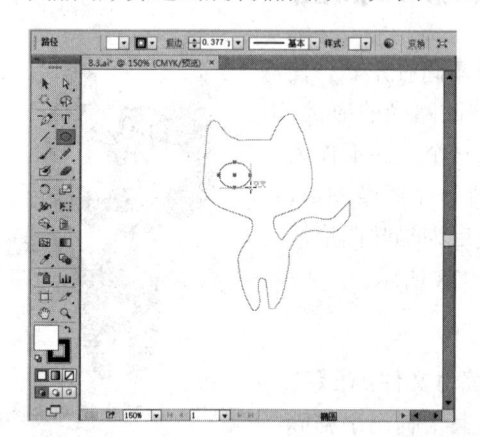

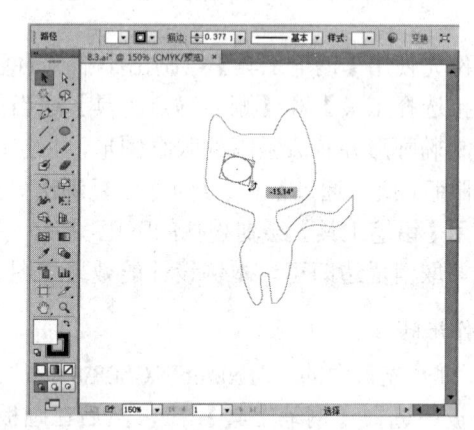

图 8-32 绘制椭圆形并进行旋转处理

5 选择【转换锚点工具】▷，然后单击椭圆形右下方的锚点，将该平滑锚点转换为角点，接着将该锚点向下稍作移动，调整其位置，制作成猫咪眼眶的图形，如图 8-33 所示。

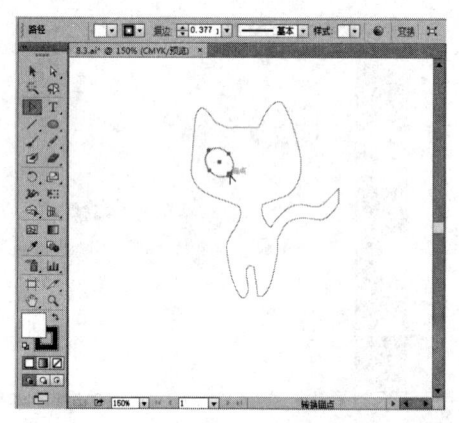

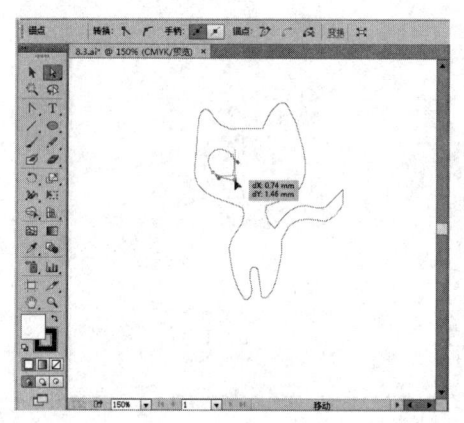

图 8-33 转换锚点并调整锚点位置

6 选择【多边形工具】◎，然后在画板上单击，打开【多边形】对话框后，设置边数为 3，再单击【确定】按钮，将三边形移到原椭圆形右下方并适当缩小三边形，作为猫咪的眼睛图形，如图 8-34 所示。

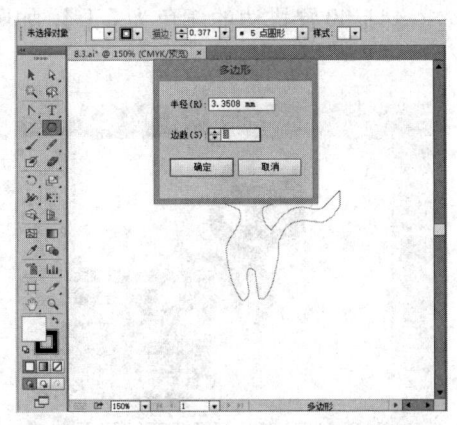

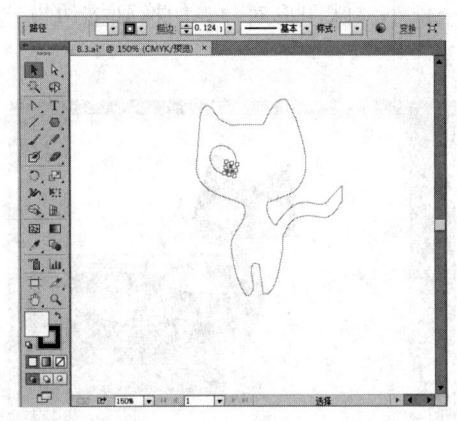

图 8-34　绘制小猫咪的眼睛图形

7 选择全部眼睛图形对象，再选择【对象】|【变换】|【对称】命令，打开【镜像】对话框后，选择【垂直】单选项，然后单击【复制】按钮，接着将镜像产生的另一个眼睛图形移到猫咪头部的另一侧，制作出第二个眼睛图形，如图 8-35 所示。

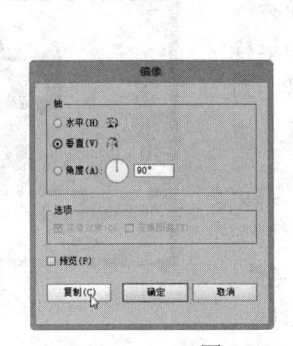

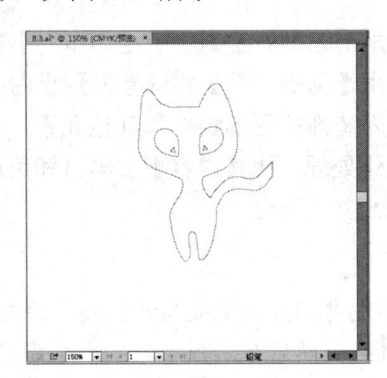

图 8-35　制作第二个眼睛图形

8 选择【铅笔工具】，然后在眼睛下方绘制一条曲线，作为猫咪的嘴巴图形，如图 8-36 所示。

9 选择全部小猫咪图形对象（除眼眶对象外），再通过【控制】面板打开填充色板，并选择填充颜色为【洋红】，如图 8-37 所示。

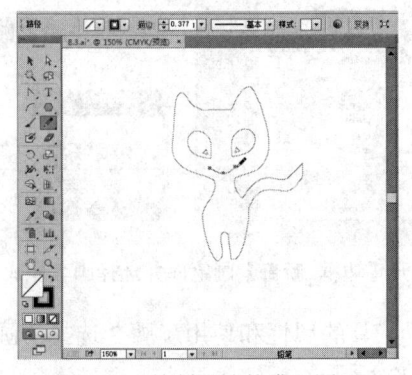

图 8-36　绘制猫咪的嘴巴图形 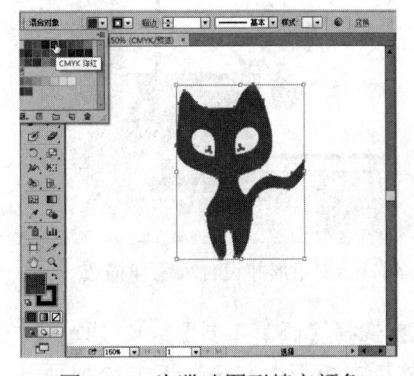　　　　　图 8-37　为猫咪图形填充颜色

273

10 选择作为嘴巴图形的曲线对象,打开【色板】面板并设置填充颜色为【白色】,接着选择全部小猫咪图形对象,切换到描边设置状态,然后设置描边的颜色为【无】,如图 8-38 所示。

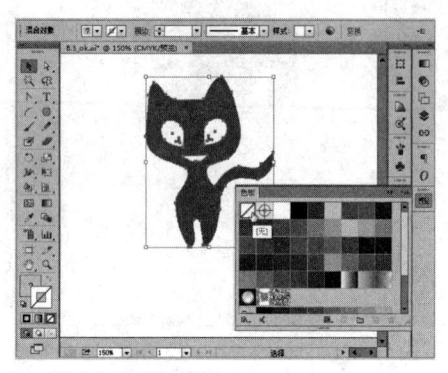

图 8-38　设置嘴巴填充颜色和全部对象的描边颜色

8.4　上机练习 4:用画笔库美化小猫咪插图

本例先使用【矩形工具】绘制一个矩形作为小猫咪插图的边框,然后使用【画笔工具】将画笔库预设的画笔样式应用到插图,作为装饰插图的边框和其他元素,最后对小猫咪插图进行美化处理,使其内容更加丰富和美观。本例设计的效果如图 8-39 所示。

操作步骤

1 打开光盘中的 "..\Example\Ch08\8.4.ai" 练习文件,选择【矩形工具】,然后在画板上绘制一个矩形对象,

图 8-39　美化小猫咪插图的效果

再设置矩形的填充颜色为【无】、描边粗细为 10pt、描边颜色为【深紫色】,如图 8-40 所示。

2 打开【画笔】面板,再单击【画笔库菜单】按钮,然后选择【边框】|【边框_新奇】命令,打开【边框_新奇】画笔库,选择一种画笔样式,如图 8-41 所示。

图 8-40　绘制矩形并设置填色和描边 　　　图 8-41　打开【边框_新奇】画笔库并选择画笔样式

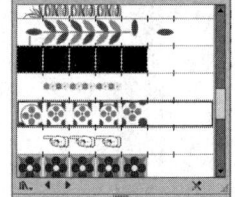

3 选择【画笔工具】,通过【控制】面板设置工具的属性和使用步骤 2 选择的画笔样式,然后在矩形内左侧和下方绘制画笔对象,如图 8-42 所示。

图 8-42　绘制第一种样式的画笔对象

4 选择【画笔工具】，通过【边框_新奇】画笔库更改画笔样式为【草】，然后在小猫咪插图下方拖动画笔工具，绘制草画笔对象，如图 8-43 所示。

5 通过【边框_新奇】画笔库更改画笔样式为【蚂蚁虚线】，然后使用【画笔工具】在小猫咪对象左下方创建蚂蚁画笔对象，如图 8-44 所示。

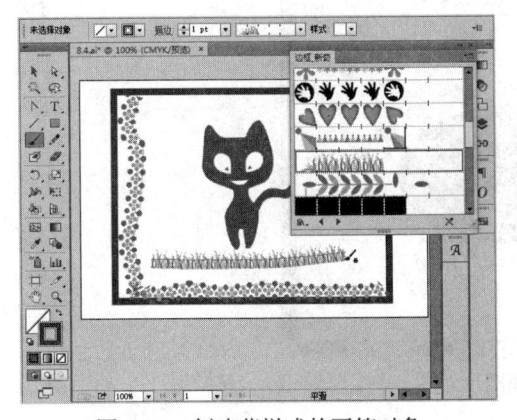

图 8-43　创建草样式的画笔对象 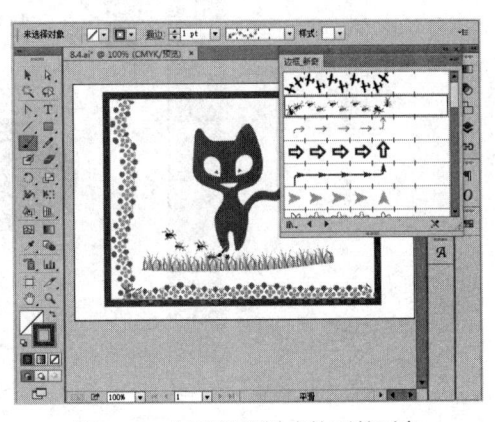　　　　图 8-44　创建蚂蚁样式的画笔对象

6 通过【边框_新奇】画笔库更改画笔样式为【足迹】，然后使用【画笔工具】在小猫咪对象右上方拖动，创建小猫咪脚印的画笔对象，如图 8-45 所示。

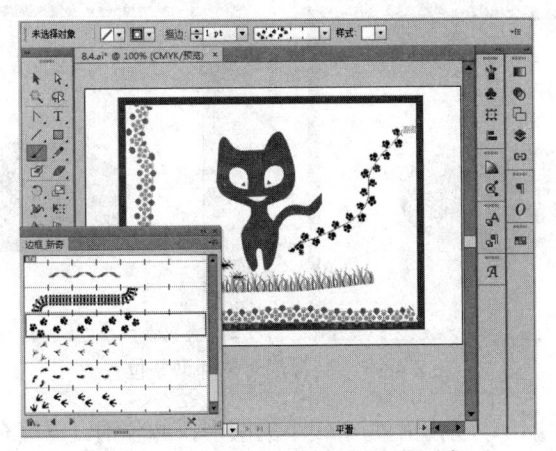

图 8-45　创建小猫咪脚印的画笔对象

275

8.5 上机练习5：绘制简单的青蛙头像插图

本例先绘制一个椭圆形作为青蛙的头部形状，然后分别绘制多个圆形对象并进行镜像处理，制作出青蛙的眼睛图形，再绘制两个小椭圆形作为青蛙的鼻子图形，接着绘制一个较大的椭圆形并进行剪切路径处理，最后删除多余部分，制作出青蛙的嘴巴图形。本例设计的效果如图8-46所示。

图8-46 绘制青蛙头像插图的效果

操作步骤

1 打开光盘中的"..\Example\Ch08\8.5.ai"练习文件，选择【椭圆工具】，然后在画板上绘制一个较大的椭圆形，再设置填充颜色为【绿色】、描边为【无】，如图8-47所示。

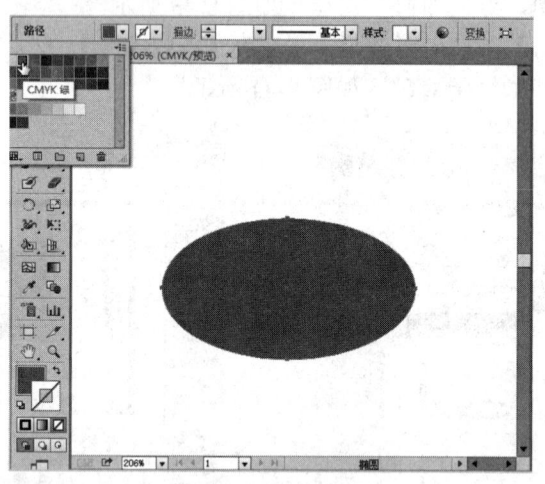

图8-47 绘制椭圆形对象

2 选择【椭圆工具】，然后按住 Shift 键绘制一个圆形对象，再将该圆形对象移到椭圆形对象左上方，如图8-48所示。

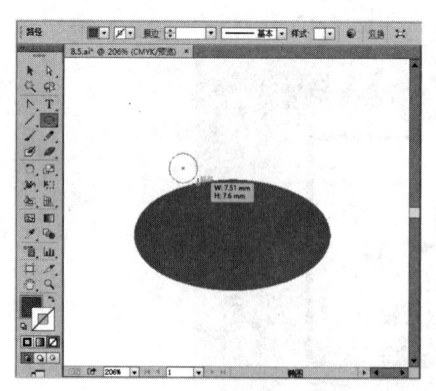

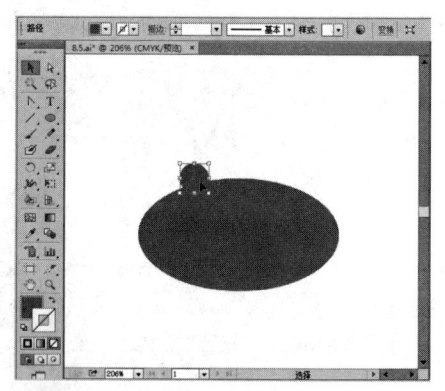

图8-48 绘制圆形对象并调整位置

3 使用【椭圆工具】分别绘制两个较小的圆形，并分别设置填充颜色为【黑色】和【白色】、描边均为【无】，然后调整好各个圆形的位置，制作出青蛙的一个眼睛图形，如图8-49所示。

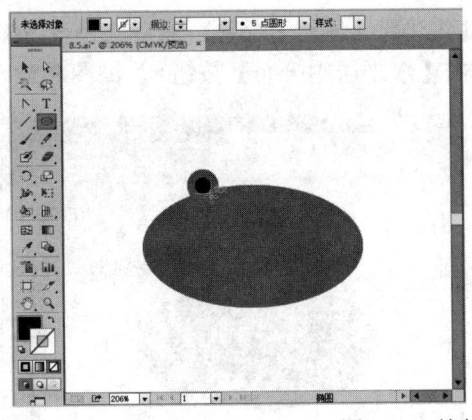

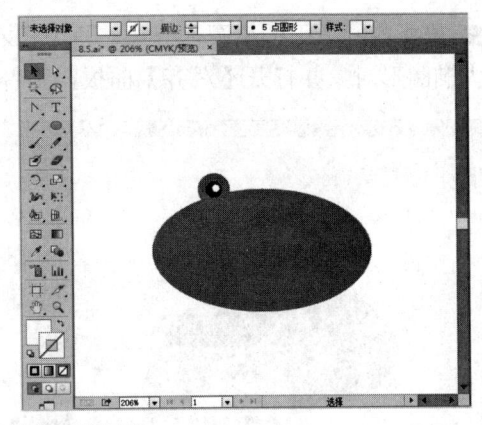

图 8-49　绘制青蛙的眼睛图形

4 选择所有构成青蛙眼睛的圆形对象，然后选择【对象】|【变换】|【对称】命令，打开【镜像】对话框后，选择【垂直】单选项，接着单击【复制】按钮，并将镜像产生的对象移到椭圆形右上方，作为青蛙的第二个眼睛图形，如图 8-50 所示。

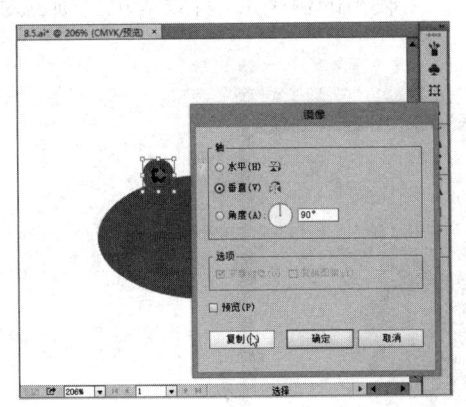

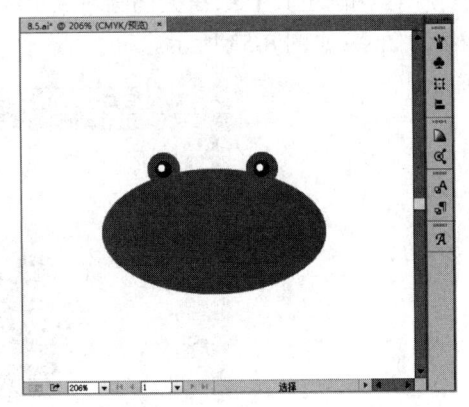

图 8-50　制作青蛙的第二个眼睛图形

5 选择【椭圆工具】，设置填充颜色为【黑色】、描边为【无】，然后在椭圆形对象中央位置绘制一个很小的椭圆形，接着通过复制和粘贴的方式，创建出另一个椭圆形对象，并将两个图形放置在一起，作为青蛙的鼻子图形，如图 8-51 所示。

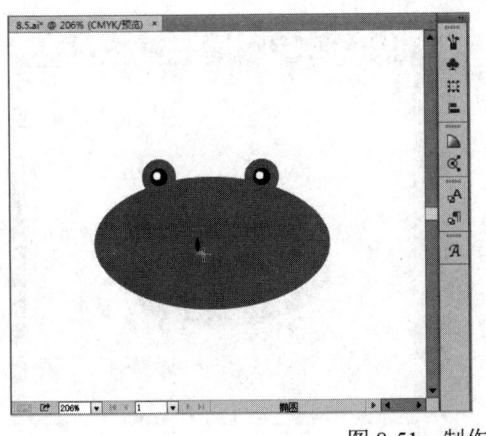

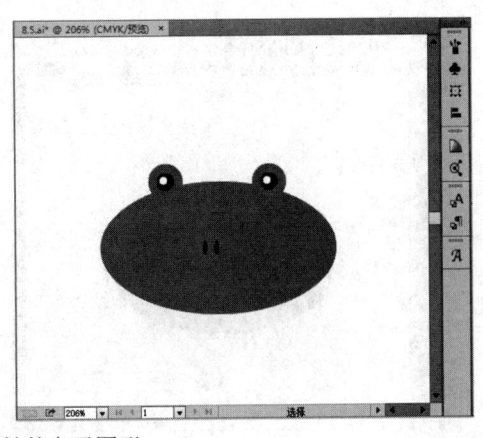

图 8-51　制作青蛙的鼻子图形

6 选择青蛙鼻子的椭圆形对象,再单击右键并选择【编组】命令,然后选择鼻子编组对象和大椭圆形对象并打开【对齐】面板,接着单击【水平居中分布】按钮,如图8-52所示。

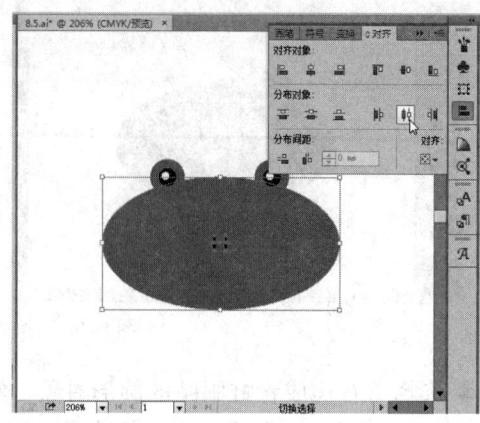

图 8-52 编组对象并对齐对象

7 使用【椭圆工具】在大椭圆对象上绘制一个较小的椭圆形,并设置填充颜色为【无】、描边粗细为2pt,如图8-53所示。

图 8-53 绘制椭圆形对象

8 通过【直接选择工具】选择椭圆形对象左端的锚点,然后单击【在所选锚点出剪切路径】按钮,接着选择椭圆形右端的锚点,再次单击【在所选锚点出剪切路径】按钮,如图8-54所示。

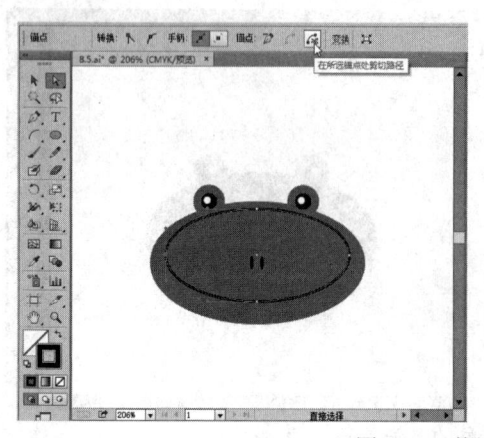

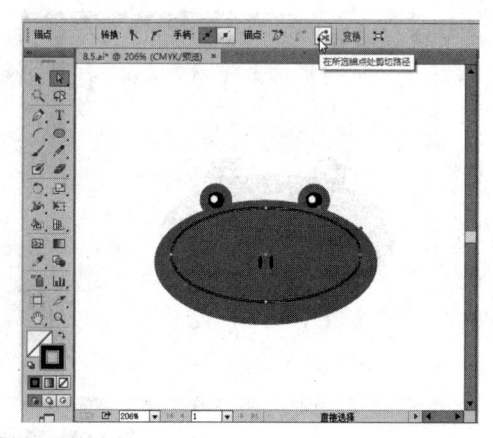

图 8-54 剪切椭圆形的路径

9 选择剪切后椭圆形上部分的路径，然后按 Delete 键删除该路径，只剩下下部分的椭圆弧，作为青蛙的嘴巴图形，如图 8-55 所示。

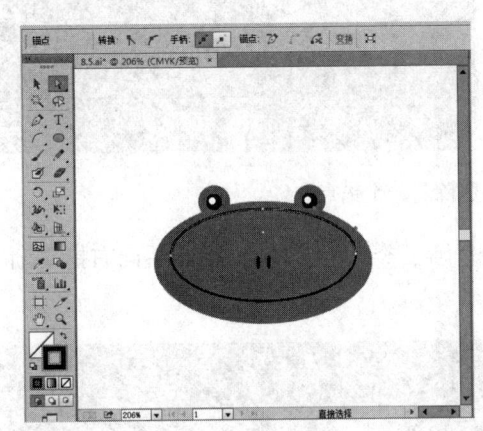

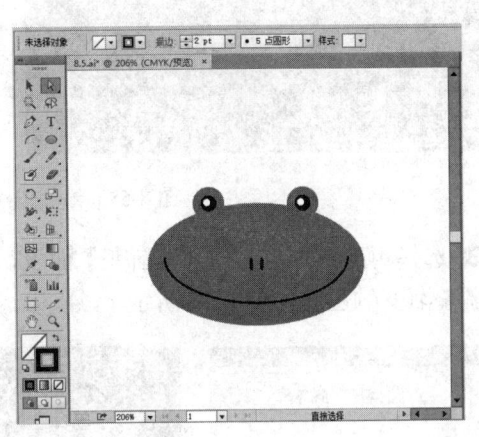

图 8-55 删除部分路径制作出嘴巴图形

8.6 上机练习 6：制作公司网站的横幅广告

本例先绘制一个矩形并修改形状，填充渐变颜色，然后使用【符号喷枪工具】为横幅添加焰火符号对象，接着绘制一个白色椭圆形并进行羽化和设置透明度处理，再输入公司名称文字并进行倾斜处理，最后在横幅左上方绘制一个矩形对象，在矩形上输入广告文字，并制作公司名称文字的投影效果即可。本例设计的效果如图 8-56 所示。

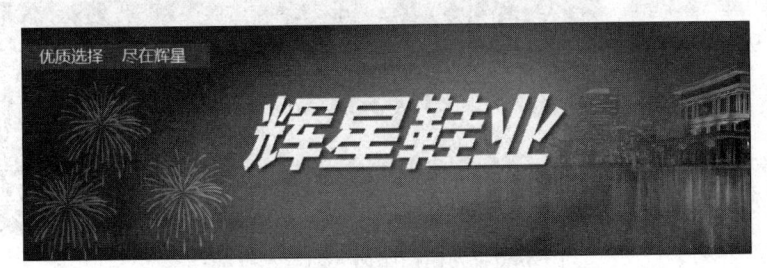

图 8-56 制作公司网站横幅广告的效果

操作步骤

1 打开光盘中的 "..\Example\Ch08\8.6.ai" 练习文件，选择【矩形工具】，在【控制】面板设置填充颜色，设置描边为【无】，然后绘制一个和画板一样大小的矩形，如图 8-57 所示。

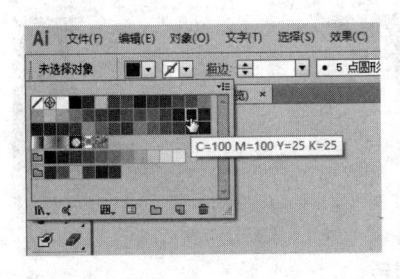

图 8-57 绘制一个矩形对象

2 选择【添加锚点工具】，然后在矩形右下角锚点左侧单击添加一个锚点，再使用【删除锚点工具】，单击矩形右下角的锚点，删除该锚点，如图 8-58 所示。

图 8-58 添加锚点并删除另一个锚点

3 选择矩形对象，再打开【渐变】面板，设置渐变类型为【线性】，然后向右拖动渐变滑块，调整渐变颜色，如图 8-59 所示。

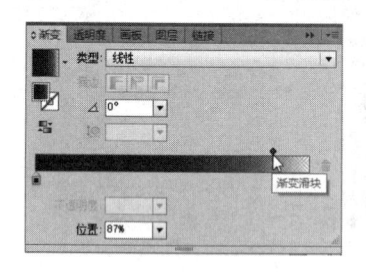

图 8-59 修改矩形的填充颜色效果

4 选择【符号喷枪工具】，然后选择【窗口】|【符号库】|【庆祝】命令，再选择【焰火】符号，接着在横幅左下方单击，添加多个火焰符号对象，如图 8-60 所示。

图 8-60 为横幅添加火焰符号对象

5 选择【椭圆工具】，设置填充颜色为【白色】、描边为【无】，然后绘制一个较大的椭圆形对象，再适当旋转该对象，如图 8-61 所示。

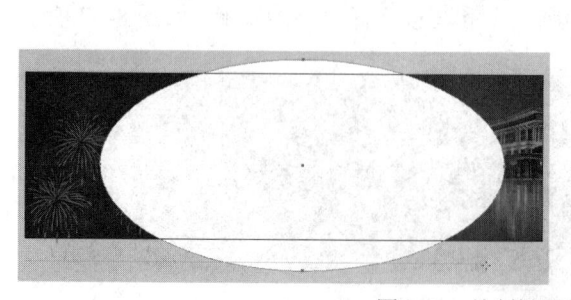

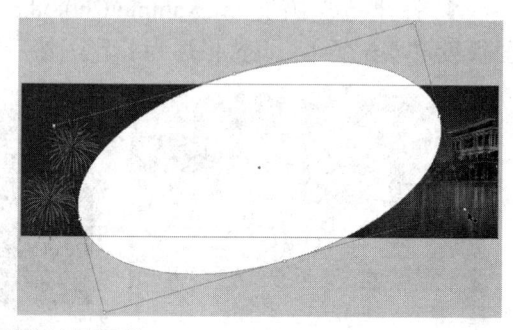

图 8-61 绘制椭圆形并旋转椭圆形

6 选择椭圆形对象，再选择【效果】|【风格化】|【羽化】命令，打开【羽化】对话框后，

设置羽化半径为100px，然后单击【确定】按钮，接着打开【透明度】面板，设置椭圆形不透明度为50%，如图8-62所示。

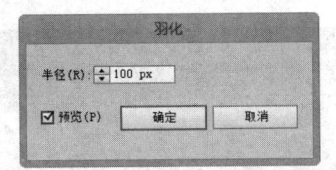

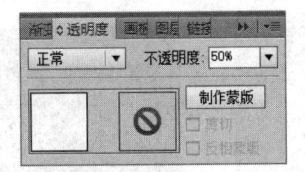

图 8-62　应用羽化效果并设置透明度

7 选择【文字工具】，再通过【控制】面板设置字符属性，然后在横幅中央位置上输入公司名称文字，如图8-63所示。

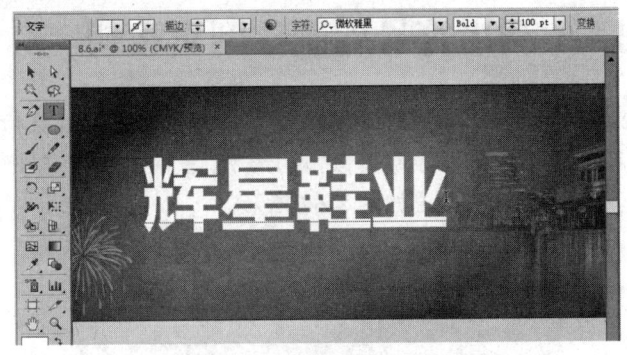

图 8-63　输入公司名称文字

8 选择【倾斜工具】，然后使用该工具按住文字并拖动，适当倾斜文字，如图8-64所示。

图 8-64　倾斜公司名称文字

9 选择【矩形工具】，在【控制】面板设置填充颜色为【深紫色】，然后在横幅左上方绘制一个矩形对象，接着使用【文字工具】在矩形上输入广告文字，并设置文字的字符属性，如图8-65所示。

图 8-65　绘制矩形并输入广告文字

281

10 选择公司名称文字对象，再选择【效果】|【风格化】|【投影】命令，打开【投影】对话框后，设置各项参数，单击【确定】按钮，接着返回文档窗口查看结果，如图 8-66 所示。

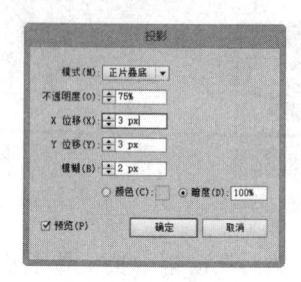

图 8-66　为公司名称文字应用投影效果

8.7　上机练习 7：利用符号库制作网页按钮

本例先通过【Web 按钮和条形】符号库创建一个按钮条形符号对象和一个球体符号对象，然后分别调整两个对象的大小并排列成网页按钮的形状，最后在条形符号对象中输入按钮文字并应用【投影】效果。本例设计的效果如图 8-67 所示。

图 8-67　制作网页按钮的效果

操作步骤

1 打开光盘中的"..\Example\Ch08\8.7.ai"练习文件，选择【窗口】|【符号库】|【Web 按钮和条形】面板，然后选择【按钮 5-橙色】符号，并将该符号对象拖到画板中，如图 8-68 所示。

2 在【Web 按钮和条形】面板中选择【球体-橙色】符号，然后将该符号对象拖到画板中，如图 8-69 所示。

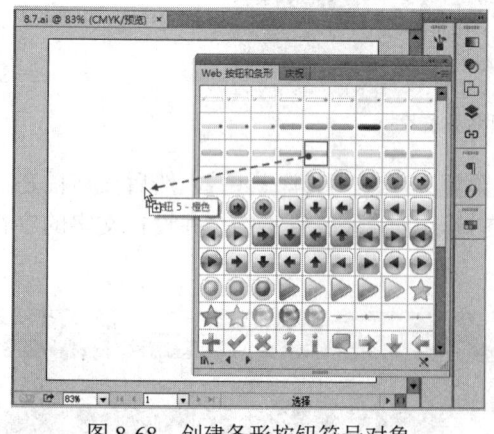

图 8-68　创建条形按钮符号对象 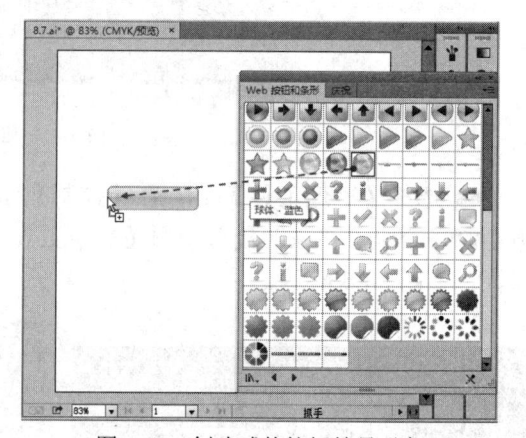　　　　图 8-69　创建球体按钮符号对象

3 选择条形按钮符号对象，按住 Shift 键拖动对象的手柄，以等比例扩大符号对象，如图

8-70 所示。

4 选择球体按钮符号对象，使用步骤 3 的方法等比例扩大符号对象，然后将该对象放置在条形按钮符号对象左侧，如图 8-71 所示。

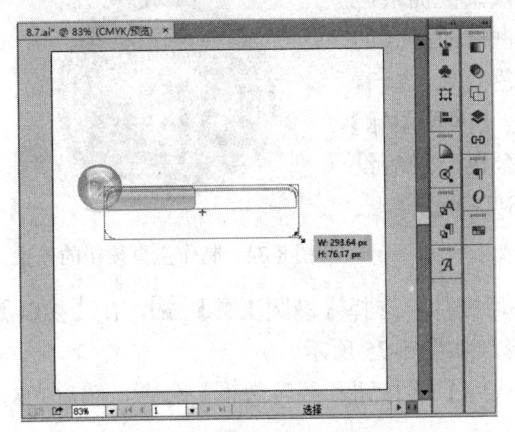

图 8-70　编辑条形按钮符号对象 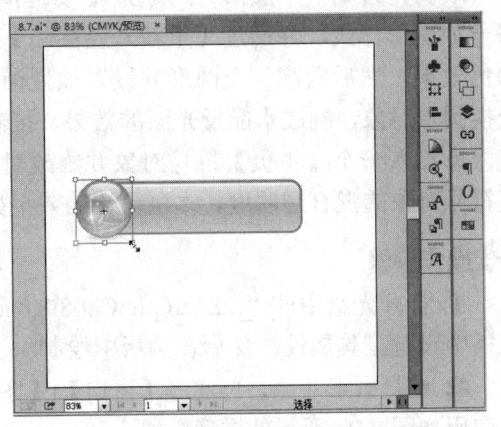　　　　图 8-71　编辑球体按钮符号对象

5 选择【文字工具】T，在【控制】面板中设置字符属性和颜色，然后在条形按钮符号对象上输入按钮文字，如图 8-72 所示。

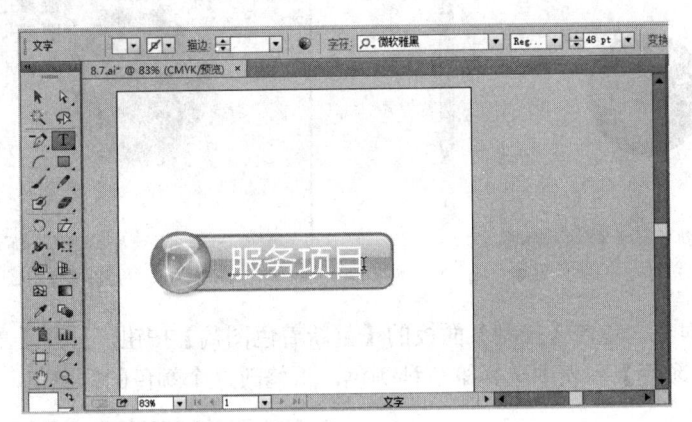

图 8-72　输入按钮文字

6 选择按钮文字对象，再选择【效果】|【风格化】|【投影】命令，打开【投影】对话框后，设置各项参数并单击【确定】按钮，如图 8-73 所示。

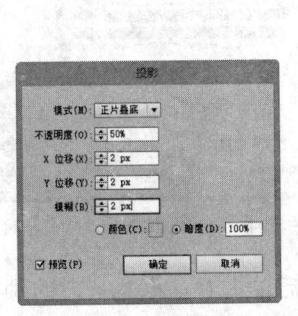

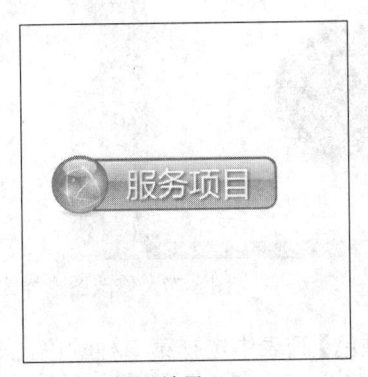

图 8-73　为按钮文字应用投影效果

8.8 上机练习8：制作水晶效果的主页按钮

本例先绘制一个圆形，再通过【按钮和翻转效果】面板应用一种图形样式，并通过【重新着色图稿】对话框修改样式的颜色效果，然后绘制一个圆形并设置线性渐变颜色效果，接着变换圆形对象，制成水晶反光面的效果，接着通过【网页图标】符号库加入一个【主页】符号对象并修改对象的颜色，最后设置符号对象的混合透明度。本例设计的效果如图8-74所示。

操作步骤

图 8-74　制作主页按钮的效果

1 打开光盘中的"..\Example\Ch08\8.8.ai"练习文件，选择【椭圆工具】，在【控制】面板中设置工具属性，然后在画板中绘制一个圆形，如图8-75所示。

2 选择圆形对象，再选择【窗口】|【图形样式库】|【按钮和翻转效果】命令，然后为对象应用如图8-76所示的图形样式。

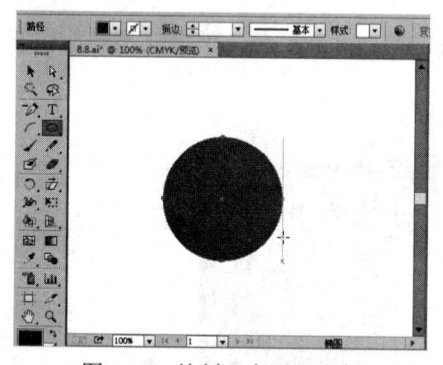

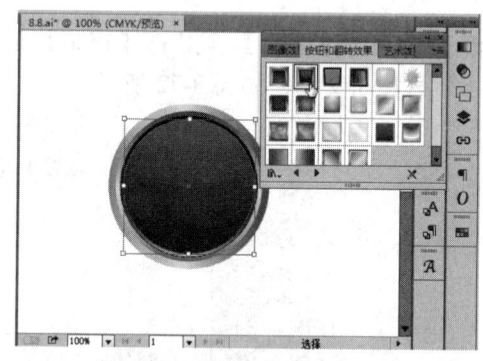

图 8-75　绘制一个圆形对象　　　　　　图 8-76　为圆形应用图形样式

3 选择圆形对象，单击【控制】面板的【重新着色图稿】按钮，打开【重新着色图稿】对话框后，在【当前颜色】列表中选择第三种颜色，再修改这个颜色的颜色值，如图8-77所示。

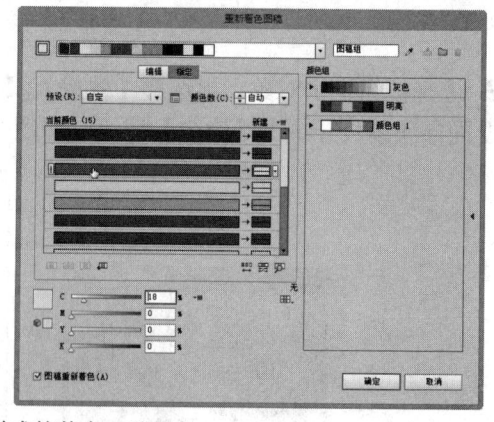

图 8-77　修改图形样式的其中一种颜色

4 在【当前颜色】列表中选择第二种颜色，然后单击对话框左下方的颜色色板，打开【拾色器】对话框后，选择一种颜色并单击【确定】按钮，如图8-78所示。

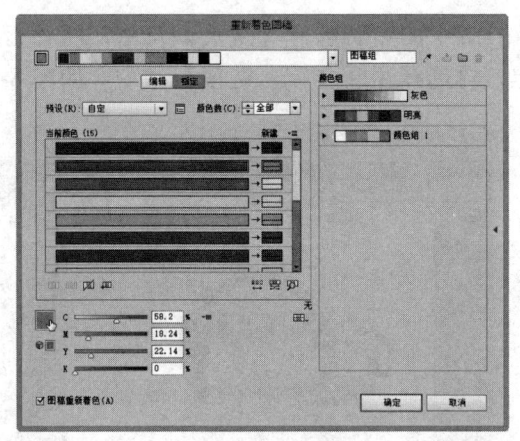

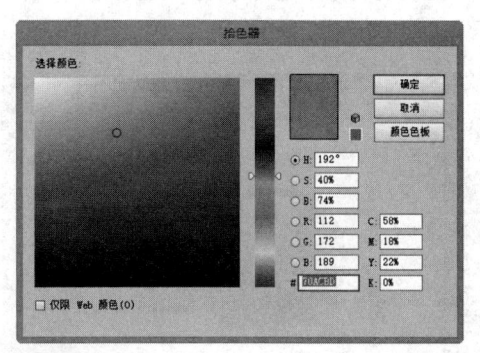

图 8-78 修改图形样式的另一种颜色

5 退出【重新着色图稿】对话框，然后选择【椭圆工具】，设置填充颜色为【白色】、描边为【无】，接着在按钮图形上绘制一个圆形对象，打开【渐变】面板，设置圆形对象从白色到透明的渐变颜色，如图 8-79 所示。

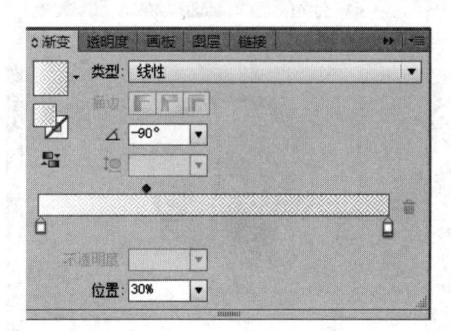

图 8-79 绘制圆形并设置渐变颜色

6 将圆形对象移到按钮的上方，缩小椭圆形的宽度和高度，使之变成按钮的水晶反光面图形，接着复制粘贴该图形对象并放置在按钮下方，然后修改渐变左端色标的不透明度为 50%，最后适当旋转对象即可，如图 8-80 所示。

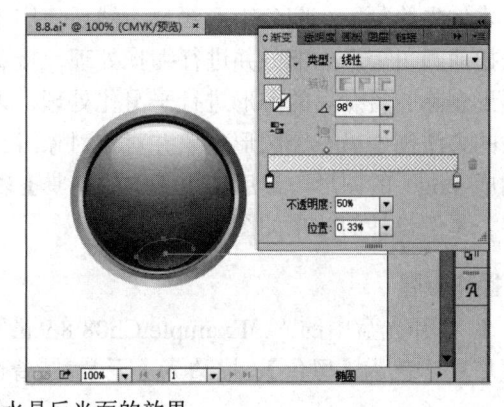

图 8-80 制作按钮水晶反光面的效果

7 选择【窗口】|【符号库】|【网页图标】命令，然后选择【主页】符号，将该符号拖到画板上，接着选择该符号对象并单击右键，再选择【断开符号链接】命令，如图8-81所示。

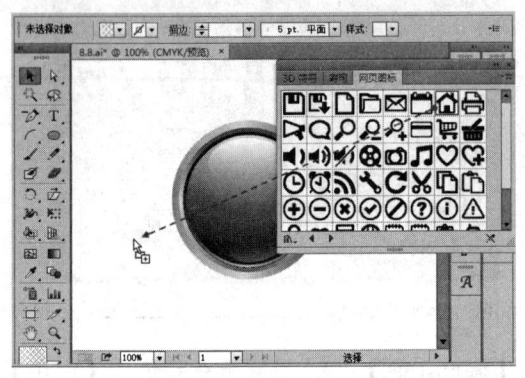

图8-81 加入【主页】符号对象并断开链接

8 选择符号对象并修改其填充颜色为【白色】，然后将该对象移到按钮中央位置并适当扩大，接着打开【透明度】面板，设置符号对象的混合模式为【叠加】，如图8-82所示。

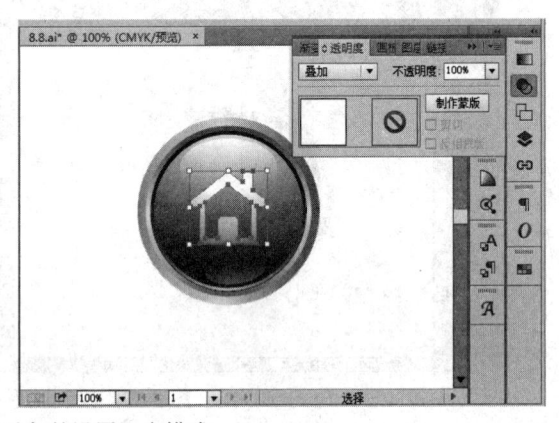

图8-82 编辑符号对象并设置混合模式

8.9 上机练习9：制作创意的公司Logo

本例先绘制一个圆角矩形对象，然后使用【旋转扭曲工具】扭曲圆角矩形上部分并进行缩拢处理，接着将多余的部分图形删除并将剩下的图形进行平滑化处理，再通过复制和粘贴的方法创建另一个图形对象并对该对象进行变换处理，以构成Logo的图形，最后使用【文字工具】输入公司名称文字。本例设计的效果如图8-83所示。

图8-83 制作公司Logo的效果

操作步骤

1 打开光盘中的"..\Example\Ch08\8.9.ai"练习文件，选择【圆角矩形工具】，然后设置填充颜色为【黑色】、描边为【无】，接着在画板上绘制一个竖直的圆角矩形，如图8-84所示。

2 在【工具】面板中双击【旋转扭曲工具】，打开【旋转扭曲工具选项】对话框后，设置工具的各个选项并单击【确定】按钮，如图 8-85 所示。

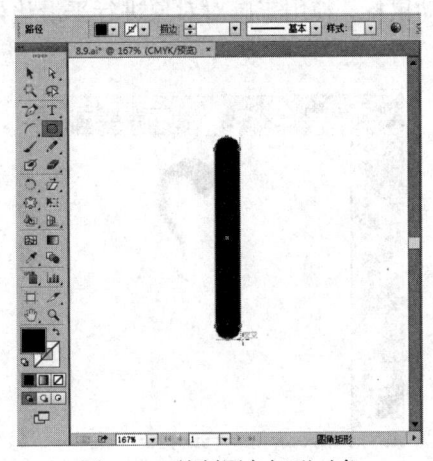

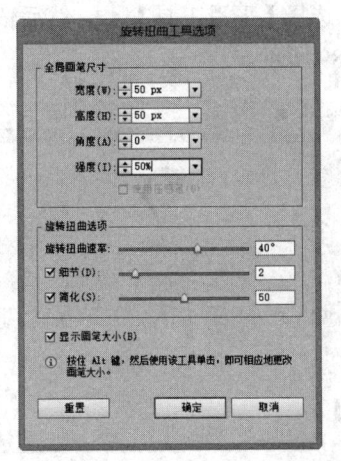

图 8-84　绘制圆角矩形对象　　　　　　　图 8-85　设置旋转扭曲工具选项

3 选择【旋转扭曲工具】，然后在圆角矩形上方长按鼠标，对圆角矩形进行旋转扭曲处理，接着选择【缩拢工具】并在旋转图形的下方单击进行缩拢处理，如图 8-86 所示。

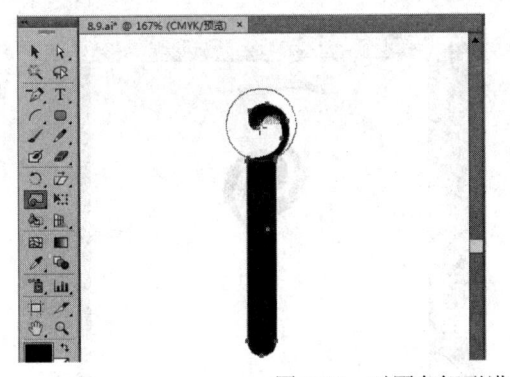

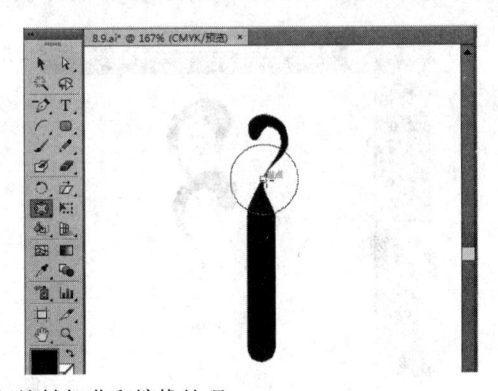

图 8-86　对圆角矩形进行旋转扭曲和缩拢处理

4 选择画板上的对象，再选择【橡皮擦工具】，使用该工具擦除圆角矩形多余的部分，只剩下变形处理过的部分，如图 8-87 所示。

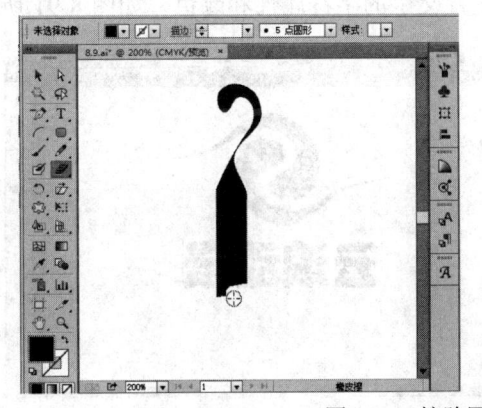

图 8-87　擦除圆角矩形多余部分

5 选择【缩拢工具】，然后在对象下端拖动鼠标，缩拢变形处理对象，如图 8-88 所示。

6 选择【平滑工具】，然后依照对象形状拖动鼠标，使用工具对对象进行平滑化处理，如图 8-89 所示。

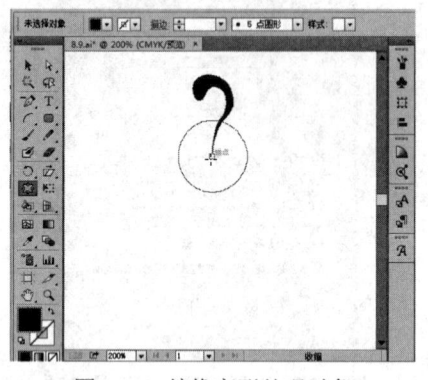

图 8-88　缩拢变形处理对象　　　　　　　　　图 8-89　平滑化处理对象

7 通过复制和粘贴的方法创建一个对象副本，然后旋转对象副本，接着调整对象副本的位置，使其与另外一个对象构成 Logo 的形状，如图 8-90 所示。

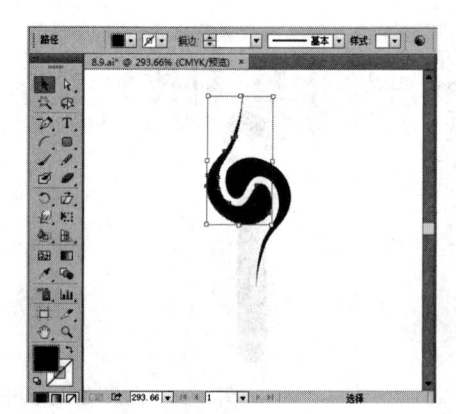

图 8-90　创建对象副本并制成 Logo 形状

8 选择所有对象，再旋转对象使之水平放置，然后使用【文字工具】在 Logo 图形下方输入公司简称文字，接着通过【控制】面板设置文字的字符属性和颜色，如图 8-91 所示。

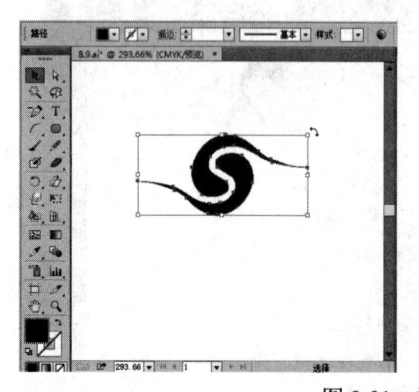

图 8-91　旋转 Logo 图形并输入文字

第 9 章 综合平面项目设计

学习目标

本章通过公司 VI 系统、校园音乐节宣传海报、商品促销广告招贴三个综合项目设计，介绍 Illustrator CC 在绘图、填色、路径编辑、文本处理和应用效果和 3D 对象制作等方面的应用。

学习重点

- ☑ 绘制各种类型的形状
- ☑ 编辑和编组各种对象
- ☑ 修改路径和图形的形状
- ☑ 输入和编辑文字
- ☑ 设置填充和描边效果
- ☑ 应用效果和制作 3D 对象

9.1 项目设计 1：科技公司的 VI 系统

本项目以一个科技公司的 VI 系统为例，介绍使用 Illustrator 设计公司 VI 当中的名片、光盘、光盘盒界面、信签本封面、信签纸、信封面、工作卡等内容。在本例的 VI 设计中，采用了暖色系中的褐色、土黄色和棕色为主色，整体用了简约的设计方式。首先使用两个倾斜的矩形并加上公司英文缩写组合公司的 Logo，再使用褐色作为大多数包装和名片的背景色，然后使用土黄色和棕色的拼接图形衬托起 Logo 图形，并在适当的位置清晰地写上公司名称和主要广告词。在信封面和信签纸的设计上，则将 Logo 进行了背景色更换和简化处理，以提供更多的空间在纸张上书写内容。本例制成的效果如图 9-1 所示。

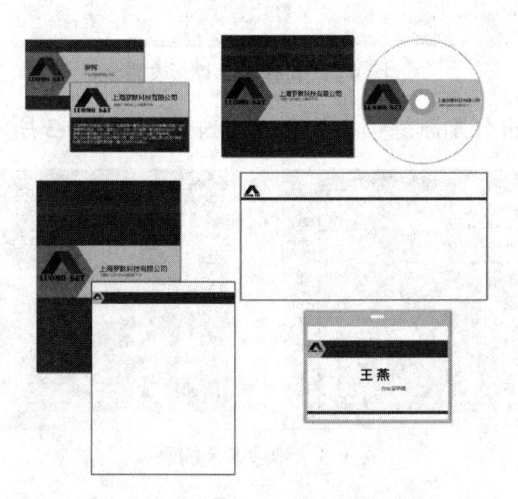

图 9-1 科技公司 VI 设计的效果

> **问**：什么是 VI 系统？
>
> **答**：VI（即 Visual Identity）系统，通译为视觉识别系统，是 CIS 系统最具传播力和感染力的部分。是将 CI 的非可视内容转化为静态的视觉识别符号，以无比丰富的多样的应用形式，在最为广泛的层面上，进行最直接的传播。
>
> CIS 是 Corporate Identity System 首字母缩写，意思是"企业形象识别系统"。

9.1.1 上机练习 1：设计名片的正面

下面通过 Illustrator CC 提供的名片模板创建名片文件，并将多余的画板删除，再复制一个名片尺寸的面板，以通过两个面板用于设计名片正面和背面；在其中一个画板中分别绘制多个矩形并进行编辑，设计出名片正面的背景；接着绘制一个矩形并进行倾斜和镜像处理，再制作一个投影效果，构成 Logo 的图形；最后在 Logo 图形下输入公司英文缩写，并在名片右侧输入名片人的姓名和职位。

操作步骤

1 启动 Illustrator 应用程序，选择【文件】|【新建】命令，打开【新建文档】对话框后，单击【模板】按钮，然后在【从模板中新建】对话框中选择【名片.ait】模板，接着单击【新建】按钮新建文档，如图 9-2 所示。

图 9-2 新建名片模板文件

2【画板】面板，再分别删除第 2 到第 4 的画板，如图 9-3 所示。

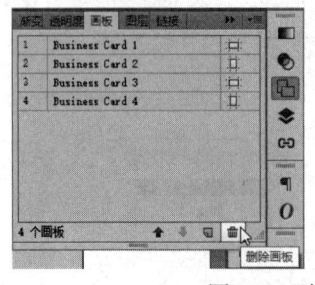

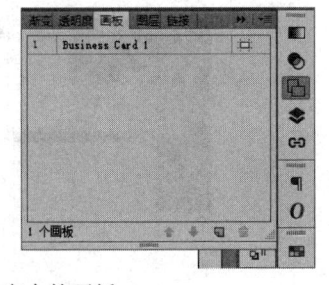

图 9-3 删除多余的画板

3 修改剩余的第 1 个面板的名称，再打开面板菜单并选择【复制画板】命令，然后修改

综合平面项目设计 **9**

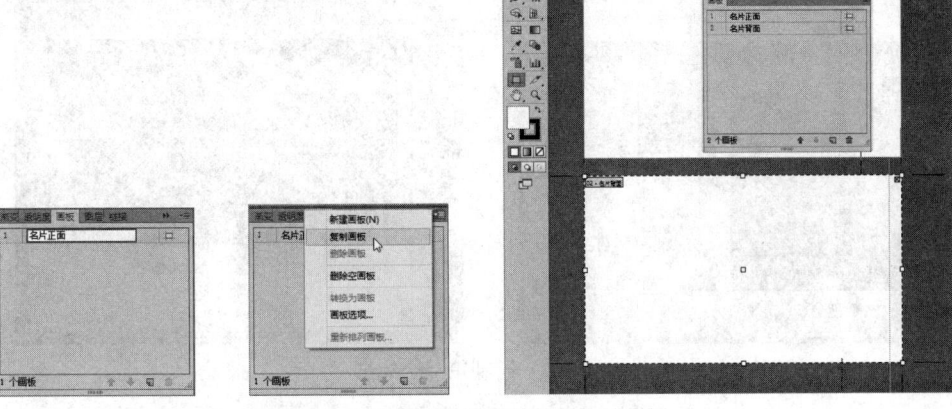

复制出的画板名称为【名片背面】，接着使用【画板工具】将该画板移到第 1 个画板的正下方，如图 9-4 所示。

图 9-4 修改画板名称并复制移动画板

4 使用【缩放工具】缩小文档窗口视图，然后按 Ctrl+A 键选择窗口的所有对象，再按 Delete 键删除这些对象，如图 9-5 所示。

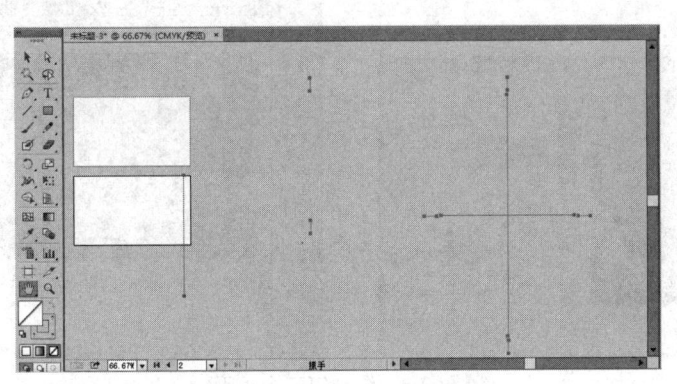

图 9-5 选择并删除多余的对象

5 选择【矩形工具】，再双击【工具】面板中的【填色】按钮，然后在【拾色器】对话框中输入颜色值【c15634】并单击【确定】按钮，接着在第一个画板中绘制 1 个与画板一样大小的无描边矩形，如图 9-6 所示。

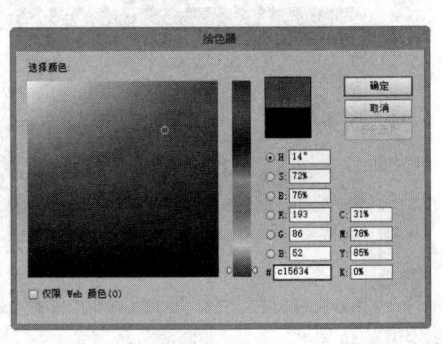

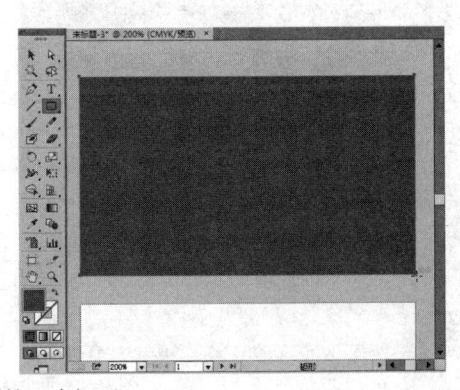

图 9-6 绘制第一个矩形

291

6 选择【矩形工具】■并通过【拾色器】对话框设置另外一种颜色，然后在步骤 5 绘制的矩形上绘制一个长度一样、高度较小的无描边矩形，如图 9-7 所示。

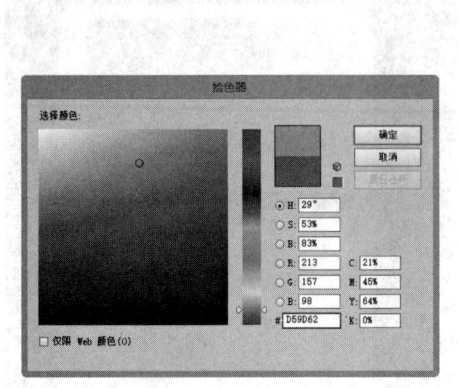

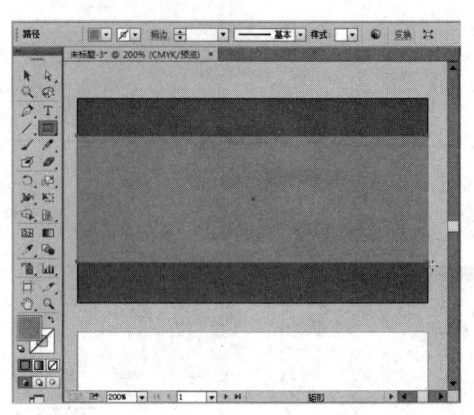

图 9-7　绘制第二个矩形

7 选择【矩形工具】■并通过【拾色器】对话框设置另外一种颜色，然后在步骤 6 绘制的矩形右侧绘制一个高度一样、长度较小的无描边矩形，如图 9-8 所示。

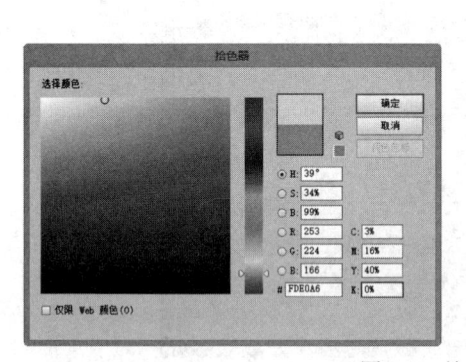

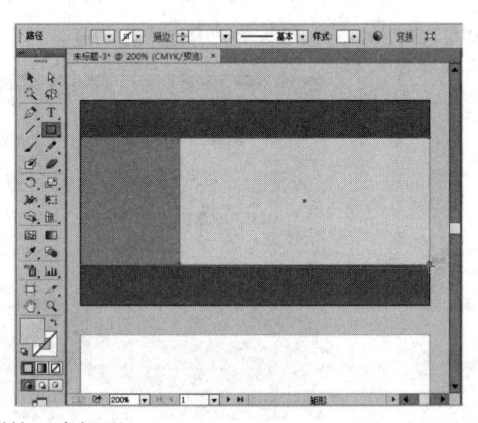

图 9-8　绘制第三个矩形

8 选择【添加锚点工具】，然后在第三个矩形左侧路径上单击添加一个锚点，接着选择【直接选择工具】并使用该工具将新增的锚点向右移动，调整其位置，如图 9-9 所示。

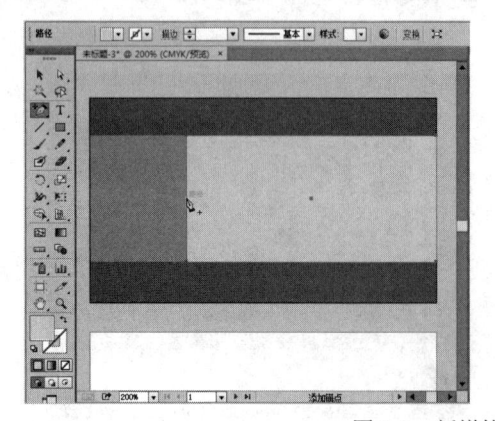

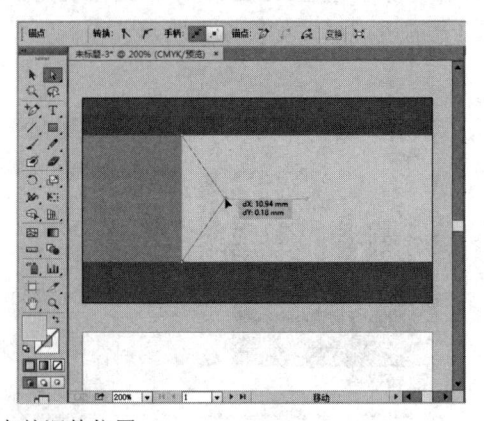

图 9-9　新增锚点并调整位置

9 选择【矩形工具】■并通过【拾色器】对话框选择一种颜色，然后在名片左侧绘制一个矩形对象，如图 9-10 所示。

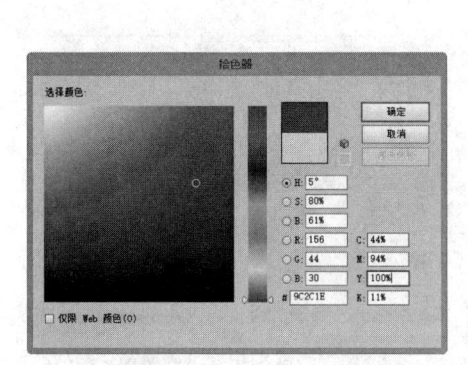

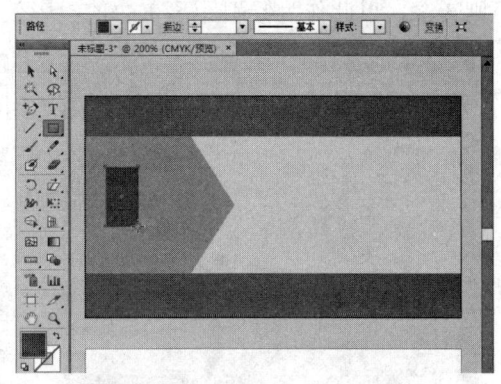

图 9-10　在名片左侧绘制矩形

10 选择【倾斜工具】，再使用该工具倾斜矩形，然后选择【对象】|【变换】|【对称】命令，在【镜像】对话框中选择【垂直】单选项，接着单击【复制】按钮，如图 9-11 所示。

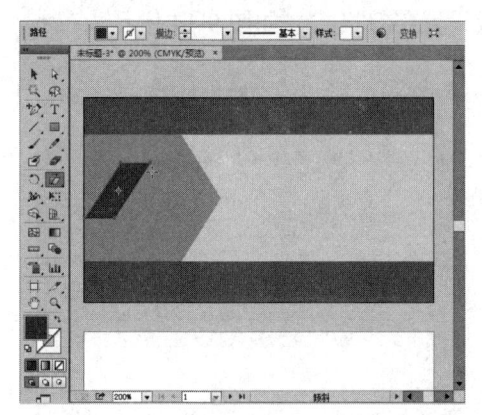

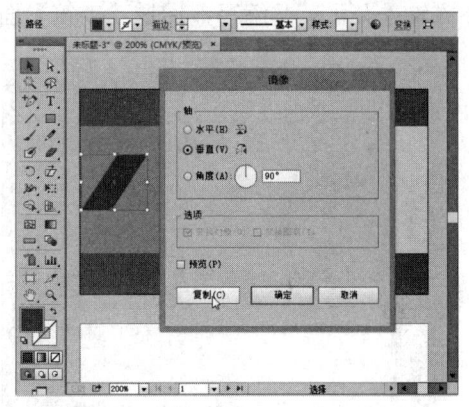

图 9-11　倾斜和镜像矩形

11 将镜像生成的对象水平向右移动，与原来倾斜的矩形构成一个【^】的形状，然后在【工具】面板中选择【吸管工具】并在名片背景的矩形上单击，更改倾斜矩形的填充颜色，如图 9-12 所示。

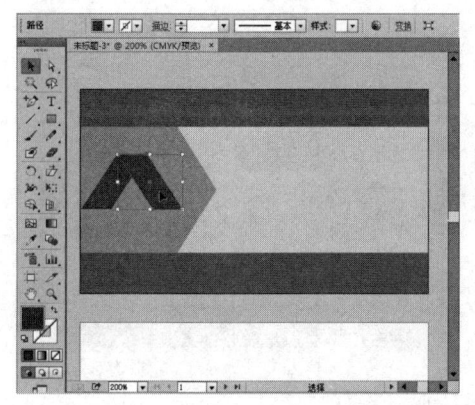

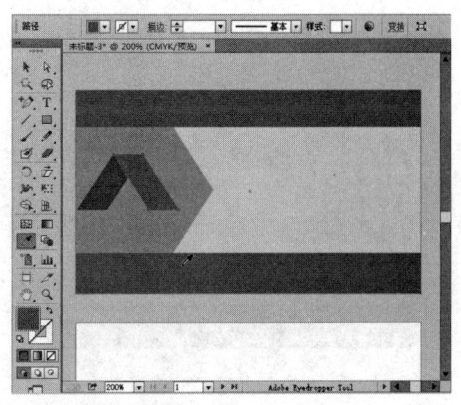

图 9-12　移动对象并更改对象的填充颜色

12 选择【钢笔工具】，然后在倾斜矩形中创建一个封闭的路径，再打开【渐变】面板为路径填充渐变颜色，其中渐变右端滑块的颜色与左侧倾斜矩形的颜色一样，渐变左端滑块的颜色则较深，以此作为倾斜距离重叠的投影效果，如图 9-13 所示。

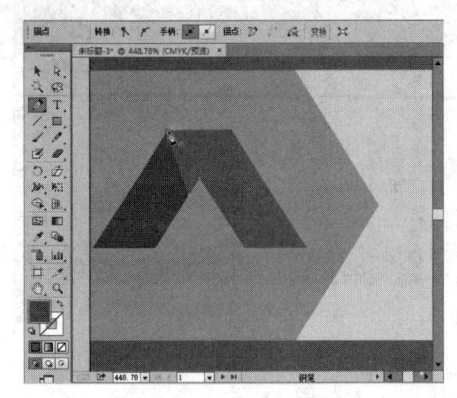

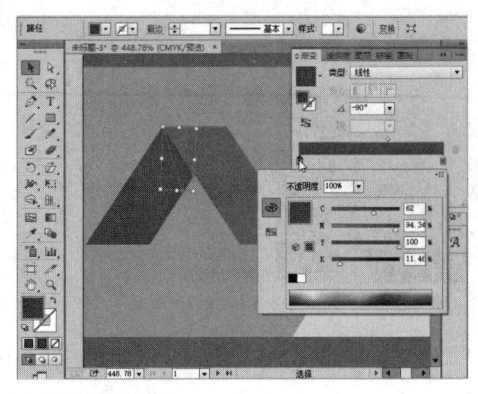

图 9-13　绘制路径并填充渐变颜色

13 选择 Logo 图形的全部对象，进行编组并调整好位置，然后使用【文字工具】在图形下方输入公司英文缩写，通过【字符】面板设置字符格式，如图 9-14 所示。

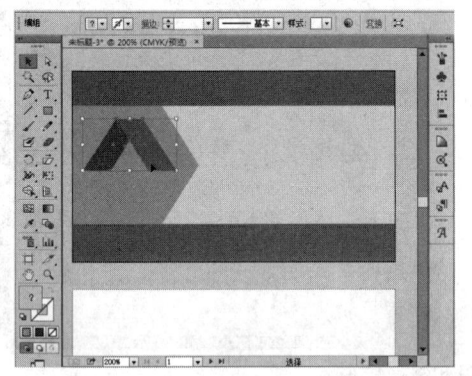

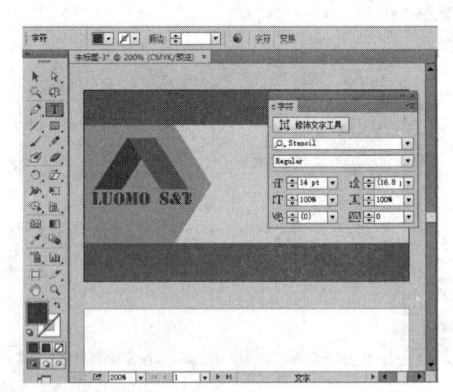

图 9-14　编辑 Logo 图形并输入公司名称文字

14 选择【文字工具】，在名片中央位置输入姓名文字并设置字符属性，接着在姓名下方输入职位文字并设置字符属性。其中姓名文字的颜色为【#952C22】、职位文字的颜色为【#B47134】，如图 9-15 所示。

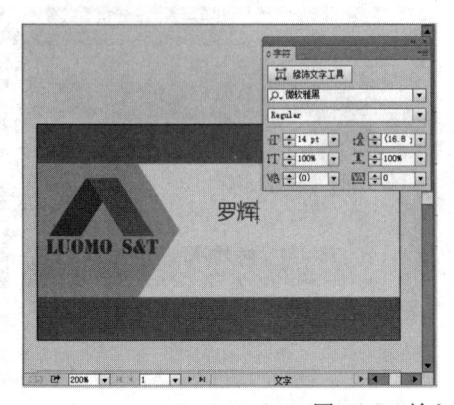

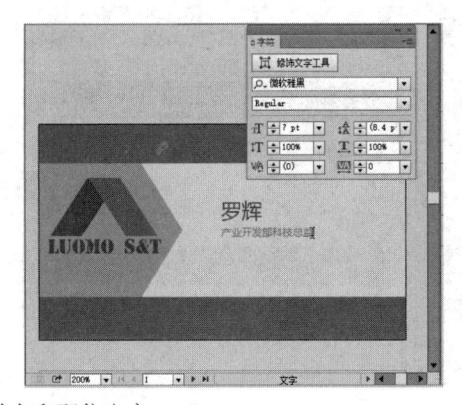

图 9-15　输入姓名和职位文字

9.1.2 上机练习 2：设计名片的背面

下面先在文档第二个画板中绘制一个矩形作为背景图，将 Logo 复制到名片背面的左上方，然后在 Logo 右侧输入完整的公司名称和广告词文字，在名片背面下半部分绘制一个褐色的矩形，最后创建区域文字并输入公司简介文字。

操作步骤

1 打开光盘中的 "..\Example\Ch09\9.1.2.ai" 练习文件，选择【矩形工具】，再设置填充颜色为【#F7DBA4】，然后在第二个画板中绘制和画板一样大小的无描边矩形，如图 9-16 所示。

2 从第一个画板中选择 Logo 对象，再通过复制和粘贴的方法创建另一个 Logo，将这个 Logo 对象移到第二个画板左上方，如图 9-17 所示。

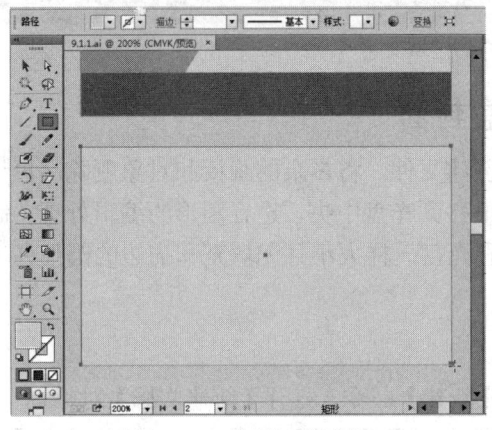

图 9-16　绘制矩形对象 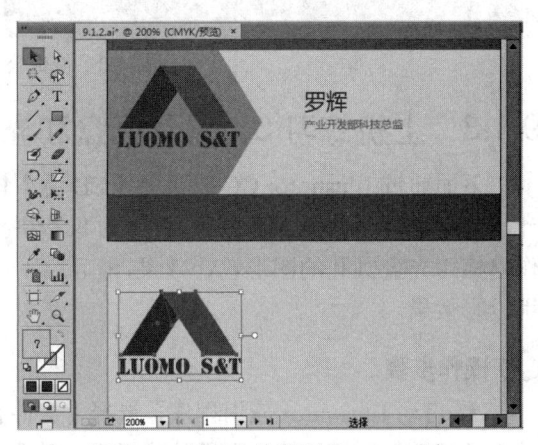　　　　　　　　图 9-17　创建名片背面的 Logo 对象

3 选择【文字工具】，然后在 Logo 对象右侧分别输入公司名称和广告词文字，结果如图 9-18 所示。

4 选择【矩形工具】，再设置填充颜色为【#B85434】，然后在第二个画板下方绘制一个无描边的矩形，如图 9-19 所示。

图 9-18　输入公司名称和广告词文字 　　　图 9-19　在名片背面下方绘制另一个矩形

5 选择【文字工具】，在下方的矩形上拖动创建一个区域文字框，然后在文字框中输

295

入区域文字的内容，接着通过【字符】面板设置文字的字符格式，如图 9-20 所示。

图 9-20 创建公司简介的区域文字

9.1.3 上机练习 3：设计光盘和光盘盒封面

下面通过 Illustrator CC 提供的【CD 盒】模板创建文件，将多余的画板和对象删除，再设计出光盘盒的封面图，然后将 Logo 对象和拼接图形移到光盘中央，进行图形的编辑处理，制作出横跨光盘圆孔的图形设计效果，最后绘制一个和光盘一样大小且无填充和描边的圆形并应用投影效果。

操作步骤

1 启动 Illustrator 应用程序，选择【文件】|【新建】命令，打开【新建文档】对话框后，单击【模板】按钮，然后在【从模板中新建】对话框中选择【CD 盒.ait】模板，接着单击【新建】按钮，最后打开【画板】面板，并将第二个画板删除，如图 9-21 所示。

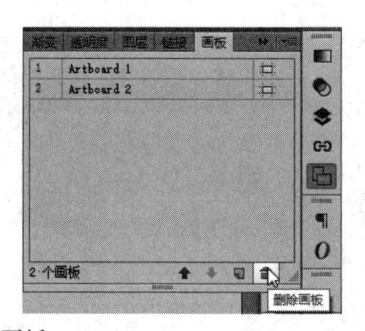

图 9-21 创建文件并删除第二个画板

2 缩小显示文档窗口视图，选择画板下方的对象，然后将这些对象删除，接着选择画板左侧的对象并再次删除，只剩下画板右侧的对象，如图 9-22 所示。

3 选择画板左上角的对象，单击右键并选择【取消编组】命令，取消编组后删除多余的对象，只剩下圆形对象，接着将所有的对象移到画板中央，如图 9-23 所示。

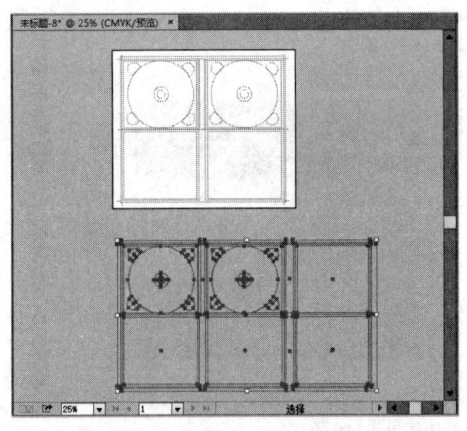

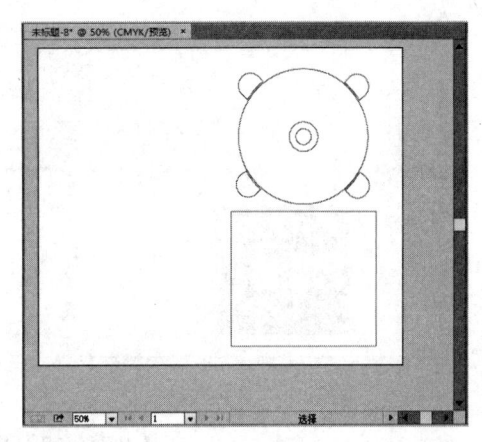

图 9-22 删除多余的对象

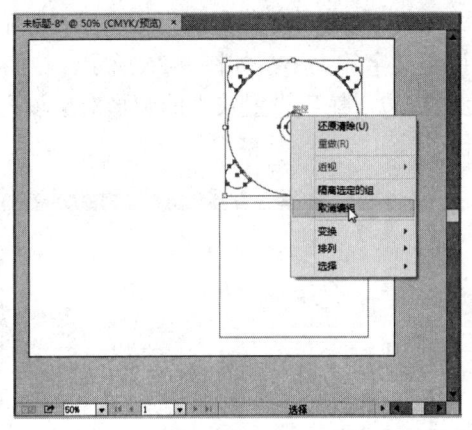

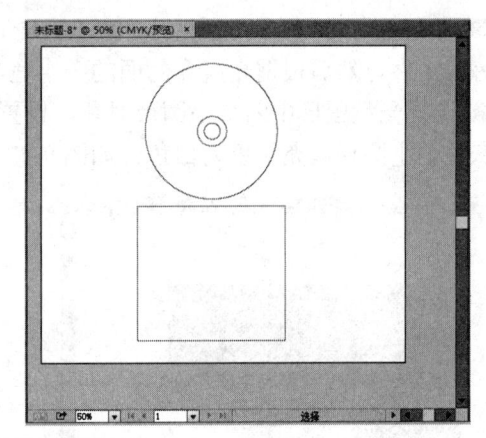

图 9-23 取消编组并编辑对象

4 选择画板下方的矩形对象，双击【工具】面板的【填色】按钮，然后通过【拾色器】对话框设置填充颜色，接着单击【确定】按钮，设置描边为【无】，如图 9-24 所示。

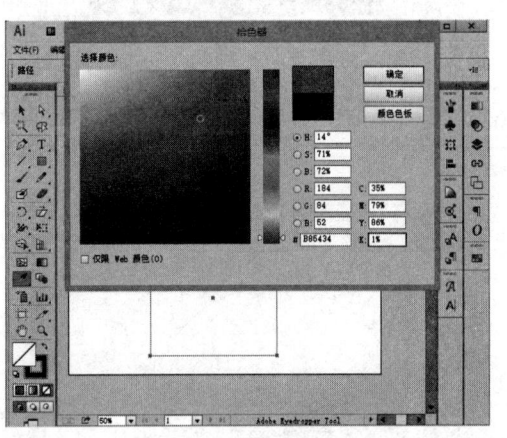

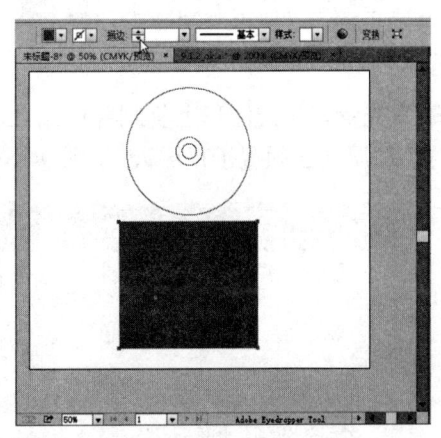

图 9-24 设置矩形的填充颜色和描边

5 打开光盘中的"..\Example\Ch09\9.1.2_ok.ai"文件，将该文件名片正面上的 Logo 和背景图形对象复制到本例练习文件中，然后按住 Shift 键并向右拖动对象定界框右侧中间的手柄，扩大对象到和光盘盒一样长度，如图 9-25 所示。

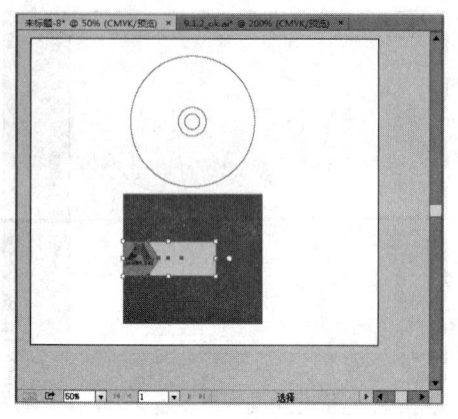

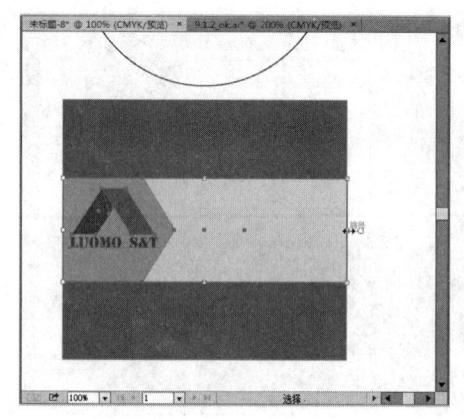

图 9-25　加入 Logo 并扩大对象

6 将光盘中的"..\Example\Ch09\9.1.2_ok.ai"文件复制公司名称和广告词文字，再粘贴到本例练习文件，然后根据光盘盒封面的大小适当调整文字的大小，如图 9-26 所示。

7 选择光盘图形中两个小圆形对象，设置为无描边，然后设置较大的圆形对象填充颜色为浅灰色、小圆形填充颜色为白色，如图 9-27 所示。

图 9-26　加入公司名称和广告词文字　　　　　图 9-27　修改圆形的属性

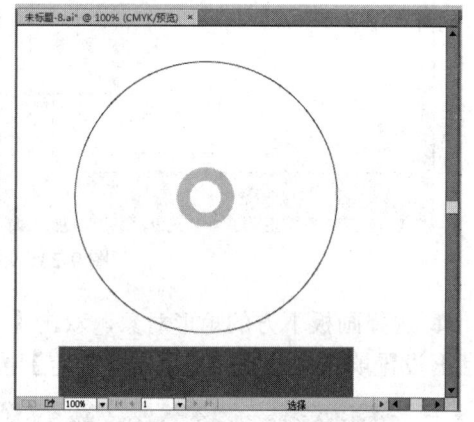

8 从光盘盒包装图形上复制并粘贴 Logo 对象和装饰图形到光盘图形中，然后将大圆形对象置于顶层（必须置于顶层），如图 9-28 所示。

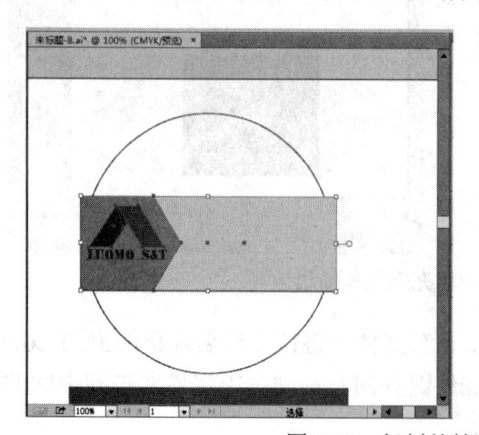

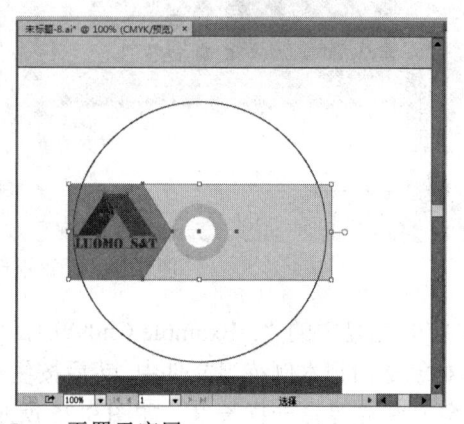

图 9-28　复制并粘贴 Logo 再置于底层

9 选择光盘中央的两个小圆形对象，再打开【路径查找器】面板，然后单击【减去顶层】按钮，如图 9-29 所示。

10 同时选择光盘中央的圆环对象（经过步骤 9 后产生圆环对象）和 Logo 的拼接装饰图形，然后选择【形状生成器工具】，并单击圆环对象内的对象，删除圆环中内圆中的对象，如图 9-30 所示。

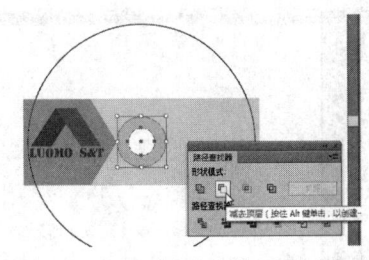

图 9-29 编辑光盘中央的圆形对象

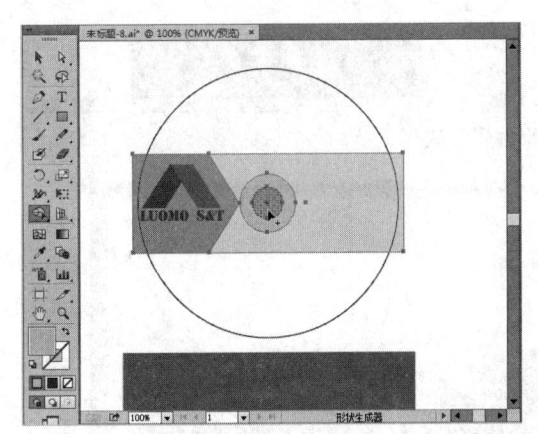

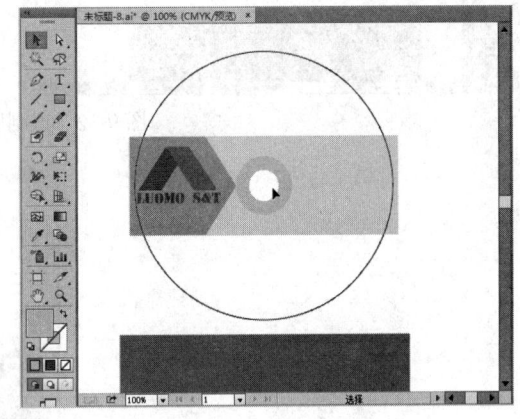

图 9-30 使用形状生成器工具编辑对象

11 选择构成光盘图形的所有对象，然后单击右键并选择【建立剪切蒙版】命令，创建出光盘面图形效果，如图 9-31 所示。

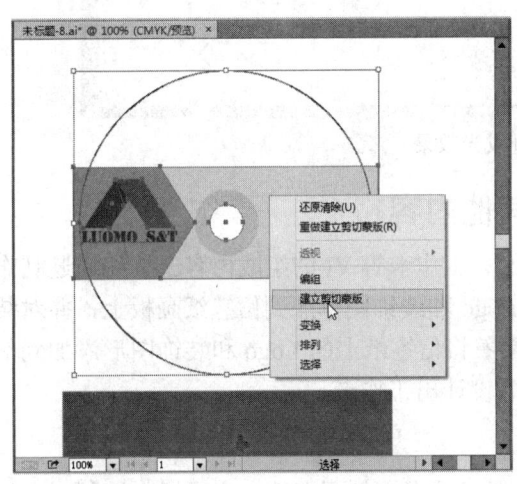

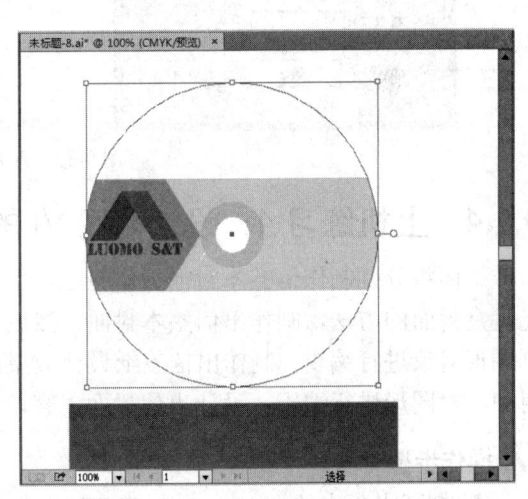

图 9-31 为光盘建立剪切蒙版

12 选择【椭圆工具】，将此工具移到光盘中心点处，然后按住 Shift+Alt 键拖动，绘制一个与光盘剪切蒙版一样大小的白色且无描边圆形，接着将圆形对象置于底层，如图 9-32 所示。

13 选择步骤 12 绘制的圆形对象，选择【效果】|【风格化】|【外发光】命令，打开【外发光】对话框后设置各项参数，然后单击【确定】按钮，如图 9-33 所示。

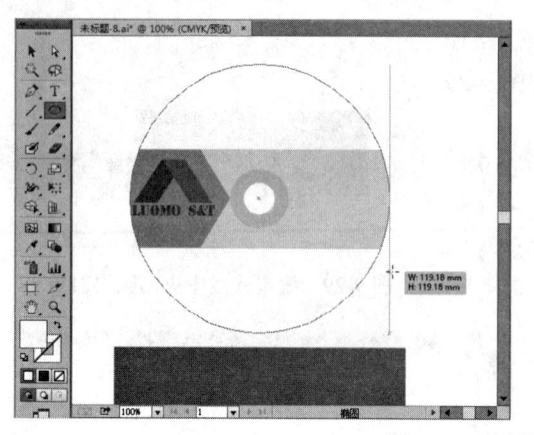

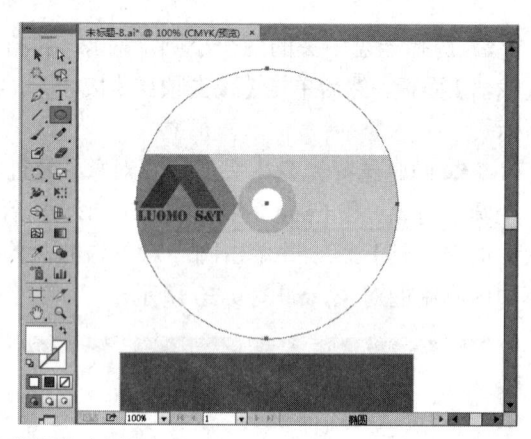

图 9-32 绘制圆形并置于底层

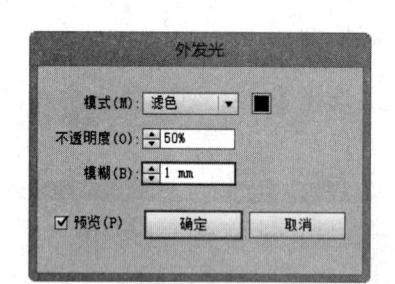

图 9-33 应用外发光效果

9.1.4 上机练习 4：设计公司 VI 的其他内容

下面将分别制作信签本封面、信签纸、信封面、工作卡等 VI 的组成内容。首先通过制作光盘盒封面的方法，制作出信签本封面，然后将 Logo 和装饰图添加到信签纸画板上，并对装饰图形对象进行编辑，制作出信签纸设计效果，接着将信签纸上的 Logo 和装饰图形添加到信封中，对图形进行编辑，设计出信封面内容，最后设计出工作卡。

操作步骤

1 打开光盘中的"..\Example\Ch09\9.1.4a.ai"练习文件，然后在第一个画板中绘制一个褐色矩形覆盖画板，如图 9-34 所示。

2 通过复制和粘贴的方法，从光盘盒封面的文件中将 Logo 对象和装饰图形加入到画板，并适当调整位置和大小，接着加入公司名称和广告词文字，如图 9-35 所示。

3 从信签本封面中复制 Logo 对象和装饰图形并粘贴到信签纸画板中（练习文件右侧的画板），然后缩小对象并调整好位置，接着选择两个装饰图形对象并进行【减去顶层】处理，如图 9-36 所示。

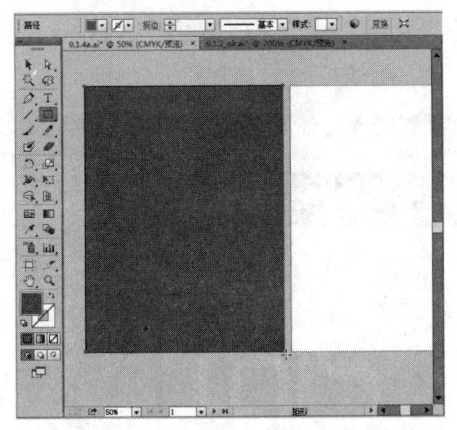

图 9-34　绘制信签本封面的背景图

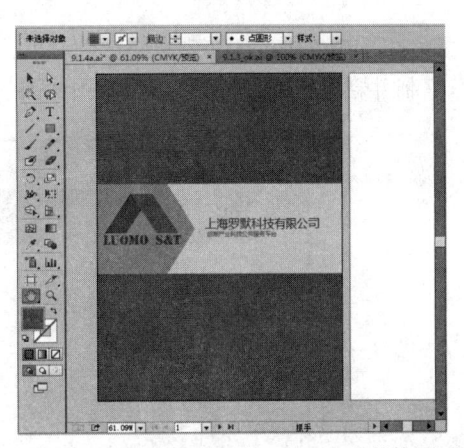

图 9-35　为信签本封面加入 Logo 和装饰图形

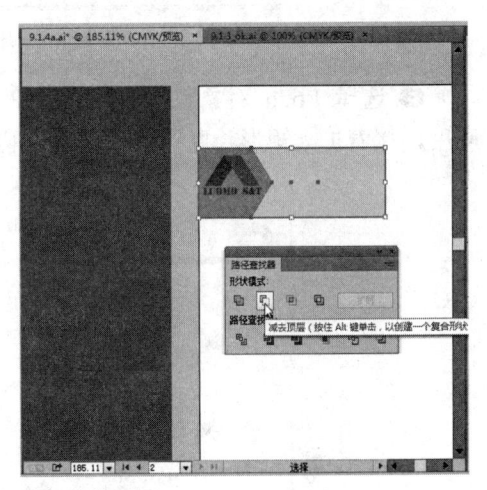

图 9-36　为信签纸加入 Logo 并编辑装饰图形

4 选择 Logo 下方的对象，然后更改填充颜色，接着使用【矩形工具】绘制一个与画板一样长度的褐色矩形并置于底层，设计出信签纸的效果，如图 9-37 所示。

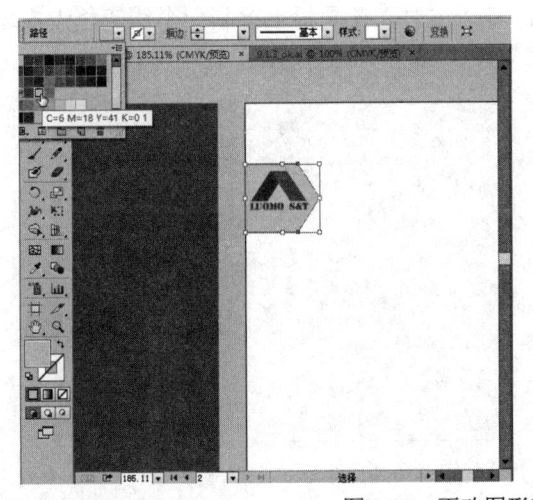

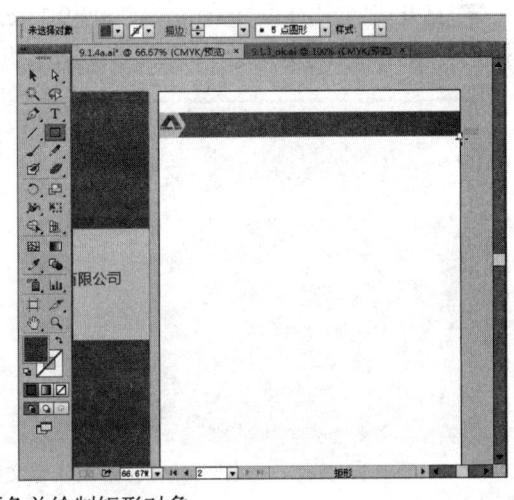

图 9-37　更改图形颜色并绘制矩形对象

301

5 打开光盘中的"..\Example\Ch09\9.1.4b.ai"练习文件，然后将信签纸上的 Logo 和装饰图形复制并粘贴到练习文件上，如图 9-38 所示。

图 9-38 为信封加入 Logo 和装饰图形

6 选择 Logo 对象底下的图形对象并将它删除，然后选择褐色的矩形对象并缩小矩形的高度，接着扩大矩形长度跟画板长度一样，如图 9-39 所示。

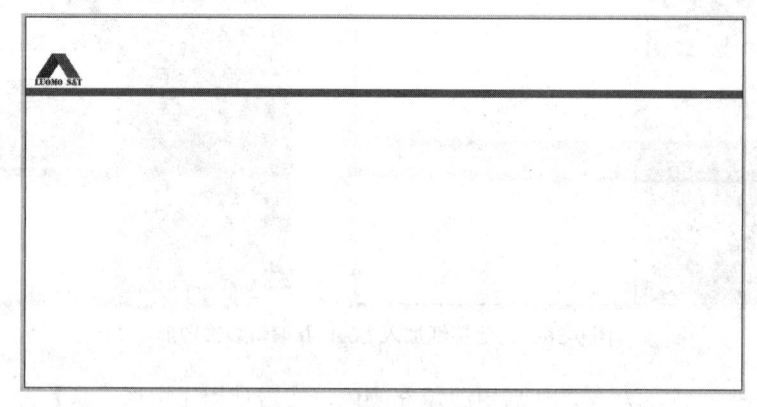

图 9-39 编辑装饰图形设计出信封面效果

7 打开光盘中的"..\Example\Ch09\9.1.4c.ai"练习文件，在画板上绘制一个浅灰色无描边的矩形对象，然后在矩形上方绘制一个圆角矩形对象，如图 9-40 所示。

图 9-40 打开工作卡文件并绘制矩形和圆角矩形

8 选择圆角矩形和矩形对象，打开【路径查找器】面板，然后单击【减去顶层】按钮，制作出工作卡的卡套图形效果，如图 9-41 所示。

9 使用【矩形工具】绘制一个白色无描边的矩形，作为工作卡卡牌图形，如图 9-42 所示。

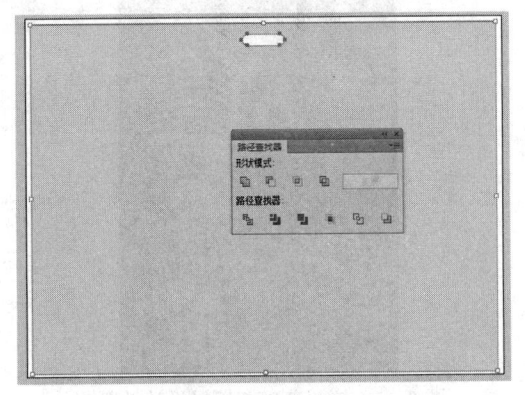

图 9-41　制作工作卡卡套图形效果 　　　　图 9-42　绘制矩形作为卡牌图形

10 从信签纸文件中复制 Logo 和装饰图形，然后粘贴到工作卡文件中，再修改装饰图中矩形对象的长度，接着输入工作卡的姓名和职位文字，如图 9-43 所示。

图 9-43　加入 Logo 和装饰图并输入文字

11 选择【矩形工具】，然后在白色矩形下方绘制一个褐色矩形对象，并使该对象与白色矩形的长度一样，完成工作卡的设计，如图 9-44 所示。

图 9-44　绘制用于装饰的矩形对象

9.2 项目设计 2：校园音乐节宣传海报

本项目以一个学校音乐节的海报为例，介绍 Illustrator 在广告宣传平面作品上的应用。在本例海报项目的设计中，使用了紫红色为主色调，以突出音乐节海报需要传达热情的意义，海报使用了花纹、听众剪影、圆形、音符和一个麦克风对象作为装饰，丰富了海报的内容，接着制作具有强烈立体效果的音乐节海报英文标题，并对文字应用了效果，使之有一种碎晶的显示效果，最后添加中文标题和其他文字内容，再通过混合文字的方式制作出文字的立体透视效果。本例制成的效果如图 9-45 所示。

图 9-45　校园音乐节海报设计的效果

9.2.1 上机练习 5：设计海报的背景和装饰

下面先创建海报文件并绘制一个和画板一样大小的矩形，使用【网格工具】为矩形设置渐变颜色，然后分别加入花纹和麦克风素材并适当调整大小，接着绘制一大一小的两个圆形对象并进行混合处理，再复制多个混合圆形分布在海报各处，最后加入观众剪影和音符素材并将音符对象分散放置在海报上。

操作步骤

1 启动 Illustrator 应用程序，选择【文件】|【新建】命令，打开【新建文档】对话框后，设置文档的属性，再单击【确定】按钮新建文件，如图 9-46 所示。

2 选择【矩形工具】，通过【控制】面板设置工具选项，再绘制一个与画板一样大小的无描边矩形，如图 9-47 所示。

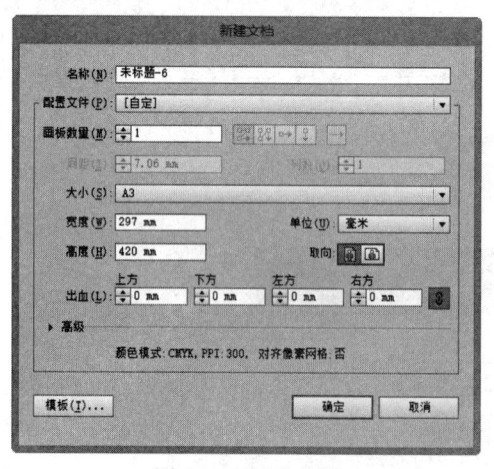

图 9-46　新建文档

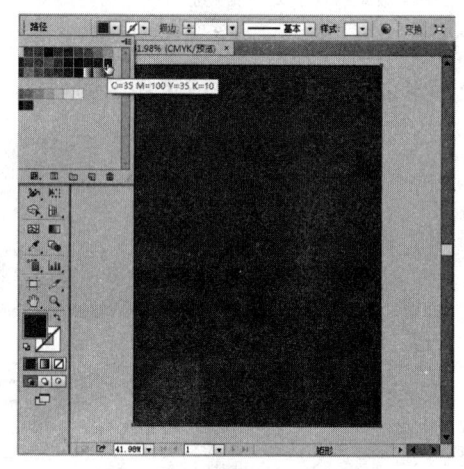

图 9-47　绘制背景矩形对象

3 选择【网格工具】，在矩形左上方单击添加一个网格点，选择这个网格点，打开【色板】面板并设置一种颜色，如图 9-48 所示。

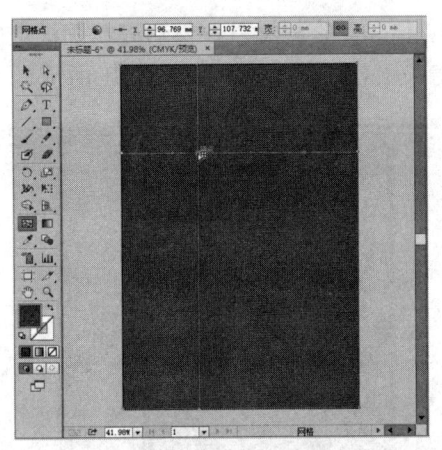

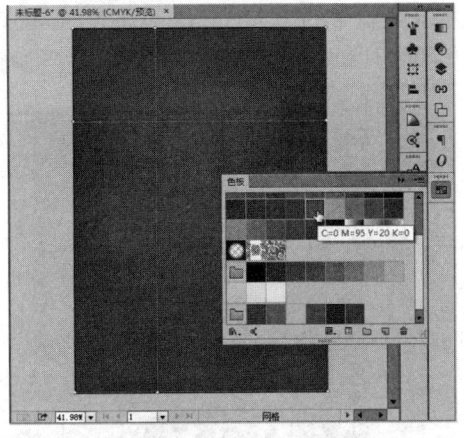

图 9-48 添加网格点并设置颜色

4 使用【网格工具】 在矩形左下方单击添加网格点，然后设置与步骤 3 网格点一样的颜色，接着使用相同的方法，添加其他网格点并设置填充颜色，如图 9-49 所示。

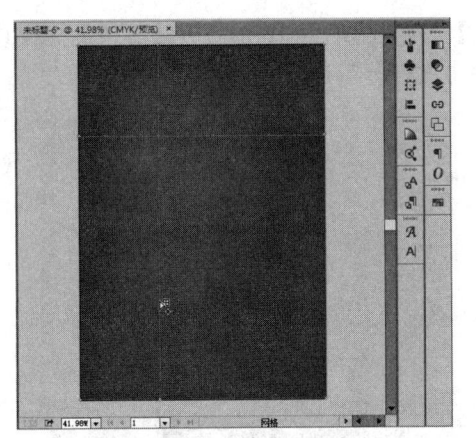

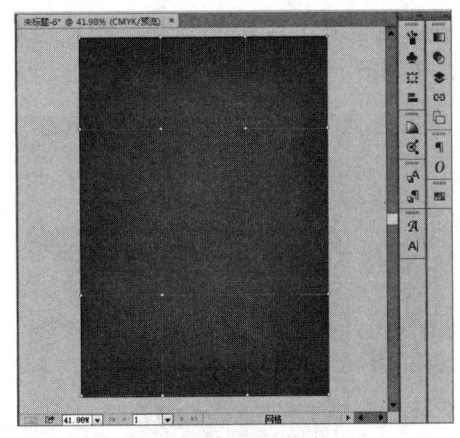

图 9-49 添加其他网格点并设置颜色

5 打开光盘中的"..\Example\Ch09\images\花纹.ai"素材文件，然后复制画板上的花纹对象，粘贴到本例练习文件上，接着适当调整花纹对象的大小，如图 9-50 所示。

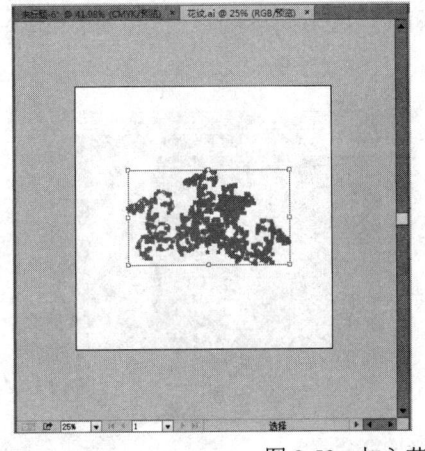

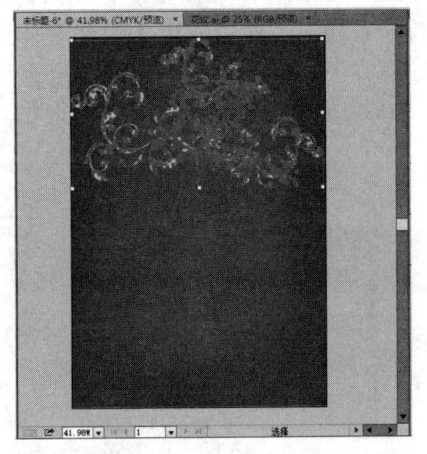

图 9-50 加入花纹对象并调整大小

305

6 打开光盘中的"..\Example\Ch09\images\麦克风.ai"素材文件，然后复制画板上的麦克风对象，粘贴到本例练习文件上，接着适当调整麦克风对象的大小，如图 9-51 所示。

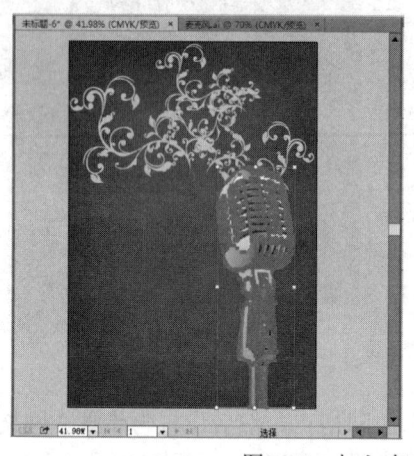

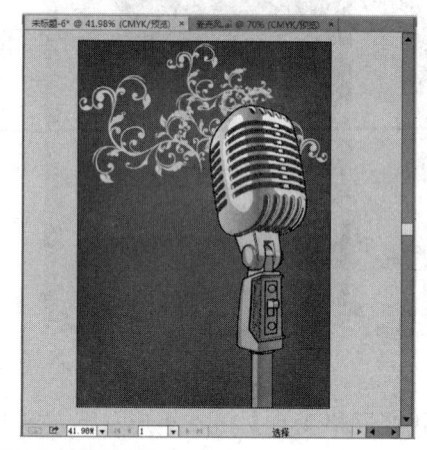

图 9-51　加入麦克风对象并调整大小

7 选择【椭圆工具】，设置填充颜色为【无】、描边粗细为 1pt，打开【颜色】面板设置描边颜色，在画板上分别绘制一小一大圆形，如图 9-52 所示。

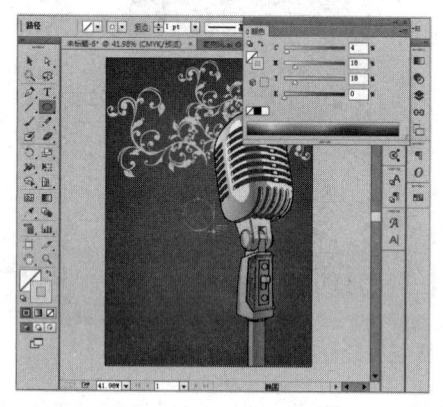

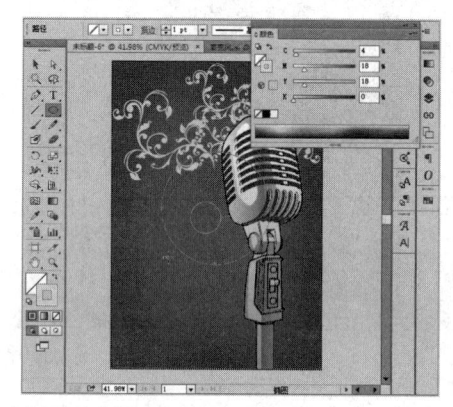

图 9-52　绘制两个圆形对象

8 在【工具】面板中双击【混合工具】，打开【混合选项】对话框后，设置混合选项并单击【确定】按钮，然后使用【混合工具】分别单击两个圆形对象，制作混合效果，如图 9-53 所示。

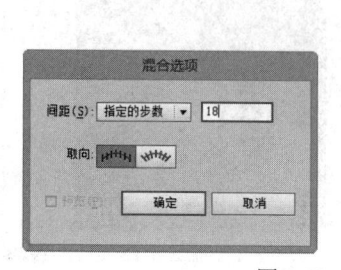

图 9-53　制作圆形的混合效果

9 使用复制和粘贴的方法，创建多个圆形混合对象并调整大小，接着放置好各个圆形混合对象，并分别对它们进行适当的旋转处理，如图9-54所示。

图9-54 创建多圆形混合对象并进行编辑

10 选择花纹对象并按住Alt键拖动以复制出另一个花纹对象，然后对新增的花纹对象进行缩放和旋转操作，接着选择所有花纹对象和麦克风对象，再单击右键并选择【排列】|【置于顶层】命令，如图9-55所示。

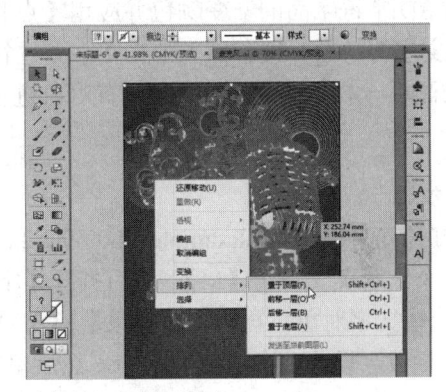

图9-55 创建另一个花纹对象并调整排列顺序

11 选择【文件】|【置入】命令，打开【置入】对话框后选择"观众剪影.psd"文件，再单击【置入】按钮，在画板下方拖动鼠标将素材置入到当前文档，如图9-56所示。

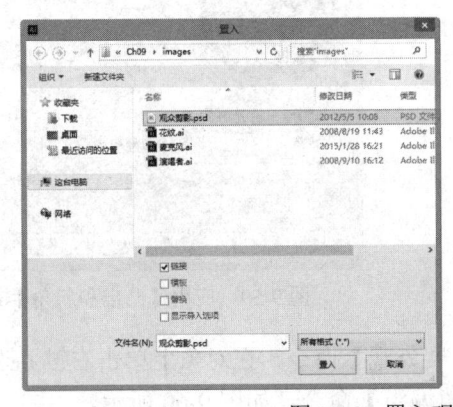

图9-56 置入观众剪影素材

12 打开光盘中的"..\Example\Ch09\images\音符.ai"素材文件，然后复制音符对象并粘贴到本例练习文件中，接着将各个音符对象分散在画板各处，如图9-57所示。

图9-57 加入音符对象并分布对象

9.2.2 上机练习6：设计海报标题文字效果

下面先输入标题的英文字符并应用3D效果，再扩展外观并设置3D字符侧面的渐变颜色，然后设置3D字符字面的渐变颜色并应用【点状花】和【投影】效果；使用相同的方法制作其他3D英文字符特效，接着输入中文文字并进行旋转和复制等编辑，并创建混合效果，最后绘制一个与画板一样大小的矩形，对所有对象进行建立剪切蒙版处理，并调整音符对象的排列顺序即可。

操作步骤

1 打开光盘中的"..\Example\Ch09\9.2.2.ai"练习文件，选择【文字工具】，在画板左边输入一个大写英文字符【M】，然后打开【字符】面板，设置字符格式，如图9-58所示。

2 选择文字对象，再选择【效果】|【3D】|【凸出和斜角】命令，打开对话框后设置3D位置各项参数，设置凸出厚度为80pt，然后单击【确定】按钮，如图9-59所示。

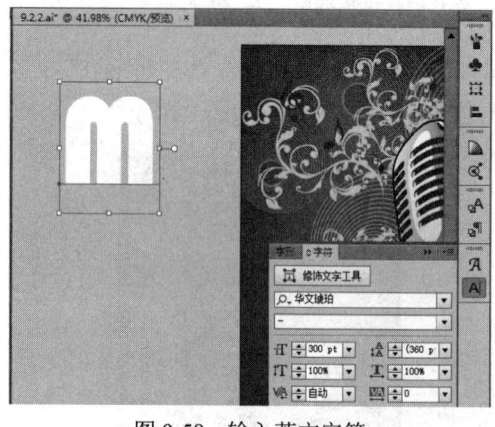

图9-58 输入英文字符

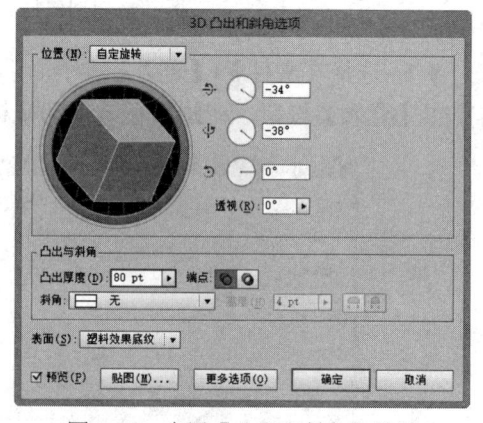

图9-59 应用【凸出和斜角】效果

3 选择文字对象，再选择【对象】|【扩展外观】命令，在对象上单击右键并选择【取消编组】命令，接着再次单击右键并选择【取消编组】命令，如图9-60所示。

308

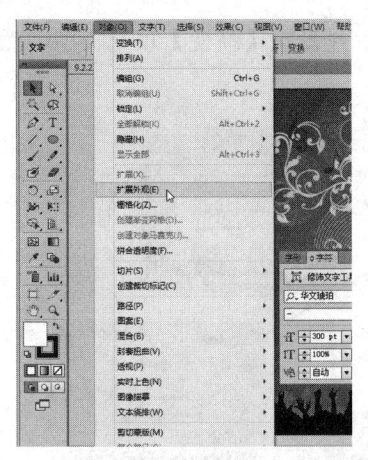

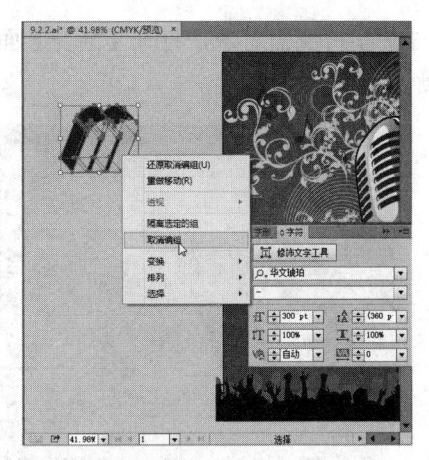

图 9-60 扩展对象外观并取消编组

4 按住 Shift 键的同时选择 3D 字符侧面的组成对象，这些对象可以通过【图层】面板来查看，如图 9-61 所示。

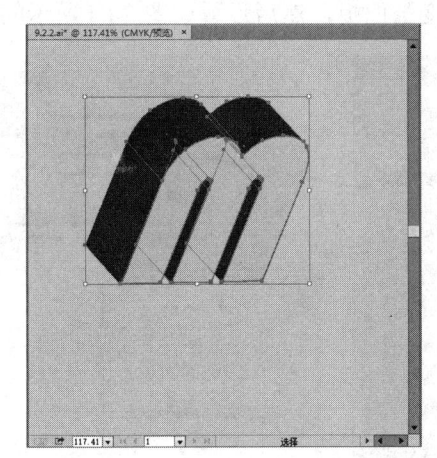

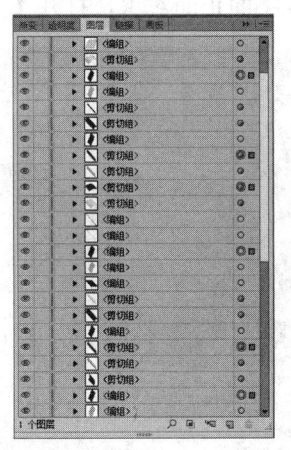

图 9-61 选择 3D 字符侧面的组成对象

5 打开【路径查找器】面板，单击【联集】按钮，然后选择 3D 字符面对象，再单击右键并选择【排列】|【置于顶层】命令，如图 9-62 所示。

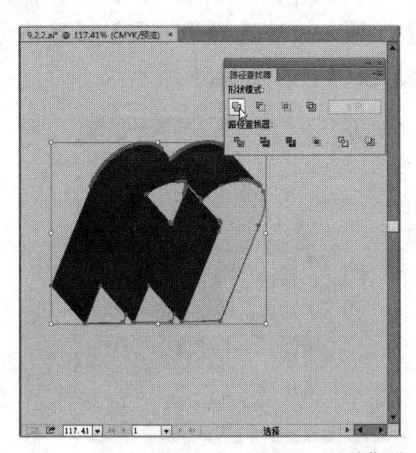

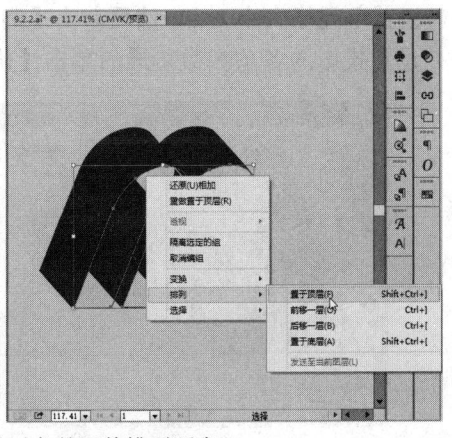

图 9-62 联集选定的对象并调整排列顺序

6 选择 3D 字符侧面对象，打开【渐变】面板并设置【渐变】填充类型，然后设置如图 9-63 所示的渐变颜色。

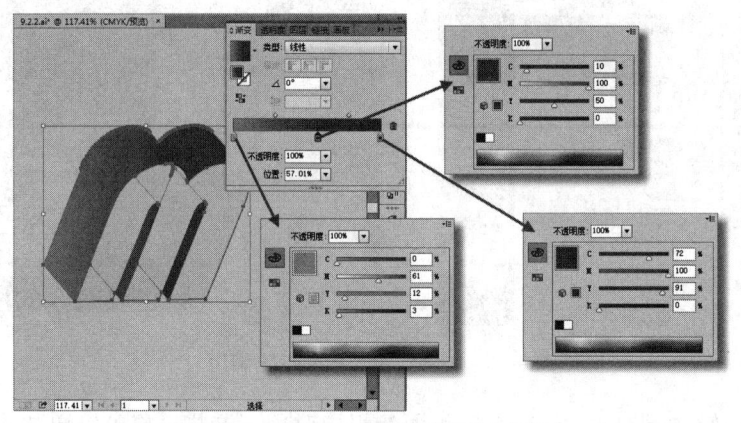

图 9-63　设置 3D 字符侧面的渐变颜色

7 选择 3D 字面正面对象，打开【渐变】面板，然后设置如图 9-64 所示的渐变颜色。

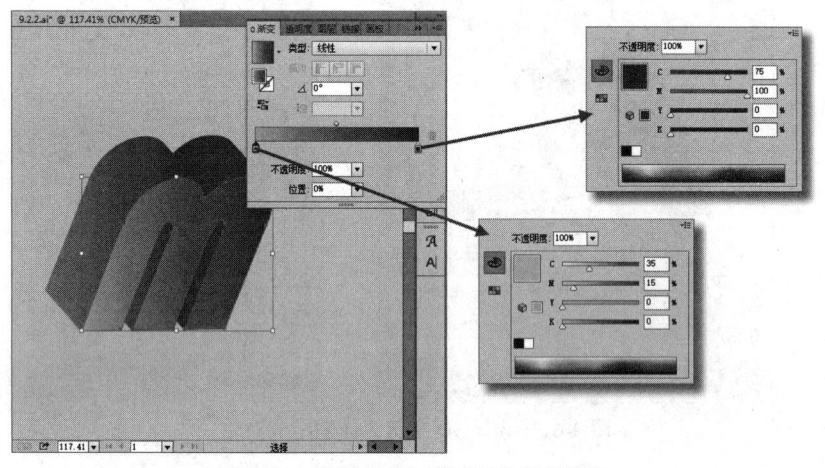

图 9-64　设置 3D 字符正面的渐变颜色

8 选择 3D 字符正面对象，再选择【效果】|【像素化】|【点状化】命令，打开【点状化】对话框后，设置单元格大小为 5，然后单击【确定】按钮，接着选择【效果】|【风格化】|【投影】命令并设置投影的各项参数，最后单击【确定】按钮，如图 9-65 所示。

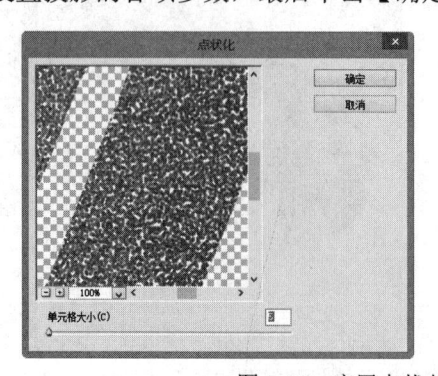

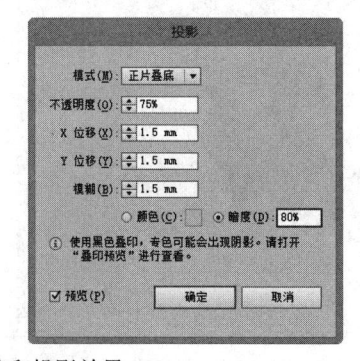

图 9-65　应用点状花和投影效果

❾ 选择所有组成 3D 字符的对象并进行编组处理，然后将 3D 移到海报左上方，接着使用步骤 1 到步骤 9 的方法，制作其他 3D 英文字符，并放置在海报不同位置上，如图 9-66 所示。

图 9-66 调整 3D 字符的位置并制作其他 3D 字符

❿ 使用【文字工具】在海报左下方分别输入中文标题文字和时间、地点内容，再通过【字符】面板设置字符格式，接着将所有中文文字进行旋转处理，如图 9-67 所示。

图 9-67 输入中文文字并进行旋转处理

⓫ 组合中文字对象并选择对象，按住 Alt 键拖动对象，创建出文字对象的副本，然后选择文字副本并设置描边粗细为 2pt，再设置描边的颜色，如图 9-68 所示。

图 9-68 创建文字副本并设置描边

311

12 在【工具】面板中双击【混合工具】，打开【混合选项】对话框后，设置混合选项并单击【确定】按钮，然后使用【混合工具】分别单击两个中文文字对象，制作混合效果，如图 9-69 所示。

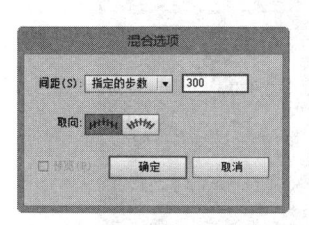

图 9-69　设置混合选项并创建文字的混合效果

13 适当调整混合文字对象的位置，然后使用【矩形工具】绘制一个与画板一样大小的矩形，接着按 Ctrl+A 键选择所有对象，再单击右键并选择【建立剪切蒙版】命令，如图 9-70 所示。

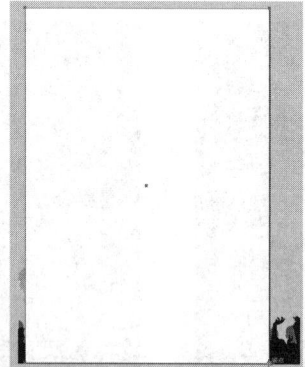

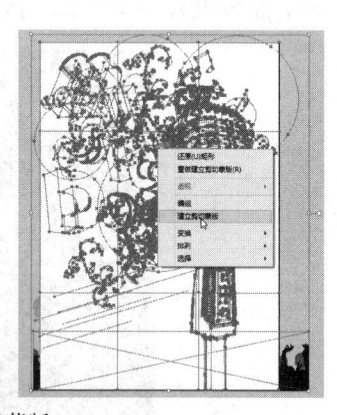

图 9-70　调整文字位置并建立剪切蒙版

14 打开【图层】面板，然后选择所有音符对象，再将它们拖到混合文字对象的上层，以显示出音符对象，如图 9-71 所示。

图 9-71　调整音符对象的排列顺序

9.3 项目设计3：商品促销类广告招贴

本项目以一个新年促销广告为例，介绍以简约风格设计促销广告的方法。在本例广告招贴项目的设计中，以白色背景为主，并搭配广告元素本身的颜色，以达到画面清淡、设计简约的目的。在内容的设计上，主要以创意加主题清晰为主。在广告左侧以较粗的线条和图形构成了2015年份文字，然后在右侧设计了醒目的立体透视文字标题，并搭配多个彩色的3D星星，起到了表达广告主题的作用，而且保持了广告本身的简约风格，最后在广告适当的位置添加一些有用的文字内容即可。本例制成的效果如图9-72所示。

图9-72 校园音乐节海报设计的效果

9.3.1 上机练习7：设计招贴创意年份数字

下面先创建广告文件并绘制一个只有描边的圆角矩形，再对圆角矩形进行剪切路径的处理，制作成【2】字，然后使用类似的方法，分别制作出其他数字对象并设置这些对象的混合透明效果，最后输入其他文字内容。

操作步骤

1 启动Illustrator应用程序，选择【文件】|【新建】命令，打开【新建文档】对话框后，设置文档的属性，再单击【确定】按钮新建文件，如图9-73所示。

2 选择【圆角矩形工具】，使用该工具在画板上单击，打开【圆角矩形】对话框后设置圆角半径为5，然后单击【确定】按钮，接着设置圆角矩形的填色为【无】、描边粗细为10pt、描边颜色为【洋红】，如图9-74所示。

3 选择【添加锚点工具】，然后在圆角矩形路径的右下方添加一个锚点，再分别选择新增的锚点和圆角矩形左上角的锚点，单击【在所选锚点处剪切路径】按钮，剪切圆角矩形路径，如图9-75所示。

图9-73 创建文档

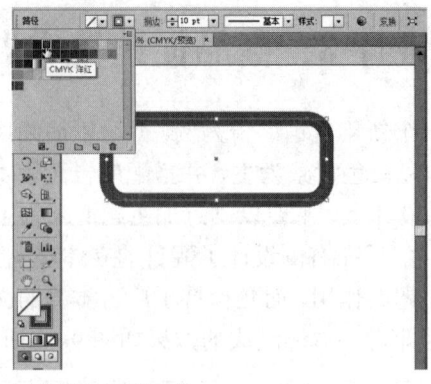

图 9-74　创建圆角矩形对象

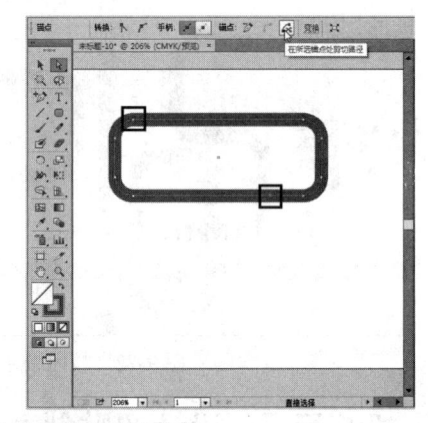

图 9-75　添加锚点并进行剪切路径处理

4 使用【直接选择工具】选择圆角矩形下半部分的路径并将该路径删除，然后使用【选择工具】选择剩下的路径并调整位置，如图 9-76 所示。

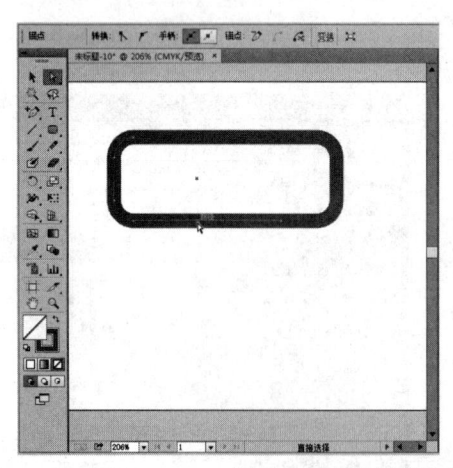

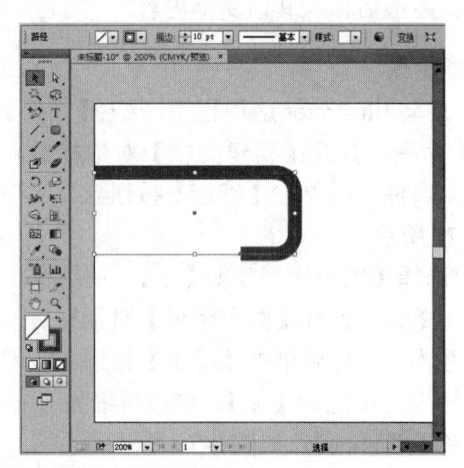

图 9-76　删除部分路径并调整剩余路径的位置

5 复制并粘贴路径对象，然后选择新增的路径对象右侧定界框中央的锚点，并按住 Alt 键向左移动，水平翻转路径对象，如图 9-77 所示。

6 选择【添加锚点工具】，然后在第二个路径对象左上方路径上单击添加一个锚点，接着选择该锚点并单击【在所选锚点出剪切路径】按钮，如图 9-78 所示。

综合平面项目设计

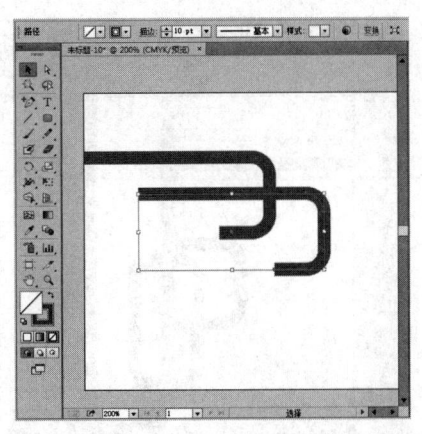

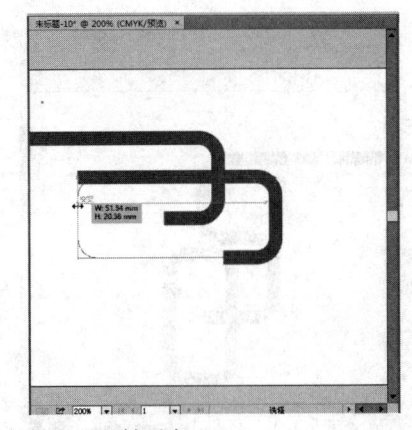

图 9-77 新建路径对象并水平翻转对象

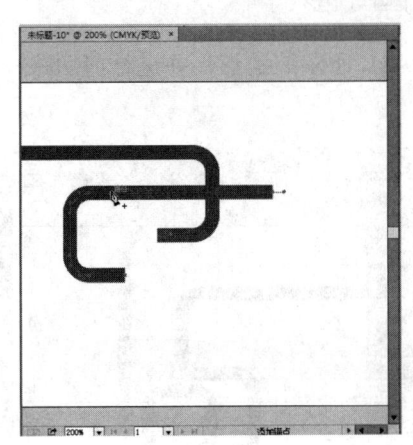

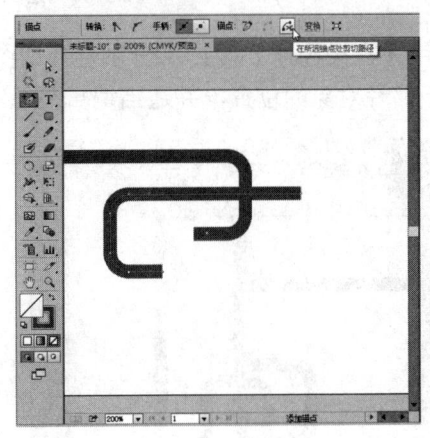

图 9-78 添加锚点并剪切路径

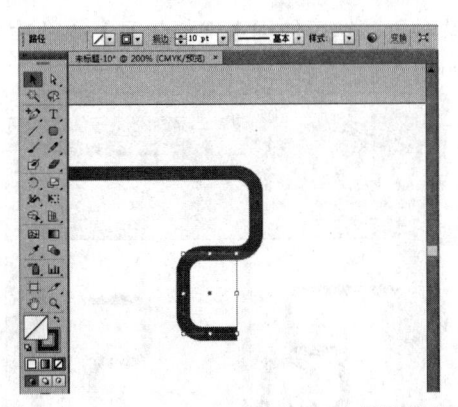

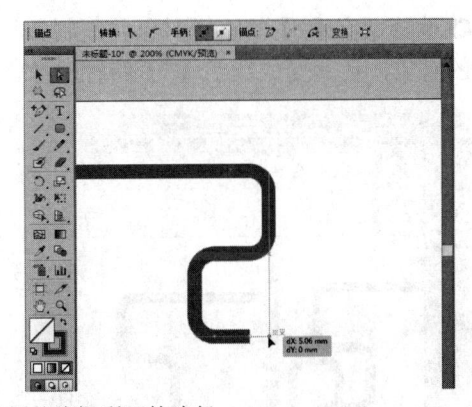

7 剪切路径后选择右侧的路径并删除，然后将剩下的路径对象与第一个路径对象进行对接，接着使用【直接选择工具】 选择第二个路径对象右下方锚点，再向右移动，以延长路径，构成数字【2】的形状，如图 9-79 所示。

图 9-79 删除部分路径并编辑剩下的路径

8 选择【圆角矩形工具】 ，然后在画板上分别绘制一个较小圆角矩形和一个较大的圆角矩形，并设置圆角矩形的填充颜色均为【无】、描边粗细均为 10pt，接着分别设置较小圆角矩形的描边颜色为【青色】、较大圆角矩形的描边颜色为【土黄色】，如图 9-80 所示。

315

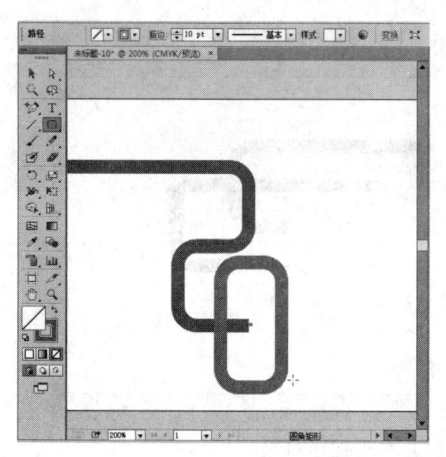

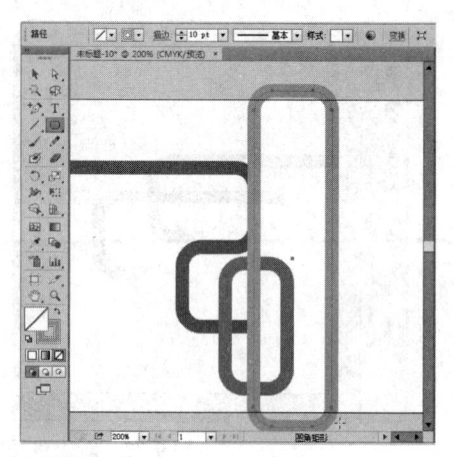

图 9-80 绘制两个圆角矩形

9 使用【直接选择工具】分别选择如图 9-81 所示的锚点,并进行剪切路径处理,然后调整剩下路径对象的位置,并适当编辑路径。

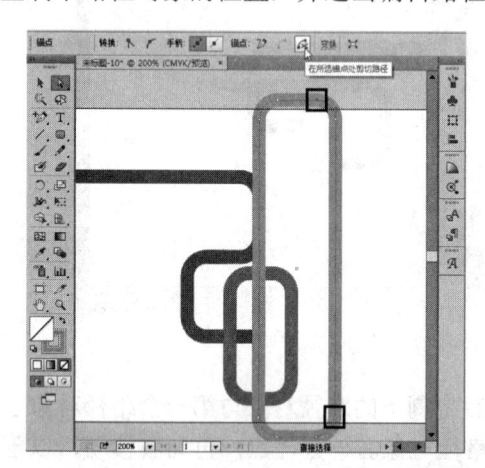

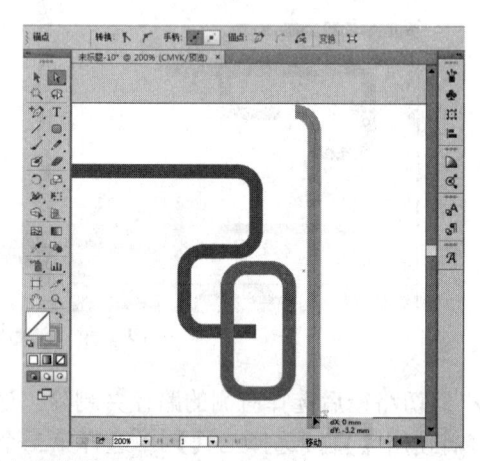

图 9-81 剪切路径并编辑路径

10 选择数字【2】的路径对象并复制和粘贴对象,然后使用【选择工具】垂直翻转粘贴生成的对象,使其变成数字【5】路径对象,如图 9-82 所示。

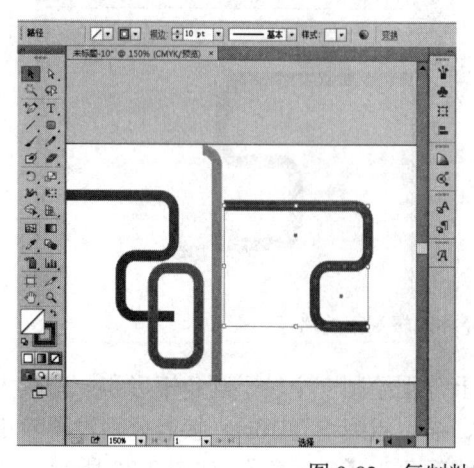

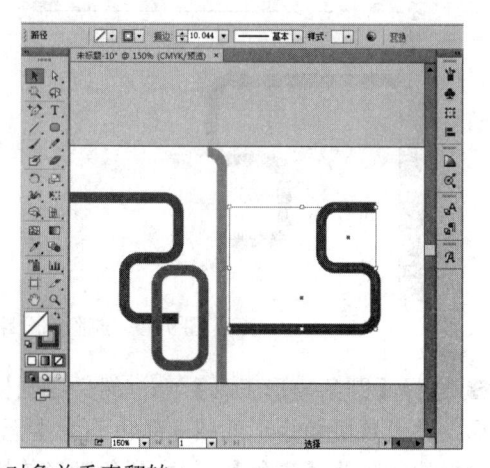

图 9-82 复制粘贴对象并垂直翻转

11 选择数字【5】路径对象并调整位置,然后使用【直接选择工具】选择路径左端的锚点并水平移到画板左侧边缘上,接着修改路径对象的描边颜色,如图 9-83 所示。

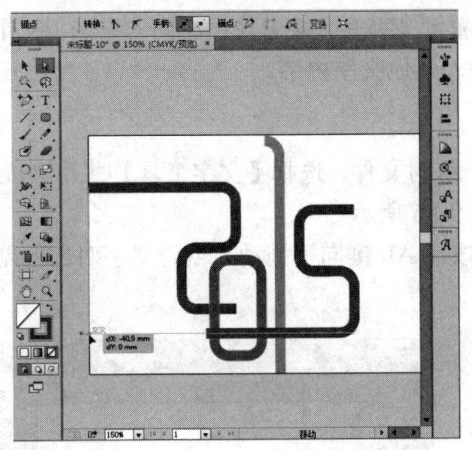

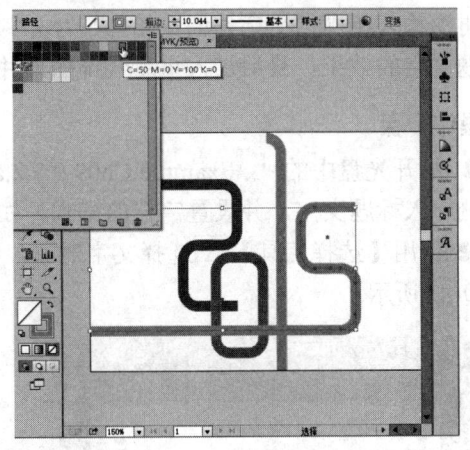

图 9-83　编辑路径并修改描边颜色

12 选择所有数字路径对象,再打开【透明度】面板,设置混合模式为【正片叠底】,接着使用【直接选择工具】选择数字【5】对象上部分路径下端的锚点,并移到下部分路径上端的锚点上,避免两段路径有重叠,如图 9-84 所示。

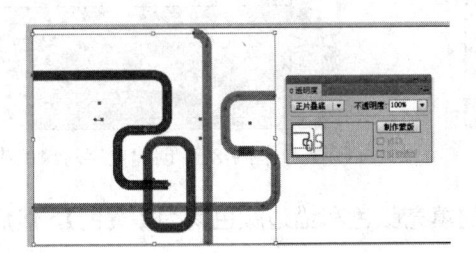

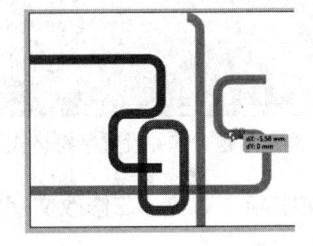

图 9-84　设置对象的混合透明度并编辑路径

13 选择【文字工具】,首先在数字【2】路径对象上方输入【Happy New Year】文字并设置字符格式,然后在数字【5】路径对象下方输入【2015】文字,并设置字符格式,如图 9-85 所示。

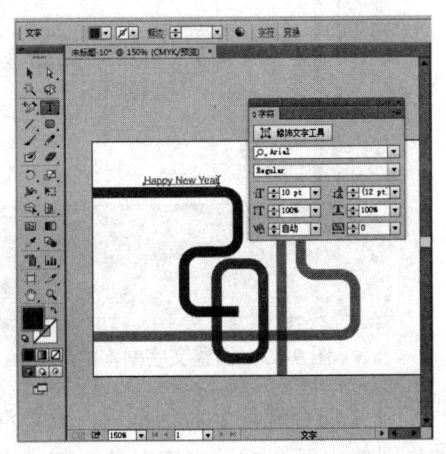

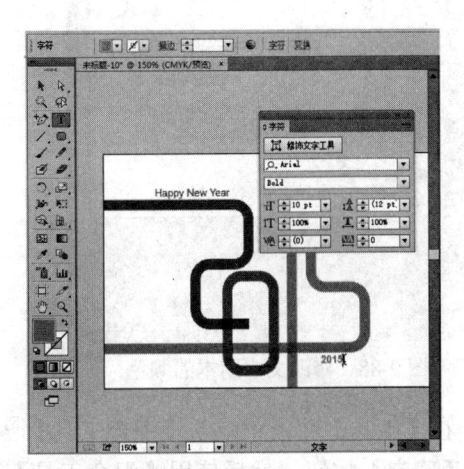

图 9-85　输入其他文字并设置字符格式

9.3.2 上机练习8：设计招贴的标题和装饰

先输入中文促销标题文字，通过创建对象混合效果的方式，制作标题文字的混合透视效果，然后再次输入相同的文字并创建轮廓，为文字设置渐变颜色，接着使用相同的方法，制作另一个标题文字的效果，最后加入星星装饰图形并输入其他文字内容。

操作步骤

1 打开光盘中的"..\Example\Ch09\9.3.2.ai"练习文件，选择【文字工具】，然后在画板右侧输入标题文字，并设置字符的格式，如图9-86所示。

2 使用【选择工具】选择文字对象，并按住Alt键向下拖动，创建文字对象的副本，如图9-87所示。

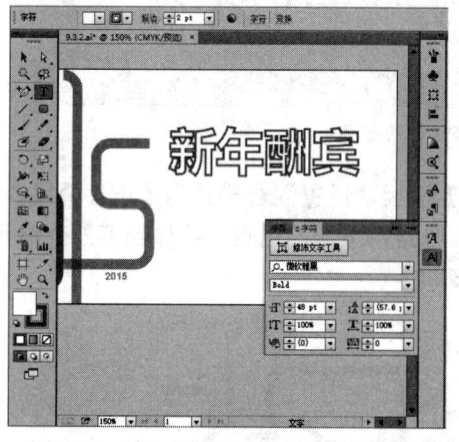

图9-86　输入标题文字并设置字符格式 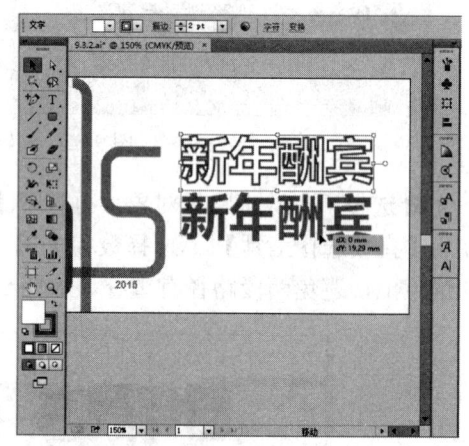　　　　图9-87　创建文字对象的副本

3 选择文字副本对象，在修改文字的填充颜色和描边颜色均为【黄色】，然后缩小文字对象，如图9-88所示。

4 选择黄色的文字对象，并将该对象垂直移到白色文字对象的下方，如图9-89所示。

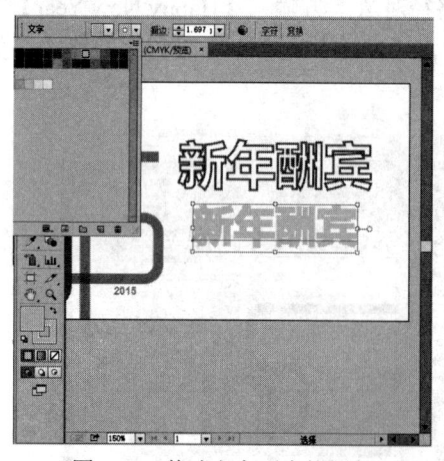

图9-88　修改文字副本的颜色 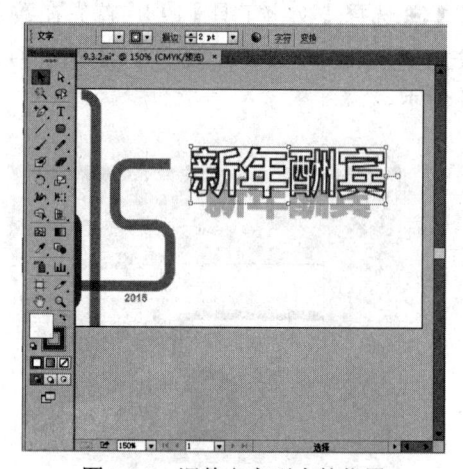　　　　图9-89　调整文字副本的位置

5 在【工具】面板中双击【混合工具】，打开【混合选项】对话框后，设置混合选项并单击【确定】按钮，然后使用【混合工具】分别单击两个标题文字对象，制作混合透视

的效果，如图 9-90 所示。

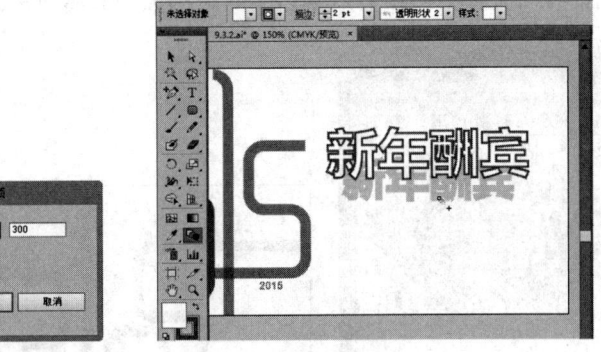

图 9-90　创建文字混合透视的效果

6 使用【文字工具】输入与原来标题文字同内容、同字符格式的文字，然后将文字对象放置在原来标题文字的相同位置，在文字上单击右键并选择【创建轮廓】命令，如图 9-91 所示。

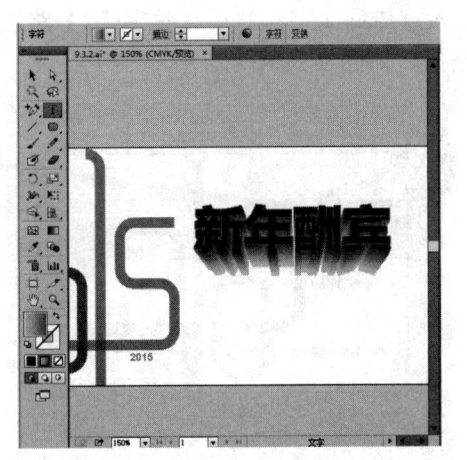

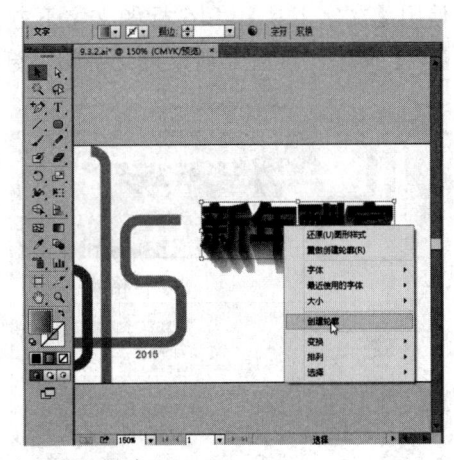

图 9-91　输入文字并创建轮廓

7 选择文字对象，然后通过【渐变】面板为文字设置渐变填充颜色，接着使用与上述操作相同的方法，制作另外一个标题文字效果，如图 9-92 所示。

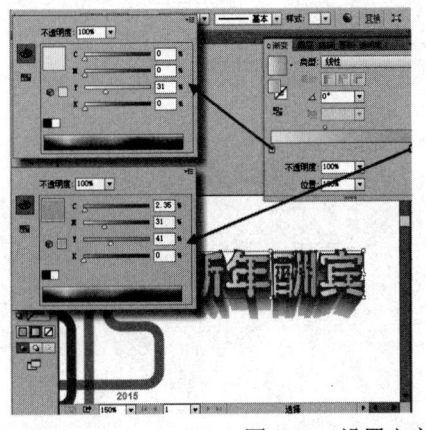

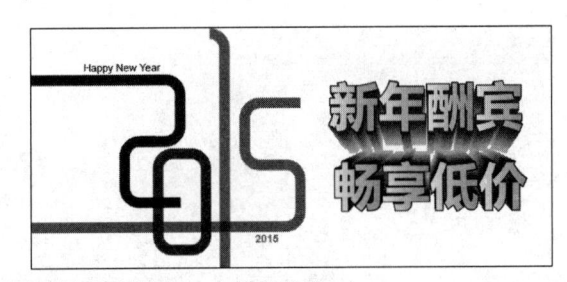

图 9-92　设置文字渐变颜色并制作另一个标题效果

8 打开光盘中的"..\Example\Ch09\images\星星.ai"素材文件，然后将该文件中的星星对象复制并粘贴到当前练习文件中，接着适当调整对象的大小并将对象置于底层，如图9-93所示。

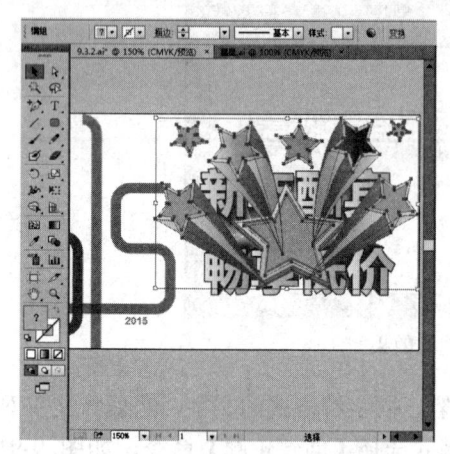

图9-93 加入装饰对象并置于底层

9 使用【文字工具】在标题文字下方输入宣传词文字，然后在数字【2】路径对象左侧输入【羊】文字，接着分别设置文字的字符格式，如图9-94所示。

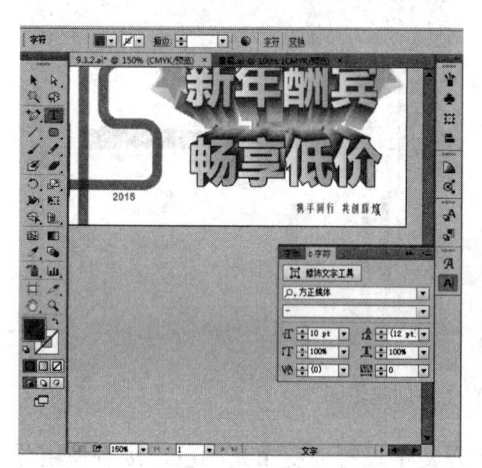

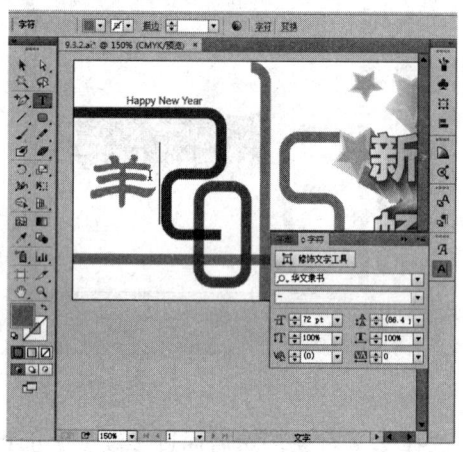

图9-94 输入其他文字并设置字符格式

参考答案

第 1 章
一、填充题
(1)【工具】面板　(2) Ctrl+N
(3) 8
二、选择题
(1) D　(2) A
(3) C　(4) B
三、判断题
(1) 对　(2) 错
(3) 对

第 2 章
一、填充题
(1) 缩放工具　(2) 全局标尺
(3) 度量工具
二、选择题
(1) A　(2) C
(3) D　(4) C
三、判断题
(1) 对　(2) 错
(3) 对

第 3 章
一、填充题
(1) 锚点　(2) 铅笔工具
(3) 将所选锚点转换为平滑
(4) 路径橡皮擦工具
二、选择题
(1) B　(2) B
(3) C　(4) D
三、判断题
(1) 对　(2) 错

第 4 章
一、填充题
(1) CMYK　(2) 吸管工具
(3) 填色　(4) 描边
二、选择题
(1) B　(2) C
(3) A　(4) C
三、判断题
(1) 对　(2) 错

第 5 章
一、填充题
(1) 定界框　(2) 宽度工具
(3) 形状生成器工具
二、选择题
(1) C　(2) B
(3) A　(4) D
三、判断题
(1) 错　(2) 对
(3) 对

第 6 章
一、填充题
(1) 点文字　(2) 字体
(3) 折线图
二、选择题
(1) A　(2) D
(3) C
三、判断题
(1) 对　(2) 对
(3) 对　(4) 错

第 7 章
一、填充题
(1) 效果
(2) Illustrator 效果
(3) SVG 滤镜
(4) 风格化
二、选择题
(1) D　(2) D
(3) B
三、判断题
(1) 对　(2) 错
(3) 对